高校经典教材同步辅导丛书

工程数学·线性代数

（同济·第六版）

同步辅导及习题全解

主 编 李 娜

中国水利水电出版社
www.waterpub.com.cn

内 容 提 要

本书共有6章，分别介绍行列式、矩阵及其运算、矩阵的初等变换与线性方程组、向量组的线性相关性、相似矩阵及二次型、线性空间与线性变换。本书按教材内容安排全书结构，各章均包括本章知识结构网络、本章知识要点、知识点归纳、经典例题解析、真题点睛、课后习题全解六部分内容。全书按教材内容，针对各章节习题给出详细解答，思路清晰，逻辑性强，循序渐进地帮助读者分析并解决问题，内容详尽，简明易懂。

本书可作为高等院校学生的辅导教材，也可作为考研人员复习备考及教师备课命题的参考资料。

图书在版编目（CIP）数据

工程数学·线性代数（同济·第六版）同步辅导及习题全解 / 李娜主编. -- 北京 : 中国水利水电出版社, 2015.8（2020.11 重印）
（高校经典教材同步辅导丛书）
ISBN 978-7-5170-3515-2

Ⅰ. ①工… Ⅱ. ①李… Ⅲ. ①线性代数－高等学校－题解 Ⅳ. ①O151.2-44

中国版本图书馆CIP数据核字(2015)第189485号

策划编辑：杨庆川　责任编辑：杨元泓　加工编辑：夏雪丽　封面设计：李　佳

书　　名	高校经典教材同步辅导丛书 **工程数学·线性代数（同济·第六版）同步辅导及习题全解**
作　　者	主　编　李　娜
出版发行	中国水利水电出版社 （北京市海淀区玉渊潭南路1号D座　100038） 网址：www.waterpub.com.cn E-mail：mchannel@263.net（万水） sales@waterpub.com.cn 电话：（010）68367658（营销中心）、82562819（万水）
经　　售	全国各地新华书店和相关出版物销售网点
排　　版	北京万水电子信息有限公司
印　　刷	三河市祥宏印务有限公司
规　　格	170mm×227mm　16开本　14.5印张　357千字
版　　次	2015年8月第1版　2020年11月第21次印刷
定　　价	18.00元

前 言

为了帮助读者更好地学习“线性代数”课程，掌握更多的知识，我们根据多年的教学经验编写了这本辅导教材，旨在使广大读者理解基本概念，掌握基本知识，学会基本解题方法与解题技巧，进而提高应试能力。本书作为一种辅助性的教材，具有较强的针对性、启发性、指导性和补充性。考虑到“线性代数”这门课程的特点，我们在内容上作了以下安排：

1. 本章知识结构网络。 每章的知识网络图系统全面地涵盖了本章的知识点，使学生能一目了然地浏览本章内容的框架结构。

2. 本章知识要点。 每章前面均对本章的知识要点进行了整理。综合众多参考资料，归纳了本章几乎所有的考点，便于读者学习与复习。

3. 知识点归纳。 对每章知识点做了简练概括，梳理了各知识点之间的脉络联系，突出各章主要定理及重要公式，使读者在各章学习过程中目标明确，有的放矢。

4. 经典例题解析。 该部分选取了一些有启发性或综合性较强的经典例题，对所给例题先进行分析，再给出详细解答，并在最后作出点评，意在抛砖引玉。

5. 真题点睛。 精选历年研究生入学考试中具有代表性的试题进行了详细的解答，以开拓广大同学的解题思路，使其能更好地掌握该课程的基本内容和解题方法。

6. 课后习题全解。 教材中课后习题丰富、层次多样，许多基础性问题从多个角度帮助学生理解基本概念和基本理论，促其掌握基本解题方法。我们对教材的课后习题给了详细的解答。

由于时间较仓促，编者水平有限，难免书中有疏漏之处，敬请各位同行和读者给予批评、指正。

编 者

2015 年 7 月

目录

contents

目录

contents

第一章

行列式

本章知识结构网络

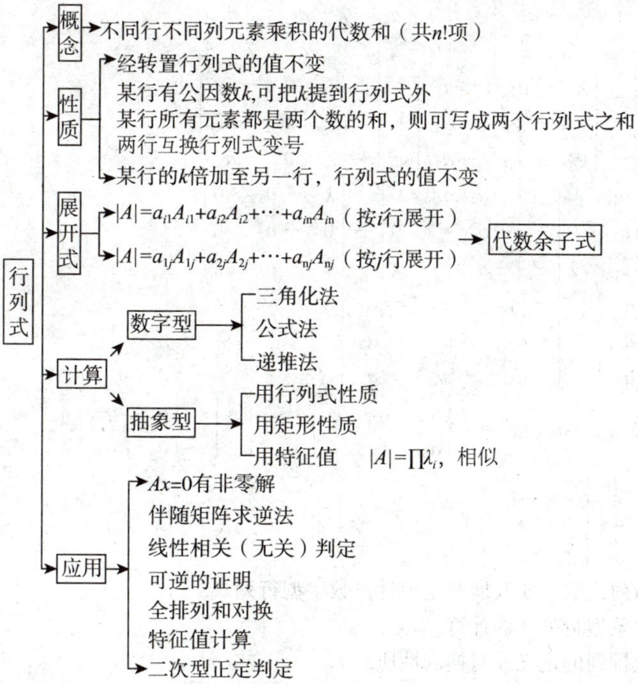

对于二、三阶行列式有

$$\begin{vmatrix} a & b \\ c & d \end{vmatrix} = ad - bc$$

$$\begin{vmatrix} a_1 & a_2 & a_3 \\ b_1 & b_2 & b_3 \\ c_1 & c_2 & c_3 \end{vmatrix} = a_1b_2c_3 + a_2b_3c_1 + a_3b_1c_2 - a_3b_2c_1 - a_2b_1c_3 - a_1b_3c_2$$

注意：这样的计算方法对 4 阶及 4 阶以上行列式不适用.

本章知识要点

(1) 对行列式的性质 3 要理解正确. 例如

$$\begin{vmatrix} a_1+b_1 & a_2+b_2 & a_3+b_3 \\ c_1 & c_2 & c_3 \\ d_1 & d_2 & d_3 \end{vmatrix} = \begin{vmatrix} a_1 & a_2 & a_3 \\ c_1 & c_2 & c_3 \\ d_1 & d_2 & d_3 \end{vmatrix} + \begin{vmatrix} b_1 & b_2 & b_3 \\ c_1 & c_2 & c_3 \\ d_1 & d_2 & d_3 \end{vmatrix}$$

对于 n 阶矩阵 $\boldsymbol{A}=[a_{ij}]$,$\boldsymbol{B}=[b_{ij}]$,有 $\boldsymbol{A}+\boldsymbol{B}=[a_{ij}+b_{ij}]$,由于行列式 $|\boldsymbol{A}+\boldsymbol{B}|$ 中每一行都是两个数的和,所以若用性质 3 把行列式 $|\boldsymbol{A}+\boldsymbol{B}|$ 拆开,则 $|\boldsymbol{A}+\boldsymbol{B}|$ 应当是 2^n 个 n 阶行列式之和. 因此,一般情况下 $|\boldsymbol{A}+\boldsymbol{B}|\neq|\boldsymbol{A}|+|\boldsymbol{B}|$.

特别地,

$$\begin{vmatrix} \lambda-a_{11} & -a_{12} & -a_{13} \\ -a_{21} & \lambda-a_{22} & -a_{23} \\ -a_{31} & -a_{32} & \lambda-a_{33} \end{vmatrix} = \begin{vmatrix} \lambda-a_{11} & 0-a_{12} & 0-a_{13} \\ 0-a_{21} & \lambda-a_{22} & 0-a_{23} \\ 0-a_{31} & 0-a_{32} & \lambda-a_{33} \end{vmatrix}$$

$$= \begin{vmatrix} \lambda & 0 & 0 \\ 0 & \lambda & 0 \\ 0 & 0 & \lambda \end{vmatrix} + \begin{vmatrix} \lambda & -a_{12} & -a_{13} \\ 0 & -a_{22} & -a_{23} \\ 0 & -a_{32} & -a_{33} \end{vmatrix} + \begin{vmatrix} -a_{11} & 0 & -a_{13} \\ -a_{21} & \lambda & -a_{23} \\ -a_{31} & 0 & -a_{33} \end{vmatrix}$$

$$+ \begin{vmatrix} -a_{11} & -a_{12} & 0 \\ -a_{21} & -a_{22} & 0 \\ -a_{31} & -a_{32} & \lambda \end{vmatrix} + \begin{vmatrix} -a_{11} & 0 & 0 \\ -a_{21} & \lambda & 0 \\ -a_{31} & 0 & \lambda \end{vmatrix} + \begin{vmatrix} \lambda & -a_{12} & 0 \\ 0 & -a_{22} & 0 \\ 0 & -a_{32} & \lambda \end{vmatrix}$$

$$+ \begin{vmatrix} \lambda & 0 & -a_{13} \\ 0 & \lambda & -a_{23} \\ 0 & 0 & -a_{33} \end{vmatrix} + \begin{vmatrix} -a_{11} & -a_{12} & -a_{13} \\ -a_{21} & -a_{22} & -a_{23} \\ -a_{31} & -a_{32} & -a_{33} \end{vmatrix}$$

$$= \lambda^3-(a_{11}+a_{22}+a_{33})\lambda^2+\left(\begin{vmatrix} a_{11} & a_{12} \\ a_{21} & a_{22} \end{vmatrix} + \begin{vmatrix} a_{22} & a_{23} \\ a_{32} & a_{33} \end{vmatrix} + \begin{vmatrix} a_{11} & a_{13} \\ a_{31} & a_{33} \end{vmatrix}\right)\lambda$$

$$- \begin{vmatrix} a_{11} & a_{12} & a_{13} \\ a_{21} & a_{22} & a_{23} \\ a_{31} & a_{32} & a_{33} \end{vmatrix}$$

(2) 要会用行列式的性质及展开定理计算数字型行列式.

(3) 要熟悉抽象型行列式的计算.

(4) 要了解全排列的定义及对换的性质.

知识点归纳

一、二阶与三阶行列式

1. 二阶行列式

(1) 定义

二阶行列式：$\begin{vmatrix} a_{11} & a_{12} \\ a_{21} & a_{22} \end{vmatrix} = a_{11}a_{22} - a_{12}a_{21}$.

(2) 运算规律

对角线法则:二阶行列式的值等于主对角线上两元素之积减去副对角线上两元素之积所得的差.

(3) 应用

二元一次方程组$\begin{cases} a_{11}x_1 + a_{12}x_2 = b_1 \\ a_{21}x_1 + a_{22}x_2 = b_2 \end{cases}$的解,可用行列式来表达：

$$x_1 = \frac{\begin{vmatrix} b_1 & a_{12} \\ b_2 & a_{22} \end{vmatrix}}{\begin{vmatrix} a_{11} & a_{12} \\ a_{21} & a_{22} \end{vmatrix}} = \frac{D_1}{D}, x_2 = \frac{\begin{vmatrix} a_{11} & b_1 \\ a_{21} & b_2 \end{vmatrix}}{\begin{vmatrix} a_{11} & a_{12} \\ a_{21} & a_{22} \end{vmatrix}} = \frac{D_2}{D},$$

式中,D为方程组的系数行列式,D_1 和 D_2 分别是将D的第一列和第二列换成常数列而得到的行列式.

2. 三阶行列式

(1) 定义

三阶行列式：

$$\begin{vmatrix} a_{11} & a_{12} & a_{13} \\ a_{21} & a_{22} & a_{23} \\ a_{31} & a_{32} & a_{33} \end{vmatrix} = a_{11}a_{22}a_{33} + a_{12}a_{23}a_{31} + a_{13}a_{21}a_{32} - a_{13}a_{22}a_{31} - a_{12}a_{21}a_{33} - a_{11}a_{23}a_{32}.$$

(2) 运算规律

对角线法则:三阶行列式的值等于主对角线方向上三个乘积之和减去副对角线方向上三个乘积之和所得的差.

温馨提示 三阶行列式的运算结果,共有六项,其中 $a_{11}a_{22}a_{33} + a_{12}a_{23}a_{31} + a_{13}a_{21}a_{32}$ 来自三条主对角线上三个元素的乘积,前面是正号;$-a_{13}a_{22}a_{31} - a_{12}a_{21}a_{33} - a_{11}a_{23}a_{32}$ 来自三条副对角线上三个元素的乘积,前面是负号.可以借助下列图形帮助记忆:

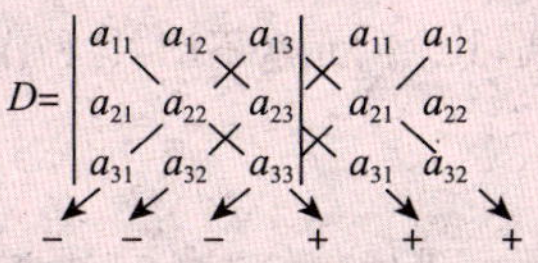

即在行列式后面补上前 2 列,则与主对角线方向平行的三项为正,与次对角线方向平行的三项为负.

(3) 应用

三元一次方程组$\begin{cases} a_{11}x_1 + a_{12}x_2 + a_{13}x_3 = b_1 \\ a_{21}x_1 + a_{22}x_2 + a_{23}x_3 = b_2 \\ a_{31}x_1 + a_{32}x_2 + a_{33}x_3 = b_3 \end{cases}$的解,可用下列行列式来表达:

$$x_1 = \frac{D_1}{D}, x_2 = \frac{D_2}{D}, x_3 = \frac{D_3}{D},$$

式中,D 为方程组的系数行列式,$D_j(j = 1,2,3)$ 是将 D 的第 j 列换成常数列而得到的行列式.

温馨提示 ① 三阶行列式展开共有 6 项;② 每项三个元素,来自不同的行和不同的列(即每行每列各有一个元素);③ 三项带正号,三项带负号.

二、全排列和对换

1. 全排列

(1) 定义

把 n 个不同的元素排成一列,叫做这 n 个元素的全排列.

(2) 全排列数

n 个不同元素的所有排列的总数:$P_n = n!$.

2. 逆序数

(1) 逆序

在一个排列中,若某两个元素的先后次序与标准排列的次序不同,就说有一个逆序.

温馨提示 尽管标准排列可以事先任意设定,但通常以从小到大的顺序为标准顺序.

(2) 逆序数

一个排列中所有逆序的总数,叫做这个排列的逆序数.

(3) 奇排列,偶排列

逆序数为奇数的排列称为奇排列;逆序数为偶数的排列称为偶排列.

(4) 常用结论

排列 $n(n-1)(n-2)\cdots321$ 的逆序数为$\dfrac{n(n-1)}{2}$.

三、对换

1. 对换的定义

在排列中,将任意两个元素对调,其余的元素不动,这种作出新排列的手续称为对换. 将两个相邻元素对换,称为相邻对换.

2. 对换的性质

(1) 将一个排列中的任意两个元素进行一次对换,排列改变奇偶性.

(2) 将奇排列变成标准排列所需的对换次数为奇数,将偶排列变成标准排列所需的对换次数为偶数.

(3)n 个自然数($n>1$) 共有 $n!$ 个 n 级排列,其中奇、偶排列各占一半.

3. 行列式定义的其他形式

n 阶行列式也可定义为

$$D=\sum_{i_1i_2\cdots i_n}(-1)^{r(i_1i_2\cdots i_n)}a_{i_11}a_{i_22}\cdots a_{i_nn}.$$

四、n阶行列式

定义　n阶行列式

$$\begin{vmatrix} a_{11} & a_{12} & \cdots & a_{1n} \\ a_{21} & a_{22} & \cdots & a_{2n} \\ \vdots & \vdots & & \vdots \\ a_{n1} & a_{n2} & \cdots & a_{nn} \end{vmatrix}$$

是所有取自不同行不同列的n个元素的乘积

$$a_{1j_1}a_{2j_2}\cdots a_{nj_n}$$

的代数和，这里$j_1j_2\cdots j_n$是$1,2,\cdots,n$的一个排列. 当$j_1j_2\cdots j_n$是偶排列时，该项的前面带正号；当$j_1j_2\cdots j_n$是奇排列时，该项的前面带负号，即

$$\begin{vmatrix} a_{11} & a_{12} & \cdots \\ a_{21} & a_{22} & \cdots \\ \vdots & \vdots & \\ a_{n1} & a_{n2} & \cdots \end{vmatrix} = \sum_{j_1j_2\cdots j_n}(-1)^{\tau(j_1j_2\cdots j_n)}a_{1j_1}a_{2j_2}\cdots a_{nj_n} \quad (1.1)$$

这里$\sum\limits_{j_1j_2\cdots j_n}$表示对所有$n$阶排列求和. 式(1.1)称为$n$阶行列式的完全展开式.

例如，若已知$a_{14}a_{2j}a_{31}a_{42}$是四阶行列式中的一项，那么根据行列式的定义，它应是不同行不同列元素的乘积. 因此必有$j=3$.

由于$a_{14}a_{23}a_{31}a_{42}$列的逆序数.

$\tau(4312)=3+2+0=5$是奇数，所以选项所带符号为负号.

五、行列式的性质

(1) 经转置的行列式的值不变，即$|\boldsymbol{A}|=|\boldsymbol{A}^{\mathrm{T}}|$. 这表明在行列式中行与列的地位是对等的，因此，行列式的行所具有的性质，对于列亦具有. 为简洁，下面仅叙述行的性质.

(2) 行列式中某一行各元素如有公因数k，则k可以提到行列式符号外. 特别地，若行列式中某行元素全是零，则行列式的值为零.

(3) 如果行列式中某行的每个元素都是两个数的和，则这个行列式可以拆成两个行列式的和. 例如：

$$\begin{vmatrix} a_1+a_2 & b_1+b_2 & c_1+c_2 \\ l & m & n \\ x & y & z \end{vmatrix} = \begin{vmatrix} a_1 & b_1 & c_1 \\ l & m & n \\ x & y & z \end{vmatrix} + \begin{vmatrix} a_2 & b_2 & c_2 \\ l & m & n \\ x & y & z \end{vmatrix}$$

【注】 由于$\boldsymbol{A}+\boldsymbol{B}=(a_{ij}+b_{ij})$，则$|\boldsymbol{A}+\boldsymbol{B}|$每行元素都是两个数的和，根据性质3，行列式$|\boldsymbol{A}+\boldsymbol{B}|$应拆成$2^n$个行列式之和，故一般情况，$|\boldsymbol{A}+\boldsymbol{B}|\neq|\boldsymbol{A}|+|\boldsymbol{B}|$，在这里不要出错.

(4) 对换行列式中某两行的位置，行列式的值只改变正负号. 特别地，如两行元素对应相等（或成比例），则行列式的值是零.

(5) 把某行的k倍加至另一行，行列式的值不变.

【注】 在行列式计算中，往往先用这条性质作恒等变形，以期简化计算.

六、行列式按行(列)展开

计算行列式的值主要按行或按列展开公式，即

$$|\boldsymbol{A}|=a_{i1}A_{i1}+a_{i2}A_{i2}+\cdots+a_{in}A_{in}(i=1,2,\cdots,n)$$
$$=a_{1j}A_{1j}+a_{2j}A_{2j}+\cdots+a_{nj}A_{nj}$$

其中 $$A_{ij}=(-1)^{i+j}\begin{vmatrix} a_{11} & \cdots & a_{1,j-1} & a_{1,j+1} & \cdots & a_{1n} \\ \vdots & & \vdots & \vdots & & \vdots \\ a_{i-1,1} & \cdots & a_{i-1,j-1} & a_{i-1,j+1} & \cdots & a_{i-1,n} \\ a_{i+1,1} & \cdots & a_{i+1,j-1} & a_{i+1,j+1} & \cdots & a_{i+1,n} \\ \vdots & & \vdots & \vdots & & \vdots \\ a_{n1} & \cdots & a_{n,j-1} & a_{n,j+1} & \cdots & a_{nn} \end{vmatrix}=(-1)^{i+j}M_{ij},$$

M_{ij} 是 $|\boldsymbol{A}|$ 中去掉第 i 行及第 j 列元素后的 $n-1$ 阶行列式，称之为 a_{ij} 的余子式，而给余子式带有符号即 $(-1)^{i+j}M_{ij}$，则称为 a_{ij} 的代数余子式.

代数余子式的性质除用于按行(列)展开公式计算行列式外，还有两条重要性质：

(1) 只改变 a_{ij} 所在行或列中元素的值并不影响其代数余子式 A_{ij}. 特别地，A_{ij} 与 a_{ij} 的取值没有关系. 例如，两个行列式

$$\begin{vmatrix} 0 & 1 & -2 \\ 3 & 4 & 5 \\ 6 & 7 & 8 \end{vmatrix} \text{与} \begin{vmatrix} x & y & z \\ 3 & 4 & 5 \\ 6 & 7 & 8 \end{vmatrix}$$

的 a_{1j} 并不相同，但第一行元系的代数余子式 A_{1j} 是完全一样的.

(2) 行列式一行(列)元素与另一行(列)对应元素的代数余子式乘积之和必为零. 即

$a_{i1}A_{j1}+a_{i2}A_{j2}+\cdots+a_{in}A_{jn}=0(i\neq j)$,

$a_{1j}A_{1k}+2_{2j}A_{2k}+\cdots+a_{nj}A_{nk}=0(j\neq k)$.

几种特殊的行列式

(1) 上(下)三角行列式等于其主对角线上元素的乘积，即

$$\begin{vmatrix} a_{11} & & & * \\ & a_{22} & & \\ & & \ddots & \\ 0 & & & a_{nn} \end{vmatrix}=\begin{vmatrix} a_{11} & & & 0 \\ & a_{22} & & \\ & & \ddots & \\ * & & & a_{nn} \end{vmatrix}=a_{11}a_{22}\cdots a_{nn}.$$

(2) 关于副对角线，其计算公式为

$$\begin{vmatrix} & & & a_{1n} \\ * & & a_{2n-1} & \\ & \iddots & & \\ a_{n1} & & 0 & \end{vmatrix}=\begin{vmatrix} & & & a_{1n} \\ 0 & & a_{2n-1} & \\ & \iddots & & \\ a_{n1} & & * & \end{vmatrix}=(-1)^{\frac{n(n-1)}{2}}a_{1n}a_{2n-1}\cdots a_{n1}$$

(3) 两个特殊的拉普拉斯展开式

$$\begin{vmatrix} a_{11} & \cdots & a_{1n} & c_{11} & \cdots & c_{1m} \\ \vdots & & \vdots & \vdots & & \vdots \\ a_{n1} & \cdots & a_{nn} & c_{n1} & \cdots & c_{nm} \\ 0 & \cdots & 0 & b_{11} & \cdots & b_{1m} \\ \vdots & & \vdots & \vdots & & \vdots \\ 0 & \cdots & 0 & b_{m1} & \cdots & b_{mm} \end{vmatrix} = \begin{vmatrix} a_{11} & \cdots & a_{1n} & 0 & \cdots & 0 \\ \vdots & & \vdots & \vdots & & \vdots \\ a_{n1} & \cdots & a_{nn} & 0 & \cdots & 0 \\ c_{11} & \cdots & c_{1n} & b_{11} & \cdots & b_{1m} \\ \vdots & & \vdots & \vdots & & \vdots \\ c_{m1} & \cdots & c_{mn} & b_{m1} & \cdots & b_{mm} \end{vmatrix}$$

$$= \begin{vmatrix} a_{11} & \cdots & a_{1n} \\ \vdots & & \vdots \\ a_{n1} & \cdots & a_{nn} \end{vmatrix} \cdot \begin{vmatrix} b_{11} & \cdots & b_{1m} \\ \vdots & & \vdots \\ b_{m1} & \cdots & b_{mm} \end{vmatrix}.$$

$$\begin{vmatrix} c_{11} & \cdots & c_{1m} & a_{11} & \cdots & a_{1n} \\ \vdots & & \vdots & \vdots & & \vdots \\ c_{n1} & \cdots & c_{nm} & a_{n1} & \cdots & a_{nn} \\ b_{11} & \cdots & b_{1m} & 0 & \cdots & 0 \\ \vdots & & \vdots & \vdots & & \vdots \\ b_{m1} & \cdots & b_{mm} & 0 & \cdots & 0 \end{vmatrix} = \begin{vmatrix} 0 & \cdots & 0 & a_{11} & \cdots & a_{1n} \\ \vdots & & \vdots & \vdots & & \vdots \\ 0 & \cdots & 0 & a_{n1} & \cdots & a_{nn} \\ b_{11} & \cdots & b_{1m} & c_{11} & \cdots & c_{1n} \\ \vdots & & \vdots & \vdots & & \vdots \\ b_{m1} & \cdots & b_{mm} & c_{m1} & \cdots & c_{mn} \end{vmatrix}$$

$$= (-1)^{mn} \begin{vmatrix} a_{11} & \cdots & a_{1n} \\ \vdots & & \vdots \\ a_{n1} & \cdots & a_{nn} \end{vmatrix} \cdot \begin{vmatrix} b_{11} & \cdots & b_{1m} \\ \vdots & & \vdots \\ b_{m1} & \cdots & b_{mm} \end{vmatrix}.$$

(4) 范德蒙行列式

$$\begin{vmatrix} 1 & 1 & \cdots & 1 \\ x_1 & x_2 & \cdots & x_n \\ x_1^2 & x_2^2 & \cdots & x_n^2 \\ \vdots & \vdots & & \vdots \\ x_1^{n-1} & x_2^{n-1} & \cdots & x_n^{n-1} \end{vmatrix} = \prod_{1 \leqslant j < i \leqslant n} (x_i - x_j).$$

(5) 特征多项式

设 $\boldsymbol{A} = (a_{ij})$ 是 3 阶矩阵,则 $\boldsymbol{A}$ 的特征多项式

$$|\lambda \boldsymbol{E} - \boldsymbol{A}| = \lambda^3 - (a_{11} + a_{22} + a_{33})\lambda^2 + s_2\lambda - |\boldsymbol{A}|$$

其中 $s_2 = \begin{vmatrix} a_{11} & a_{12} \\ a_{21} & a_{22} \end{vmatrix} + \begin{vmatrix} a_{11} & a_{13} \\ a_{31} & a_{33} \end{vmatrix} + \begin{vmatrix} a_{22} & a_{23} \\ a_{32} & a_{33} \end{vmatrix}$.

典型例题解析

Ⅰ 二阶、三阶以及 n 阶行列式

例 1 $\begin{vmatrix} b+c & c+a & a+b \\ a & b & c \\ a^2 & b^2 & c^2 \end{vmatrix} =$ ________.

分析 把第2行加至第1行，提取公因式，即为范德蒙行列式

$$\begin{vmatrix} b+c & c+a & a+b \\ a & b & c \\ a^2 & b^2 & c^2 \end{vmatrix} = \begin{vmatrix} a+b+c & a+b+c & a+b+c \\ a & b & c \\ a^2 & b^2 & c^2 \end{vmatrix}$$

$$= (a+b+c)\begin{vmatrix} 1 & 1 & 1 \\ a & b & c \\ a^2 & b^2 & c^2 \end{vmatrix}$$

$$= (a+b+c)(b-a)(c-a)(c-b).$$

解题要点：本题主要考察三阶行列式的计算，属于基本题型.

例2 计算

$$D = \begin{vmatrix} a_1+x & a_2 & a_3 & a_4 \\ -x & x & 0 & 0 \\ 0 & -x & x & 0 \\ 0 & 0 & -x & x \end{vmatrix} = \underline{\qquad\qquad}.$$

分析 各列均加至第1列，并按第1列展开有

$$D = \begin{vmatrix} x+\sum_{i=1}^{4}a_i & a_2 & a_3 & a_4 \\ 0 & x & 0 & 0 \\ 0 & -x & x & 0 \\ 0 & 0 & -x & x \end{vmatrix} = \left(x+\sum_{i=1}^{4}a_i\right)\begin{vmatrix} x & 0 & 0 \\ -x & x & 0 \\ 0 & -x & x \end{vmatrix}$$

$$D = x^3\left(x+\sum_{i=1}^{4}a_i\right).$$

解题要点：本题主要考察行列式的简单计算及化简技巧.

例3 4阶行列式

$$D = \begin{vmatrix} a_1 & -1 & 0 & 0 \\ a_2 & x & -1 & 0 \\ a_3 & 0 & x & -1 \\ a_4 & 0 & 0 & x \end{vmatrix} = \underline{\qquad\qquad}.$$

分析 对本题可用逐行相加的技巧，第一行的 x 倍加至第二行，然后第二行的 x 倍加至第三行，如此继续，有

$$D = \begin{vmatrix} a_1 & -1 & 0 & 0 \\ a_1x+a_2 & 0 & -1 & 0 \\ a_3 & 0 & x & -1 \\ a_4 & 0 & 0 & x \end{vmatrix}$$

$$= \begin{vmatrix} a_1 & -1 & 0 & 0 \\ a_1x+a_2 & 0 & -1 & 0 \\ a_1x^2+a_2x+a_3 & 0 & 0 & -1 \\ a_4 & 0 & 0 & x \end{vmatrix}$$

$$=\begin{vmatrix} a_1 & -1 & 0 & 0 \\ a_1x+a_2 & 0 & -1 & 0 \\ a_1x^2+a_2x+a_3 & 0 & 0 & -1 \\ a_1x^3+a_2x^2+a_3x+a_4 & 0 & 0 & 0 \end{vmatrix}$$

$$=(a_1x^3+a_2x^2+a_3x+a_4)(-1)^{4+1}(-1)^3$$

$$=a_1x^3+a_2x^2+a_3x+a_4.$$

解题要点: 本题主要考察行列式的简单计算及化简技巧.

例 4 4 阶行列式

$$D=\begin{vmatrix} 1 & 1 & 1 & 1 \\ 1 & 2 & 0 & 0 \\ 1 & 0 & 3 & 0 \\ 1 & 0 & 0 & 4 \end{vmatrix}=\_\_\_\_\_\_.$$

分析 对于爪型行列式,将其转化为上(或下)三角行列式.

$$D=2\cdot 3\cdot 4\begin{vmatrix} 1 & 1 & 1 & 1 \\ \frac{1}{2} & 1 & 0 & 0 \\ \frac{1}{3} & 0 & 1 & 0 \\ \frac{1}{4} & 0 & 0 & 1 \end{vmatrix}=24\begin{vmatrix} 1-\frac{1}{2}-\frac{1}{3}-\frac{1}{4} & 0 & 0 & 0 \\ \frac{1}{2} & 1 & 0 & 0 \\ \frac{1}{3} & 0 & 1 & 0 \\ \frac{1}{4} & 0 & 0 & 1 \end{vmatrix}$$

$$=24\times\left(1-\frac{1}{2}-\frac{1}{3}-\frac{1}{4}\right)=-2.$$

解题要点: 对于 $|\nwarrow|$ 与 $|\searrow|$ 型行列式,可用主对角线元素化其为上(下)三角型来计算.

对于 $|\swarrow|$ 与 $|\nearrow|$ 型行列式,可用副对角线元素化其为 |◺| 或 |⊿| 型来计算.

例 5 计算行列式

$$D=\begin{vmatrix} a_1 & 1 & 1 & 1 \\ 1 & a_2 & 0 & 0 \\ 1 & 0 & a_3 & 0 \\ 1 & 0 & 0 & a_4 \end{vmatrix}$$ 之值,其中 $a_i\neq 0(i=2,3,4)$.

解 第 i 行提出 a_i,再把第 i 行的 -1 倍加至第 1 行 $(i=2,3,4)$,得

$$D=a_2a_3a_4\begin{vmatrix} a_1 & 1 & 1 & 1 \\ \frac{1}{a_2} & 1 & 0 & 0 \\ \frac{1}{a_3} & 0 & 1 & 0 \\ \frac{1}{a_4} & 0 & 0 & 1 \end{vmatrix}=a_2a_3a_4\begin{vmatrix} a_1-\sum\limits_{i=2}^{4}\frac{1}{a_i} & 0 & 0 & 0 \\ \frac{1}{a_2} & 1 & 0 & 0 \\ \frac{1}{a_3} & 0 & 1 & 0 \\ \frac{1}{a_4} & 0 & 0 & 1 \end{vmatrix}=a_2a_3a_4\left(a_1-\sum_{i=2}^{4}\frac{1}{a_i}\right).$$

解题要点: 解题技巧同上.

例 6 方程 $f(x)=\begin{vmatrix} x-2 & x-1 & x-2 & x-3 \\ 2x-2 & 2x-1 & 2x-2 & 2x-3 \\ 3x-3 & 3x-2 & 4x-5 & 3x-5 \\ 4x & 4x-3 & 5x-7 & 4x-3 \end{vmatrix}=0$ 的根的个数为________.

(A)1 (B)2 (C)3 (D)4

分析 问方程 $f(x)=0$ 有几个根,也就是问 $f(x)$ 是 x 的几次多项式. 为此应先对 $f(x)$ 作恒等变形. 将第 1 列的 -1 倍分别加至第 2,3,4 列得

$$f(x)=\begin{vmatrix} x-2 & 1 & 0 & -1 \\ 2x-2 & 1 & 0 & -1 \\ 3x-3 & 1 & x-2 & -2 \\ 4x & -3 & x-7 & -3 \end{vmatrix},$$

再将第 2 列加至第 4 列,行列式的右上角为 0,可用拉普拉斯展开式

$$f(x)=\begin{vmatrix} x-2 & 1 & 0 & 0 \\ 2x-2 & 1 & 0 & 0 \\ 3x-3 & 1 & x-2 & -1 \\ 4x & -3 & x-7 & -6 \end{vmatrix}=\begin{vmatrix} x-2 & 1 \\ 2x-2 & 1 \end{vmatrix}\cdot\begin{vmatrix} x-2 & -1 \\ x-7 & -6 \end{vmatrix},$$从而知应选(B).

解题要点: 本题的关键在于对原行列式进行求解,表达成关于 x 的等式.

例 7 行列式 $D=\begin{vmatrix} 1 & b_1 & 0 & 0 \\ -1 & 1-b_1 & b_2 & 0 \\ 0 & -1 & 1-b_2 & b_3 \\ 0 & 0 & -1 & 1-b_3 \end{vmatrix}=$________.

分析 从第 1 行开始,依次把每行加至下一行,得

$$D=\begin{vmatrix} 1 & b_1 & 0 & 0 \\ 0 & 1 & b_2 & 0 \\ 0 & -1 & 1-b_2 & b_3 \\ 0 & 0 & -1 & 1-b_3 \end{vmatrix}=\begin{vmatrix} 1 & b_1 & 0 & 0 \\ 0 & 1 & b_2 & 0 \\ 0 & 0 & 1 & b_3 \\ 0 & 0 & -1 & 1-b_3 \end{vmatrix}=\begin{vmatrix} 1 & b_1 & 0 & 0 \\ 0 & 1 & b_2 & 0 \\ 0 & 0 & 1 & b_3 \\ 0 & 0 & 0 & 1 \end{vmatrix}=1.$$

解题要点: 此题属于基本题,考察行列式的计算,注意中间的化简技巧.

例 8 计算 n 阶行列式

$$D_n=\begin{vmatrix} a & b & b & \cdots & b \\ b & a & b & \cdots & b \\ b & b & a & \cdots & b \\ \vdots & \vdots & \vdots & & \vdots \\ b & b & b & \cdots & a \end{vmatrix}.$$

分析 每列元素都是一个 a 与 $n-1$ 个 b,故可把每行均加至第一行,提取公因式 $a+(n-1)b$,再化为上三角行列式,即

$$D_n=\begin{vmatrix} a+(n-1)b & a+(n-1)b & a+(n-1)b & \cdots & a+(n-1)b \\ b & a & b & \cdots & b \\ b & b & a & \cdots & b \\ \vdots & \vdots & \vdots & & \vdots \\ b & b & b & \cdots & a \end{vmatrix}$$

$$=[a+(n-1)b]\begin{vmatrix} 1 & 1 & 1 & \cdots & 1 \\ b & a & b & \cdots & b \\ b & b & a & \cdots & b \\ \vdots & \vdots & \vdots & & \vdots \\ b & b & b & \cdots & a \end{vmatrix}$$

$$=[a+(n-1)b]\begin{vmatrix} 1 & 1 & 1 & \cdots & 1 \\ 0 & a-b & 0 & \cdots & 0 \\ 0 & 0 & a-b & \cdots & 0 \\ \vdots & \vdots & \vdots & & \vdots \\ 0 & 0 & 0 & \cdots & a-b \end{vmatrix}$$

$$=[a+(n-1)b](a-b)^{n-1}.$$

解题要点:本题的关键是提取公因式,然后进行化简,再计算.

例 9 设 n 阶矩阵 $A=\begin{vmatrix} 1 & \cdots & 1 & 0 \\ \vdots & \iddots & \iddots & 1 \\ 1 & \iddots & \iddots & \vdots \\ 0 & 1 & \cdots & 1 \end{vmatrix}$,则 $|2A|=$ ________.

分析 $|2\boldsymbol{A}|=2^n|\boldsymbol{A}|$. 对于行列式 $|\boldsymbol{A}|$,先把每行都加至第一行并提取公因数 $n-1$,然后再把第一行的 -1 倍分别加至其他各行.

$$|\boldsymbol{A}|=(n-1)\begin{vmatrix} 1 & \cdots & 1 & 1 \\ \vdots & \iddots & 0 & 1 \\ 1 & \iddots & \iddots & \vdots \\ 0 & 1 & \cdots & 1 \end{vmatrix}=(n-1)\begin{vmatrix} 1 & \cdots & 1 & 1 \\ & & -1 & \\ & \iddots & & \\ -1 & & & \end{vmatrix}$$

$$=(n-1)(-1)^{\frac{1}{2}n(n-1)}\cdot(-1)^{n-1}=(-1)^{\frac{1}{2}(n-1)(n+2)}(n-1).$$

故 $$|2\boldsymbol{A}|=(-1)^{\frac{1}{2}(n-1)(n+2)}2^n(n-1).$$

解题要点:本题的关键是通过适当的化简,提取公因式,再求解.

例 10 计算 4 阶行列式 $\begin{vmatrix} 4 & 3 & 0 & 0 \\ 1 & 4 & 3 & 0 \\ 0 & 1 & 4 & 3 \\ 0 & 0 & 1 & 4 \end{vmatrix}=$ ________.

分析 三角化法用每行都加至第一行的技巧,例如把第 2 行的 -4 倍加到第 1 行,再把第 3 行的 13 倍加到第 1 行,…

$$\begin{vmatrix}4&3&0&0\\1&4&3&0\\0&1&4&3\\0&0&1&4\end{vmatrix}=\begin{vmatrix}0&-13&-12&0\\1&4&3&0\\0&1&4&3\\0&0&1&4\end{vmatrix}=\begin{vmatrix}0&0&40&39\\1&4&3&0\\0&1&4&3\\0&0&1&4\end{vmatrix}$$

$$=\begin{vmatrix}0&0&0&-121\\1&4&3&0\\0&1&4&3\\0&0&1&4\end{vmatrix}$$

$$=-121\cdot(-1)^{1+4}\begin{vmatrix}1&4&3\\0&1&4\\0&0&1\end{vmatrix}=121$$

解题要点：本题主要考察三角化简方法.

例 11 计算行列式 $D_4=\begin{vmatrix}1-a&a&0&0\\-1&1-a&a&0\\0&-1&1-a&a\\0&0&-1&1-a\end{vmatrix}$ 之值.

解法一 把各列均加至第 1 列，并按第 1 列展开，得到递推公式

$$D_4=\begin{vmatrix}1&a&0&0\\0&1-a&a&0\\0&-1&1-a&a\\-a&0&-1&1-a\end{vmatrix}=D_3+(-a)(-1)^{4+1}\begin{vmatrix}a&0&0\\1-a&a&0\\-1&1-a&a\end{vmatrix}$$

$$=D_3-a(-1)^{4+1}a^3,$$

继续使用这个递推公式，有 $D_3=D_2-a(-1)^{3+1}a^2=D_2-(-1)^{3+1}a^3$.

而初始值 $D_2=1-a+a^2$，故 $D_4=1-a+a^2-a^3+a^4$.

解法二 把第 1 列看成是两个数之和，利用行列式性质可将 D_4 拆为两个行列式之和，即

$$D_4=\begin{vmatrix}1&a&0&0\\-1&1-a&a&0\\0&-1&1-a&a\\0&0&-1&1-a\end{vmatrix}+\begin{vmatrix}-a&a&0&0\\0&1-a&a&0\\0&-1&1-a&a\\0&0&-1&1-a\end{vmatrix}.$$

其值为 1，后者按第 1 列展开为 $-aD_3$.

于是有递推关系 $D_4=1-aD_3$，$D_3=1-aD_2$，下略.

【注】本题除用递推法之外，当然也可用倍加法化零，然后再用展开公式. 如下面的【解法三】.

解法三 把第 2 行的 $1-a$ 倍加到第 1 行，然后把第 3 行的 $1-a+a^2$ 倍加到第 1 行 …，即

$$D_4=\begin{vmatrix}0&1-a+a^2&a-a^2&0\\-1&1-a&a&0\\0&-1&1-a&a\\0&0&-1&1-a\end{vmatrix}=\begin{vmatrix}0&0&1-a+a^2-a^3&a-a^2+a^3\\-1&1-a&a&0\\0&-1&1-a&a\\0&0&-1&1-a\end{vmatrix}$$

$$=\begin{vmatrix}0&0&0&1-a+a^2-a^3+a^4\\-1&1-a&a&0\\0&-1&1-a&a\\0&0&-1&1-a\end{vmatrix}$$

$$=(1-a+a^2-a^3+a^4)\cdot(-1)^{1+4}\cdot\begin{vmatrix}-1&1-a&a\\0&-1&1-a\\0&0&-1\end{vmatrix}$$

$$=1-a+a^2-a^3+a^4.$$

解题要点:本题主要考察行列式计算中的递推法.

例 12 计算行列式 $D_n=\begin{vmatrix}a_1&-1&0&\cdots&0&0\\a_2&x&-1&\cdots&0&0\\a_3&0&x&\cdots&0&0\\\vdots&\vdots&\vdots&&\vdots&\vdots\\a_{n-1}&0&0&\cdots&x&-1\\a_n&0&0&\cdots&0&x\end{vmatrix}$ 之值.

解 按第 n 行展开,有

$$D_n=x\begin{vmatrix}a_1&-1&0&\cdots&0\\a_2&x&-1&\cdots&0\\a_3&0&x&\cdots&0\\\vdots&\vdots&\vdots&&\vdots\\a_{n-1}&0&0&\cdots&x\end{vmatrix}+a_n(-1)^{n+1}\begin{vmatrix}-1&0&0&\cdots&0\\x&-1&0&\cdots&0\\0&x&-1&\cdots&0\\\vdots&\vdots&\vdots&&\vdots\\0&0&0&\cdots&-1\end{vmatrix}$$

$=xD_{n-1}+a_n(-1)^{n+1}\cdot(-1)^{n-1}=xD_{n-1}+a_n$,

从而递推得到

$D_{n-1}=xD_{n-2}+a_{n-1}(-1)^n\cdot(-1)^{n-2}=xD_{n-2}+a_{n-1}$,

$D_{n-2}=xD_{n-3}+a_{n-2}$,

…………

$D_2=a_1x+a_2$.

对这些等式分别用 $1,x,x^2,\cdots,x^{n-2}$ 相乘,然后相加,得到

$$D_n=a_1x^{n-1}+a_2x^{n-2}+a_3x^{n-3}+\cdots+a_{n-1}x+a_n.$$

解题要点:本题的解题思路是通过化简得到行列式的递推公式,然后求解.

例 13 计算行列式 $|\mathbf{A}|=\begin{vmatrix}a_1&0&b_1&0\\0&c_1&0&d_1\\b_2&0&a_2&0\\0&d_2&0&c_2\end{vmatrix}$ 之值.

解 先互换第 2、3 两行,再对调第 2、3 两列,就可用拉普拉斯展开式

$$|\mathbf{A}|=\begin{vmatrix}a_1&b_1&0&0\\b_2&a_2&0&0\\0&0&c_1&d_1\\0&0&d_2&c_2\end{vmatrix}=\begin{vmatrix}a_1&b_1\\b_2&a_2\end{vmatrix}\cdot\begin{vmatrix}c_1&d_1\\d_2&c_2\end{vmatrix}=(a_1a_2-b_1b_2)(c_1c_2-d_1d_2).$$

解题要点:本题主要考察行列式的计算.

例 14 设 n 阶矩阵 $A=\begin{bmatrix}0&1&1&\cdots&1&1\\1&0&1&\cdots&1&1\\1&1&0&\cdots&1&1\\\vdots&\vdots&\vdots&&\vdots&\vdots\\1&1&1&\cdots&0&1\\1&1&1&\cdots&1&0\end{bmatrix}$,则 $|\boldsymbol{A}|=$________.

分析 把第 2,3,…,n 各行均加至第 1 行,则第 1 行为 $n-1$,提取公因数 $n-1$ 后,再把第 1 行的 -1 倍加至第 2,3,…,n 各行,可化为上三角行列式.即

$$|\boldsymbol{A}|=(n-1)\begin{vmatrix}1&1&1&\cdots&1&1\\0&-1&0&\cdots&0&0\\0&0&-1&\cdots&0&0\\\vdots&\vdots&\vdots&&\vdots&\vdots\\0&0&0&\cdots&-1&0\\0&0&0&\cdots&0&-1\end{vmatrix}=(-1)^{n-1}(n-1)$$

解题要点:本题主要考察行列式的计算及三角行列式的化简.

例 15 四阶行列式 $\begin{vmatrix}a_1&0&0&b_1\\0&a_2&b_2&0\\0&b_3&a_3&0\\b_4&0&0&a_4\end{vmatrix}$ 的值等于________.

(A)$a_1a_2a_3a_4-b_1b_2b_3b_4$　　(B)$a_1a_2a_3a_4+b_1b_2b_3b_4$

(C)$(a_1a_2-b_1b_2)(a_3a_4-b_3b_4)$　　(D)$(a_2a_3-b_2b_3)(a_1a_4-b_1b_4)$

分析 本题解法较多,较简单的方法是用两行对换,两列对换,把零元素调至行列式的一角,就可用拉普拉斯展开式,例如

$$\begin{vmatrix}a_1&0&0&b_1\\0&a_2&b_2&0\\0&b_3&a_3&0\\b_4&0&0&a_4\end{vmatrix}=-\begin{vmatrix}a_1&0&0&b_1\\b_4&0&0&a_4\\0&b_3&a_3&0\\0&a_2&b_2&0\end{vmatrix}=\begin{vmatrix}a_1&b_1&0&0\\b_4&a_4&0&0\\0&0&a_3&b_3\\0&0&b_2&a_2\end{vmatrix}$$

$$=\begin{vmatrix}a_1&b_1\\b_4&a_4\end{vmatrix}\begin{vmatrix}a_3&b_3\\b_2&a_2\end{vmatrix}$$

而知应选(D).

例 16 记行列式 $\begin{vmatrix}x-2&x-1&x-2&x-3\\2x-2&2x-1&2x-2&2x-3\\3x-3&3x-2&4x-5&3x-5\\4x&4x-3&5x-7&4x-3\end{vmatrix}$ 为 $f(x)$,则方程 $f(x)=0$ 的根的个数为________.

(A)1　　(B)2　　(C)3　　(D)4

分析 问方程 $f(x)=0$ 有几个根,也就是问 $f(x)$ 是 x 的几次多项式.将第 1 列的 -1 倍依次加至其余各列,有

$$f(x)=\begin{vmatrix} x-2 & 1 & 0 & -1 \\ 2x-2 & 1 & 0 & -1 \\ 3x-3 & 1 & x-2 & -2 \\ 4x & -3 & x-7 & -3 \end{vmatrix}$$

$$\xlongequal{(2)+(4)}\begin{vmatrix} x-2 & 1 & 0 & 0 \\ 2x-2 & 1 & 0 & 0 \\ 3x-3 & 1 & x-2 & -1 \\ 4x & -3 & x-7 & -6 \end{vmatrix}$$

$$=\begin{vmatrix} x-2 & 1 \\ 2x-2 & 1 \end{vmatrix}\begin{vmatrix} x-2 & -1 \\ x-7 & -6 \end{vmatrix} \quad \text{(拉普拉斯)}$$

易见 $f(x)$ 是二次多项式,故应选(B).

解题要点:本题难度值 0.55. 由于行列式的每一个位置都含有 x,因此立即展开处理是不妥的,应当先恒等变形消除一些 x 再展开. 不要错误地认为这样的 $f(x)$ 一定是 4 次多项式,其实适当选系数可构造出 0 至 4 任一次数的多项式.

例 17 设 $\mathbf{A}=\begin{bmatrix} 2a & 1 & & & & \\ a^2 & 2a & 1 & & & \\ & a^2 & 2a & 1 & & \\ & \ddots & \ddots & \ddots & & \\ & & & a^2 & 2a & 1 \\ & & & & a^2 & 2a \end{bmatrix}$ 是 n 阶矩阵. 证明 $|\mathbf{A}|=(n+1)a^n$.

证法一 用归纳法设 n 阶行列式 $|\mathbf{A}|$ 的值为 D_n

当 $n=1$ 时,$D_1=2a$,命题 $D_n=(n+1)a^n$ 正确;

当 $n=2$ 时,$D_2=\begin{vmatrix} 2a & 1 \\ a^2 & 2a \end{vmatrix}=3a^2$,命题 $D_n=(n+1)a^n$ 正确;

设 $n<k$ 时,命题正确.

当 $n=k$ 时,按第一列展开,得

$$D_k=a_{11}A_{11}+a_{21}A_{21}$$

$$=2a\begin{vmatrix} 2a & 1 & & & \\ a^2 & 2a & 1 & & \\ & a^2 & 2a & 1 & \\ & \ddots & \ddots & \ddots & \\ & & \ddots & \ddots & 1 \\ & & & a^2 & 2a \end{vmatrix}_{k-1}+a^2(-1)^{2+1}\begin{vmatrix} 1 & 0 & & & \\ a^2 & 2a & 1 & & \\ & a^2 & 2a & \ddots & \\ & & \ddots & \ddots & \\ & & \ddots & \ddots & 1 \\ & & & a^2 & 2a \end{vmatrix}_{k-1}$$

$$=2aD_{k-1}-a^2D_{k-2}$$

$$=2aka^{k-1}-a^2(k-1)a^{k-2}=(k+1)a^k$$

故命题正确.

证法二 化为上三角

$$|\boldsymbol{A}|=\begin{vmatrix} 2a & 1 & & & & \\ a^2 & 2a & 1 & & & \\ & a^2 & 2a & & & \\ & & \ddots & \ddots & & \\ & & & a^2 & 2a & 1 \\ & & & & a^2 & 2a \end{vmatrix}=\begin{vmatrix} 2a & 1 & & & \\ 0 & \frac{3}{2}a & 1 & & \\ & a^2 & 2a & \ddots & \\ & & \ddots & \ddots & 1 \\ & & & a^2 & 2a \end{vmatrix}$$

$$=\cdots=\begin{vmatrix} 2a & 1 & & & \\ 0 & \frac{3}{2}a & 1 & & \\ & 0 & \frac{4}{3}a & \ddots & \\ & & \ddots & \ddots & 1 \\ & & & a & \frac{(n+1)a}{n} \end{vmatrix}$$

$$=2a\cdot\frac{3}{2}a\cdot\frac{4}{3}a\cdots\frac{n+1}{n}a=(n+1)a^n.$$

解题要点:数学归纳法

(一)① 验证 $n=1$ 时,命题 f_n 正确,

② 假设 $n=k$ 时,命题 f_n 正确,

③ 证明 $n=k+1$ 时,命题 f_n 正确.

(二)① 验证 $n=1$ 和 $n=2$ 时命题 f_n 都正确,

② 假设 $n<k$ 时,命题 f_n 正确,

③ 证明 $n=k$ 时,命题 f_n 正确.

Ⅱ 行列式的性质及其展开

例 18 若 $\begin{vmatrix} \lambda-3 & 1 & -1 \\ 1 & \lambda-5 & 1 \\ -1 & 1 & \lambda-3 \end{vmatrix}=0$,则 $\lambda=$ ________.

分析 这是 λ 的三次方程,对于三次方程尽量用因式分解法求其根.

$$\begin{vmatrix} \lambda-3 & 1 & -1 \\ 1 & \lambda-5 & 1 \\ -1 & 1 & \lambda-3 \end{vmatrix}=\begin{vmatrix} \lambda-2 & 0 & 2-\lambda \\ 1 & \lambda-5 & 1 \\ -1 & 1 & \lambda-3 \end{vmatrix}$$

$$=\begin{vmatrix} \lambda-2 & 0 & 0 \\ 1 & \lambda-5 & 2 \\ -1 & 1 & \lambda-4 \end{vmatrix}$$

$$=(\lambda-2)\begin{vmatrix} \lambda-5 & 2 \\ 1 & \lambda-4 \end{vmatrix}$$

$$=(\lambda-2)(\lambda-3)(\lambda-6)$$

所以 λ 为 2、3 和 6.

本题的解法很多,例如

$$\begin{vmatrix}\lambda-3 & 1 & -1\\ 1 & \lambda-5 & 1\\ -1 & 1 & \lambda-3\end{vmatrix}=\begin{vmatrix}\lambda-3 & \lambda-3 & \lambda-3\\ 1 & \lambda-5 & 1\\ -1 & 1 & \lambda-3\end{vmatrix}=\begin{vmatrix}\lambda-3 & 0 & 0\\ 1 & \lambda-6 & 0\\ -1 & 2 & \lambda-2\end{vmatrix}$$

$$=(\lambda-3)(\lambda-6)(\lambda-2).$$

解题要点:对于特征多项式应两行(或列)加加减减,至多是三行(或列)的加加减减找出$\lambda-a$的公因式,然后再解一个二次方程,就可求出矩阵$\boldsymbol{A}$的三个特征值,这一类行列式的计算要掌握好.

例 19 已知$\boldsymbol{\alpha}_1,\boldsymbol{\alpha}_2,\boldsymbol{\alpha}_3,\boldsymbol{\beta},\boldsymbol{\gamma}$都是4维列向量,且$|\boldsymbol{\alpha}_1,\boldsymbol{\alpha}_2,\boldsymbol{\alpha}_3,\boldsymbol{\beta}|=a$,$|\boldsymbol{\beta}+\boldsymbol{\gamma},\boldsymbol{\alpha}_3,\boldsymbol{\alpha}_2,\boldsymbol{\alpha}_1|=b$,则$|2\boldsymbol{\gamma},\boldsymbol{\alpha}_1,\boldsymbol{\alpha}_2,\boldsymbol{\alpha}_3|=$________.

分析 $|\boldsymbol{\beta}+\boldsymbol{\gamma},\boldsymbol{\alpha}_3,\boldsymbol{\alpha}_2,\boldsymbol{\alpha}_1|$中第一列是两个数的和,用性质3可将其拆成两个行列式之和,再利用对换,提公因式等行列式性质作恒等变形,就有

$$|\boldsymbol{\beta}+\boldsymbol{\gamma},\boldsymbol{\alpha}_3,\boldsymbol{\alpha}_2,\boldsymbol{\alpha}_1|=|\boldsymbol{\beta},\boldsymbol{\alpha}_3,\boldsymbol{\alpha}_2,\boldsymbol{\alpha}_1|+|\boldsymbol{\gamma},\boldsymbol{\alpha}_3,\boldsymbol{\alpha}_2,\boldsymbol{\alpha}_1|=b,$$

$$|\boldsymbol{\beta},\boldsymbol{\alpha}_3,\boldsymbol{\alpha}_2,\boldsymbol{\alpha}_1|=|\boldsymbol{\alpha}_1,\boldsymbol{\alpha}_2,\boldsymbol{\alpha}_3,\boldsymbol{\beta}|=a,\text{又}\ |\boldsymbol{\gamma},\boldsymbol{\alpha}_3,\boldsymbol{\alpha}_2,\boldsymbol{\alpha}_1|=-|\boldsymbol{\gamma},\boldsymbol{\alpha}_1,\boldsymbol{\alpha}_2,\boldsymbol{\alpha}_3|,$$

于是

$$|2\boldsymbol{\gamma},\boldsymbol{\alpha}_1,\boldsymbol{\alpha}_2,\boldsymbol{\alpha}_3|=2(a-b)$$

解题要点:本题主要考察行列式的性质,注意解题技巧.

例 20 已知$\boldsymbol{A},\boldsymbol{B},\boldsymbol{C}$都是行列式值为2的3阶矩阵,则$D=\begin{vmatrix}0 & -\boldsymbol{A}\\ \left(\frac{2}{3}\boldsymbol{B}\right)^{-1} & \boldsymbol{C}\end{vmatrix}=$________.

分析 由公式

$$D=(-1)^{3\times3}|-\boldsymbol{A}|\cdot\left|\left(\frac{2}{3}\boldsymbol{B}\right)^{-1}\right|=-(-1)^3|\boldsymbol{A}|\left|\frac{3}{2}\boldsymbol{B}^{-1}\right|=2\cdot\left(\frac{3}{2}\right)^3|\boldsymbol{B}^{-1}|=\frac{27}{8}.$$

例 21 设矩阵$\boldsymbol{A}=\begin{bmatrix}2 & 1 & 0\\ 1 & 2 & 0\\ 0 & 0 & 1\end{bmatrix}$,矩阵$\boldsymbol{B}$满足$\boldsymbol{ABA}^*=2\boldsymbol{BA}^*+\boldsymbol{E}$,其中$\boldsymbol{A}^*$为$\boldsymbol{A}$的伴随矩阵,$\boldsymbol{E}$是单位矩阵,则$|\boldsymbol{B}|=$________.

分析 由于$|\boldsymbol{A}|=\begin{vmatrix}2 & 1 & 0\\ 1 & 2 & 0\\ 0 & 0 & 1\end{vmatrix}=3$,又$\boldsymbol{AA}^*=\boldsymbol{A}^*\boldsymbol{A}=|\boldsymbol{A}|\boldsymbol{E}$,则对矩阵方程右乘$\boldsymbol{A}$得

$$3\boldsymbol{AB}-6\boldsymbol{B}=\boldsymbol{A},\text{即}\ 3(\boldsymbol{A}-2\boldsymbol{E})\boldsymbol{B}=\boldsymbol{A}.$$

两端取行列式有$|3(\boldsymbol{A}-2\boldsymbol{E})|\cdot|\boldsymbol{B}|=|\boldsymbol{A}|=3$,即$27|\boldsymbol{A}-2\boldsymbol{E}|\cdot|\boldsymbol{B}|=3$.

因为
$$|\boldsymbol{A}-2\boldsymbol{E}|=\begin{vmatrix}0 & 1 & 0\\ 1 & 0 & 0\\ 0 & 0 & -1\end{vmatrix}=1,\text{所以}\ |\boldsymbol{B}|=\frac{1}{9}.$$

解题要点:本题的主要解题点在于对矩阵进行化简,注意左乘与右乘的技巧,在解题中常用到.

例 22 若$\begin{vmatrix}\lambda-a & -1 & -1\\ -1 & \lambda-a & 1\\ -1 & 1 & \lambda-a\end{vmatrix}=0$,则$\lambda=$________.

分析 把第二行加至第一行,第一行有公因式$\lambda-a-1$

$$\begin{vmatrix}\lambda-a & -1 & -1\\ -1 & \lambda-a & 1\\ -1 & 1 & \lambda-a\end{vmatrix}=\begin{vmatrix}\lambda-a-1 & \lambda-a-1 & 0\\ -1 & \lambda-a & 1\\ -1 & 1 & \lambda-a\end{vmatrix}$$

$$=\begin{vmatrix}\lambda-a-1 & 0 & 0\\ -1 & \lambda-a+1 & 1\\ -1 & 2 & \lambda-a\end{vmatrix}$$

$$=(\lambda-a-1)\begin{vmatrix}\lambda-a+1 & 1\\ 2 & \lambda-a\end{vmatrix}$$

$$=(\lambda-a-1)^2(\lambda-a+2)$$

所以λ为$a+1,a+1,a-2$.

解题要点:本题主要考行列式阵的简单运算.

例 23 设$\boldsymbol{A},\boldsymbol{B}$均为$n$阶矩阵，$|\boldsymbol{A}|=2$，$|\boldsymbol{B}|=-3$，则$|2\boldsymbol{A}^*\boldsymbol{B}^{\mathrm{T}}|=$________.

分析 由于$|k\boldsymbol{A}|=k^n|\boldsymbol{A}|$，$|\boldsymbol{AB}|=|\boldsymbol{A}|\cdot|\boldsymbol{B}|$，$|\boldsymbol{A}^*|=|\boldsymbol{A}|^{n-1}$，

$|\boldsymbol{A}^{\mathrm{T}}|=|\boldsymbol{A}|$，故

$|2\boldsymbol{A}^*\boldsymbol{B}^{\mathrm{T}}|=2^n|\boldsymbol{A}^*\boldsymbol{B}^{\mathrm{T}}|=2^n|\boldsymbol{A}^*|\cdot|\boldsymbol{B}^{\mathrm{T}}|=2^n|\boldsymbol{A}|^{n-1}|\boldsymbol{B}|=-3\cdot2^{2n-1}$.

解题要点:本题主要考察行列式的简单运算，虽然是抽象型行列式，但计算方程与数值型行列式一样.

例 24 设矩阵$\boldsymbol{A}=\begin{bmatrix}3&1&0\\1&1&0\\0&0&1\end{bmatrix}$，矩阵$\boldsymbol{B}$满足$\boldsymbol{A}^*\boldsymbol{BA}=3\boldsymbol{E}-\boldsymbol{BA}$，其中$\boldsymbol{E}$为单位矩阵，$\boldsymbol{A}^*$是$\boldsymbol{A}$的伴随矩阵，则$|\boldsymbol{B}^*|=$________.

分析 由于$\boldsymbol{AA}^*=|\boldsymbol{A}|\boldsymbol{E}$，易知本题$|\boldsymbol{A}|=2$，那么，对已知矩阵方程左乘$\boldsymbol{A}$，右乘$\boldsymbol{A}^{-1}$得

$$2\boldsymbol{B}=3\boldsymbol{E}-\boldsymbol{AB}$$

即有$(2\boldsymbol{E}+\boldsymbol{A})\boldsymbol{B}=3\boldsymbol{E}$.两边取行列式，有

$$|2\boldsymbol{E}+\boldsymbol{A}|\cdot|\boldsymbol{B}|=3^3,\text{又}\ |2\boldsymbol{E}+\boldsymbol{A}|=\begin{vmatrix}5&1&0\\1&3&0\\0&0&3\end{vmatrix}=42$$

故$|\boldsymbol{B}|=\dfrac{9}{14}$，从而$|\boldsymbol{B}^*|=\dfrac{81}{196}$.

解题要点:本题主要考察行列式的简单运算，注间左乘与右乘在行列式中的计算技巧.

例 25 已知$\boldsymbol{A}$是3阶矩阵，$\boldsymbol{\alpha}_1,\boldsymbol{\alpha}_2,\boldsymbol{\alpha}_3$是3维线性无关的列向量.且$\boldsymbol{A\alpha}_1=\boldsymbol{\alpha}_1+2\boldsymbol{\alpha}_3$，$\boldsymbol{A\alpha}_2=\boldsymbol{\alpha}_2+2\boldsymbol{\alpha}_3$，$\boldsymbol{A\alpha}_3=2\boldsymbol{\alpha}_1+2\boldsymbol{\alpha}_2-\boldsymbol{\alpha}_3$，则行列式$|\boldsymbol{A}|=$________.

分析 方法一:用行列式性质，利用分块矩阵，有

$\boldsymbol{A}(\boldsymbol{\alpha}_1,\boldsymbol{\alpha}_2,\boldsymbol{\alpha}_3)=(\boldsymbol{\alpha}_1+2\boldsymbol{\alpha}_3,\boldsymbol{\alpha}_2+2\boldsymbol{\alpha}_3,2\boldsymbol{\alpha}_1+2\boldsymbol{\alpha}_2-\boldsymbol{\alpha}_3)$

两边取行列式，并利用行列式乘法公式得

$$\begin{aligned}|\boldsymbol{A}|\cdot|\boldsymbol{\alpha}_1,\boldsymbol{\alpha}_2,\boldsymbol{\alpha}_3|&=|\boldsymbol{\alpha}_1+2\boldsymbol{\alpha}_3,\boldsymbol{\alpha}_2+2\boldsymbol{\alpha}_3,2\boldsymbol{\alpha}_1+2\boldsymbol{\alpha}_2-\boldsymbol{\alpha}_3|\\&=|\boldsymbol{\alpha}_1+2\boldsymbol{\alpha}_3,\boldsymbol{\alpha}_2+2\boldsymbol{\alpha}_3,-9\boldsymbol{\alpha}_3|\\&=-9|\boldsymbol{\alpha}_1+2\boldsymbol{\alpha}_3,\boldsymbol{\alpha}_2+2\boldsymbol{\alpha}_3,\boldsymbol{\alpha}_3|\\&=-9|\boldsymbol{\alpha}_1,\boldsymbol{\alpha}_2,\boldsymbol{\alpha}_3|\end{aligned}$$

因为$\boldsymbol{\alpha}_1,\boldsymbol{\alpha}_2,\boldsymbol{\alpha}_3$是3维线性无关的列向量，知行列式$|\boldsymbol{\alpha}_1,\boldsymbol{\alpha}_2,\boldsymbol{\alpha}_3|\neq0$

所以$|\boldsymbol{A}|=-9$

方法二:用相似，利用分块矩阵，有

$$\begin{aligned}\boldsymbol{A}(\boldsymbol{\alpha}_1,\boldsymbol{\alpha}_2,\boldsymbol{\alpha}_3)&=(\boldsymbol{\alpha}_1+2\boldsymbol{\alpha}_3,\boldsymbol{\alpha}_2+2\boldsymbol{\alpha}_3,2\boldsymbol{\alpha}_1+2\boldsymbol{\alpha}_2-\boldsymbol{\alpha}_3)\\&=(\boldsymbol{\alpha}_1,\boldsymbol{\alpha}_2,\boldsymbol{\alpha}_3)\begin{bmatrix}1&0&2\\0&1&2\\2&2&-1\end{bmatrix}\end{aligned}$$

令 $\boldsymbol{P}=(\boldsymbol{\alpha}_1,\boldsymbol{\alpha}_2,\boldsymbol{\alpha}_3)$，由于 $\boldsymbol{\alpha}_1,\boldsymbol{\alpha}_2,\boldsymbol{\alpha}_3$ 线性无关，知 $\boldsymbol{P}$ 为可逆矩阵. 从而

$$\boldsymbol{P}^{-1}\boldsymbol{AP}=\begin{bmatrix}1&0&2\\0&1&2\\2&2&-1\end{bmatrix}$$

据分析知
$$|\boldsymbol{A}|=\begin{vmatrix}1&0&2\\0&1&2\\2&2&-1\end{vmatrix}=-9.$$

方法三：用特征值. 据已知

$$\boldsymbol{A}(\boldsymbol{\alpha}_1+\boldsymbol{\alpha}_2+\boldsymbol{\alpha}_3)=3(\boldsymbol{\alpha}_1+\boldsymbol{\alpha}_2+\boldsymbol{\alpha}_3),$$
$$\boldsymbol{A}(\boldsymbol{\alpha}_1-\boldsymbol{\alpha}_2)=\boldsymbol{\alpha}_1-\boldsymbol{\alpha}_2.$$
$$\boldsymbol{A}(\boldsymbol{\alpha}_1+\boldsymbol{\alpha}_2-2\boldsymbol{\alpha}_3)=-3(\boldsymbol{\alpha}_1+\boldsymbol{\alpha}_2-2\boldsymbol{\alpha}_3),$$

由于 $\boldsymbol{\alpha}_1,\boldsymbol{\alpha}_2,\boldsymbol{\alpha}_3$ 线性无关，知

$$\boldsymbol{\alpha}_1+\boldsymbol{\alpha}_2+\boldsymbol{\alpha}_3\neq\boldsymbol{0},\boldsymbol{\alpha}_1-\boldsymbol{\alpha}_2\neq\boldsymbol{0},\boldsymbol{\alpha}_1+\boldsymbol{\alpha}_2-2\boldsymbol{\alpha}_3\neq\boldsymbol{0}$$

所以矩阵 $\boldsymbol{A}$ 的特征值是 $3,1,-3$. 据分析知

$$|\boldsymbol{A}|=3\cdot1\cdot(-3)=-9.$$

解题要点：本题主要考察抽象行列式的计算，注意中间的化简技巧，做题中经常用到，要学会举一反三.

例 26 设 $|\boldsymbol{A}|=\begin{vmatrix}1&1&2&-1\\-2&3&4&1\\3&4&1&2\\-4&2&0&6\end{vmatrix}$，则

(1) $A_{12}-2A_{22}+3A_{32}-4A_{42}=$ ________；

(2) $A_{31}+2A_{32}+A_{34}=$ ________.

分析 (1) 由于 $a_{11}=1,a_{21}=-2,a_{31}=3,a_{41}=-4$，则有

$$A_{12}-2A_{22}+3A_{32}-4A_{42}=a_{11}A_{12}+a_{21}A_{22}+a_{31}A_{32}+a_{41}A_{42}=0.$$

(2) 因为 A_{ij} 与元素 a_{ij} 的大小无关，可构造一个行列式（用 A_{3j} 的系数置换 $|\boldsymbol{A}|$ 第 3 行的元素），即

$$|\boldsymbol{B}|=\begin{vmatrix}1&1&2&-1\\-2&3&4&1\\\mathbf{1}&\mathbf{2}&\mathbf{0}&\mathbf{1}\\-4&2&0&6\end{vmatrix}$$

则行列式 $|\boldsymbol{A}|$ 与 $|\boldsymbol{B}|$ 第三行元素的代数余子式是一样的，一方面，对 $|\boldsymbol{B}|$ 按第三行展开有

$|\boldsymbol{B}|=\mathbf{1}\cdot A_{31}+\mathbf{2}A_{32}+\mathbf{0}\cdot A_{33}-\mathbf{1}\cdot A_{34}$

另一方面，对行列式 $|\boldsymbol{B}|$ 恒等变形，有

$$|\boldsymbol{B}|=\begin{vmatrix}1&1&2&-1\\-2&3&4&1\\1&2&0&1\\-4&2&0&6\end{vmatrix}=\begin{vmatrix}1&1&2&-1\\-4&1&0&3\\1&2&0&1\\-4&2&0&6\end{vmatrix}=2\begin{vmatrix}-4&1&3\\1&2&1\\-4&2&6\end{vmatrix}$$

$$=-40$$

所以,$A_{31}+2A_{32}+A_{34}=-40$.

解题要点: 本题主要考察对行列式代数余子式定义的掌握,将题中的等式转化为求解行列式代数余子式,注意此方法的应用.

例 27 设 $\boldsymbol{A}$ 为 m 阶方阵,$\boldsymbol{B}$ 为 n 阶方阵,且 $|\boldsymbol{A}|=a$,$|\boldsymbol{B}|=b$,$\boldsymbol{C}=\begin{bmatrix}\boldsymbol{O}&\boldsymbol{A}\\\boldsymbol{B}&\boldsymbol{O}\end{bmatrix}$,则 $|\boldsymbol{C}|=$ ________.

分析 由拉普拉斯展开式

$$|\boldsymbol{C}|=\begin{vmatrix}\boldsymbol{O}&\boldsymbol{A}\\\boldsymbol{B}&\boldsymbol{O}\end{vmatrix}=(-1)^{nm}|\boldsymbol{A}||\boldsymbol{B}|=(-1)^{mn}ab$$

所以应填 $(-1)^{mn}ab$.

解题要点: 本题主要考察抽象行列式的计算.

真题点睛

1 (2004) 设矩阵 $\boldsymbol{A}=\begin{bmatrix}2&1&0\\1&2&0\\0&0&1\end{bmatrix}$,矩阵 $\boldsymbol{B}$ 满足 $\boldsymbol{ABA}^*=2\boldsymbol{BA}^*+\boldsymbol{E}$,其中 $\boldsymbol{A}^*$ 为 $\boldsymbol{A}$ 的伴随矩阵,$\boldsymbol{E}$ 是单位矩阵,则 $|\boldsymbol{B}|=$ ________.

分析 由于 $\boldsymbol{AA}^*=\boldsymbol{A}^*\boldsymbol{A}=|\boldsymbol{A}|\boldsymbol{E}$,易见 $|\boldsymbol{A}|=3$,用 $\boldsymbol{A}$ 右乘矩阵方程的两端,有

$3\boldsymbol{AB}=6\boldsymbol{B}+\boldsymbol{A}\Rightarrow 3(\boldsymbol{A}-2\boldsymbol{E})\boldsymbol{B}=\boldsymbol{A}\Rightarrow 3^3|\boldsymbol{A}-2\boldsymbol{E}|\cdot|\boldsymbol{B}|=|\boldsymbol{A}|$.

又 $|\boldsymbol{A}-2\boldsymbol{E}|=\begin{vmatrix}0&1&0\\1&0&0\\0&0&-1\end{vmatrix}=1$,故 $|\boldsymbol{B}|=\dfrac{1}{9}$.

解题要点: 本题主要考察行列式的转换,注意构造技巧.

2 (2008) 设 n 元线性方程组 $\boldsymbol{Ax}=\boldsymbol{b}$,其中

$$\boldsymbol{A}=\begin{bmatrix}2a&1&&&&\\a^2&2a&1&&&\\&a^2&2a&1&&\\&&\ddots&\ddots&\ddots&\\&&&a^2&2a&1\\&&&&a^2&2a\end{bmatrix}_{n\times n},\boldsymbol{x}=\begin{bmatrix}x_1\\x_2\\\vdots\\x_n\end{bmatrix},\boldsymbol{b}=\begin{bmatrix}1\\0\\\vdots\\0\end{bmatrix}.$$

证明行列式 $|\boldsymbol{A}|=(n+1)a^n$.

证明 用数学归纳法,记 n 阶行列式 $|\boldsymbol{A}|$ 的值为 D_n.

当 $n=1$ 时，$D_1=2a$，命题正确；当 $n=2$ 时，$D_2=\begin{vmatrix}2a & 1\\ a^2 & 2a\end{vmatrix}=3a^2$，命题正确.

设 $n<k$ 时，$D_n=(n+1)a^n$，命题正确. 当 $n=k$ 时，按第一列展开，则有

$$D_k=2a\begin{vmatrix}2a & 1 & & & \\ a^2 & 2a & 1 & & \\ & a^2 & 2a & \ddots & \\ & & \ddots & \ddots & 1\\ & & & a^2 & 2a\end{vmatrix}_{k-1}+a^2(-1)^{2+1}\begin{vmatrix}1 & 0 & & & \\ a^2 & 2a & 1 & & \\ & a^2 & 2a & \ddots & \\ & & \ddots & \ddots & 1\\ & & & a^2 & 2a\end{vmatrix}_{k-1}$$

$$=2aD_{k-1}-a^2D_{k-2}=2a(ka^{k-1})-a^2[(k-1)a^{k-2}]=(k+1)a^k,$$

所以 $|\boldsymbol{A}|=(n+1)a^n$.

解题要点：注意数学归纳法的应用，证明题常用到.

3 (2005)设 $\boldsymbol{\alpha}_1,\boldsymbol{\alpha}_2,\boldsymbol{\alpha}_3$ 均为 3 维列向量，记矩阵

$\boldsymbol{A}=(\boldsymbol{\alpha}_1,\boldsymbol{\alpha}_2,\boldsymbol{\alpha}_3)$，$\boldsymbol{B}=(\boldsymbol{\alpha}_1+\boldsymbol{\alpha}_2+\boldsymbol{\alpha}_3,\boldsymbol{\alpha}_1+2\boldsymbol{\alpha}_2+4\boldsymbol{\alpha}_3,\boldsymbol{\alpha}_1+3\boldsymbol{\alpha}_2+9\boldsymbol{\alpha}_3)$

如果 $|\boldsymbol{A}|=1$，那么 $|\boldsymbol{B}|=$______.

分析 利用分块矩阵乘法

$$\boldsymbol{B}=(\boldsymbol{\alpha}_1,\boldsymbol{\alpha}_2,\boldsymbol{\alpha}_3)\begin{bmatrix}1 & 1 & 1\\ 1 & 2 & 3\\ 1 & 4 & 9\end{bmatrix}=\boldsymbol{AC}，其中\ \boldsymbol{C}=\begin{bmatrix}1 & 1 & 1\\ 1 & 2 & 3\\ 1 & 4 & 9\end{bmatrix}$$

那么，由行列式乘法公式及范德蒙行列式，即有

$|\boldsymbol{B}|=|\boldsymbol{A}|\cdot|\boldsymbol{C}|=1\cdot(2-1)(3-1)(3-2)=2.$

或者，利用行列式性质，有

$$\begin{aligned}|\boldsymbol{B}|&=|\boldsymbol{\alpha}_1+\boldsymbol{\alpha}_2+\boldsymbol{\alpha}_3,\boldsymbol{\alpha}_1+2\boldsymbol{\alpha}_2+4\boldsymbol{\alpha}_3,\boldsymbol{\alpha}_1+3\boldsymbol{\alpha}_2+9\boldsymbol{\alpha}_3|\\&=|\boldsymbol{\alpha}_1+\boldsymbol{\alpha}_2+\boldsymbol{\alpha}_3,\boldsymbol{\alpha}_2+3\boldsymbol{\alpha}_3,2\boldsymbol{\alpha}_2+8\boldsymbol{\alpha}_3|\\&=|\boldsymbol{\alpha}_1+\boldsymbol{\alpha}_2+\boldsymbol{\alpha}_3,\boldsymbol{\alpha}_2+3\boldsymbol{\alpha}_3,2\boldsymbol{\alpha}_3|\\&=2|\boldsymbol{\alpha}_1+\boldsymbol{\alpha}_2+\boldsymbol{\alpha}_3,\boldsymbol{\alpha}_2+3\boldsymbol{\alpha}_3,\boldsymbol{\alpha}_3|\\&=2|\boldsymbol{\alpha}_1+\boldsymbol{\alpha}_2,\boldsymbol{\alpha}_2,\boldsymbol{\alpha}_3|=2|\boldsymbol{\alpha}_1,\boldsymbol{\alpha}_2,\boldsymbol{\alpha}_3|=2|\boldsymbol{A}|=2.\end{aligned}$$

解题要点：本题主要考察对所给条件的转化，以及行列式的计算.

4 (2001)设行列式 $D=\begin{vmatrix}3 & 0 & 4 & 0\\ 2 & 2 & 2 & 2\\ 0 & -7 & 0 & 0\\ 5 & 3 & -2 & 2\end{vmatrix}$，

则第 4 行各元素余子式之和的值为______.

分析 本题主要考查余子式的概念及三阶行列式的计算，所谓 a_{ij} 的余子式 M_{ij}，就是把行列式 $|\boldsymbol{A}|$ 中划去 a_{ij} 所在的第 i 行与第 j 列后所得到的 $n-1$ 阶行列式，根据余子式的定义，即求

$$\begin{vmatrix}0 & 4 & 0\\ 2 & 2 & 2\\ -7 & 0 & 0\end{vmatrix}+\begin{vmatrix}3 & 4 & 0\\ 2 & 2 & 2\\ 0 & 0 & 0\end{vmatrix}+\begin{vmatrix}3 & 0 & 0\\ 2 & 2 & 2\\ 0 & -7 & 0\end{vmatrix}+\begin{vmatrix}3 & 0 & 4\\ 2 & 2 & 2\\ 0 & -7 & 0\end{vmatrix}$$

$=-7\cdot8+0+3\cdot14+(-7)(-1)^{3+2}(-2)=-28$

或者，转换为代数余子式来求解，即

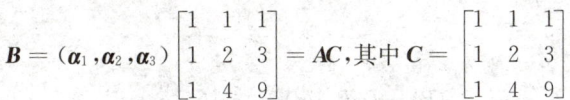

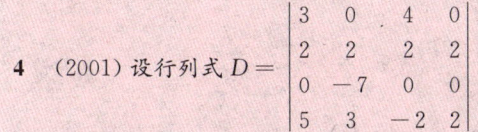

$$M_{41}+M_{42}+M_{43}+M_{44}=-A_{41}+A_{42}-A_{43}+A_{44}$$

$$=\begin{vmatrix}3&0&4&0\\2&2&2&2\\0&-7&0&0\\-1&1&-1&1\end{vmatrix}=(-7)(-1)^{3+2}\begin{vmatrix}3&4&0\\2&2&2\\-1&-1&1\end{vmatrix}=-28.$$

解题要点: 本题主要考察对定义的掌握,注意计算技巧.

5 (2013) 设 $A=(a_{ij})$ 是3阶非零矩阵,$|\mathbf{A}|$ 为 A 的行列式,A_{ij} 为 a_{ij} 的代数余子式,若 $a_{ij}+A_{ij}=0(i,j=1,2,3)$,则 $|\mathbf{A}|=$ ________.

分析 题设条件"$a_{ij}+A_{ij}=0$"即 $\mathbf{A}^{\mathrm{T}}=-\mathbf{A}^*$,于是 $|\mathbf{A}|=-|\mathbf{A}|^2$,可见 $|\mathbf{A}|$ 只可能是0或-1.又 $r(\mathbf{A})=r(\mathbf{A}^{\mathrm{T}})=r(-\mathbf{A}^*)=r(\mathbf{A}^*)$,则 $r(\mathbf{A})$ 只可能为3或0.而 $\mathbf{A}$ 为非零矩阵,因此 $r(\mathbf{A})$ 不能为0,从而 $r(\mathbf{A})=3$,$|\mathbf{A}|\neq 0$,$|\mathbf{A}|=-1$.

或,用特例法,取一个行列式为-1的正交矩阵满足 $\mathbf{A}^{\mathrm{T}}=-\mathbf{A}^*$.

解题要点: 本题主要考察代数余子式的性质,注意解题技巧.

6 (2014) 行列式 $\begin{vmatrix}0&a&b&0\\a&0&0&b\\0&c&d&0\\c&0&0&d\end{vmatrix}=$ ________.

(A) $(ad-bc)^2$　　(B) $-(ad-bc)^2$

(C) $a^2d^2-b^2c^2$　　(D) $b^2c^2-a^2d^2$.

分析 直接计算值.比较简单的方法为先交换2、3两行,再把第1列和第3列交换,

$$\begin{vmatrix}0&a&b&0\\a&0&0&b\\0&c&d&0\\c&0&0&d\end{vmatrix}=-\begin{vmatrix}0&a&b&0\\0&c&d&0\\a&0&0&b\\c&0&0&d\end{vmatrix}=\begin{vmatrix}b&a&0&0\\d&c&0&0\\0&0&a&b\\0&0&c&d\end{vmatrix}=-(ad-bc)^2.$$

因此选(B).

【评注】 对第一行展开也可以:

$$\begin{vmatrix}0&a&b&0\\a&0&0&b\\0&c&d&0\\c&0&0&d\end{vmatrix}=-a\begin{vmatrix}a&0&b\\0&d&0\\c&0&d\end{vmatrix}+b\begin{vmatrix}a&0&b\\0&c&0\\c&0&d\end{vmatrix}$$

$$=-ad(ad-bc)+bc(ad-bc)=-(ad-bc)^2.$$

也可用排除法做:4个选项都有 a^2d^2,b^2c^2,但前面的符号不同。(A)都是+,(B)都是-,(C)(D)都是+、-各一.观察完全展开式,它们的系数都是-,因此可排除(A)、(C)、(D),选(B).

解题要点: 本题主要考察行列式的计算,注意解题技巧.

课后习题全解

1. **解题过程** (1) $D=2\times(-4)\times3+1\times1\times8+0\times(-1)\times(-1)-1\times(-4)\times(-1)$

$-2\times(-1)\times 8-3\times 1\times 0$

$=-24+8-4+16=-4.$

(2)$D=abc+abc+abc-c^3-b^3-a^3$

$=3abc-a^3-b^3-c^3.$

(3)$D=bc^2+ca^2+ab^2-ba^2-ac^2-cb^2$

$=ca^2-ba^2-ac^2+abc-abc+ab^2+bc^2-cb^2$

$=a(ac-ab-c^2+bc)-b(ac-ab-c^2+bc)$

$=(a-b)(b-c)(c-a).$

(4)$D=3xy(x+y)-(x+y)^3-x^3-y^3$

$=-2(x^3+y^3).$

2. **分析** 弄明白公式:$t=t_1+t_2+\cdots+t_n$,其中 t_i 为在第 i 个位置的元素之前且比它大的元素的个数.

解题过程 (1) 逆序数为0

(2) 逆序数为4:4 1,4 3,4 2,3 2

(3) 逆序数为5:3 2,3 1,4 2,4 1,2 1

(4) 逆序数为3:2 1,4 1,4 3

(5) 逆序数为$\dfrac{n(n-1)}{2}$:

3 2　　1个

5 2,5 4　　2个

7 2,7 4,7 6　　3个

…　　…

$(2n-1)2,(2n-1)4,(2n-1)6,\cdots,(2n-1)(2n-2)$　　$(n-1)$个

(6) 逆序数为 $n(n-1)$:

3 2　　1个

5 2,5 4　　2个

…　　…

$(2n-1)2,(2n-1)4,\cdots,(2n-1)(2n-2)$　　$(n-1)$个

4 2　　1个

6 2,6 4　　2个

…　　…

$(2n)2,(2n)4,\cdots,(2n)(2n-2)$　　$(n-1)$个

3. **分析** 每项有4个元素来自四阶行列式的不同行(列). $p_1p_2p_3p_4$ 将1,2,3,4按次序全排列.

解题过程 由定义知,四阶行列式的一般项为$(-1)^t a_{1_{p_1}}a_{2_{p_2}}a_{3_{p_3}}a_{4_{p_4}}$,

其中 t 为 $p_1p_2p_3p_4$ 的逆序数.由于 $p_1=1,p_2=3$ 已固定,$p_1p_2p_3p_4$,只能形如13□□,即1324或1342.对应的 t 分别为 $0+0+1+0=1$ 或 $0+0+0+2=2$,故 $-a_{11}a_{23}a_{32}a_{44}$ 和 $a_{11}a_{23}a_{34}a_{42}$ 为所求.

4. **分析** 熟练掌握行列式的性质.

解题过程 (1)$D\xlongequal[c_4-7c_3]{c_2-c_3}\begin{vmatrix}4&-1&2&-10\\1&2&0&2\\10&3&2&-14\\0&0&1&0\end{vmatrix}$

$$=(-1)^{4+3}\begin{vmatrix}4&-1&-10\\1&2&2\\10&3&-14\end{vmatrix}$$

$$\xlongequal[\text{后 } c_2-2c_1]{\text{先 } c_3-c_2}\begin{vmatrix}4&-9&-9\\1&0&0\\10&-17&-17\end{vmatrix}$$

$$=(-1)^{2+1}\times(-9)\times(-17)\begin{vmatrix}1&1\\1&1\end{vmatrix}=0.$$

(2)$D\xlongequal[r_3-2r_1]{r_2+r_1}\begin{vmatrix}2&1&4&1\\5&0&6&2\\-3&0&-5&0\\5&0&6&2\end{vmatrix}$

$$=(-1)^{1+2}\begin{vmatrix}5&6&2\\-3&-5&0\\5&6&2\end{vmatrix}=0.$$

(3)$D\xlongequal[\frac{r_3}{f}]{\frac{r_1}{a},\frac{r_2}{d}}adf\begin{vmatrix}-b&c&e\\b&-c&e\\b&c&-e\end{vmatrix}$

$$\xlongequal[\frac{c_3}{e}]{\frac{c_1}{b},\frac{c_2}{c}}abcdef\begin{vmatrix}-1&1&1\\1&-1&1\\1&1&-1\end{vmatrix}$$

$$\xlongequal[r_3+r_1]{r_2+r_1}abcdef\begin{vmatrix}-1&1&1\\0&0&2\\0&2&0\end{vmatrix}$$

$$\xlongequal{r_2\leftrightarrow r_3}-abcdef\begin{vmatrix}-1&1&1\\0&2&0\\0&0&2\end{vmatrix}$$

$$=4abcdef.$$

(4)$D\xlongequal{r_2+r_3}\begin{vmatrix}1&1&1\\a+b+c&a+b+c&a+b+c\\b+c&c+a&a+b\end{vmatrix}$

$$=(a+b+c)\begin{vmatrix}1&1&1\\1&1&1\\b+c&c+a&a+b\end{vmatrix}=0;$$

$$(5)\ D \xlongequal{r_1+ar_2} \begin{vmatrix} 0 & 1+ab & a & 0 \\ -1 & b & 1 & 0 \\ 0 & -1 & c & 1 \\ 0 & 0 & -1 & d \end{vmatrix} \xlongequal{\text{按 } c_1 \text{ 展开}} (-1)(-1)^3 \begin{vmatrix} 1+ab & a & 0 \\ -1 & c & 1 \\ 0 & -1 & d \end{vmatrix}$$

$$\xlongequal{c_3+dc_2} \begin{vmatrix} 1+ab & a & ad \\ -1 & c & 1+cd \\ 0 & -1 & 0 \end{vmatrix} \xlongequal{\text{按 } r_3 \text{ 展开}} (-1)(-1)^5 \begin{vmatrix} 1+ab & ad \\ -1 & 1+cd \end{vmatrix}$$

$$=(1+ab)(1+cd)+ad=abcd+ab+cd+ad+1$$

$$(6)\ D \xlongequal[\substack{r_3-r_1 \\ r_4-r_1}]{r_2-r_1} \begin{vmatrix} 1 & 2 & 3 & 4 \\ 0 & 1 & 1 & -3 \\ 0 & 2 & -2 & -2 \\ 0 & -1 & -1 & -1 \end{vmatrix} \xlongequal[r_3 \div (-1)]{\text{按 } c_1 \text{ 展开}} - \begin{vmatrix} 1 & 1 & -3 \\ 2 & -2 & -2 \\ 1 & 1 & 1 \end{vmatrix}$$

$$\xlongequal{c_2-c_1} - \begin{vmatrix} 1 & 0 & -3 \\ 2 & -4 & -2 \\ 1 & 0 & 1 \end{vmatrix}$$

$$=4\begin{vmatrix} 1 & -3 \\ 1 & 1 \end{vmatrix}=16.$$

5. **解题过程** $(1)\ D \xlongequal{r_2+2r_3} \begin{vmatrix} x+1 & 2 & -1 \\ 0 & x+3 & 2x+3 \\ -1 & 1 & x+1 \end{vmatrix}$

$$\xlongequal{c_2+c_1} (x+3) \begin{vmatrix} x+1 & 1 & -1 \\ 0 & 1 & 2x+3 \\ -1 & 0 & x+1 \end{vmatrix}$$

$$\xlongequal{r_1-r_2} (x+3) \begin{vmatrix} x+1 & 0 & -2x-4 \\ 0 & 1 & 2x+3 \\ -1 & 0 & x+1 \end{vmatrix}$$

$$=(x+3)\begin{vmatrix} x+1 & -2x-4 \\ -1 & x+1 \end{vmatrix}$$

$$=(x+3)(x^2-3)=0$$

因此 $x_1=-3, x_2=\sqrt{3}, x_3=-\sqrt{3}$.

(2) 此行列式为范德蒙行列式。故此方程变为$(a-x)(b-x)(c-x)(b-a)(c-a)(c-b)=0$ 又 a、b、c 不相等，所以方程的根为 $x_1=a, x_2=b, x_3=c$.

6. **分析** (1) 灵活运用行列间变换的基本性质；(2) 利用拆分法使行列式中出现行(列)相等项，简化计算；(3) 消去每列中相同公因子；(4) 补全范德蒙德行列式形式，利用比较系数法求解；(5) 利用数学归纳法进行证明.

解题过程 (1) 左 $\xlongequal[\text{后 } c_2-c_3]{\text{先 } c_1-c_2} \begin{vmatrix} a^2-ab & ab-b^2 & b^2 \\ a-b & a-b & 2b \\ 0 & 0 & 1 \end{vmatrix}$

$$=(-1)^{3+3}\begin{vmatrix} a(a-b) & b(a-b) \\ a-b & a-b \end{vmatrix}$$

$$= (a-b)^2\begin{vmatrix} a & b \\ 1 & 1 \end{vmatrix}$$
$$= (a-b)^2(a-b)$$
$$= (a-b)^3 = \text{右}.$$

(2) 左 $\xlongequal{\text{按 } c_1 \text{ 拆分}} \begin{vmatrix} ax & ay+bz & az+bx \\ ay & az+bx & ax+by \\ az & ax+by & ay+bz \end{vmatrix} + \begin{vmatrix} by & ay+bz & az+bx \\ bz & az+bx & ax+by \\ bx & ax+by & ay+bz \end{vmatrix}$

$$\xlongequal[\text{第二项按 } c_2 \text{ 拆分}]{\text{第一项按 } c_3 \text{ 拆分}} a^2\begin{vmatrix} x & ay+bz & z \\ y & az+bx & x \\ z & ax+by & y \end{vmatrix} + 0 + 0 + b^2\begin{vmatrix} y & z & az+bx \\ z & x & ax+by \\ x & y & ay+bz \end{vmatrix}$$

$$\xlongequal[\text{第二项按 } c_3 \text{ 拆分}]{\text{第一项按 } c_2 \text{ 拆分}} a^3\begin{vmatrix} x & y & z \\ y & z & x \\ z & x & y \end{vmatrix} + 0 + 0 + b^3\begin{vmatrix} y & z & x \\ z & x & y \\ x & y & z \end{vmatrix}$$

$$= (a^3+b^3)\begin{vmatrix} x & y & z \\ y & z & x \\ z & x & y \end{vmatrix} = \text{右}.$$

(3) 左 $\xlongequal[c_3-c_2]{c_4-c_1} \begin{vmatrix} a^2 & (a+1)^2 & 2a+3 & 6a+9 \\ b^2 & (b+1)^2 & 2b+3 & 6b+9 \\ c^2 & (c+1)^2 & 2c+3 & 6c+9 \\ d^2 & (d+1)^2 & 2d+3 & 6d+9 \end{vmatrix} \xlongequal{\frac{c_4}{c_3}=3} 0 = \text{右}.$

($\frac{c_4}{c_3}=3$ 表示第 4 列与第 3 列的对应元素之比为 3)

(4) 考虑 5 阶范德蒙德行列式

$$f(x) = \begin{vmatrix} 1 & 1 & 1 & 1 & 1 \\ a & b & c & d & x \\ a^2 & b^2 & c^2 & d^2 & x^2 \\ a^3 & b^3 & c^3 & d^3 & x^3 \\ a^4 & b^4 & c^4 & d^4 & x^4 \end{vmatrix}$$

由于欲证的等式左边行列式 D_4 恰是辅助行列式 $f(x)$ 的元素 x^3 的余子式 M_{45}，即 $D_4 = M_{45} = -A_{45}$，而由 $f(x)=(x-a)(x-b)(x-c)(x-d)(d-a)(d-b)(d-c)(c-a)(c-b)(b-a)$ 知 x^3 的系数为 $A_{45} = -(a+b+c+d)(a-b)(a-c)(a-d)(b-c)(b-d)(c-d)$.

于是得:左 $= D_4 = -A_{45} = (a+b+c+d)(a-b)(a-c)(a-d)(b-c)(b-d)(c-d) = \text{右}$.

(5) 证一　左边按第 1 列展开，得

$$D = x\begin{vmatrix} x & -1 & 0 \\ 0 & x & -1 \\ a_1 & a_2 & a_3 \end{vmatrix} - a_0\begin{vmatrix} -1 & 0 & 0 \\ x & -1 & 0 \\ 0 & x & -1 \end{vmatrix}$$

$= x\left(x\begin{vmatrix} x & -1 \\ a_2 & a_3 \end{vmatrix} + a_1\begin{vmatrix} -1 & 0 \\ x & -1 \end{vmatrix}\right) + a_0$(对上式第 1 个行列式继续按第 1 列展开)

$= a_3x^3 + a_2x^2 + a_1x + a_0$;

证二　左边按最后一行展开，得

$$D=-a_0\begin{vmatrix}-1&0&0\\x&-1&0\\0&x&-1\end{vmatrix}+a_1\begin{vmatrix}x&0&0\\0&-1&0\\0&x&-1\end{vmatrix}$$

$$-a_2\begin{vmatrix}x&-1&0\\0&x&0\\0&0&-1\end{vmatrix}+a_3\begin{vmatrix}x&-1&0\\0&x&-1\\0&0&x\end{vmatrix}$$

$$=a_3x^3+a_2x^2+a_1x+a_0.$$

7. 分析　本题主要利用行列式行(列)间对换、行列式转置等性质。

解题过程　(1) 把 D 上下翻转，这实际上等价于总共经 $\frac{n(n-1)}{2}$ 次相邻行的对换：从第 n 行开始，第 n 行经 $n-1$ 次相邻行对换换到第 1 行，原始的第 $n-1$ 行经 $n-2$ 次对换换到第 2 行，…，原始的第 2 行经 1 次对换换到第 $n-1$ 行，此时原始的第 1 行才成为第 n 行，因此，由 D 变为 D_1，总共改变了 $(n-1)+(n-2)+\cdots+2+1=\frac{n(n-1)}{2}$ 次符号，或说由 D_1 变回到原来的 D，总共改变了 $\frac{n(n-1)}{2}$ 次符号，故 $D_1=(-1)^{\frac{n(n-1)}{2}}D$.

(2) 把 D 逆时针旋转 $90°$，这实际上等价于把 D 的转置行列式 D^{T} 上下翻转，由(1)知 $D_2=(-1)^{\frac{n(n-1)}{2}}D^{\mathrm{T}}$，又因 $D^{\mathrm{T}}=D$，故得证 $D_2=(-1)^{\frac{n(n-1)}{2}}D$.

(3) 把 D 依副对角线翻转，这实际上等价于先把 D 逆时针旋转 $90°$ 变为 D_2，然后把 D_2 左右翻转而成为 D_3，同(1)之理，由 D_2 变为 D_3，总共改变了 $\frac{n(n-1)}{2}$ 次符号，从而 $D_3=(-1)^{\frac{n(n-1)}{2}}D_2$，故

$$D_3=(-1)^{\frac{n(n-1)}{2}}(-1)^{\frac{n(n-1)}{2}}D=(-1)^{n(n-1)}D=D.$$

小结　此题难点在于搞清行列式是如何一步步改变的和每一次转变行列式符号的变化.

8. 分析　(1) 略；(2) 行列式中每行(列)元素和相等，可加到第一行(列)简化计算；(3) 利用范德蒙德行列式结果；(4) 注意下标及每个元素所处的位置；(5) 略；(6) 由于相同元素 1 较多，可化为 0 元素简化计算.

解题过程　(1) 化 D_n 为上三角形行列式

$$D_n\xlongequal{r_n+r_1}\begin{vmatrix}a&&1\\&\ddots&\\a+1&&a+1\end{vmatrix}$$

$$\xlongequal{c_1-c_n}\begin{vmatrix}a-1&&1\\&\ddots&\\0&&a+1\end{vmatrix}=a^{n-2}(a^2-1),$$

(2) 把 D_n 按第 1 列拆成两个行列式，可得递推公式：

$$D_n=\begin{vmatrix} x-a & a & \cdots & a \\ 0 & x & \cdots & a \\ \vdots & \vdots & \vdots & \vdots \\ 0 & a & \cdots & x \end{vmatrix}+\begin{vmatrix} a & a & \cdots & a \\ a & x & \cdots & a \\ \vdots & \vdots & \vdots & \vdots \\ a & a & \cdots & x \end{vmatrix}$$

$$\begin{aligned}&=(x-a)D_{n-1}+a(x-a)^{n-1}\\&=(x-a)[(x-a)D_{n-2}+a(x-a)^{n-2}]+a(x-a)^{n-1}\\&=(x-a)^2D_{n-2}+2a(x-a)^{n-1}\\&=\cdots\cdots\\&=(x-a)^{n-1}D_1+(n-1)a(x-a)^{n-1}\\&=(x-a)^{n-1}[x+(n-1)a].\end{aligned}$$

(3) 第 $n+1$ 行经过 n 次相邻对换换到第1行，第 n 行经 $(n-1)$ 次相邻对换换到第2行，…，经 $n+(n-1)+\cdots+1=\dfrac{n(n+1)}{2}$ 次行交换，得

$$D_{n+1}=(-1)^{\frac{n(n+1)}{2}}\begin{vmatrix} 1 & 1 & \cdots & 1 \\ a & a-1 & \cdots & a-n \\ \vdots & \vdots & \vdots & \vdots \\ a^{n-1} & (a-1)^{n-1} & \cdots & (a-n)^{n-1} \\ a^n & (a-1)^n & \cdots & (a-n)^n \end{vmatrix}$$

此行列式为范德蒙德行列式

$$D_{n+1}=(-1)^{\frac{n(n+1)}{2}}\prod_{n+1\geqslant i>j\geqslant 1}(j-i)=\prod_{n+1\geqslant i>j\geqslant 1}(i-j).$$

(4) 用递推法.

$$D_{2n}\xlongequal[c_2\leftrightarrow c_{2n}]{r_2\leftrightarrow r_{2n}}\left|\begin{array}{cc:c} a_n & b_n & \\ & & 0 \\ c_n & d_n & \\ \hdashline & 0 & D_{2(n-1)} \end{array}\right|=(a_nd_n-b_nc_n)D_{2(n-1)}.$$

即有递推公式 $D_{2n}=(a_nd_n-b_nc_n)D_{2(n-1)}$.

另一方面，$D_2=\begin{vmatrix} a_1 & b_1 \\ c_1 & d_1 \end{vmatrix}=a_1d_1-b_1c_1$，利用这些结果，递推得

$$D_{2n}=(a_nd_n-b_nc_n)\cdots(a_1d_1-b_1c_1)=\prod_{i=1}^{n}(a_id_i-b_ic_i).$$

(5) 把所有的行(第一行除外)都加到第一行，并提取第一行的公因子，得

$$D_n=(1+a_1+a_2+\cdots+a_n)\begin{vmatrix} 1 & 1 & \cdots & 1 \\ a_2 & 1+a_2 & \cdots & a_2 \\ \vdots & \vdots & & \vdots \\ a_n & a_n & \cdots & 1+a_n \end{vmatrix}$$

$$\xlongequal[\substack{\cdots\\ c_n-c_1}]{c_2-c_1}(1+a_1+a_2+\cdots+a_n)\begin{vmatrix} 1 & 0 & \cdots & 0 \\ a_2 & 1 & \cdots & 0 \\ \vdots & \vdots & & \vdots \\ a_n & 0 & \cdots & 1 \end{vmatrix}$$

$$=1+a_1+a_2+\cdots+a_n$$

(6) $D_n=\begin{vmatrix} 0 & 1 & 2 & 3 & \cdots & n-1 \\ 1 & 0 & 1 & 2 & \cdots & n-2 \\ 2 & 1 & 0 & 1 & \cdots & n-3 \\ \vdots & \vdots & \vdots & \vdots & \vdots & \vdots \\ n-1 & n-2 & n-3 & n-4 & \cdots & 0 \end{vmatrix}$

$$\xlongequal[i=1,2,\cdots,n-1]{\text{依次 } r_i-r_{i+1}}\begin{vmatrix} -1 & 1 & 1 & \cdots & 1 & 1 \\ -1 & -1 & 1 & \cdots & 1 & 1 \\ -1 & -1 & -1 & \cdots & 1 & 1 \\ \vdots & \vdots & \vdots & \vdots & \vdots & \vdots \\ -1 & -1 & -1 & \cdots & -1 & 1 \\ n-1 & n-2 & n-3 & \cdots & 1 & 0 \end{vmatrix}$$

$$\xlongequal[j=2,3,\cdots,n]{\text{依次 } c_j+c_1}\begin{vmatrix} -1 & 0 & 0 & & 0 & 0 \\ -1 & -2 & 0 & \cdots & 0 & 0 \\ -1 & -2 & -2 & \cdots & 0 & 0 \\ \vdots & \vdots & \vdots & \vdots & \vdots & \vdots \\ -1 & -2 & -2 & \cdots & -2 & 0 \\ n-1 & 2n-3 & 2n-4 & \cdots & n & n-1 \end{vmatrix}$$

$$=(-1)^{n-1}(n-1)2^{n-2}.$$

(7) 将原行列式化为上三角形行列式.为此,从第 2 行起,各行均减去第 1 行,得

$$D_n\xlongequal[i=2,\cdots,n]{r_i-r_1}\begin{vmatrix} 1+a_1 & 1 & \cdots & 1 \\ -a_1 & a_2 & & \\ \vdots & & \ddots & \\ -a_1 & & & a_n \end{vmatrix}\xlongequal[i=2,\cdots,n]{c_1+\frac{a_1}{a_i}c_i}\begin{vmatrix} b & 1 & \cdots & 1 \\ 0 & a_2 & & \\ \vdots & & \ddots & \\ 0 & & & a_n \end{vmatrix}$$

其中
$$b=1+a_1+a_1\sum_{i=2}^{n}\frac{1}{a_i}=a_1\Big(1+\sum_{i=1}^{n}\frac{1}{a_i}\Big).$$

于是
$$D_n=a_1\cdots a_n\Big(1+\sum_{i=1}^{n}\frac{1}{a_i}\Big).$$

9. 解题过程 反向套用行列式的展开定理

$$A_{31}+3A_{32}-2A_{33}+2A_{34}=\begin{vmatrix} 3 & 1 & -1 & 2 \\ -5 & 1 & 3 & -4 \\ 1 & 3 & -2 & 2 \\ 1 & -5 & 3 & -3 \end{vmatrix}=24$$

第二章 矩阵及其运算

本章知识结构网络

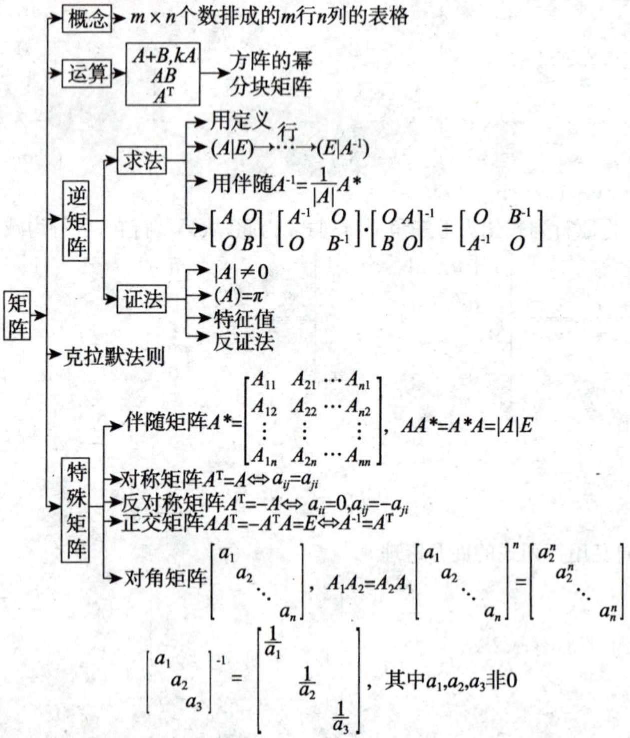

本章知识要点

矩阵是线性代数的核心内容,它贯彻线性代数的始终.复习时要引起考生足够的重视,概念要清晰,符号要习惯,运算要正确、迅速、简捷.

(1) 理解矩阵的概念，了解几种特殊矩阵(单位矩阵、对角矩阵、数量矩阵、三角矩阵、对称矩阵、及正交矩阵) 的定义及性质.

(2) 掌握矩阵运算(加、减、数乘、乘法) 及其运算规律，掌握矩阵转置的性质，掌握行列式乘法公式，了解方阵的幂.

(3) 理解逆矩阵的概念，掌握矩阵可逆的充要条件，掌握可逆矩阵的性质，理解伴随矩阵的概念，会用伴随矩阵求矩阵的逆.

(4) 了解分块矩阵的概念，掌握分块矩阵的运算.

(5) 会应用克拉默法则求解问题.

知识点归纳

一、矩阵的概念

$m \times n$ 个数排成如下 m 行 n 列的一个表格

$$\begin{bmatrix} a_{11} & a_{12} & \cdots & a_{1n} \\ a_{21} & a_{22} & \cdots & a_{2n} \\ \vdots & \vdots & & \vdots \\ a_{m1} & a_{m2} & \cdots & a_{mn} \end{bmatrix}$$

称为是一个 $m \times n$ 矩阵，当 $m = n$ 时，矩阵 $\boldsymbol{A}$ 称为 $\boldsymbol{n}$ 阶矩阵或叫 $\boldsymbol{n}$ 阶方阵.

如果一个矩阵的所有元素都是 0，即

$$\begin{bmatrix} 0 & 0 & \cdots & 0 \\ 0 & 0 & \cdots & 0 \\ \vdots & \vdots & & \vdots \\ 0 & 0 & \cdots & 0 \end{bmatrix}$$

则称这个矩阵是零矩阵，可简记为 $\boldsymbol{O}$.

两个矩阵 $\boldsymbol{A} = [a_{ij}]_{m\times n}$，$\boldsymbol{B} = [b_{ij}]_{s\times t}$，如果 $m = s, n = t$，则称 $\boldsymbol{A}$ 与 $\boldsymbol{B}$ 是同型矩阵.

两个同型矩阵 $\boldsymbol{A} = [a_{ij}]_{m\times n}$，$\boldsymbol{B} = [b_{ij}]_{m\times n}$，如果对应的元素都相等，即 $a_{ij} = b_{ij}\,(i = 1,2,\cdots,m; j = 1,2,\cdots,n)$，则称矩阵 $\boldsymbol{A}$ 与 $\boldsymbol{B}$ 相等，记作 $\boldsymbol{A} = \boldsymbol{B}$.

二、矩阵的运算

1. 矩阵的加法

(1) 定义

设有两个 $m \times n$ 矩阵 $\boldsymbol{A} = (a_{ij})$ 和 $\boldsymbol{B} = (b_{ij})$，则矩阵 $\boldsymbol{A}$ 与 $\boldsymbol{B}$ 的和记作 $\boldsymbol{A} + \boldsymbol{B}$，规定为

$$\boldsymbol{A} + \boldsymbol{B} = \begin{bmatrix} a_{11} + b_{11} & a_{12} + b_{12} & \cdots & a_{1n} + b_{1n} \\ a_{21} + b_{21} & a_{22} + b_{22} & \cdots & a_{2n} + b_{2n} \\ \vdots & \vdots & & \vdots \\ a_{m1} + b_{m1} & a_{m2} + b_{m2} & \cdots & a_{mn} + b_{mn} \end{bmatrix}$$

温馨提示　只有当两个矩阵是同型矩阵时，这两个矩阵才能进行加法运算.

(2) 性质

矩阵加法满足以下运算规律（设 $\boldsymbol{A},\boldsymbol{B},\boldsymbol{C}$ 都是 $m\times n$ 矩阵），

①$\boldsymbol{A}+\boldsymbol{B}=\boldsymbol{B}+\boldsymbol{A}$；②$(\boldsymbol{A}+\boldsymbol{B})+\boldsymbol{C}=\boldsymbol{A}+(\boldsymbol{B}+\boldsymbol{C})$.

(3) 负矩阵

设矩阵 $\boldsymbol{A}=(a_{ij})$，记 $-\boldsymbol{A}=(-a_{ij})$，$-\boldsymbol{A}$ 称为矩阵 $\boldsymbol{A}$ 的负矩阵.

矩阵的减法规定为 $\boldsymbol{A}-\boldsymbol{B}=\boldsymbol{A}+(-\boldsymbol{B})$.

2. 数与矩阵相乘

(1) 定义

数 λ 与矩阵 $\boldsymbol{A}$ 的乘积记作 $\lambda\boldsymbol{A}$ 或 $\boldsymbol{A}\lambda$，规定为

$$\lambda\boldsymbol{A}=\boldsymbol{A}\lambda=\begin{bmatrix}\lambda a_{11} & \lambda a_{12} & \cdots & \lambda a_{1n}\\ \lambda a_{21} & \lambda a_{22} & \cdots & \lambda a_{2n}\\ \vdots & \vdots & & \vdots\\ \lambda a_{m1} & \lambda a_{m2} & \cdots & \lambda a_{mn}\end{bmatrix}.$$

(2) 性质

数乘矩阵满足下列运算（设 $\boldsymbol{A},\boldsymbol{B}$ 均是 $m\times n$ 矩阵，λ,μ 为常数）：

①$(\lambda\mu)\boldsymbol{A}=\lambda(\mu\boldsymbol{A})$；②$(\lambda+\mu)\boldsymbol{A}=\lambda\boldsymbol{A}+\mu\boldsymbol{A}$；③$\lambda(\boldsymbol{A}+\boldsymbol{B})=\lambda\boldsymbol{A}+\lambda\boldsymbol{B}$.

温馨提示　矩阵相加与数乘矩阵都称为矩阵的线性运算.

3. 矩阵的乘法

(1) 定义

设 $\boldsymbol{A}=(a_{ij})$ 是一个 $m\times s$ 矩阵，$\boldsymbol{B}=(b_{ij})$ 是一个 $s\times n$ 矩阵，那么规定矩阵 $\boldsymbol{A}$ 与矩阵 $\boldsymbol{B}$ 的乘积是一个 $m\times n$ 矩阵 $\boldsymbol{C}=(c_{ij})$，其中 $c_{ij}=a_{i1}b_{1j}+a_{i2}b_{2j}+\cdots+a_{is}b_{sj}=\sum_{k=1}^{s}a_{ik}b_{kj}(i=1,2,\cdots,m;j=1,2,\cdots,n)$，并把此乘积记作 $\boldsymbol{C}=\boldsymbol{AB}$.

温馨提示　①在矩阵的乘法中必须注意矩阵相乘的顺序，$\boldsymbol{AB}$ 是 $\boldsymbol{A}$ 左乘 $\boldsymbol{B}$ 的乘积，$\boldsymbol{BA}$ 是 $\boldsymbol{A}$ 右乘 $\boldsymbol{B}$ 的乘积，$\boldsymbol{AB}$ 有意义时，$\boldsymbol{BA}$ 可以没有意义，$\boldsymbol{AB}$ 和 $\boldsymbol{BA}$ 都有意义时，一般 $\boldsymbol{AB}\neq\boldsymbol{BA}$. ② 对于 n 阶方阵 $\boldsymbol{A}$ 和 $\boldsymbol{B}$，若 $\boldsymbol{AB}=\boldsymbol{BA}$，则称方阵 $\boldsymbol{A}$ 与 $\boldsymbol{B}$ 是可交换的.

(2) 性质

矩阵乘法满足以下运算规律：

① 结合律 $(\boldsymbol{AB})\boldsymbol{C}=\boldsymbol{A}(\boldsymbol{BC})$；② 分配律 $\boldsymbol{A}(\boldsymbol{B}+\boldsymbol{C})=\boldsymbol{AB}+\boldsymbol{AC}$，$(\boldsymbol{B}+\boldsymbol{C})\boldsymbol{A}=\boldsymbol{BA}+\boldsymbol{CA}$.

温馨提示　对于分配律中等式左端 $\boldsymbol{A}$ 是左（右）乘，等式右端 $\boldsymbol{A}$ 也是左（右）乘.

4. 矩阵的幂

(1) 纯量阵

矩阵 $\lambda E = \begin{pmatrix} \lambda & & & & 0 \\ & \lambda & & & \\ & & \ddots & & \\ & & & \ddots & \\ 0 & & & & \lambda \end{pmatrix}$ 称为纯量阵.

温馨提示 纯量阵与任何同阶方阵都是可交换的.

(2) 矩阵的幂

对于 n 阶方阵 A,定义 $A^k = \underbrace{A \cdot A \cdot A \cdot \cdots \cdot A}_{k个}$,$k$ 为正整数.

方阵的幂满足以下运算律:$A^kA^l = A^{k+l}$;$(A^k)^l = A^{kl}$.

温馨提示 因为矩阵乘法一般不满足交换律,所以对于两个 n 阶矩阵 A 与 B,一般说来 $(AB)^k \neq A^kB^k$,只有当 A 与 B 可交换时,才有 $(AB)^k = A^kB^k$.

5. **矩阵的转置**

(1) 定义

把矩阵 A 的行换成同序数的列得到一个新矩阵,叫做 A 的转置矩阵,记作 A^T.

(2) 性质

①$(A^T)^T = A$;②$(A+B)^T = A^T + B^T$;③$(\lambda A)^T = \lambda A^T$;④$(AB)^T = B^TA^T$.

温馨提示 矩阵转置的性质要特别注意 $(AB)^T \neq A^TB^T$,而是 $(AB)^T = B^TA^T$.

当 A 为 n 阶方阵时,如果 $A^T = A$,那么 A 称为对称矩阵,如果 $A^T = -A$,那么 A 称为反对称矩阵.

6. **方阵的行列式**

(1) 定义

由 n 阶方阵 A 的元素所构成的行列式(各元素位置不变)称为方阵 A 的行列式,记作 $|A|$ 或 $\det A$.

(2) 性质

$$|A^T| = |A|;\ |\lambda A| = \lambda^n |A|;\ |AB| = |A||B|.$$

温馨提示 方阵和行列式是两个不同的概念,n 阶方阵是 n^2 个数按一定的方式排成的数表,而 n 阶行列式则是这些数按一定的运算法则所确定的一个数.

三、可逆矩阵

1. **定义**

设 A 是 n 阶矩阵,如果存在 n 阶矩阵 H,使得 $AH = E$,$HA = E$,则称 A 为可逆矩阵. 此时 H 是唯一的,称为 A 的逆矩阵,记作 A^{-1}.

2. **矩阵可逆性的判别：**

n 阶矩阵 $\boldsymbol{A}$ 可逆 $\Leftrightarrow |\boldsymbol{A}| \neq 0$.

$\Leftrightarrow \boldsymbol{AX} = \boldsymbol{\beta}$ 唯一解；$\boldsymbol{AX} = \boldsymbol{0}$ 只有零解.

$\Leftrightarrow r(\boldsymbol{A}) = n$.

$\Leftrightarrow 0$ 不是 $\boldsymbol{A}$ 的特征值.

3. **可逆矩阵的作用**

① 如果 $\boldsymbol{A}$ 可逆，则 $\boldsymbol{A}$ 在乘法中有消去律

$\boldsymbol{AB} = \boldsymbol{0} \Rightarrow \boldsymbol{B} = \boldsymbol{0}, \boldsymbol{AB} = \boldsymbol{AC} \Rightarrow \boldsymbol{B} = \boldsymbol{C}$.（左消去律）；

$\boldsymbol{BA} = \boldsymbol{0} \Rightarrow \boldsymbol{B} = \boldsymbol{0}, \boldsymbol{BA} = \boldsymbol{CA} \Rightarrow \boldsymbol{B} = \boldsymbol{C}$.（右消去律）.

② 等式两边都在同侧乘一个可逆矩阵是恒等变形，如果 $\boldsymbol{A}$ 可逆

$\boldsymbol{AB} = \boldsymbol{AC} \Rightarrow \boldsymbol{B} = \boldsymbol{C}; \boldsymbol{BA} = \boldsymbol{CA} \Rightarrow \boldsymbol{B} = \boldsymbol{C}$.

③ 乘法中保持秩：如果 $\boldsymbol{A}$ 可逆，$r(\boldsymbol{AB}) = r(\boldsymbol{B}), r(\boldsymbol{BA}) = r(\boldsymbol{B})$.

4. **可逆矩阵的性质**

① 如果 $\boldsymbol{A}$ 和 $\boldsymbol{B}$ 都是 n 阶矩阵，则 $\boldsymbol{AB} = \boldsymbol{E} \Leftrightarrow \boldsymbol{BA} = \boldsymbol{E}$.

即只要 $\boldsymbol{AB} = \boldsymbol{E}$，则 $\boldsymbol{A}$ 和 $\boldsymbol{B}$ 都可逆并且互为逆矩阵.

② 对于两个 n 阶矩阵 $\boldsymbol{A}$ 和 $\boldsymbol{B}$.

$\boldsymbol{A}$ 和 $\boldsymbol{B}$ 都可逆 $\Leftrightarrow \boldsymbol{AB}$ 可逆，并且 $(\boldsymbol{AB})^{-1} = \boldsymbol{B}^{-1}\boldsymbol{A}^{-1}$.

③ 如果 $\boldsymbol{A}$ 可逆，则 $\boldsymbol{A}^{-\mathrm{T}}, c\boldsymbol{A}(c \neq 0)$ 和 $\boldsymbol{A}^k$ 都可逆，并且

$$(\boldsymbol{A}^{\mathrm{T}})^{-1} = (\boldsymbol{A}^{-1})^{\mathrm{T}}, (c\boldsymbol{A})^{-1} = c^{-1}\boldsymbol{A}^{-1}, (\boldsymbol{A}^k)^{-1} = (\boldsymbol{A}^{-1})^k.$$

5. **逆矩阵的计算**

① 初等变换法，$\boldsymbol{A}^{-1}$ 就是矩阵方程 $\boldsymbol{AX} = \boldsymbol{E}$ 的解. 于是得到计算 $\boldsymbol{A}^{-1}$ 的初等变换法.

$(\boldsymbol{A} \mid \boldsymbol{E}) \Rightarrow (\boldsymbol{E} \mid \boldsymbol{A}^{-1})$

② 伴随矩阵法：$\boldsymbol{A}^{-1} = \dfrac{\boldsymbol{A}^*}{|\boldsymbol{A}|}$.

【注】伴随矩阵法计算量大，当阶数大于 2 时建议不要用.

6. **几个常见矩阵的逆矩阵**

① 对角矩阵可逆 $\Leftrightarrow$ 对角线上元素都不为 0. 其逆矩阵也是对角矩阵，只用把每个对角线元素变为偶数.

② 初等矩阵都是可逆矩阵，并且

$$\boldsymbol{E}(i,j)^{-1} = \boldsymbol{E}(i,j), \boldsymbol{E}(i(c))^{-1} = \boldsymbol{E}(i(c^{-1})), \boldsymbol{E}(i,j(-c))^{-1} = \boldsymbol{E}(i,j(-c)).$$

③ 如果 $\boldsymbol{A}$ 和 $\boldsymbol{B}$ 是两个 n 阶可逆矩，则分块矩阵 $\begin{pmatrix} \boldsymbol{A} & 0 \\ 0 & \boldsymbol{B} \end{pmatrix}$ 和 $\begin{pmatrix} 0 & \boldsymbol{A} \\ \boldsymbol{B} & \boldsymbol{0} \end{pmatrix}$ 都可逆，并且

$$\begin{pmatrix} \boldsymbol{A} & \boldsymbol{0} \\ \boldsymbol{0} & \boldsymbol{B} \end{pmatrix}^{-1} = \begin{pmatrix} \boldsymbol{A}^{-1} & \boldsymbol{0} \\ \boldsymbol{0} & \boldsymbol{B}^{-1} \end{pmatrix}; \begin{pmatrix} \boldsymbol{0} & \boldsymbol{A} \\ \boldsymbol{B} & \boldsymbol{0} \end{pmatrix}^{-1} = \begin{pmatrix} \boldsymbol{0} & \boldsymbol{B}^{-1} \\ \boldsymbol{A}^{-1} & \boldsymbol{0} \end{pmatrix}$$

四、克拉默法则

对于 n 个方程 n 个未知数的线性方程组 $\begin{cases} a_{11}x_1 + a_{12}x_2 + \cdots + a_{1n}x_n = b_1, \\ a_{21}x_1 + a_{22}x_2 + \cdots + a_{2n}x_n = b_2, \\ \cdots\cdots\cdots\cdots \\ a_{n1}x_1 + a_{n2}x_2 + \cdots + a_{nn}x_n = b_n, \end{cases}$

如果系数行列式 $D=|A|\neq 0$,则方程组有唯一解,即

$$x_1=\frac{D_1}{D},x_2=\frac{D_2}{D},\cdots,x_n=\frac{D_n}{D},$$

其中 D_j 是把 D 是 x_j 的系数换成常数项.

推论 1 若齐次线性方程组

$$\begin{cases}a_{11}x_1+a_{12}x_2+\cdots+a_{1n}x_n=b_1,\\a_{21}x_1+a_{22}x_2+\cdots+a_{2n}x_n=b_2,\\\cdots\cdots\\a_{n1}x_1+a_{n2}x_2+\cdots+a_{nn}x_n=b_n,\end{cases}$$

的系数行列式不为 0,则方程组只有零解.

推论 2 若齐次线性方程组

$$\begin{cases}a_{11}x_1+a_{12}x_2+\cdots+a_{1n}x_n=b_1,\\a_{21}x_1+a_{22}x_2+\cdots+a_{2n}x_n=b_2,\\\cdots\cdots\\a_{n1}x_1+a_{n2}x_2+\cdots+a_{nn}x_n=b_n,\end{cases}$$

有非 0 解,则系数行列式 $|\boldsymbol{A}|=0$.

五、矩阵分块法

对分块矩阵存在以下公式

(1) $\begin{bmatrix}\boldsymbol{A}_1&\boldsymbol{A}_2\\\boldsymbol{A}_3&\boldsymbol{A}_4\end{bmatrix}+\begin{bmatrix}\boldsymbol{B}_1&\boldsymbol{B}_2\\\boldsymbol{B}_3&\boldsymbol{B}_4\end{bmatrix}=\begin{bmatrix}\boldsymbol{A}_1+\boldsymbol{B}_1&\boldsymbol{A}_2+\boldsymbol{B}_2\\\boldsymbol{A}_3+\boldsymbol{B}_3&\boldsymbol{A}_4+\boldsymbol{B}_4\end{bmatrix}$;

(2) $\begin{bmatrix}\boldsymbol{A}&\boldsymbol{B}\\\boldsymbol{C}&\boldsymbol{D}\end{bmatrix}\begin{bmatrix}\boldsymbol{X}&\boldsymbol{Y}\\\boldsymbol{Z}&\boldsymbol{W}\end{bmatrix}=\begin{bmatrix}\boldsymbol{AX}+\boldsymbol{BZ}&\boldsymbol{AY}+\boldsymbol{BW}\\\boldsymbol{CX}+\boldsymbol{DZ}&\boldsymbol{CY}+\boldsymbol{DW}\end{bmatrix}$;

(3) $\begin{bmatrix}\boldsymbol{A}&\boldsymbol{B}\\\boldsymbol{C}&\boldsymbol{D}\end{bmatrix}^{\mathrm{T}}=\begin{bmatrix}\boldsymbol{A}^{\mathrm{T}}&\boldsymbol{C}^{\mathrm{T}}\\\boldsymbol{B}^{\mathrm{T}}&\boldsymbol{D}^{\mathrm{T}}\end{bmatrix}$;

(4) $\begin{bmatrix}\boldsymbol{B}&\boldsymbol{O}\\\boldsymbol{O}&\boldsymbol{C}\end{bmatrix}^n=\begin{bmatrix}\boldsymbol{B}^n&\boldsymbol{O}\\\boldsymbol{O}&\boldsymbol{C}^n\end{bmatrix}$;

(5) $\begin{bmatrix}\boldsymbol{B}&\boldsymbol{O}\\\boldsymbol{O}&\boldsymbol{C}\end{bmatrix}^{-1}=\begin{bmatrix}\boldsymbol{B}^{-1}&\boldsymbol{O}\\\boldsymbol{O}&\boldsymbol{C}^{-1}\end{bmatrix}$,$\begin{bmatrix}\boldsymbol{O}&\boldsymbol{B}\\\boldsymbol{C}&\boldsymbol{O}\end{bmatrix}^{-1}=\begin{bmatrix}\boldsymbol{O}&\boldsymbol{C}^{-1}\\\boldsymbol{B}^{-1}&\boldsymbol{O}\end{bmatrix}$;

(6) 如果 $\boldsymbol{AB}=\boldsymbol{C}$,其中 $\boldsymbol{A}$ 是 $m\times n$ 矩阵,$\boldsymbol{B}$ 是 $n\times s$ 矩阵,那么对矩阵 $\boldsymbol{B},\boldsymbol{C}$ 按行分块有

$$\begin{bmatrix}a_{11}&a_{12}&\cdots&a_{1n}\\a_{21}&a_{22}&\cdots&a_{2n}\\\vdots&\vdots&&\vdots\\a_{m1}&a_{m2}&\cdots&a_{mn}\end{bmatrix}\begin{bmatrix}\boldsymbol{\beta}_1\\\boldsymbol{\beta}_2\\\vdots\\\boldsymbol{\beta}_n\end{bmatrix}=\begin{bmatrix}\boldsymbol{\delta}_1\\\boldsymbol{\delta}_2\\\vdots\\\boldsymbol{\delta}_m\end{bmatrix},$$

即

$$\begin{cases}a_{11}\boldsymbol{\beta}_1+a_{12}\boldsymbol{\beta}_2+\cdots+a_{1n}\boldsymbol{\beta}_n=\boldsymbol{\delta}_1\\a_{21}\boldsymbol{\beta}_1+a_{22}\boldsymbol{\beta}_2+\cdots+a_{2n}\boldsymbol{\beta}_n=\boldsymbol{\delta}_2,\\\cdots\cdots\cdots\cdots\\a_{m1}\boldsymbol{\beta}_1+a_{m2}\boldsymbol{\beta}_2+\cdots+a_{mn}\boldsymbol{\beta}_n=\boldsymbol{\delta}_m.\end{cases}$$

可见矩阵 $\boldsymbol{AB}$ 的行向量 $\boldsymbol{\delta}_1,\boldsymbol{\delta}_2,\cdots,\boldsymbol{\delta}_m$ 可由 $\boldsymbol{B}$ 的行向量 $\boldsymbol{\beta}_1,\boldsymbol{\beta}_2,\cdots,\boldsymbol{\beta}_n$ 线性表出.

类似地,对矩阵 $\boldsymbol{A},\boldsymbol{C}$ 按列分块,有

$$(\boldsymbol{\alpha}_1,\boldsymbol{\alpha}_2,\cdots,\boldsymbol{\alpha}_n)\begin{bmatrix} b_{11} & b_{12} & \cdots & b_{1s} \\ b_{21} & b_{22} & \cdots & b_{2s} \\ \vdots & \vdots & & \vdots \\ b_{n1} & b_{n2} & \cdots & b_{ns} \end{bmatrix}=(\boldsymbol{\gamma}_1,\boldsymbol{\gamma}_2,\cdots,\boldsymbol{\gamma}_s),$$

即
$$\begin{cases} b_{11}\boldsymbol{\alpha}_1+b_{21}\boldsymbol{\alpha}_2+\cdots+b_{n1}\boldsymbol{\alpha}_n=\boldsymbol{\gamma}_1, \\ b_{12}\boldsymbol{\alpha}_1+b_{22}\boldsymbol{\alpha}_2+\cdots+b_{n2}\boldsymbol{\alpha}_n=\boldsymbol{\gamma}_2, \\ \cdots\cdots \\ b_{1s}\boldsymbol{\alpha}_1+b_{2s}\boldsymbol{\alpha}_2+\cdots+b_{ns}\boldsymbol{\alpha}_n=\boldsymbol{\gamma}_s. \end{cases}$$

说明矩阵 $\boldsymbol{AB}$ 的列向量 $\boldsymbol{\gamma}_1,\boldsymbol{\gamma}_2,\cdots,\boldsymbol{\gamma}_s$ 可由 $\boldsymbol{A}$ 的列向量 $\boldsymbol{\alpha}_1,\boldsymbol{\alpha}_2,\cdots,\boldsymbol{\alpha}_n$ 线性表出.

几种特殊矩阵：

(1) 单位矩阵

主对角线上元素全是1，其余元素均为0的 n 阶方阵，称为 n 阶单位矩阵，记为 $\boldsymbol{E}$（若需强调其阶数时，记为 $\boldsymbol{E}_n$）.

【注】 单位矩阵在矩阵乘法中的作用类似于数1在数的乘法中的作用：$\boldsymbol{E}_m\boldsymbol{A}_{m\times n}=\boldsymbol{A}_{m\times n}$，$\boldsymbol{A}_{m\times n}\boldsymbol{E}_n=\boldsymbol{A}_{m\times n}$（或简写为 $\boldsymbol{EA}=\boldsymbol{AE}=\boldsymbol{A}$），对于 n 阶方阵 $\boldsymbol{A}$，规定 $\boldsymbol{A}^0=\boldsymbol{E}$.

(2) 对称矩阵

设 $\boldsymbol{A}$ 是 n 阶矩阵，如 $\boldsymbol{A}^{\mathrm{T}}=\boldsymbol{A}$，即 $a_{ij}=a_{ji}(\forall i,j)$，则称 $\boldsymbol{A}$ 是对称矩阵.

(3) 反对称矩阵

设 $\boldsymbol{A}$ 是 n 阶矩阵，如 $\boldsymbol{A}^{\mathrm{T}}=-\boldsymbol{A}$，即 $a_{ij}=-a_{ji}(\forall i,j)$，则称 $\boldsymbol{A}$ 是反对称矩阵，（注 $a_{ii}=0$）.

【注】 若 $\boldsymbol{A},\boldsymbol{B}$ 是同阶的（反）对称矩阵，则 $\boldsymbol{A}+\boldsymbol{B},\boldsymbol{A}-\boldsymbol{B},\lambda\boldsymbol{A}$ 也是（反）对称矩阵，但 $\boldsymbol{AB}$ 不一定是（反）对称矩阵.

(4) 对角矩阵

设 $\boldsymbol{A}$ 是 n 阶矩阵，如 $a_{ij}=0(\forall i\neq j)$，则称其为对角矩阵，对角矩阵记为 $\boldsymbol{A}$.

【注】 同阶对角矩阵的和、差、积仍是对角矩阵.

(5) 逆矩阵

设 $\boldsymbol{A}$ 是 n 阶矩阵，如存在 n 阶矩阵 $\boldsymbol{B}$，使 $\boldsymbol{AB}=\boldsymbol{BA}=\boldsymbol{E}$，则称 $\boldsymbol{A}$ 是可逆矩阵，$\boldsymbol{B}$ 是 $\boldsymbol{A}$ 的**逆矩阵**，$\boldsymbol{A}$ 的逆矩阵唯一，记为 $\boldsymbol{A}^{-1}$.

(6) 正交矩阵

设 $\boldsymbol{A}$ 是 n 阶矩阵，如 $\boldsymbol{AA}^{\mathrm{T}}=\boldsymbol{A}^{\mathrm{T}}\boldsymbol{A}=\boldsymbol{E}$，则称 $\boldsymbol{A}$ 是正交矩阵（注：$\boldsymbol{A}$ 是正交矩阵等价于 $\boldsymbol{A}^{-1}=\boldsymbol{A}^{\mathrm{T}}$）.

(7) 伴随矩阵

设 $\boldsymbol{A}=(a_{ij})$ 是 n 阶矩阵，则由行列式 $|\boldsymbol{A}|$ 的各元素 a_{ij} 的代数余子式 A_{ij} 所构成的 n 阶矩阵

$$\begin{bmatrix} A_{11} & A_{21} & \cdots & A_{n1} \\ A_{12} & A_{22} & \cdots & A_{n2} \\ \vdots & \vdots & & \vdots \\ A_{1n} & A_{2n} & \cdots & A_{nn} \end{bmatrix}$$

称为 $\boldsymbol{A}$ 的伴随矩阵，记为 $\boldsymbol{A}^*$.

典型例题解析

Ⅰ 矩阵的运算

例 1 设 $\boldsymbol{A},\boldsymbol{B}$ 均是 n 阶对称矩阵,则 $\boldsymbol{AB}$ 是对称矩阵的充要条件是________.

分析 两个对称矩阵的乘积不一定是对称矩阵.例如

$$\begin{bmatrix}1&2\\2&3\end{bmatrix}\begin{bmatrix}0&1\\1&0\end{bmatrix}=\begin{bmatrix}2&1\\3&2\end{bmatrix}.$$

而 $\boldsymbol{AB}$ 对称 $\Leftrightarrow(\boldsymbol{AB})^{\mathrm{T}}=\boldsymbol{AB}\Leftrightarrow\boldsymbol{AB}=\boldsymbol{B}^{\mathrm{T}}\boldsymbol{A}^{\mathrm{T}}=\boldsymbol{BA}$,所以应填:$\boldsymbol{AB}=\boldsymbol{BA}$.

解题要点:本题主要考察对称矩阵的概念以及矩阵与矩阵相乘.

例 2 已知 $\boldsymbol{A}$ 是 n 阶对称矩阵,$\boldsymbol{B}$ 是 n 阶反对称矩阵,证明 $\boldsymbol{A}-\boldsymbol{B}^2$ 是对称矩阵.

证明 因为 $\boldsymbol{A}-\boldsymbol{B}^2=\boldsymbol{A}-\boldsymbol{BB}=\boldsymbol{A}+\boldsymbol{B}^{\mathrm{T}}\boldsymbol{B}$,则有

$$(\boldsymbol{A}-\boldsymbol{B}^2)^{\mathrm{T}}=(\boldsymbol{A}+\boldsymbol{B}^{\mathrm{T}}\boldsymbol{B})^{\mathrm{T}}=\boldsymbol{A}^{\mathrm{T}}+(\boldsymbol{B}^{\mathrm{T}}\boldsymbol{B})^{\mathrm{T}}=\boldsymbol{A}+\boldsymbol{B}^{\mathrm{T}}\boldsymbol{B}=\boldsymbol{A}-\boldsymbol{B}^2.$$

所以 $\boldsymbol{A}-\boldsymbol{B}^2$ 是对称矩阵.

解题要点:本题主要解题思路是紧抓对称与反对称矩阵的概念,由定义出发,通过适当的转换,证明矩阵对称.

例 3 设 $\boldsymbol{\alpha},\boldsymbol{\beta}$ 是 3 维列向量,$\boldsymbol{\beta}^{\mathrm{T}}$ 是 $\boldsymbol{\beta}$ 的转置,如果 $\boldsymbol{\alpha}\boldsymbol{\beta}^{\mathrm{T}}=\begin{bmatrix}1&-1&2\\-2&2&-4\\3&-3&6\end{bmatrix}$,则 $\boldsymbol{\alpha}^{\mathrm{T}}\boldsymbol{\beta}=$________.

分析 设 $\boldsymbol{\alpha}=[x_1,x_2,x_3]^{\mathrm{T}},\boldsymbol{\beta}=[y_1,y_2,y_3]^{\mathrm{T}}$,则

$$\boldsymbol{\alpha}\boldsymbol{\beta}^{\mathrm{T}}=\begin{bmatrix}x_1\\x_2\\x_3\end{bmatrix}[y_1,y_2,y_3]=\begin{bmatrix}x_1y_1&x_1y_2&x_1y_3\\x_2y_1&x_2y_2&x_2y_3\\x_3y_1&x_3y_2&x_3y_3\end{bmatrix}$$

而 $\boldsymbol{\alpha}^{\mathrm{T}}\boldsymbol{\beta}=[x_1,x_2,x_3]\begin{bmatrix}y_1\\y_2\\y_3\end{bmatrix}=x_1y_1+x_2y_2+x_3y_3$

注意到 $\boldsymbol{\alpha}^{\mathrm{T}}\boldsymbol{\beta}$ 正是矩阵 $\boldsymbol{\alpha}\boldsymbol{\beta}^{\mathrm{T}}$ 的主对角线元素之和,所以本题

$$\boldsymbol{\alpha}^{\mathrm{T}}\boldsymbol{\beta}=1+2+6=9.$$

如果能观察出

$$\begin{bmatrix}1\\-2\\3\end{bmatrix}[1,-1,2]=\begin{bmatrix}1&-1&2\\-2&2&-4\\3&-3&6\end{bmatrix}$$

那么亦能立即看出 $\boldsymbol{\alpha}^{\mathrm{T}}\boldsymbol{\beta}=[1,-2,3]\begin{bmatrix}1\\-1\\2\end{bmatrix}=1+2+6=9.$

解题要点: 若 $\boldsymbol{\alpha},\boldsymbol{\beta}$ 是 n 维列向量，则 $\boldsymbol{A}=\boldsymbol{\alpha\beta}^{\mathrm{T}}$ 是秩为1的 n 矩阵，而 $\boldsymbol{\alpha}^{\mathrm{T}}\boldsymbol{\beta}$ 是1阶矩阵，是一个数. 由于矩阵乘法有结合律，此时 $\boldsymbol{A}^n=l^{n-1}\boldsymbol{A}$，而 $l=\boldsymbol{\alpha}^{\mathrm{T}}\boldsymbol{\beta}$. 而 $\boldsymbol{A}$ 可表示为 $\boldsymbol{\alpha\beta}^{\mathrm{T}}$ 的形式的充要条件是 $r(\boldsymbol{A})\leqslant 1$.

例4 证明上三角矩阵的乘积仍是上三角矩阵.

证法一 设 $\boldsymbol{A}=(a_{ij})$，$\boldsymbol{B}=(b_{ij})$ 都是 n 阶上三角矩阵. 对 $\boldsymbol{AB}=\boldsymbol{C}=(c_{ij})$，按矩阵乘法定义，有

$$c_{i,j}=a_{i,1}b_{1j}+\cdots+a_{i,i-1}b_{i-1,j}+a_{ii}b_{ij}+a_{i,i+1}b_{i+1,j}+\cdots+a_{in}b_{nj}.$$

由于 $\boldsymbol{A}$ 是上三角矩阵，则 $a_{i1}=a_{i2}=\cdots=a_{i,i-1}=0$.

因为 $\boldsymbol{B}$ 是上三角矩阵，当 $i>j$ 时，有 $b_{ij}=b_{i+1,j}=\cdots=b_{nj}=0$.

因此，当 $i>j$ 时，c_{ij} 中的每一项都为0，从而 $c_{ij}=0$. 即 $\boldsymbol{AB}$ 是上三角矩阵.

证法二 （对 n 的阶数用数学归纳法）

当 $n=1$ 时命题显然成立，假设当 $n=n-1$ 时命题也成立，对于 n，把矩阵 $\boldsymbol{A},\boldsymbol{B}$ 分块如下：

$$\boldsymbol{A}=\begin{bmatrix}a_{11} & \boldsymbol{\alpha}\\ \boldsymbol{0} & \boldsymbol{A}_1\end{bmatrix},\boldsymbol{B}=\begin{bmatrix}b_{11} & \boldsymbol{\beta}\\ \boldsymbol{0} & \boldsymbol{B}_1\end{bmatrix},$$

其中 $\boldsymbol{A}_1,\boldsymbol{B}_1$ 是 $n-1$ 阶上三角矩阵，$\boldsymbol{\alpha},\boldsymbol{\beta}$ 是 $1\times(n-1)$ 矩阵，$\boldsymbol{0}$ 是 $(n-1)\times 1$ 零矩阵. 由于

$$\boldsymbol{AB}=\begin{bmatrix}a_{11} & \boldsymbol{\alpha}\\ \boldsymbol{0} & \boldsymbol{A}_1\end{bmatrix}\begin{bmatrix}b_{11} & \boldsymbol{\beta}\\ \boldsymbol{0} & \boldsymbol{B}_1\end{bmatrix}=\begin{bmatrix}a_{11}b_{11} & a_{11}\boldsymbol{\beta}+\boldsymbol{\alpha B}_1\\ \boldsymbol{0} & \boldsymbol{A}_1\boldsymbol{B}_1\end{bmatrix},$$

按归纳法假设 $\boldsymbol{A}_1\boldsymbol{B}_1$ 是 $n-1$ 阶上三角矩阵，从而 $\boldsymbol{AB}$ 是上三角矩阵.

解题要点: 本题主要解题思路是紧抓上三角矩阵的定义，通过矩阵的乘法求出矩阵中的每一项，然后根据上三角矩阵中元素的性质求解.

例5 已知 $\boldsymbol{A}=\begin{bmatrix}2 & 4 & -6\\ 1 & 2 & -3\\ 4 & 8 & -12\end{bmatrix}$，则 $\boldsymbol{A}^n=$ ______.

分析 因为 $\boldsymbol{A}=\begin{bmatrix}2\\1\\4\end{bmatrix}[1,2,-3]$

故
$$\boldsymbol{A}^2=\begin{bmatrix}2\\1\\4\end{bmatrix}[1,2,-3]\begin{bmatrix}2\\1\\4\end{bmatrix}[1,2,-3]=-8\begin{bmatrix}2\\1\\4\end{bmatrix}[1,2,-3]$$

即 $\boldsymbol{A}^2=-8\boldsymbol{A}$ 归纳得 $\boldsymbol{A}^n=(-8)^{n-1}\boldsymbol{A}$.

解题要点: 若秩 $r(\boldsymbol{A})=1$，则 $\boldsymbol{A}$ 可分解为两个矩阵的乘积，有 $\boldsymbol{A}^2=l\boldsymbol{A}$ 之规律，从而 $\boldsymbol{A}^n=l^{n-1}\boldsymbol{A}$.

$$\boldsymbol{A}=\begin{bmatrix}a_1b_1 & a_1b_2 & a_1b_3\\ a_2b_1 & a_2b_2 & a_3b_3\\ a_3b_1 & a_3b_2 & a_3b_3\end{bmatrix}=\begin{bmatrix}a_1\\a_2\\a_3\end{bmatrix}[b_1,b_2,b_3]=\boldsymbol{\alpha\beta}^2$$

那么
$$\boldsymbol{A}^2=(\boldsymbol{\alpha\beta}^{\mathrm{T}})(\boldsymbol{\alpha\beta}^{\mathrm{T}})=\boldsymbol{\alpha}(\boldsymbol{\beta}^{\mathrm{T}}\boldsymbol{\alpha})\boldsymbol{\beta}^{\mathrm{T}}=l\boldsymbol{\alpha\beta}^{\mathrm{T}}=l\boldsymbol{A}$$

其中
$$l=\boldsymbol{\beta}^{\mathrm{T}}\boldsymbol{\alpha}=\mathbf{a}^{\mathrm{T}}\boldsymbol{\beta}=a_1b_1+a_2b_2+a_3b_3=\sum a_{ii}.$$

例6 设 $\boldsymbol{\alpha}=(1,2,3)^{\mathrm{T}}$，$\boldsymbol{\beta}=\left(1,\frac{1}{2},0\right)^{\mathrm{T}}$，$\boldsymbol{A}=\boldsymbol{\alpha\beta}^{\mathrm{T}}$，则 $\boldsymbol{A}^3=$ ______.

分析　由于 $\boldsymbol{A}=\boldsymbol{\alpha\beta}^{\mathrm{T}}=\begin{bmatrix}1\\2\\3\end{bmatrix}\left(1,\frac{1}{2},0\right)=\begin{bmatrix}1&\frac{1}{2}&0\\2&1&0\\3&\frac{3}{2}&0\end{bmatrix}$，又 $\left(1,\frac{1}{2},0\right)\begin{bmatrix}1\\2\\3\end{bmatrix}=2$，所以

$$\boldsymbol{A}^3=(\boldsymbol{\alpha\beta}^{\mathrm{T}})(\boldsymbol{\alpha\beta}^{\mathrm{T}})(\boldsymbol{\alpha\beta}^{\mathrm{T}})=\boldsymbol{\alpha}(\boldsymbol{\beta}^{\mathrm{T}}\boldsymbol{\alpha})(\boldsymbol{\beta}^{\mathrm{T}}\boldsymbol{\alpha})\boldsymbol{\beta}^{\mathrm{T}}=4\boldsymbol{\alpha\beta}^{\mathrm{T}}=4\boldsymbol{A}=\begin{bmatrix}4&2&0\\8&4&0\\12&6&0\end{bmatrix}$$

解题要点：若 $\boldsymbol{\alpha},\boldsymbol{\beta}$ 是 n 维列向量，则 $\boldsymbol{A}=\boldsymbol{\alpha\beta}^{\mathrm{T}}$ 是秩为 1 的 n 阶矩阵，而 $\boldsymbol{\alpha}^{\mathrm{T}}\boldsymbol{\beta}$ 是 1 阶矩阵，是一个数．本题的关键在于整体代入与化简，若直接求出矩阵 A，然后再通过矩阵乘法来求解题目，则比较浪费时间，要注意解题的方法．

例 7　已知 $\boldsymbol{A}=\begin{bmatrix}a_1b_1&a_1b_2&a_1b_3\\a_2b_1&a_2b_2&a_2b_3\\a_3b_1&a_3b_2&a_3b_3\end{bmatrix}$，证明 $\boldsymbol{A}^2=l\boldsymbol{A}$，并求 l．

证明　因为 $\boldsymbol{A}$ 中任两行、任两列都成比例，故可把 $\boldsymbol{A}$ 分解成两个矩阵相乘，即

$$\boldsymbol{A}=\begin{bmatrix}a_1\\a_2\\a_3\end{bmatrix}(b_1,b_2,b_3),$$

那么，由矩阵乘法的结合律，有

$$\boldsymbol{A}^2=\left(\begin{bmatrix}a_1\\a_2\\a_3\end{bmatrix}(b_1,b_2,b_3)\right)\left(\begin{bmatrix}a_1\\a_2\\a_3\end{bmatrix}(b_1,b_2,b_3)\right)=\begin{bmatrix}a_1\\a_2\\a_3\end{bmatrix}\left((b_1,b_2,b_3)\begin{bmatrix}a_1\\a_2\\a_3\end{bmatrix}\right)(b_1,b_2,b_3).$$

由于 $(b_1,b_2,b_3)\begin{bmatrix}a_1\\a_2\\a_3\end{bmatrix}=a_1b_1+a_2b_2+a_3b_3$ 是 1×1 矩阵，是一个数，记为 l，则有 $\boldsymbol{A}^2=l\boldsymbol{A}$．

解题要点：本题主要解题思路是将 A 化成两个矩阵相乘，然后通过矩阵结合律化简，类似于上题．

例 8　已知 $\boldsymbol{A}=\begin{bmatrix}\lambda&1&0\\0&\lambda&1\\0&0&\lambda\end{bmatrix}$，则 $\boldsymbol{A}^n=$ ________．

分析一　由于 $\boldsymbol{A}=\lambda\boldsymbol{E}+\boldsymbol{J}$，其中 $\boldsymbol{J}=\begin{bmatrix}0&1&0\\0&0&1\\0&0&0\end{bmatrix}$，而

$$\boldsymbol{J}^2=\begin{bmatrix}0&1&0\\0&0&1\\0&0&0\end{bmatrix}\begin{bmatrix}0&1&0\\0&0&1\\0&0&0\end{bmatrix}=\begin{bmatrix}0&0&1\\0&0&0\\0&0&0\end{bmatrix},$$

$$\boldsymbol{J}^3=\boldsymbol{J}^2\boldsymbol{J}=\begin{bmatrix}0&0&1\\0&0&0\\0&0&0\end{bmatrix}\begin{bmatrix}0&1&0\\0&0&1\\0&0&0\end{bmatrix}=\begin{bmatrix}0&0&0\\0&0&0\\0&0&0\end{bmatrix}.$$

进而知　$\boldsymbol{J}^4=\boldsymbol{J}^5=\cdots=0$．

于是 $A^n=(\lambda E+J)^n=\lambda^n E+C_n^1\lambda^{n-1}J+C_n^2\lambda^{n-2}J^2$

$$=\begin{bmatrix}\lambda^n&0&0\\0&\lambda^n&0\\0&0&\lambda^n\end{bmatrix}+\begin{bmatrix}0&C_n^1\lambda^{n-1}&0\\0&0&C_n^1\lambda^{n-1}\\0&0&0\end{bmatrix}+\begin{bmatrix}0&0&C_n^2\lambda^{n-2}\\0&0&0\\0&0&0\end{bmatrix}=\begin{bmatrix}\lambda^n&C_n^1\lambda^{n-1}&C_n^1\lambda^{n-2}\\0&\lambda^n&C_n^1\lambda^{n-1}\\0&0&\lambda^n\end{bmatrix}.$$

分析二 （数学归纳法）

由 $A=\begin{bmatrix}\lambda&1&0\\0&\lambda&1\\0&0&\lambda\end{bmatrix}$，得 $A^2=\begin{bmatrix}\lambda^2&2\lambda&1\\0&\lambda^2&2\lambda\\0&0&\lambda^3\end{bmatrix}$，$A^3=\begin{bmatrix}\lambda^3&3\lambda^2&3\lambda\\0&\lambda^3&3\lambda^2\\0&0&\lambda^3\end{bmatrix}$.

设 $A^m=\begin{bmatrix}\lambda^m&C_m^1\lambda^{m-1}&C_m^2\lambda^{m-2}\\0&\lambda_m&C_m^1\lambda^{m-1}\\0&0&\lambda^m\end{bmatrix}$，那么由

$$A^{m+1}=A^mA=\begin{bmatrix}\lambda^m&C_m^1\lambda^{m-1}&C_m^2\lambda^{m-2}\\0&\lambda_m&C_m^1\lambda^{m-1}\\0&0&\lambda^m\end{bmatrix}\begin{bmatrix}\lambda&1&0\\0&\lambda&1\\0&0&\lambda\end{bmatrix}=\begin{bmatrix}\lambda_{m+1}&C_{m+1}^1\lambda^m&C_{m+1}^2\lambda^{m-1}\\0&\lambda^{m+1}&C_{m+1}^1\lambda^m\\0&0&\lambda_{m+1}\end{bmatrix}.$$

归纳可知 A^n，下略. 其中，$C_m^1+C_m^2=C_{m+1}^2$.

解题要点：本题主要解题思路是将 A 化成两个矩阵之和，然后通过矩阵的乘法化简，找出规律；或者直接由归纳法来证明.

例 9 已知 $A=\begin{bmatrix}3&-1\\-9&3\end{bmatrix}$，则 $A^n=$ ________.

分析 先求 A 的特征值与特征向量. 由

$$|\lambda E-A|=\begin{vmatrix}\lambda-3&1\\9&\lambda-3\end{vmatrix}=\lambda^2-6\lambda\xlongequal{令}0\Rightarrow\lambda=0,\lambda=6.$$

对 $\lambda=0$，由 $(0E-A)x=\mathbf{0}$，解得 $\alpha_1=\begin{bmatrix}1\\3\end{bmatrix}$；对 $\lambda=6$，由 $(6E-A)x=\mathbf{0}$，解出 $\alpha_2=\begin{bmatrix}-1\\3\end{bmatrix}$.

令 $P=\begin{bmatrix}1&-1\\3&3\end{bmatrix}$，则 $P^{-1}=\frac{1}{6}\begin{bmatrix}3&1\\-3&1\end{bmatrix}$. 而 $A=PAP^{-1}$，于是

$$A^n=PA^nP^{-1}=\frac{1}{6}\begin{bmatrix}1&-1\\3&3\end{bmatrix}\begin{bmatrix}0&\\&6^n\end{bmatrix}\begin{bmatrix}3&1\\-3&1\end{bmatrix}$$

$$=6^{n-1}\begin{bmatrix}1&-1\\3&3\end{bmatrix}\begin{bmatrix}0&\\&1\end{bmatrix}\begin{bmatrix}3&1\\-3&1\end{bmatrix}=6^{n-1}\begin{bmatrix}3&-1\\-9&3\end{bmatrix}.$$

解题要点：本题主要解题思路是先求出矩阵 A 的特征值和特征向量，然后由特征值和特征向量表达出 A，化简求解.

例 10 已知 $2CA-2AB=C-B$，其中 $A=\begin{bmatrix}\frac{1}{2}&\frac{1}{2}&0\\-\frac{1}{2}&\frac{1}{2}&0\\0&0&1\end{bmatrix}$，$B=\begin{bmatrix}3&2&1\\0&0&0\\0&0&0\end{bmatrix}$，则 $C^3=$ ________.

分析 由 $2CA-2AB=C-B$ 得 $2CA-C=2AB-B$. 故有 $C(2A-E)=(2A-E)B$.

因为 $2\boldsymbol{A}-\boldsymbol{E}=\begin{bmatrix}1&1&0\\-1&1&0\\0&0&2\end{bmatrix}-\begin{bmatrix}1&0&0\\0&1&0\\0&0&1\end{bmatrix}=\begin{bmatrix}0&1&0\\-1&0&0\\0&0&1\end{bmatrix}$ 可逆，所以

$$\boldsymbol{C}=(2\boldsymbol{A}-\boldsymbol{E})\boldsymbol{B}(2\boldsymbol{A}-\boldsymbol{E})^{-1}.$$

那么

$$\begin{aligned}\boldsymbol{C}^3&=(2\boldsymbol{A}-\boldsymbol{E})\boldsymbol{B}^3(2\boldsymbol{A}-\boldsymbol{E})^{-1}\\&=\begin{bmatrix}0&1&0\\-1&0&0\\0&0&1\end{bmatrix}\begin{bmatrix}3&2&1\\0&0&0\\0&0&0\end{bmatrix}^3\begin{bmatrix}0&-1&0\\1&0&0\\0&0&1\end{bmatrix}\\&=\begin{bmatrix}0&1&0\\-1&0&0\\0&0&1\end{bmatrix}\begin{bmatrix}27&18&9\\0&0&0\\0&0&0\end{bmatrix}\begin{bmatrix}0&-1&0\\1&0&0\\0&0&1\end{bmatrix}=\begin{bmatrix}0&0&0\\-18&27&-9\\0&0&0\end{bmatrix}.\end{aligned}$$

解题要点：本题主要解题思路是将矩阵 C 用矩阵 A 和 B 表达出来，注意解题技巧，通过整体代换与化简，求矩阵 C 的三次幂。

例 11 已知 $\boldsymbol{PA}=\boldsymbol{BP}$，其中 $\boldsymbol{P}=\begin{bmatrix}0&-1&0\\2&0&0\\0&0&3\end{bmatrix}$，$\boldsymbol{B}=\begin{bmatrix}1&0&0\\0&-1&0\\0&0&-1\end{bmatrix}$，则 $\boldsymbol{A}^{2012}=$ ________.

分析 因为矩阵 $\boldsymbol{P}$ 可逆，由 $\boldsymbol{PA}=\boldsymbol{BP}$ 得 $\boldsymbol{A}=\boldsymbol{P}^{-1}\boldsymbol{BP}$，那么

$\boldsymbol{A}^2=(\boldsymbol{P}^{-1}\boldsymbol{BP})(\boldsymbol{P}^{-1}\boldsymbol{BP})=\boldsymbol{P}^{-1}\boldsymbol{B}(\boldsymbol{PP}^{-1})\boldsymbol{BP}=\boldsymbol{P}^{-1}\boldsymbol{B}^2\boldsymbol{P}.$

可归纳出 $\boldsymbol{A}^{2012}=\boldsymbol{P}^{-1}\boldsymbol{B}^{2012}\boldsymbol{P}.$

因为 $\begin{bmatrix}a_1&0&0\\0&a_2&0\\0&0&a_3\end{bmatrix}^n=\begin{bmatrix}a_1^n&0&0\\0&a_2^n&0\\0&0&a_3^n\end{bmatrix}$，易见 $\boldsymbol{B}^{2012}=\boldsymbol{E}.$

所以 $\boldsymbol{A}^{2012}=\boldsymbol{P}^{-1}\boldsymbol{EP}=\boldsymbol{E}.$

解题要点：本题主要考查相似矩阵的性质，通过求出矩阵 A、B、P 的关系，用 B、P 表示出 A，简化计算。

例 12 已知 $\boldsymbol{\alpha}=(1,2,3)$，$\boldsymbol{\beta}=\left(1,\frac{1}{2},\frac{1}{3}\right)$，设 $\boldsymbol{A}=\boldsymbol{\alpha}^{\mathrm{T}}\boldsymbol{\beta}$，其中 $\boldsymbol{\alpha}^{\mathrm{T}}$ 是 $\boldsymbol{\alpha}$ 的转置，则 $\boldsymbol{A}^n=$ ________.

分析 矩阵乘法有结合律，注意

$\boldsymbol{\beta\alpha}^{\mathrm{T}}=\left(1,\frac{1}{2},\frac{1}{3}\right)\begin{bmatrix}1\\2\\3\end{bmatrix}=3$，(是一个数)

而 $\boldsymbol{A}=\boldsymbol{\alpha}^{\mathrm{T}}\boldsymbol{\beta}=\begin{bmatrix}1\\2\\3\end{bmatrix}\left(1,\frac{1}{2},\frac{1}{3}\right)=\begin{bmatrix}1&\frac{1}{2}&\frac{1}{3}\\2&1&\frac{2}{3}\\3&\frac{3}{2}&1\end{bmatrix}$，(是 3 阶矩阵)

于是 $\boldsymbol{A}^n=(\boldsymbol{\alpha}^{\mathrm{T}}\boldsymbol{\beta})(\boldsymbol{\alpha}^{\mathrm{T}}\boldsymbol{\beta})\cdots(\boldsymbol{\alpha}^{\mathrm{T}}\boldsymbol{\beta})=\boldsymbol{\alpha}^{\mathrm{T}}(\boldsymbol{\beta}\boldsymbol{\alpha}^{\mathrm{T}})(\boldsymbol{\beta}\boldsymbol{\alpha}^{\mathrm{T}})\cdots(\boldsymbol{\beta}\boldsymbol{\alpha}^{\mathrm{T}})\boldsymbol{\beta}=3^{n-1}\boldsymbol{\alpha}^{\mathrm{T}}\boldsymbol{\beta}=3^{n-1}\begin{bmatrix}1&\frac{1}{2}&\frac{1}{3}\\2&1&\frac{2}{3}\\3&\frac{3}{2}&1\end{bmatrix}$.

解题要点：若 $\boldsymbol{\alpha},\boldsymbol{\beta}$ 是 n 维列向量，则 $\boldsymbol{A}=\boldsymbol{\alpha}\boldsymbol{\beta}^{\mathrm{T}}$ 是秩为 1 的 n 阶矩阵，而 $\boldsymbol{\alpha}^{\mathrm{T}}\boldsymbol{\beta}$ 是 1 阶矩阵，是一个数. 这是一个常考知识点.

例 13 设 $\boldsymbol{A}=\begin{bmatrix}1&0&1\\0&2&0\\1&0&1\end{bmatrix}$，而 $n\geqslant 2$ 为正整数，而 $\boldsymbol{A}^n-2\boldsymbol{A}^{n-1}=$ ________.

分析 由于 $\boldsymbol{A}^n-2\boldsymbol{A}^{n-1}=(\boldsymbol{A}-2\boldsymbol{E})\boldsymbol{A}^{n-1}$，而

$$\boldsymbol{A}-2\boldsymbol{E}=\begin{bmatrix}-1&0&1\\0&0&0\\1&0&-1\end{bmatrix},$$

易见 $(\boldsymbol{A}-2\boldsymbol{E})\boldsymbol{A}=\boldsymbol{0}$，从而 $\boldsymbol{A}^n-2\boldsymbol{A}^{n-1}=\boldsymbol{0}$.

解题要点：本题主要是通过提取 A 的 $n-1$ 次方进行化简计算，考察矩阵的基本运算，是一个比较基本的题目.

例 14 设 α 为 3 维列向量，α^{T} 是 α 的转置，若 $\alpha\alpha^{\mathrm{T}}=\begin{bmatrix}1&-1&1\\-1&1&-1\\1&-1&1\end{bmatrix}$，则 $\alpha^{\mathrm{T}}\alpha=$ ________.

分析 $\alpha\alpha^{\mathrm{T}}$ 是秩为 1 的矩阵，$\alpha^{\mathrm{T}}\alpha$ 是一个数，这两个符号不要混淆.

注意，若 $r(\boldsymbol{A})=1$，则 $\boldsymbol{A}=\boldsymbol{\alpha}\boldsymbol{\beta}^{\mathrm{T}}$，其中 $\boldsymbol{\alpha},\boldsymbol{\beta}$ 均为 n 维列向量，而 $\boldsymbol{\alpha}^{\mathrm{T}}\boldsymbol{\beta}=\boldsymbol{\beta}^{\mathrm{T}}\boldsymbol{\alpha}=\sum a_{ii}$.

故应填：3.

若不熟悉上述关系式，本题亦可先求出 α

$$\begin{bmatrix}1&-1&1\\-1&1&-1\\1&-1&1\end{bmatrix}=\begin{bmatrix}1\\-1\\1\end{bmatrix}(1,-1,1)=\alpha\alpha^{\mathrm{T}}，故\ \alpha^{\mathrm{T}}\alpha=(1,-1,1)\begin{bmatrix}1\\-1\\1\end{bmatrix}=3.$$

解题要点：本题主要考察列向量之间的乘法关系。详解参见前边例题.

例 15 设 $\boldsymbol{A}=\boldsymbol{E}-\xi\xi^{\mathrm{T}}$，其中 $\boldsymbol{E}$ 为 n 阶单位矩阵，ξ 是 n 维非零列向量，ξ^{T} 是 ξ 的转置.

证明：(1) $\boldsymbol{A}^2=\boldsymbol{A}$ 的充要条件是 $\xi^{\mathrm{T}}\xi=1$；(2) 当 $\xi^{\mathrm{T}}\xi=1$ 时，$\boldsymbol{A}$ 是不可逆矩阵.

证明 (1) $\boldsymbol{A}^2=(\boldsymbol{E}-\xi\xi^{\mathrm{T}})(\boldsymbol{E}-\xi\xi^{\mathrm{T}})=\boldsymbol{E}-2\xi\xi^{\mathrm{T}}+\xi\xi^{\mathrm{T}}\xi\xi^{\mathrm{T}}$

$=\boldsymbol{E}-\xi\xi^{\mathrm{T}}+\xi(\xi^{\mathrm{T}}\xi)\xi^{\mathrm{T}}-\xi\xi^{\mathrm{T}}=\boldsymbol{A}+(\xi^{\mathrm{T}}\xi)\xi\xi^{\mathrm{T}}-\xi\xi^{\mathrm{T}}$，

那么 $\boldsymbol{A}^2=\boldsymbol{A}\Leftrightarrow(\xi^{\mathrm{T}}\xi-1)\xi\xi^{\mathrm{T}}=\boldsymbol{0}$.

因为 ξ 是非零列向量，$\xi\xi^{\mathrm{T}}\neq\boldsymbol{0}$，故 $\boldsymbol{A}^2=A\Leftrightarrow\xi^{\mathrm{T}}\xi-1=\boldsymbol{0}$ 即 $\xi^{\mathrm{T}}\xi=1$.

(2) 反证法. 当 $\xi^{\mathrm{T}}\xi=1$ 时，由(1)知 $\boldsymbol{A}^2=\boldsymbol{A}$，若 $\boldsymbol{A}$ 可逆，则 $\boldsymbol{A}=\boldsymbol{A}^{-1}\boldsymbol{A}^2=\boldsymbol{A}^{-1}\boldsymbol{A}=\boldsymbol{E}$.

与已知 $\boldsymbol{A}=\boldsymbol{E}-\xi\xi^{\mathrm{T}}\neq\boldsymbol{E}$ 矛盾.

解题要点：本题主要通过定义来证明。注意中间的转换与解题技巧.

Ⅱ 逆矩阵

例 16 填空题：

(1) 已知 $\boldsymbol{A}=\begin{bmatrix}0&1&0&\cdots&0\\0&0&2&\cdots&0\\\vdots&\vdots&\vdots&&\vdots\\0&0&0&\cdots&n-1\\n&0&0&\cdots&0\end{bmatrix}$，则 $(\boldsymbol{A}^*)^{-1}=$ ________.

(2) 已知 $\boldsymbol{A}=\frac{1}{5}\begin{bmatrix}0&0&1&0\\0&2&0&0\\3&0&0&0\\0&0&0&4\end{bmatrix}$，则 $\boldsymbol{A}^{-1}=$ ________.

(3) 设 $\boldsymbol{A},\boldsymbol{B}$ 均为三阶矩阵，$\boldsymbol{E}$ 是三阶单位矩阵，已知 $\boldsymbol{AB}=\boldsymbol{A}-2\boldsymbol{B}$，$\boldsymbol{B}=\begin{bmatrix}1&0&-2\\0&-1&0\\-2&0&1\end{bmatrix}$，

则 $(\boldsymbol{A}+2\boldsymbol{E})^{-1}=$ ________.

(4) 设 $\boldsymbol{A}=\begin{bmatrix}1&0&0&0\\-2&3&0&0\\0&-4&5&0\\0&0&-6&7\end{bmatrix}$，$\boldsymbol{B}=(\boldsymbol{E}+\boldsymbol{A})^{-1}(\boldsymbol{E}-\boldsymbol{A})$，则 $(\boldsymbol{E}+\boldsymbol{B})^{-1}=$ ________.

(5) 如 $\boldsymbol{A}^3=\boldsymbol{0}$，则 $(\boldsymbol{E}+\boldsymbol{A}+\boldsymbol{A}^2)^{-1}=$ ________.

答案 (1) $\frac{(-1)^{n+1}}{n!}\boldsymbol{A}$；(2) $5\begin{bmatrix}0&0&\frac{1}{3}&0\\0&\frac{1}{2}&0&0\\1&0&0&0\\0&0&0&\frac{1}{4}\end{bmatrix}$；(3) $\begin{bmatrix}0&0&1\\0&1&0\\1&0&0\end{bmatrix}$；(4) $\begin{bmatrix}1&0&0&0\\-1&2&0&0\\0&-2&3&0\\0&0&-3&4\end{bmatrix}$；

(5) $\boldsymbol{E}-\boldsymbol{A}$.

分析 (1) 由 $\boldsymbol{AA}^*=|\boldsymbol{A}|\boldsymbol{E}$，有 $\frac{\boldsymbol{A}}{|\boldsymbol{A}|}{}^*=\boldsymbol{E}$，故 $(\boldsymbol{A}^*)^{-1}=\frac{\boldsymbol{A}}{|\boldsymbol{A}|}$.

(2) $\boldsymbol{A}=\frac{1}{5}\boldsymbol{B}$，故 $\boldsymbol{A}^{-1}=\left(\frac{1}{5}\boldsymbol{B}\right)^{-1}=5\boldsymbol{B}^{-1}$，求 $\boldsymbol{B}^{-1}$ 可用公式 $\begin{bmatrix}\boldsymbol{A}&\boldsymbol{0}\\\boldsymbol{0}&\boldsymbol{B}\end{bmatrix}^{-1}\begin{bmatrix}\boldsymbol{A}^{-1}&0\\0&\boldsymbol{B}^{-1}\end{bmatrix}$.

(3) 由 $\boldsymbol{AB}=\boldsymbol{A}-2\boldsymbol{B}$ 有 $\boldsymbol{AB}+2\boldsymbol{B}=\boldsymbol{A}+2\boldsymbol{E}-2\boldsymbol{E}$，得知

$(\boldsymbol{A}+2\boldsymbol{E})(\boldsymbol{E}-\boldsymbol{B})=2\boldsymbol{E}$，即 $(\boldsymbol{A}+2\boldsymbol{E})\cdot\frac{1}{2}(\boldsymbol{E}-\boldsymbol{B})=\boldsymbol{E}$. 故 $(\boldsymbol{A}+2\boldsymbol{E})^{-1}=\frac{1}{2}(\boldsymbol{E}-\boldsymbol{B})$.

(4) 由于 $\boldsymbol{B}+\boldsymbol{E}=(\boldsymbol{E}+\boldsymbol{A})^{-1}(\boldsymbol{E}-\boldsymbol{A})+\boldsymbol{E}=(\boldsymbol{E}+\boldsymbol{A})^{-1}(\boldsymbol{E}-\boldsymbol{A})+(\boldsymbol{E}+\boldsymbol{A})^{-1}(\boldsymbol{E}+\boldsymbol{A})$

$$=(\boldsymbol{E}+\boldsymbol{A})^{-1}[(\boldsymbol{E}-\boldsymbol{A})+(\boldsymbol{E}+\boldsymbol{A})]=2(\boldsymbol{E}+\boldsymbol{A})^{-1},$$

故 $$(\boldsymbol{B}+\boldsymbol{E})^{-1}=\frac{1}{2}(\boldsymbol{E}+\boldsymbol{A}).$$

(5) 注意 $(\boldsymbol{E}-\boldsymbol{A})(\boldsymbol{E}+\boldsymbol{A}+\boldsymbol{A}^2)=\boldsymbol{E}-\boldsymbol{A}^3=\boldsymbol{E}$.

解题要点:这几道题属于基本题型,主要考察逆矩阵的运算.

例 17 若 $\boldsymbol{A}=\begin{bmatrix}0&1&3\\1&-1&0\\-1&2&1\end{bmatrix}$,则 $\boldsymbol{A}^{-1}=$________.

分析 求逆是基础知识不要忘记.两个基本求法:

解法一 用伴随矩阵

因为 $A_{11}=\begin{vmatrix}-1&0\\2&1\end{vmatrix}=-1, A_{12}=-\begin{vmatrix}1&0\\-1&1\end{vmatrix}=-1$,

$A_{13}=\begin{vmatrix}1&-1\\-1&2\end{vmatrix}=1$,

$A_{21}=5, A_{22}=3, A_{23}=-1, A_{31}=3, A_{32}=3, A_{33}=-1$.

又 $$|\boldsymbol{A}|=\begin{vmatrix}0&1&3\\1&-1&0\\-1&2&1\end{vmatrix}=\begin{vmatrix}1&1&3\\0&-1&0\\1&2&1\end{vmatrix}=2$$

故 $$\boldsymbol{A}^{-1}=\frac{\boldsymbol{A}^*}{|\boldsymbol{A}|}=\frac{1}{2}\begin{bmatrix}-1&5&3\\-1&3&3\\1&-1&-1\end{bmatrix}.$$

解法二 用初等行变换求 $\boldsymbol{A}^{-1}$

$$[\boldsymbol{A}\vdots\boldsymbol{E}]=\left[\begin{array}{ccc:ccc}0&1&3&1&0&0\\1&-1&0&0&1&0\\-1&2&1&0&0&1\end{array}\right]$$

$$\rightarrow\left[\begin{array}{ccc:ccc}1&-1&0&0&1&0\\0&1&3&1&0&0\\-1&2&1&0&0&1\end{array}\right]$$

$$\rightarrow\left[\begin{array}{ccc:ccc}1&-1&0&0&1&0\\0&1&3&1&0&0\\0&1&1&0&1&1\end{array}\right]$$

$$\rightarrow\left[\begin{array}{ccc:ccc}1&-1&0&0&1&0\\0&1&3&1&0&0\\0&0&-2&-1&1&1\end{array}\right]$$

$$\rightarrow\left[\begin{array}{ccc:ccc}1&-1&0&0&1&0\\0&1&3&1&0&0\\0&0&1&\frac{1}{2}&-\frac{1}{2}&-\frac{1}{2}\end{array}\right]$$

$$\rightarrow\left[\begin{array}{ccc:ccc}1 & -1 & 0 & 0 & 1 & 0\\ 0 & 1 & 0 & -\frac{1}{2} & \frac{3}{2} & \frac{3}{2}\\ 0 & 0 & 1 & \frac{1}{2} & -\frac{1}{2} & -\frac{1}{2}\end{array}\right]$$

$$\rightarrow\left[\begin{array}{ccc:ccc}1 & 0 & 0 & -\frac{1}{2} & \frac{5}{2} & \frac{3}{2}\\ 0 & 1 & 0 & -\frac{1}{2} & \frac{3}{2} & \frac{3}{2}\\ 0 & 0 & 1 & \frac{1}{2} & -\frac{1}{2} & -\frac{1}{2}\end{array}\right]$$

故 $A^{-1}=\frac{1}{2}\begin{bmatrix}-1 & 5 & 3\\ -1 & 3 & 3\\ 1 & -1 & -1\end{bmatrix}$

解题要点:本题主要考察可逆矩阵的基本运算,第一个是公式法,即用伴随矩阵求解,第二个是初等行变换法.

例 18 若 A 是 n 阶矩阵,满足 $A^2+3A-2E=O$,则 $(A+E)^{-1}=$ ________.

分析 因为
$$(A+E)(A+2E)-4E=A^2+3A-2E=O$$
有
$$(A+E)(A+2E)=4E$$
$$(A+E)\cdot\frac{1}{4}(A+2E)=E$$
故
$$(A+E)^{-1}=\frac{1}{4}(A+2E).$$

解题要点:本题主要考察两点,一是矩阵方程的化简,二是可逆矩阵的定义,通过整体分析来求解逆矩阵.

例 19 设 A,B,C 均为 n 阶矩阵,E 为 n 阶单位矩阵,若 $B=E+AB$,$C=A+CA$,则 $B-C=$

(A)E　　(B)$-E$　　(C)A　　(D)$-A$

分析 由 $B=E+AB\Rightarrow(E-A)B=E\Rightarrow B=(E-A)^{-1}$;

$C=A+CA\Rightarrow C(E-A)=A\Rightarrow C=A(E-A)^{-1}$(或 $C=AB$).

那么 $B-C=(E-A)^{-1}-A(E-A)^{-1}=(E-A)(E-A)^{-1}=E$(或 $B-C=B-AB=E$).

故选(A).

解题要点:本题主要通过适当的化简,并根据可逆矩阵的定义求解.

例 20 求 $A=\begin{bmatrix}1 & 2 & 2\\ 2 & 1 & -2\\ 2 & -2 & 1\end{bmatrix}$ 的逆矩阵.

解法一 用伴随矩阵,得

$|A|=\begin{vmatrix}1 & 2 & 2\\ 0 & -3 & -6\\ 0 & -3 & 3\end{vmatrix}=\begin{vmatrix}1 & 2 & 2\\ 0 & -3 & -6\\ 0 & 0 & 9\end{vmatrix}=-27$,又

$A_{11}=\begin{vmatrix}1 & -2\\ -2 & 1\end{vmatrix}=-3, A_{12}=-\begin{vmatrix}2 & -2\\ 2 & 1\end{vmatrix}=-6, A_{13}=\begin{vmatrix}2 & 1\\ 2 & -2\end{vmatrix}=-6,$

$A_{21}=-\begin{vmatrix}2 & 2\\ -2 & 1\end{vmatrix}=-6, A_{22}=\begin{vmatrix}1 & 2\\ 2 & 1\end{vmatrix}=-3, A_{23}=-\begin{vmatrix}1 & 2\\ 2 & -2\end{vmatrix}=6,$

$A_{31}=\begin{vmatrix}2 & 2\\ 1 & -2\end{vmatrix}=-6, A_{32}=-\begin{vmatrix}1 & 2\\ 2 & -2\end{vmatrix}=6, A_{33}=\begin{vmatrix}1 & 2\\ 2 & 1\end{vmatrix}=-3,$

所以 $\boldsymbol{A}^*=\begin{bmatrix}-3 & -6 & -6\\ -6 & -3 & 6\\ -6 & 6 & -3\end{bmatrix}$，那么 $\boldsymbol{A}^{-1}=\frac{1}{|\boldsymbol{A}|}\boldsymbol{A}^*=\frac{1}{9}\begin{bmatrix}1 & 2 & 2\\ 2 & 1 & -2\\ 2 & -2 & 1\end{bmatrix}$.

解法二　用初等行变换，得

$$(\boldsymbol{A}\vdots\boldsymbol{E})=\left[\begin{array}{ccc:ccc}1 & 2 & 2 & 1 & 0 & 0\\ 2 & 1 & -2 & 0 & 1 & 0\\ 2 & -2 & 1 & 0 & 0 & 1\end{array}\right]\xrightarrow[②-2①]{③-②}\left[\begin{array}{ccc:ccc}1 & 2 & 2 & 1 & 0 & 0\\ 0 & -3 & -6 & -2 & 1 & 0\\ 0 & -3 & 3 & 0 & -1 & 1\end{array}\right]$$

$$\xrightarrow{③-②}\left[\begin{array}{ccc:ccc}1 & 2 & 2 & 1 & 0 & 0\\ 0 & -3 & -6 & -2 & 1 & 0\\ 0 & 0 & 9 & 2 & -2 & 1\end{array}\right]\xrightarrow[-\frac{1}{3}②]{\frac{1}{9}③}\left[\begin{array}{ccc:ccc}1 & 2 & 2 & 1 & 0 & 0\\ 0 & 1 & 2 & \frac{2}{3} & -\frac{1}{3} & 0\\ 0 & 0 & 1 & \frac{2}{9} & -\frac{2}{9} & \frac{1}{9}\end{array}\right]$$

$$\xrightarrow[②-2③]{①-2③}\left[\begin{array}{ccc:ccc}1 & 2 & 2 & \frac{5}{9} & \frac{4}{9} & -\frac{2}{9}\\ 0 & 1 & 0 & \frac{2}{9} & \frac{1}{9} & -\frac{2}{9}\\ 0 & 0 & 1 & \frac{2}{9} & -\frac{2}{9} & \frac{1}{9}\end{array}\right]\xrightarrow{①-2②}\left[\begin{array}{ccc:ccc}1 & 0 & 0 & \frac{1}{9} & \frac{2}{9} & \frac{2}{9}\\ 0 & 1 & 0 & \frac{2}{9} & \frac{1}{9} & -\frac{2}{9}\\ 0 & 0 & 1 & \frac{2}{9} & -\frac{2}{9} & \frac{1}{9}\end{array}\right]$$

所以 $\boldsymbol{A}^{-1}=\frac{1}{9}\begin{bmatrix}1 & 2 & 2\\ 2 & 1 & -2\\ 2 & -2 & 1\end{bmatrix}$.

解题要点：本题是一道基本题，考察可逆矩阵的算法，第一种是用伴随矩阵，第二种是通过初等行变换求解.

例 21　设 $\boldsymbol{A}$ 是 n 阶矩阵，若 $\boldsymbol{A}^2=\boldsymbol{A}$，证明 $\boldsymbol{A}+\boldsymbol{E}$ 可逆.

证法一　由于 $\boldsymbol{A}^2=\boldsymbol{A}$，故 $\boldsymbol{A}^2-\boldsymbol{A}-2\boldsymbol{E}=-2\boldsymbol{E}$，那么

$(\boldsymbol{A}+\boldsymbol{E})(\boldsymbol{A}-2\boldsymbol{E})=-2\boldsymbol{E}$,

即　$(\boldsymbol{A}+\boldsymbol{E})\cdot\frac{2\boldsymbol{E}-\boldsymbol{A}}{2}=\boldsymbol{E}$，按定义可知 $\boldsymbol{A}+\boldsymbol{E}$ 可逆.

证法二　因为 $\boldsymbol{A}^2=\boldsymbol{A}$，知 $\boldsymbol{A}$ 的特征值只能是 0 或 1，那么，$\boldsymbol{A}+\boldsymbol{E}$ 的特征值只能是 1 或 2. 所以，0 不是 $\boldsymbol{A}+\boldsymbol{E}$ 的特征值，故 $\boldsymbol{A}+\boldsymbol{E}$ 可逆.

解题要点：本题主要考察可逆矩阵的定义，中间用到适当的化简技巧.

例 22　设 $\boldsymbol{A}$、$\boldsymbol{B}$ 均为 3 阶矩阵，$\boldsymbol{E}$ 为 3 阶单位矩阵，若 $\boldsymbol{AB}=\boldsymbol{A}-2\boldsymbol{B}-\boldsymbol{E}$，$\boldsymbol{B}=\begin{bmatrix}1 & 0 & -6\\ 0 & 4 & 0\\ 6 & 0 & 1\end{bmatrix}$，则 $(\boldsymbol{A}+2\boldsymbol{E})^{-1}=$ ________.

分析　由已知条件有 $AB+2B-A-2E=-3E$，

即有 $(A+2E)B-(A+2E)=-3E$

那么
$$(A+2E)\cdot\frac{1}{3}(E-B)=E$$

故
$$(A+2E)^{-1}=\frac{1}{3}(E-B)=\begin{bmatrix}0&0&2\\0&-1&0\\-2&0&0\end{bmatrix}.$$

解题要点：本题的主要解题思路是通过化简和可逆矩阵定义求解.

例 23　设矩阵 A 满足 $A^2+A-4E=0$，其中 E 为单位矩阵，则 $(A-E)^{-1}=$ ________.

分析　矩阵 A 的元素没有给出，因此用初等变换法和伴随矩阵法求逆的路均堵塞. 应当考虑用定义法.

因为　$(A-E)(A+2E)-2E=A^2+A-4E=0$.

故　$(A-E)(A+2E)=2E$，即 $(A-E)\cdot\dfrac{A+2E}{2}=E$.

按定义知　$(A-E)^{-1}=\dfrac{1}{2}(A+2E)$.

解题要点：本题的主要解题思路是通过化简和可逆矩阵定义求解.

例 24　设 $A,B,A+B,A^{-1}+B^{-1}$ 均为 n 阶可逆矩阵，则 $(A^{-1}+B^{-1})^{-1}$ 等于

(A) $A^{-1}+B^{-1}$　(B) $A+B$　(C) $A(A+B)^{-1}B$　(D) $(A+B)^{-1}$

分析　因为 $A,B,A+B$ 均可逆，则有

$$\begin{aligned}(A^{-1}+B^{-1})^{-1}&=(EA^{-1}+B^{-1}E)^{-1}\\&=(B^{-1}BA^{-1}+B^{-1}AA^{-1})^{-1}=[B^{-1}(B+A)A^{-1}]^{-1}\\&=(A^{-1})^{-1}(B+A)^{-1}(B^{-1})^{-1}=A(A+B)^{-1}B.\end{aligned}$$

故应选(C).

注意，一般情况下 $(A+B)^{-1}\neq A^{-1}+B^{-1}$，不要与转置的性质相混淆.

解题要点：本题的关键在于用单位矩阵对原式进行转化，然后通过适当的变形，从整体分析求解问题.

例 25　设 $A=\begin{bmatrix}1&0&0&0\\-2&3&0&0\\0&-4&5&0\\0&0&-6&7\end{bmatrix}$，$E$ 为 4 阶单位矩阵，且 $B=(E+A)^{-1}(E-A)$，则 $(E+B)^{-1}$ $=$ ________.

分析　虽可以由 A 先求出 $(E+A)^{-1}$，再作矩阵乘法求出 B，最后通过求逆得到 $(E+B)^{-1}$，但这种方法计算量太大.

若用单位矩阵恒等变形的技巧，我们有

$$\begin{aligned}B+E&=(E+A)^{-1}(E-A)+E\\&=(E+A)^{-1}[(E-A)+(E+A)]=2(E+A)^{-1}.\end{aligned}$$

所以 $(\boldsymbol{E}+\boldsymbol{B})^{-1}=[2(\boldsymbol{E}+\boldsymbol{A})^{-1}]^{-1}=\frac{1}{2}(\boldsymbol{E}+\boldsymbol{A})=\begin{bmatrix}1&0&0&0\\-1&2&0&0\\0&-2&3&0\\0&0&-3&4\end{bmatrix}$.

或者，由 $\boldsymbol{B}=(\boldsymbol{E}+\boldsymbol{A})^{-1}(\boldsymbol{E}-\boldsymbol{A})$，左乘 $\boldsymbol{E}+\boldsymbol{A}$ 得

$$(\boldsymbol{E}+\boldsymbol{A})\boldsymbol{B}=\boldsymbol{E}-\boldsymbol{A}\Rightarrow(\boldsymbol{E}+\boldsymbol{A})\boldsymbol{B}+(\boldsymbol{E}+\boldsymbol{A})=\boldsymbol{E}-\boldsymbol{A}+\boldsymbol{E}+\boldsymbol{A}=2\boldsymbol{E}.$$

即有 $$(\boldsymbol{E}+\boldsymbol{A})(\boldsymbol{E}+\boldsymbol{B})=2\boldsymbol{E}.$$

解题要点：本题的关键在于用单位矩阵对原式进行恒等变形.

例 26 设 A 为 n 阶非奇异矩阵，$\boldsymbol{\alpha}$ 为 n 维列向量，b 为常数，记分块矩阵

$$\boldsymbol{P}=\begin{bmatrix}\boldsymbol{E}&\boldsymbol{0}\\-\boldsymbol{\alpha}^{\mathrm{T}}\boldsymbol{A}^*&|\boldsymbol{A}|\end{bmatrix},\boldsymbol{Q}=\begin{bmatrix}\boldsymbol{A}&\boldsymbol{\alpha}\\\boldsymbol{\alpha}^{\mathrm{T}}&b\end{bmatrix},$$

其中 $\boldsymbol{A}^*$ 是矩阵 $\boldsymbol{A}$ 的伴随矩阵，$\boldsymbol{E}$ 为 n 阶单位矩阵.

(1) 计算并化简 $\boldsymbol{PQ}$；

(2) 证明矩阵 $\boldsymbol{Q}$ 可逆的充分必要条件是 $\boldsymbol{\alpha}^{\mathrm{T}}\boldsymbol{A}^{-1}\boldsymbol{\alpha}\neq b$.

解 (1) 由 $\boldsymbol{AA}^*=\boldsymbol{A}^*\boldsymbol{A}=|\boldsymbol{A}|\boldsymbol{E}$ 及 $\boldsymbol{A}^*=|\boldsymbol{A}|\boldsymbol{A}^{-1}$，有

$$\boldsymbol{PQ}=\begin{bmatrix}\boldsymbol{E}&\boldsymbol{0}\\-\boldsymbol{\alpha}^{\mathrm{T}}\boldsymbol{A}^*&|\boldsymbol{A}|\end{bmatrix}\begin{bmatrix}\boldsymbol{A}&\boldsymbol{\alpha}\\\boldsymbol{\alpha}^{\mathrm{T}}&b\end{bmatrix}=\begin{bmatrix}\boldsymbol{A}&\boldsymbol{\alpha}\\-\boldsymbol{\alpha}^{\mathrm{T}}\boldsymbol{A}^*\boldsymbol{A}+|\boldsymbol{A}|\boldsymbol{\alpha}^{\mathrm{T}}&-\boldsymbol{\alpha}^{\mathrm{T}}\boldsymbol{A}^*\boldsymbol{\alpha}+b|\boldsymbol{A}|\end{bmatrix}$$

$$=\begin{bmatrix}\boldsymbol{A}&\boldsymbol{\alpha}\\\boldsymbol{0}&|\boldsymbol{A}|(b-\boldsymbol{\alpha}^{\mathrm{T}}\boldsymbol{A}^{-1}\boldsymbol{\alpha})\end{bmatrix}.$$

(2) 用行列式拉普拉斯展开公式及行列式乘法公式，有

$$|\boldsymbol{P}|=\begin{vmatrix}\boldsymbol{E}&\boldsymbol{0}\\-\boldsymbol{\alpha}^{\mathrm{T}}\boldsymbol{A}^*&|\boldsymbol{A}|\end{vmatrix}=|\boldsymbol{A}|,$$

$$|\boldsymbol{P}|\cdot|\boldsymbol{Q}|=|\boldsymbol{PQ}|=\begin{vmatrix}\boldsymbol{A}&\boldsymbol{\alpha}\\\boldsymbol{0}&|\boldsymbol{A}|(b-\boldsymbol{\alpha}^{\mathrm{T}}\boldsymbol{A}^{-1}\boldsymbol{\alpha})\end{vmatrix}=|\boldsymbol{A}|^2(b-\boldsymbol{\alpha}^{\mathrm{T}}\boldsymbol{A}^{-1}\boldsymbol{\alpha}).$$

又因 $\boldsymbol{A}$ 可逆，$|\boldsymbol{A}|\neq 0$，故 $|\boldsymbol{Q}|=|\boldsymbol{A}|(b-\boldsymbol{\alpha}^{\mathrm{T}}\boldsymbol{A}^{-1}\boldsymbol{\alpha})$.

由此可知 $\boldsymbol{Q}$ 可逆的充分必要条件是 $b-\boldsymbol{\alpha}^{\mathrm{T}}\boldsymbol{A}^{-1}\boldsymbol{\alpha}\neq 0$，即 $\boldsymbol{\alpha}^{\mathrm{T}}\boldsymbol{A}^{-1}\boldsymbol{\alpha}\neq b$.

解题要点：本题主要考察矩阵的基本运算.

Ⅲ 克拉默法则

例 27 三元一次方程组

$$\begin{cases}x_1+x_2-x_3=1\\2x_1-x_2+3x_3=4\\4x_1+x_2+9x_3=16\end{cases}$$

的解中，未知数 x_2 的值必为

(A) 1 (B) $\frac{5}{2}$ (C) $\frac{7}{3}$ (D) $\frac{1}{6}$

分析 因为方程组的系数矩阵行列式是范德蒙行列式，有

$$D=\begin{vmatrix}1&1&-1\\2&-1&3\\4&1&9\end{vmatrix}=(-1-2)(3-2)(3-(-1))=-12.$$

根据克拉默法则,$x_2=\dfrac{D_2}{D}$ 其中

$$D_2=\begin{vmatrix}1&1&1\\2&4&3\\4&16&9\end{vmatrix}=(4-2)(3-2)(3-4)=-2$$

于是 $x_2=\dfrac{1}{6}$,所以应选(D).

解题要点:本题主要考察克拉默法则的简单运用.

例 28 齐次线性方程组

$$\begin{cases}\lambda x_1+x_2+x_3=0\\x_2+\lambda x_2+x_3=0\\\lambda^2x_1+2x_2+\lambda x_3=0\end{cases}$$

有非零解,则 $\lambda=$ ________.

分析 $x_1=0,x_2=0,x_3=0$ 必是齐次线性方程组的解,现在方程组又有非零解,说明方程组的解不唯一,那么,根据克拉默法则有系数行列式为 0. 因为

$$D=\begin{vmatrix}\lambda&1&1\\1&\lambda&1\\\lambda^2&2&\lambda\end{vmatrix}=\begin{vmatrix}\lambda-1&1-\lambda&0\\1&\lambda&1\\\lambda^2&2&\lambda\end{vmatrix}=\begin{vmatrix}\lambda-1&0&0\\1&\lambda+1&1\\\lambda^2&\lambda^2+2&\lambda\end{vmatrix}$$
$$=(\lambda-1)(\lambda-2)$$

所以,λ 为 1 或 2.

解题要点:本题主要考察克拉默法则的简单运用.

Ⅳ 矩阵分块法

例 29 设 $A=\begin{bmatrix}3&1&0&0\\0&3&0&0\\0&0&3&9\\0&0&1&3\end{bmatrix}$,则 $A^n=$ ________.

分析 由分块矩阵公式 $\begin{bmatrix}B&O\\O&C\end{bmatrix}^n=\begin{bmatrix}B^n&O\\O&C^n\end{bmatrix}$,我们只需分别算出 $\begin{bmatrix}3&1\\0&3\end{bmatrix}$ 与 $\begin{bmatrix}3&9\\1&3\end{bmatrix}$ 的 n 次幂.

因为 $$\begin{bmatrix}3&1\\0&3\end{bmatrix}=\begin{bmatrix}3&0\\0&3\end{bmatrix}+\begin{bmatrix}0&1\\0&0\end{bmatrix}=3E+B$$

故 $$\begin{bmatrix}3&1\\0&3\end{bmatrix}^n=(3E+B)^n=(3E)^n+n(3E)^{n-1}B$$
$$=\begin{bmatrix}3^n&1\\0&3^n\end{bmatrix}+n\cdot3^{n-1}\begin{bmatrix}0&1\\0&0\end{bmatrix}=\begin{bmatrix}3^n&n\cdot3^{n-1}\\0&3^n\end{bmatrix}$$

而矩阵$\begin{bmatrix}3&9\\1&3\end{bmatrix}$的秩为1,有$\begin{bmatrix}3&9\\1&3\end{bmatrix}^n=6^{n-1}\begin{bmatrix}3&9\\1&3\end{bmatrix}$

从而

$$A^n=\begin{bmatrix}3^n&n\cdot 3^{n-1}&0&0\\0&3^n&0&0\\0&0&3\cdot 6^{n-1}&9\cdot 6^{n-1}\\0&0&6^{n-1}&3\cdot 6^{n-1}\end{bmatrix}.$$

解题要点:本题主要考察分块矩阵的一般运算.

例 30 已知n阶行列式$|A|=\begin{vmatrix}0&1&0&\cdots&0\\0&0&2&\cdots&0\\\vdots&\vdots&\vdots&&\vdots\\0&0&0&\cdots&n-1\\n&0&0&\cdots&0\end{vmatrix}$,则$|A|$的第$k$行代数余子式的和$A_{k1}+A_{k2}+\cdots+A_{kn}=$______.

分析 若依次求每个代数余子式再求和,这很麻烦.我们知道,代数余子式与伴随矩阵A^*有密切的联系,而A^*与A^{-1}又密不可分.对于A用分块技巧,很容易求出A^{-1}.由于

$$A=\begin{bmatrix}\mathbf{0}&B\\C&\mathbf{0}\end{bmatrix},\text{其中}B=\begin{bmatrix}1&&&\\&2&&\\&&\ddots&\\&&&n-1\end{bmatrix},C=(n).$$

于是 $$A^{-1}=\begin{bmatrix}&C^{-1}\\B^{-1}&\end{bmatrix}=\begin{bmatrix}0&0&\cdots&0&\frac{1}{n}\\1&0&\cdots&0&0\\0&\frac{1}{2}&\cdots&0&0\\\vdots&\vdots&&\vdots&\vdots\\0&0&\cdots&\frac{1}{n-1}&0\end{bmatrix}\text{及}|A|=(-1)^{n-1}n!.$$

又因$A^*=|A|A^{-1}$,那么

$$\begin{bmatrix}A_{11}&\cdots&A_{k1}&\cdots&A_{n1}\\A_{12}&\cdots&A_{k2}&\cdots&A_{n2}\\\vdots&&\vdots&&\vdots\\A_{1n}&\cdots&A_{kn}&\cdots&A_{nn}\end{bmatrix}=(-1)^{n-1}n!\begin{bmatrix}0&0&\cdots&0&\frac{1}{n}\\1&0&\cdots&0&0\\0&\frac{1}{2}&\cdots&0&0\\\vdots&\vdots&&\vdots&\vdots\\0&0&\cdots&\frac{1}{n-1}&0\end{bmatrix}.$$

可见 $$A_{k1}+A_{k2}+\cdots+A_{kn}=\frac{(-1)^{n-1}n!}{k}.$$

解题要点:本题主要考察分块矩阵的化简技巧.化简之后再求解.

例 31 已知 $\boldsymbol{A}=\begin{bmatrix} a_1 & & & \\ & a_2 & & \\ & & \ddots & \\ & & & a_n \end{bmatrix}$，其中 $a_1,a_2,\cdots,a_n$ 两两不等. 证明与 $\boldsymbol{A}$ 可交换的矩阵只能是对角矩阵.

证明 设 $\boldsymbol{A}$ 与 $\boldsymbol{A}$ 可交换，并对 $\boldsymbol{A}$ 分别按列(行)分块，记为

$$\boldsymbol{A}=\begin{bmatrix} a_{11} & a_{12} & \cdots & a_{1n} \\ a_{21} & a_{22} & \cdots & a_{2n} \\ \vdots & \vdots & & \vdots \\ a_{n1} & a_{n2} & \cdots & a_{nn} \end{bmatrix}=(\boldsymbol{\alpha}_1,\boldsymbol{\alpha}_2,\cdots,\boldsymbol{\alpha}_n)=\begin{bmatrix} \boldsymbol{\beta}_1 \\ \boldsymbol{\beta}_2 \\ \vdots \\ \boldsymbol{\beta}_n \end{bmatrix},$$

则
$$\boldsymbol{AA}=(\boldsymbol{\alpha}_1,\boldsymbol{\alpha}_2,\cdots,\boldsymbol{\alpha}_n)\begin{bmatrix} a_1 & & & \\ & a_2 & & \\ & & \ddots & \\ & & & a_n \end{bmatrix}=(a_1\boldsymbol{\alpha}_1,a_2\boldsymbol{\alpha}_2,\cdots,a_n\boldsymbol{\alpha}_n),$$

$$\boldsymbol{AA}=\begin{bmatrix} a_1 & & & \\ & a_2 & & \\ & & \ddots & \\ & & & a_n \end{bmatrix}\begin{bmatrix} \boldsymbol{\beta}_1 \\ \boldsymbol{\beta}_2 \\ \vdots \\ \boldsymbol{\beta}_n \end{bmatrix}=\begin{bmatrix} a_1\boldsymbol{\beta}_1 \\ a_2\boldsymbol{\beta}_2 \\ \vdots \\ a_n\boldsymbol{\beta}_n \end{bmatrix}.$$

因为 $\boldsymbol{AA}=\boldsymbol{AA}$，即 $\begin{bmatrix} a_1a_{11} & a_2a_{12} & \cdots & a_na_{1n} \\ a_1a_{21} & a_2a_{22} & \cdots & a_na_{2n} \\ \vdots & \vdots & & \vdots \\ a_1a_{n1} & a_2a_{n2} & \cdots & a_na_{nn} \end{bmatrix}=\begin{bmatrix} a_1a_{11} & a_1a_{12} & \cdots & a_1a_{1n} \\ a_2a_{21} & a_2a_{22} & \cdots & a_2a_{2n} \\ \vdots & \vdots & & \vdots \\ a_na_{n1} & a_na_{n2} & \cdots & a_na_{nn} \end{bmatrix}$，

那么 $a_ja_{ij}=a_ia_{ij}$，又因 $a_i\neq a_j$，可见 $a_{ij}=0(\forall i\neq j)$，即 $\boldsymbol{A}$ 是对角矩阵.

解题要点： 本题主要考察对角矩阵的定义以及矩阵分块的技巧.

真题点睛

1 (2005) 设 $\boldsymbol{\alpha}_1,\boldsymbol{\alpha}_2,\boldsymbol{\alpha}_3$ 均为 3 维列向量，记矩阵

$\boldsymbol{A}=(\boldsymbol{\alpha}_1,\boldsymbol{\alpha}_2,\boldsymbol{\alpha}_3)$，$\boldsymbol{B}=(\boldsymbol{\alpha}_1+\boldsymbol{\alpha}_2+\boldsymbol{\alpha}_3,\boldsymbol{\alpha}_1+2\boldsymbol{\alpha}_2+4\boldsymbol{\alpha},\boldsymbol{\alpha}_1+3\boldsymbol{\alpha}_2+9\boldsymbol{\alpha}_3)$

如果 $|\boldsymbol{A}|=1$，那么 $|\boldsymbol{B}|=$ ________.

分析 利用分块矩阵乘法

$$\boldsymbol{B}=(\boldsymbol{\alpha}_1,\boldsymbol{\alpha}_2,\boldsymbol{\alpha}_3)\begin{bmatrix} 1 & 1 & 1 \\ 1 & 2 & 3 \\ 1 & 4 & 9 \end{bmatrix}=\boldsymbol{AC}，其中\ \boldsymbol{C}=\begin{bmatrix} 1 & 1 & 1 \\ 1 & 2 & 3 \\ 1 & 4 & 9 \end{bmatrix}$$

那么，由行列式乘法公式及范德蒙行列式，立即有

$|\boldsymbol{B}|=|\boldsymbol{A}||\boldsymbol{C}|=1\cdot(2-1)(3-1)(3-2)=2$

或者，利用行列式性质，有

$|\boldsymbol{B}|=|\boldsymbol{\alpha}_1+\boldsymbol{\alpha}_2+\boldsymbol{\alpha}_3,\boldsymbol{\alpha}_1+2\boldsymbol{\alpha}_2+4\boldsymbol{\alpha}_3,\boldsymbol{\alpha}_1+3\boldsymbol{\alpha}_2+9\boldsymbol{\alpha}_3|$

$$\begin{aligned}&=|\boldsymbol{\alpha}_1+\boldsymbol{\alpha}_2+\boldsymbol{\alpha}_3,\boldsymbol{\alpha}_2+3\boldsymbol{\alpha}_3,2\boldsymbol{\alpha}_2+8\boldsymbol{\alpha}_3|\\&=|\boldsymbol{\alpha}_1+\boldsymbol{\alpha}_2+\boldsymbol{\alpha}_3,\boldsymbol{\alpha}_2+3\boldsymbol{\alpha}_3,2\boldsymbol{\alpha}_3|\\&=2|\boldsymbol{\alpha}_1+\boldsymbol{\alpha}_2+\boldsymbol{\alpha}_3,\boldsymbol{\alpha}_2+3\boldsymbol{\alpha}_3,\boldsymbol{\alpha}_3|\\&=2|\boldsymbol{\alpha}_1+\boldsymbol{\alpha}_2,\boldsymbol{\alpha}_2,\boldsymbol{\alpha}_3|=2|\boldsymbol{\alpha}_1,\boldsymbol{\alpha}_2,\boldsymbol{\alpha}_3|=2|\boldsymbol{A}|=2.\end{aligned}$$

解题要点：本题主要考察分块矩阵的乘法.

2 设 $\boldsymbol{A}=\begin{bmatrix}0&-1&0\\1&0&0\\0&0&-1\end{bmatrix}$，$\boldsymbol{B}=\boldsymbol{P}^{-1}\boldsymbol{A}\boldsymbol{P}$，其中 $\boldsymbol{P}$ 为3阶可逆矩阵，则 $\boldsymbol{B}^{2004}-2A^2=$ ________.

分析 本题考查 n 阶矩阵方幂的运算. 由于

$$\begin{bmatrix}\boldsymbol{A}&0\\0&\boldsymbol{B}\end{bmatrix}^n=\begin{bmatrix}\boldsymbol{A}^n&0\\0&\boldsymbol{B}^n\end{bmatrix},\begin{bmatrix}a_1&&\\&a_2&\\&&a_3\end{bmatrix}^n=\begin{bmatrix}a_1^n&&\\&a_2^n&\\&&a_3^n\end{bmatrix},$$

又
$$\begin{bmatrix}0&-1\\1&0\end{bmatrix}^2=\begin{bmatrix}-1&0\\0&-1\end{bmatrix},$$

易见
$$\boldsymbol{A}^2=\begin{bmatrix}0&-1&0\\1&0&0\\0&0&-1\end{bmatrix}^2=\begin{bmatrix}-1&0&0\\0&-1&0\\0&0&1\end{bmatrix}.$$

从而
$$\boldsymbol{A}^{2004}=(\boldsymbol{A}^2)^{1002}=\boldsymbol{E}.$$

那么
$$\boldsymbol{B}^{2004}-2\boldsymbol{A}^2=\boldsymbol{P}^{-1}\boldsymbol{A}^{2004}\boldsymbol{P}-2\boldsymbol{A}^2=\boldsymbol{P}^{-1}\boldsymbol{E}\boldsymbol{P}-2\boldsymbol{A}^2=\begin{bmatrix}3&0&0\\0&3&0\\0&0&-1\end{bmatrix}.$$

解题要点：本题的关键在于适当的转换，通过求解 A、B 之间的关系，整体代换.

3 (2008) 设 $\boldsymbol{A}$ 为 n 阶非零矩阵，$\boldsymbol{E}$ 为 n 阶单位矩阵. 若 $\boldsymbol{A}^3=\boldsymbol{O}$，则

(A) $\boldsymbol{E}-\boldsymbol{A}$ 不可逆，$\boldsymbol{E}+\boldsymbol{A}$ 不可逆　　(B) $\boldsymbol{E}-\boldsymbol{A}$ 不可逆，$\boldsymbol{E}+\boldsymbol{A}$ 可逆

(C) $\boldsymbol{E}-\boldsymbol{A}$ 可逆，$\boldsymbol{E}+\boldsymbol{A}$ 可逆　　(D) $\boldsymbol{E}-\boldsymbol{A}$ 可逆，$\boldsymbol{E}+\boldsymbol{A}$ 不可逆

分析 因为 $(\boldsymbol{E}-\boldsymbol{A})(\boldsymbol{E}+\boldsymbol{A}+\boldsymbol{A}^2)=\boldsymbol{E}-\boldsymbol{A}^3=\boldsymbol{E}$，

$$(\boldsymbol{E}+\boldsymbol{A})(\boldsymbol{E}-\boldsymbol{A}+\boldsymbol{A}^2)=\boldsymbol{E}+\boldsymbol{A}^3=\boldsymbol{E},$$

所以，由定义知 $\boldsymbol{E}-\boldsymbol{A}$，$\boldsymbol{E}+\boldsymbol{A}$ 均可逆，故选(C).

解题要点：本题主要考察可逆矩阵的定义，注意解题技巧.

4 (2009) 设 $\boldsymbol{A}$、$\boldsymbol{B}$ 均为2阶矩阵，$\boldsymbol{A}^*$，$\boldsymbol{B}^*$ 分别为 $\boldsymbol{A}$，$\boldsymbol{B}$ 的伴随矩阵. 若 $|\boldsymbol{A}|=2$，$|\boldsymbol{B}|=3$，则分块矩阵 $\begin{bmatrix}\boldsymbol{O}&\boldsymbol{A}\\\boldsymbol{B}&\boldsymbol{O}\end{bmatrix}$ 的伴随矩阵为

(A) $\begin{bmatrix}\boldsymbol{O}&3\boldsymbol{B}^*\\2\boldsymbol{A}^*&\boldsymbol{O}\end{bmatrix}$　　(B) $\begin{bmatrix}\boldsymbol{O}&2\boldsymbol{B}^*\\3\boldsymbol{A}^*&\boldsymbol{O}\end{bmatrix}$

(C) $\begin{bmatrix}\boldsymbol{O}&3\boldsymbol{A}^*\\2\boldsymbol{B}^*&\boldsymbol{O}\end{bmatrix}$　　(D) $\begin{bmatrix}\boldsymbol{O}&2\boldsymbol{A}^*\\3\boldsymbol{B}^*&\boldsymbol{O}\end{bmatrix}$

分析 由 $\begin{vmatrix}\boldsymbol{O}&\boldsymbol{A}\\\boldsymbol{B}&\boldsymbol{O}\end{vmatrix}=(-1)^{2\times2}|\boldsymbol{A}|\cdot|\boldsymbol{B}|=6$，知矩阵 $\begin{bmatrix}\boldsymbol{O}&\boldsymbol{A}\\\boldsymbol{B}&\boldsymbol{O}\end{bmatrix}$ 可逆，那么

$$\begin{bmatrix} O & A \\ B & O \end{bmatrix}^* = \begin{vmatrix} O & A \\ B & O \end{vmatrix} \cdot \begin{bmatrix} O & A \\ B & O \end{bmatrix}^{-1} = 6\begin{bmatrix} O & B^{-1} \\ A^{-1} & O \end{bmatrix} = \begin{bmatrix} O & 2B^* \\ 3A^* & O \end{bmatrix}.$$

故选(B).

解题要点:本题主要考察伴随矩阵及分块矩阵的运算.

5 设矩阵 $A=(a_{ij})_{3\times 3}$ 满足 $A^*=A^T$,其中 A^* 为 A 的伴随矩阵,A^T 为 A 的转置矩阵.若 a_{11},a_{12},a_{13} 为三个相等的正数,则 a_{11} 为

(A) $\frac{\sqrt{3}}{3}$ (B)3 (C) $\frac{1}{3}$ (D) $\sqrt{3}$

分析 因为 $A^*=A^T$,即

$$\begin{bmatrix} A_{11} & A_{21} & A_{31} \\ A_{12} & A_{22} & A_{32} \\ A_{13} & A_{23} & A_{33} \end{bmatrix} = \begin{bmatrix} a_{11} & a_{21} & a_{31} \\ a_{12} & a_{22} & a_{32} \\ a_{13} & a_{23} & a_{33} \end{bmatrix},$$

由此可知 $a_{ij}=A_{ij},\forall i,j=1,2,3$.那么

$$|A|=a_{11}A_{11}+a_{12}A_{12}+a_{13}A_{13}=a_{11}^2+a_{12}^2+a_{13}^2=3a_{11}^2>0.$$

又由 $A^*=A^T$,两边取行列式并利用 $|A^*|=|A|^{n-1}$ 及 $|A^T|=|A|$,得 $|A|^2=|A|$.

从而 $|A|=1$,因此,$3a_{11}^2=1$,故 $a_{11}=\frac{\sqrt{3}}{3}$.应选(A).

解题要点:本题主要考察矩阵的运算.

6 (2014)设 $A=(a_{ij})$ 是3阶非零矩阵,$|A|$ 为 A 的行列式,A_{ij} 为 a_{ij} 的代数余子式.若 $a_{ij}+A_{ij}=0(i,j=1,2,3)$,则 $|A|=$ ________.

分析 题设条件"$a_{ij}+A_{ij}=0$"即 $A^T=-A^*$,于是 $|A|=-|A|^2$,可见 $|A|$ 只可能是0或-1.又 $r(A)=r(A^T)=r(-A^*)=r(A^*)$.则 $r(A)$ 只可能为3或0.而 A 为非零矩阵,因此 $r(A)$ 不能为0,从而 $r(A)=3$,$|A|\neq 0$.$|A|=-1$.

或,用特例法,取一个行列式为-1的正交矩阵满足 $A^T=-A^*$.

解题要点:本题主要考察代数余子式的计算.

课后习题全解

1. 解题过程 (1) $\begin{pmatrix} 4 & 3 & 1 \\ 1 & -2 & 3 \\ 5 & 7 & 0 \end{pmatrix}\begin{pmatrix} 7 \\ 2 \\ 1 \end{pmatrix} = \begin{pmatrix} 35 \\ 6 \\ 49 \end{pmatrix}$.

(2) $(1,2,3)\begin{pmatrix} 3 \\ 2 \\ 1 \end{pmatrix} = (10) = 10$.

(3) $\begin{pmatrix} 2 \\ 1 \\ 3 \end{pmatrix}(-1,2) = \begin{pmatrix} -2 & 4 \\ -1 & 2 \\ -3 & 6 \end{pmatrix}$.

(4) $\begin{pmatrix}2 & 1 & 4 & 0\\1 & -1 & 3 & 4\end{pmatrix}\begin{pmatrix}1 & 3 & 1\\0 & -1 & 2\\1 & -3 & 1\\4 & 0 & -2\end{pmatrix}=\begin{pmatrix}6 & -7 & 8\\20 & -5 & -6\end{pmatrix}$.

(5) $$(x_1,x_2,x_3)\begin{pmatrix}a_{11} & a_{12} & a_{13}\\a_{12} & a_{22} & a_{23}\\a_{13} & a_{23} & a_{33}\end{pmatrix}\begin{pmatrix}x_1\\x_2\\x_3\end{pmatrix}$$
$$=(x_1,x_2,x_3)\begin{pmatrix}a_{11}x_1+a_{12}x_2+a_{13}x_3\\a_{12}x_1+a_{22}x_2+a_{23}x_2\\a_{13}x_1+a_{23}x_2+a_{33}x_3\end{pmatrix}$$
$$=a_{11}x_1^2+a_{12}x_1x_2+a_{13}x_1x_3+a_{12}x_2x_1+a_{22}x_2^2+a_{23}x_2x_3+a_{13}x_3x_1+a_{23}x_3x_2+a_{33}x_3^2$$
$$=a_{11}x_1^2+a_{22}x_2^2+a_{33}x_3^2+2a_{12}x_1x_2+2a_{13}x_1x_3+2a_{23}x_2x_3.$$

2. 解题过程 $$3\boldsymbol{AB}-2\boldsymbol{A}=3\begin{pmatrix}1 & 1 & 1\\1 & 1 & -1\\1 & -1 & 1\end{pmatrix}\begin{pmatrix}1 & 2 & 3\\-1 & -2 & 4\\0 & 5 & 1\end{pmatrix}-2\begin{pmatrix}1 & 1 & 1\\1 & 1 & -1\\1 & -1 & 1\end{pmatrix}$$
$$=3\begin{pmatrix}0 & 5 & 8\\0 & -5 & 6\\2 & 9 & 0\end{pmatrix}-2\begin{pmatrix}1 & 1 & 1\\1 & 1 & -1\\1 & -1 & 1\end{pmatrix}$$
$$=\begin{pmatrix}0 & 15 & 24\\0 & -15 & 18\\6 & 27 & 0\end{pmatrix}-\begin{pmatrix}2 & 2 & 2\\2 & 2 & -2\\2 & -2 & 2\end{pmatrix}$$
$$=\begin{pmatrix}-2 & 13 & 22\\-2 & -17 & 20\\4 & 29 & -2\end{pmatrix}.$$
$$\boldsymbol{A}^{\mathrm{T}}\boldsymbol{B}=\begin{pmatrix}1 & 1 & 1\\1 & 1 & -1\\1 & -1 & 1\end{pmatrix}^{\mathrm{T}}\begin{pmatrix}1 & 2 & 3\\-1 & -2 & 4\\0 & 5 & 1\end{pmatrix}$$
$$=\begin{pmatrix}1 & 1 & 1\\1 & 1 & -1\\1 & -1 & 1\end{pmatrix}\begin{pmatrix}1 & 2 & 3\\-1 & -2 & 4\\0 & 5 & 1\end{pmatrix}$$
$$=\begin{pmatrix}0 & 5 & 8\\0 & -5 & 6\\2 & 9 & 0\end{pmatrix}.$$

3. 分析 由方程式可见 $\boldsymbol{X}=\boldsymbol{AY},\boldsymbol{Y}=\boldsymbol{BZ}$，故 $\boldsymbol{X}=\boldsymbol{ABZ}=\boldsymbol{CZ}$，即求 $\boldsymbol{C}=\boldsymbol{AB}$.

解题过程 将已知写成矩阵形式 $\boldsymbol{X}=\boldsymbol{AY},\boldsymbol{Y}=\boldsymbol{BZ}$，其中 $\boldsymbol{A}=\begin{pmatrix}2 & 0 & 1\\-2 & 3 & 2\\4 & 1 & 5\end{pmatrix}$，

$$B=\begin{pmatrix}-3&1&0\\2&0&1\\0&-1&3\end{pmatrix},X=\begin{pmatrix}x_1\\x_2\\x_3\end{pmatrix},Y=\begin{pmatrix}y_1\\y_2\\y_3\end{pmatrix},Z=\begin{pmatrix}z_1\\z_2\\z_3\end{pmatrix}$$

则有 $X=AY=ABZ$.

而 $$AB=\begin{pmatrix}2&0&1\\-2&3&2\\4&1&5\end{pmatrix}\begin{pmatrix}-3&1&0\\2&0&1\\0&-1&3\end{pmatrix}=\begin{pmatrix}-6&1&3\\12&-4&9\\-10&-1&16\end{pmatrix},$$

于是,得到 $$\begin{pmatrix}x_1\\x_2\\x_3\end{pmatrix}=\begin{pmatrix}-6&1&3\\12&-4&9\\-10&-1&16\end{pmatrix}\begin{pmatrix}z_1\\z_2\\z_3\end{pmatrix},$$

此即 $$\begin{cases}x_1=-6z_1+z_2+3z_3,\\x_2=12z_1-4z_2+9z_3,\\x_3=-10z_1-z_2+16z_3.\end{cases}$$

4. **分析** 矩阵乘法不满足交换律,与数的基本运算不同.

解题过程 (1) 由于 $$AB=\begin{pmatrix}1&2\\1&3\end{pmatrix}\begin{pmatrix}1&0\\1&2\end{pmatrix}=\begin{pmatrix}3&4\\4&6\end{pmatrix}.$$

$$BA=\begin{pmatrix}1&0\\1&2\end{pmatrix}\begin{pmatrix}1&2\\1&3\end{pmatrix}=\begin{pmatrix}1&2\\3&8\end{pmatrix}.$$

所以 $AB\neq BA$.

(2) 由于 $(A+B)^2=(A+B)(A+B)=A^2+AB+BA+B^2$,

而由(1)知 $AB\neq BA$,所以 $(A+B)^2\neq A^2+2AB+B^2$.

(3) 由于 $(A+B)(A-B)=A^2-AB+BA-B^2$,

而由(1)知 $AB\neq BA$,所以 $(A+B)(A-B)\neq A^2-B^2$.

小结 矩阵运算和数的运算规律有些是相同的,但也有许多不同之处. 例如,矩阵的乘法就和数的乘法大不一样,由本题看到,一般地:

$$AB\neq BA,(A\pm B)^2\neq A^2+2AB+B^2,\quad (A+B)(A-B)\neq A^2-B^2.$$

在以后还会发现其他不同之处. 因此,对待矩阵的运算要特别注意它和数的运算之间的差异,切不可将数的所有运算规律照搬过来.

5. **分析** 由方程 $AX=AY$ 必可推得 $X=Y$ 的充要条件:当 A 为方阵时 $|A|\neq 0$,当 A 不是方阵时见第三章定理 9.

解题过程 (1) 取 $A=\begin{pmatrix}0&1\\0&0\end{pmatrix}$,则 $A^2=O$,但 $A\neq O$;

(2) 取 $A=\begin{pmatrix}1&0\\0&0\end{pmatrix}$,则 $A^2=A$,但 $A\neq O$ 且 $A\neq E$;

(3) 取 $A=\begin{pmatrix}1&-1\\0&0\end{pmatrix}$,$X=\begin{pmatrix}2&1\\1&0\end{pmatrix}$,$Y=\begin{pmatrix}1&2\\0&1\end{pmatrix}$,

则 $AX=AY=\begin{pmatrix}1&1\\0&0\end{pmatrix}$,且 $A\neq O$,但 $X\neq Y$.

6. 解题过程 (1) 首先,经计算得

$$A^2=\begin{pmatrix}1&0\\\lambda&1\end{pmatrix}\begin{pmatrix}1&0\\\lambda&1\end{pmatrix}=\begin{pmatrix}1&0\\2\lambda&1\end{pmatrix}.$$

$$A^3=\begin{pmatrix}1&0\\\lambda&1\end{pmatrix}^2\begin{pmatrix}1&0\\\lambda&1\end{pmatrix}=\begin{pmatrix}1&0\\2\lambda&1\end{pmatrix}\begin{pmatrix}1&0\\\lambda&1\end{pmatrix}=\begin{pmatrix}1&0\\3\lambda&1\end{pmatrix}.$$

现用数学归纳法证明公式:$A^k=\begin{pmatrix}1&0\\k\lambda&1\end{pmatrix}$.

当 $k=1$ 时,显然公式成立.

假设当 $k=n$ 时,公式成立,则当 $k=n+1$ 时,有

$$A^{n+1}=\begin{pmatrix}1&0\\\lambda&1\end{pmatrix}^n\begin{pmatrix}1&0\\\lambda&1\end{pmatrix}=\begin{pmatrix}1&0\\n\lambda&1\end{pmatrix}\begin{pmatrix}1&0\\\lambda&1\end{pmatrix}=\begin{pmatrix}1&0\\(n+1)\lambda&1\end{pmatrix}.$$

可见公式成立. 因此对一切正整数 k,前述公式均成立.

(2)$A^2=\begin{pmatrix}\lambda&1&\\&\lambda&1\\&&\lambda\end{pmatrix}\begin{pmatrix}\lambda&1&\\&\lambda&1\\&&\lambda\end{pmatrix}=\begin{pmatrix}\lambda^2&2\lambda&1\\&\lambda^2&2\lambda\\&&\lambda^2\end{pmatrix}$,

$$A^4=A^2A^2=\begin{pmatrix}\lambda^2&2\lambda&1\\&\lambda^2&2\lambda\\&&\lambda^2\end{pmatrix}\begin{pmatrix}\lambda^2&2\lambda&1\\&\lambda^2&2\lambda\\&&\lambda^2\end{pmatrix}=\begin{pmatrix}\lambda^4&4\lambda^3&6\lambda^2\\&\lambda^4&4\lambda^3\\&&\lambda^4\end{pmatrix}$$

小结 可证 $A^n=\begin{pmatrix}\lambda^n&C_n^1\lambda^{n-1}&C_n^2\lambda^{n-2}\\0&\lambda^n&C_n^1\lambda^{n-1}\\0&0&\lambda^n\end{pmatrix}=\lambda^{n-2}\begin{pmatrix}\lambda^2&n\lambda&\frac{n(n-1)}{2}\\0&\lambda^2&n\lambda\\0&0&\lambda^2\end{pmatrix}(n\geqslant 2)$.

7. 解题过程 (1)$A^2=\begin{pmatrix}3&1\\1&-3\end{pmatrix}\begin{pmatrix}3&1\\1&-3\end{pmatrix}=\begin{pmatrix}10&0\\0&10\end{pmatrix}=10E$. 于是

$$A^{50}=(A^2)^{25}=(10E)^{25}=10^{25}E,$$

$A^{51}=A^{50}A=10^{25}EA=10^{25}A=10^{25}\begin{pmatrix}3&1\\1&-3\end{pmatrix}$;

(2)$A^{100}=\underbrace{(ab^T)(ab^T)\cdots(ab^T)}_{100个}=a\underbrace{(b^Ta)(b^Ta)\cdots(b^Ta)}_{99个}b^T$.

因 $b^Ta=-8$,故由上式知 $A^{100}=(-8)^{99}ab^T=-8^{99}\begin{pmatrix}2&4&8\\1&2&4\\-3&-6&-12\end{pmatrix}$.

8. 分析 熟练应用对称矩阵的定义 $A^T=A$.

解题过程 (1) 由 A 为对称矩阵知 $A^T=A$,故有 $(B^TAB)^T=B^TA^T(B^T)^T=B^TAB$.

从而,B^TAB 是对称矩阵.

(2) 充分性.

由 $AB=BA$ 及 $A^T=A,B^T=B$,得

$$(AB)^T=B^TA^T=BA=AB,$$

故 AB 是对称矩阵.

必要性.

由 $\boldsymbol{AB}$ 是对称矩阵及 $\boldsymbol{A}^{\mathrm{T}}=\boldsymbol{A},\boldsymbol{B}^{\mathrm{T}}=\boldsymbol{B}$,得

$$\boldsymbol{AB}=(\boldsymbol{AB})^{\mathrm{T}}=\boldsymbol{B}^{\mathrm{T}}\boldsymbol{A}^{\mathrm{T}}=\boldsymbol{BA}.$$

9. **分析** 求矩阵的逆矩阵时熟练应用公式 $\boldsymbol{A}^{-1}=\frac{1}{|\boldsymbol{A}|}\boldsymbol{A}^{*}$.

解题过程 对于每个小题,都记所给矩阵为 $\boldsymbol{A}=(a_{ij})$,伴随矩阵为 $\boldsymbol{A}^{*}=(\boldsymbol{A}_{ji})$,其中 $\boldsymbol{A}_{ji}$ 为 a_{ji} 的代数余子式.

(1) 因 $|\boldsymbol{A}|=\begin{vmatrix}1&2\\2&5\end{vmatrix}=1\neq 0$,故 $\boldsymbol{A}$ 可逆.

由于
$$\boldsymbol{A}_{11}=5,\boldsymbol{A}_{21}=-2,\boldsymbol{A}_{12}=-2,\boldsymbol{A}_{22}=1,$$

故得
$$\boldsymbol{A}^{-1}=\frac{1}{|\boldsymbol{A}|}\boldsymbol{A}^{*}=\begin{pmatrix}5&-2\\-2&1\end{pmatrix}.$$

(2) 由于 $|\boldsymbol{A}|=\cos^2\theta+\sin^2\theta=1\neq 0$,按上述公式得

$$\boldsymbol{A}^{-1}=\begin{pmatrix}\cos\theta&\sin\theta\\-\sin\theta&\cos\theta\end{pmatrix}.$$

(3) 因 $|\boldsymbol{A}|=\begin{vmatrix}1&2&-1\\3&4&-2\\5&-4&1\end{vmatrix}=4-20+12+20-6-8=2\neq 0$,故 $\boldsymbol{A}$ 可逆.

由于

$$\boldsymbol{A}_{11}=\begin{vmatrix}4&-2\\-4&1\end{vmatrix}=-4,\quad \boldsymbol{A}_{21}=-\begin{vmatrix}2&-1\\-4&1\end{vmatrix}=2,\quad \boldsymbol{A}_{31}=\begin{vmatrix}2&-1\\4&-2\end{vmatrix}=0,$$

$$\boldsymbol{A}_{12}=-\begin{vmatrix}3&-2\\5&1\end{vmatrix}=-13.\quad \boldsymbol{A}_{22}=\begin{vmatrix}1&-1\\5&1\end{vmatrix}=6,\quad \boldsymbol{A}_{32}=-\begin{vmatrix}1&-1\\3&-2\end{vmatrix}=-1,$$

$$\boldsymbol{A}_{13}=\begin{vmatrix}3&4\\5&-4\end{vmatrix}=-32.\quad \boldsymbol{A}_{23}=-\begin{vmatrix}1&2\\5&-4\end{vmatrix}=14,\quad \boldsymbol{A}_{33}=\begin{vmatrix}1&2\\3&4\end{vmatrix}=-2,$$

故得 $$\boldsymbol{A}^{-1}=\frac{1}{2}\begin{pmatrix}-4&2&0\\-13&6&-1\\-32&14&-2\end{pmatrix}=\begin{pmatrix}-2&1&0\\-\frac{13}{2}&3&-\frac{1}{2}\\-16&7&-1\end{pmatrix}.$$

(4) 因 $|\boldsymbol{A}|=a_1a_2\cdots a_n\neq 0$,故可逆,且由于 a_{ii} 的余子式 M_{ii} 是划去 a_{ii} 所在的行和列后的 $n-1$ 阶对角矩阵,即有 $\boldsymbol{A}_{ii}=(-1)^{2i}M_{ii}=M_{ii}\ |\boldsymbol{A}|/a_{ii}$,而当 $i\neq j$ 时,a_{ii} 的余子式 M_{ii} 全为 0. 当 $i>j$ 时,M_{ij} 必含除 a_i 外的有$(n-1)$ 个 0 的第 i 列;当 $i<j$ 时,M_{ij} 必含除 a_j 外的有$(n-1)$ 个 0 的第 j 行,即 $\boldsymbol{A}_{ij}=(-1)^{i+j}M_{ij}=0$,综合之,有

$$\boldsymbol{A}_{ij}=\begin{cases}0, & i\neq j.\\ \frac{1}{a_i}\ |\boldsymbol{A}|, & i=j.\end{cases}$$

从而
$$\boldsymbol{A}^{*}=|\boldsymbol{A}|\begin{pmatrix}\frac{1}{a_1}&&&\\&\frac{1}{a_2}&&\\&&\ddots&\\&&&\frac{1}{a_n}\end{pmatrix}.$$

故得
$$A^{-1}=\frac{A^*}{|A|}=\begin{pmatrix}\frac{1}{a_1}&&&\\&\frac{1}{a_2}&&\\&&\ddots&\\&&&\frac{1}{a_n}\end{pmatrix}.$$

10. 分析 此题类似解方程 $Ay=x$. 由 A 可逆求出 A^{-1}，方程两边同时左乘 A^{-1}，即 $y=A^{-1}x$，可以看出 A^{-1} 为所求.

解题过程 （逆矩阵法）将已知方程组写成矩阵形式 $X=AY$，其中
$$A=\begin{pmatrix}2&2&1\\3&1&5\\3&2&3\end{pmatrix},X=\begin{pmatrix}x_1\\x_2\\x_3\end{pmatrix},Y=\begin{pmatrix}y_1\\y_2\\y_3\end{pmatrix}.$$

经计算 $|A|=1\neq 0$，故 A 可逆，从而有 $Y=A^{-1}X$，现用伴随矩阵的方法求 A 的逆矩阵.

因为 $A_{11}=\begin{vmatrix}1&5\\2&3\end{vmatrix}=-7$，$A_{21}=-\begin{vmatrix}2&1\\2&3\end{vmatrix}=-4$，$A_{31}=\begin{vmatrix}2&1\\1&5\end{vmatrix}=9$，

$A_{12}=-\begin{vmatrix}3&5\\3&3\end{vmatrix}=6$，$A_{22}=\begin{vmatrix}2&1\\3&3\end{vmatrix}=3$，$A_{32}=\begin{vmatrix}2&1\\3&5\end{vmatrix}=-7$，

$A_{13}=\begin{vmatrix}3&1\\3&2\end{vmatrix}=3$，$A_{23}=-\begin{vmatrix}2&2\\3&2\end{vmatrix}=2$，$A_{33}=\begin{vmatrix}2&2\\3&1\end{vmatrix}=-4$，

所以
$$A^{-1}=\begin{pmatrix}-7&-4&9\\6&3&-7\\3&2&-4\end{pmatrix}.$$

从而得
$$\begin{pmatrix}y_1\\y_2\\y_3\end{pmatrix}=\begin{pmatrix}-7&-4&9\\6&3&-7\\3&2&-4\end{pmatrix}\begin{pmatrix}x_1\\x_2\\x_3\end{pmatrix},\text{即}\begin{cases}y_1=-7x_1-4x_2+9x_2,\\y_2=6x_1+3x_2-7x_3,\\y_3=3x_1+2x_2-4x_3.\end{cases}$$

11. 解题过程 因
$$J^2=\begin{pmatrix}1&\cdots&1\\\vdots&&\vdots\\1&\cdots&1\end{pmatrix}\begin{pmatrix}1&\cdots&1\\\vdots&&\vdots\\1&\cdots&1\end{pmatrix}=\begin{pmatrix}n&\cdots&n\\\vdots&&\vdots\\n&\cdots&n\end{pmatrix}=nJ,$$

于是 $(E-J)\left(E-\frac{1}{n-1}J\right)=E-J-\frac{1}{n-1}J+\frac{1}{n-1}J^2=E-\frac{n}{n-1}J+\frac{n}{n-1}J=E$，

由定理 2 的推论，$E-J$ 是可逆矩阵，且 $(E-J)^{-1}=E-\frac{1}{n-1}J$.

> **小结** 判断矩阵 B 是否为 A 的逆矩阵，最直接、最简单的方法就是验证 AB（或者 BA）是否等于单位矩阵，就像判断 3 是否为 $\frac{1}{3}$ 的逆，只需验证 $\frac{1}{3}\times 3$ 是否等于 1 一样. 下面两题及例 2.1 都是这一思想的应用.

12. 分析 利用公式 $AB=E, B^{-1}=A$，式中 A,B 做相应替换可得.

解题过程 由
$$(E-A)(E+AA^2+\cdots+A^{k-1})$$

$$=E+A+\cdots+A^{k-1}-A-A^2-\cdots-A^k$$
$$E-O=E$$

知 $E-A$ 可逆，且其逆矩阵 $(E-A)^{-1}=E+A+\cdots+A^{k-1}$.

小结 判断矩阵 B 是否是 A 的逆矩阵，最直接、最原始的方法就是验证 AB（或者 BA）是否是单位矩阵.

13. **解题过程** 先证 A 可逆，由原式得 $A(A-E)=2E$，即 $A\left(\frac{1}{2}(A-E)\right)=E$.

由方阵可逆的充要条件知 A 是可逆的，且 $A^{-1}=\frac{1}{2}(A-E)$.

再证 $A+2E$ 可逆. 由 $(A+2E)(A-3E)=A^2-A-6E=2E-6E=-4E$,

即 $(A+2E)\left(\frac{1}{4}(3E-A)\right)=E$.

知 $A+2E$ 可逆，且 $(A+2E)^{-1}=\frac{1}{4}(3E-A)$.

14. **分析** 解矩阵方程求 X 的解时以(3)为例. $A\times B=C$，左乘 A^{-1} 得 $XB=A^{-1}C$，右乘 B^{-1} 得 $X=A^{-1}CB^{-1}$，即为所求.

解题过程 (1) 因 $\begin{vmatrix}2&5\\1&3\end{vmatrix}=1\neq 0$，故 $\begin{pmatrix}2&5\\1&3\end{pmatrix}$ 可逆，

从而 $X=\begin{pmatrix}2&5\\1&3\end{pmatrix}^{-1}\begin{pmatrix}4&-6\\2&1\end{pmatrix}=\begin{pmatrix}3&-5\\-1&2\end{pmatrix}\begin{pmatrix}4&-6\\2&1\end{pmatrix}=\begin{pmatrix}2&-23\\0&8\end{pmatrix}$.

(2) 因 $\begin{vmatrix}2&1&-1\\2&1&0\\1&-1&1\end{vmatrix}=2+2+1-2=3\neq 0$，而

$B_{11}=\begin{vmatrix}1&0\\-1&1\end{vmatrix}=1$, $B_{21}=-\begin{vmatrix}1&-1\\-1&1\end{vmatrix}=0$, $B_{31}=\begin{vmatrix}1&-1\\1&0\end{vmatrix}=1$,

$B_{12}=-\begin{vmatrix}2&0\\1&1\end{vmatrix}=-2$, $B_{22}=\begin{vmatrix}2&-1\\1&1\end{vmatrix}=3$, $B_{32}=-\begin{vmatrix}2&-1\\2&0\end{vmatrix}=-2$,

$B_{13}=\begin{vmatrix}2&1\\1&-1\end{vmatrix}=-3$, $B_{23}=-\begin{vmatrix}2&1\\1&-1\end{vmatrix}=3$, $B_{33}=\begin{vmatrix}2&1\\2&1\end{vmatrix}=0$.

故 $$\begin{pmatrix}2&1&-1\\2&1&0\\1&-1&1\end{pmatrix}^{-1}=\frac{1}{3}\begin{pmatrix}1&0&1\\-2&3&-2\\-3&3&0\end{pmatrix}.$$

从而 $$X=\begin{pmatrix}1&-1&3\\4&3&2\end{pmatrix}\begin{pmatrix}2&1&-1\\2&1&0\\1&-1&1\end{pmatrix}^{-1}$$
$$=\frac{1}{3}\begin{pmatrix}1&-1&3\\4&3&2\end{pmatrix}\begin{pmatrix}1&0&1\\-2&3&-2\\-3&3&0\end{pmatrix}$$
$$=\begin{pmatrix}-2&2&1\\-\frac{8}{3}&5&-\frac{2}{3}\end{pmatrix}.$$

(3) 记 $\boldsymbol{A}=\begin{pmatrix}1&4\\-1&2\end{pmatrix}$,$\boldsymbol{B}=\begin{pmatrix}2&0\\-1&1\end{pmatrix}$,$\boldsymbol{C}=\begin{pmatrix}3&1\\0&-1\end{pmatrix}$,则矩阵方程可写为

$$\boldsymbol{AXB}=\boldsymbol{C}.$$

因 $|\boldsymbol{A}|=6\neq 0$,$|\boldsymbol{B}|=2\neq 0$,故 $\boldsymbol{A}$,$\boldsymbol{B}$ 均可逆. 依次用 $\boldsymbol{A}^{-1}$ 和 $\boldsymbol{B}^{-1}$ 左乘和右乘方程两边得

$$\boldsymbol{X}=\boldsymbol{A}^{-1}\boldsymbol{C}\boldsymbol{B}^{-1}=\begin{pmatrix}1&4\\-1&2\end{pmatrix}^{-1}\begin{pmatrix}3&1\\0&-1\end{pmatrix}\begin{pmatrix}2&0\\-1&1\end{pmatrix}^{-1}$$

$$=\frac{1}{12}\begin{pmatrix}2&-4\\1&1\end{pmatrix}\begin{pmatrix}3&1\\0&-1\end{pmatrix}\begin{pmatrix}1&0\\1&2\end{pmatrix}=\frac{1}{12}\begin{pmatrix}12&12\\3&0\end{pmatrix}=\begin{pmatrix}1&1\\\frac{1}{4}&0\end{pmatrix}.$$

(4) 因 $|\boldsymbol{A}|=3$,$|\boldsymbol{B}|=1$,故 $\boldsymbol{A}$,$\boldsymbol{B}$ 均是可逆矩阵,且

$$\boldsymbol{A}^{-1}=\frac{1}{3}\begin{pmatrix}4&-1\\-5&2\end{pmatrix},\boldsymbol{B}^{-1}=\begin{pmatrix}7&-3&-3\\-1&1&0\\-1&0&1\end{pmatrix}.$$

分别用 $\boldsymbol{A}^{-1}$ 和 $\boldsymbol{B}^{-1}$ 左乘和右乘方程两边得

$$\boldsymbol{X}=\boldsymbol{A}^{-1}\boldsymbol{C}\boldsymbol{B}^{-1}$$

$$=\frac{1}{3}\begin{pmatrix}4&-1\\-5&2\end{pmatrix}\begin{pmatrix}1&0&-1\\1&-2&0\end{pmatrix}\begin{pmatrix}7&-3&-3\\-1&1&0\\-1&0&1\end{pmatrix}$$

$$=\frac{1}{3}\begin{pmatrix}4&-1\\-5&2\end{pmatrix}\begin{pmatrix}8&-3&-4\\9&-5&-3\end{pmatrix}=\frac{1}{3}\begin{pmatrix}23&-7&-13\\-22&5&14\end{pmatrix}.$$

小结 以上的矩阵方程分别是线性矩阵方程的 3 种基本形式 $\boldsymbol{AX}=\boldsymbol{C}$、$\boldsymbol{XB}=\boldsymbol{C}$、$\boldsymbol{AXB}=\boldsymbol{C}$ 之一,在 $\boldsymbol{A}$ 或 $\boldsymbol{B}$ 可逆的条件下,用 $\boldsymbol{A}^{-1}$ 左乘或用 $\boldsymbol{B}^{-1}$ 去右乘 $\boldsymbol{C}$,即得解. 要注意的是,一定不能把"左乘""右乘"搞错了.

15. **分析** 在求解线性方程组时把方程组看成矩阵形式 $\boldsymbol{AX}=\boldsymbol{B}$,利用逆矩阵左乘 $\boldsymbol{A}^{-1}$ 得解 $\boldsymbol{X}=\boldsymbol{A}^{-1}\boldsymbol{B}$.

解题过程 (1) 将方程组写成矩阵形式:$\boldsymbol{AX}=\boldsymbol{B}$,其中

$\boldsymbol{A}=\begin{pmatrix}1&2&3\\2&2&5\\3&5&1\end{pmatrix}$ 为系数矩阵,$\boldsymbol{X}=\begin{pmatrix}x_1\\x_2\\x_3\end{pmatrix}$ 为未知列,$\boldsymbol{B}=\begin{pmatrix}1\\2\\3\end{pmatrix}$ 为常数列.

由于 $|\boldsymbol{A}|=\begin{vmatrix}1&2&3\\2&2&5\\3&5&1\end{vmatrix}=2+30+30-18-25-4=15\neq 0$,

故 $\boldsymbol{A}$ 可逆,而

$$\boldsymbol{A}_{11}=\begin{vmatrix}2&5\\5&1\end{vmatrix}=-23,\boldsymbol{A}_{21}=-\begin{vmatrix}2&3\\5&1\end{vmatrix}=13,\boldsymbol{A}_{31}=\begin{vmatrix}2&3\\2&5\end{vmatrix}=4,$$

$$\boldsymbol{A}_{12}=-\begin{vmatrix}2&5\\3&1\end{vmatrix}=13,\boldsymbol{A}_{22}=\begin{vmatrix}1&3\\3&1\end{vmatrix}=-8,\quad \boldsymbol{A}_{32}=-\begin{vmatrix}1&3\\2&5\end{vmatrix}=1,$$

$$\boldsymbol{A}_{13}=\begin{vmatrix}2&2\\3&5\end{vmatrix}=4,\quad \boldsymbol{A}_{23}=-\begin{vmatrix}1&2\\3&5\end{vmatrix}=1,\quad \boldsymbol{A}_{33}=\begin{vmatrix}1&2\\2&2\end{vmatrix}=-2.$$

所以 $$A^{-1}=\frac{1}{15}\begin{pmatrix}-23 & 13 & 4\\ 13 & -8 & 1\\ 4 & 1 & -2\end{pmatrix}.$$

从而得解 $$X=A^{-1}B=\frac{1}{15}\begin{pmatrix}-23 & 13 & 4\\ 13 & -8 & 1\\ & 4 & 1\end{pmatrix}\begin{pmatrix}1\\2\\3\end{pmatrix}=\frac{1}{15}\begin{pmatrix}15\\0\\0\end{pmatrix}$$

即 $$\begin{cases}x_1=1,\\ x_2=0,\\ x_3=0.\end{cases}$$

(2) **解法一**　用克拉默法则

因系数中矩阵的行列式 $|A|=\begin{vmatrix}1 & 1 & 1\\ 1 & 2 & 4\\ 1 & 3 & 9\end{vmatrix}=2\neq 0$,由克拉默法则方程组有唯一解,

且 $$x_1=\frac{1}{2}\begin{vmatrix}2 & 1 & 1\\ 3 & 2 & 4\\ 5 & 3 & 9\end{vmatrix}=\frac{4}{2}=2,x_2=\frac{1}{2}\begin{vmatrix}1 & 2 & 1\\ 1 & 3 & 4\\ 1 & 5 & 9\end{vmatrix}=-\frac{1}{2}.$$

$$x_3=\frac{1}{2}\begin{vmatrix}1 & 1 & 2\\ 1 & 2 & 3\\ 1 & 3 & 5\end{vmatrix}=\frac{1}{2};$$

解法二　用逆矩阵方法

因 $|A|=2\neq 0$,故 A 可逆,于是 $x=A^{-1}b$,易求得

$$A^{-1}=\frac{1}{2}\begin{pmatrix}6 & -6 & 2\\ -5 & 8 & -3\\ 1 & -2 & 1\end{pmatrix},$$

代入得 $$\begin{pmatrix}x_1\\x_2\\x_3\end{pmatrix}=\frac{1}{2}\begin{pmatrix}6 & -6 & 2\\ -5 & 8 & -3\\ 1 & -2 & 1\end{pmatrix}\begin{pmatrix}2\\3\\5\end{pmatrix}=\frac{1}{2}\begin{pmatrix}4\\-1\\1\end{pmatrix}=\begin{pmatrix}2\\-\frac{1}{2}\\\frac{1}{2}\end{pmatrix}.$$

16. **分析** 熟练应用公式 $A^*=|A|\cdot A^{-1},(\lambda A)^{-1}=\frac{1}{\lambda}A^{-1}$.

解题过程 因 $|A|=\frac{1}{2}\neq 0$,故 A 可逆. 于是由

$$A^*=|A|A^{-1}=\frac{1}{2}A^{-1}\quad 及\quad (2A)^{-1}=\frac{1}{2}A^{-1}$$

得 $$(2A)^{-1}-5A^*=\frac{1}{2}A^{-1}-\frac{5}{2}A^{-1}=-2A^{-1},$$

两端取行列式得

$$|(2A)^{-1}-5A^*|=|-2A^{-1}|=(-2)^3|A|^{-1}=-16.$$

小结　先化简矩阵,再取行列式,往往使计算变得简单.

17. 解题过程 $AB = A + 2B \Rightarrow (A - 2E)B = A$，而 $C = A - 2E$ 的行列式.

$$|C| = |A - 2E| = \begin{vmatrix} -2 & 3 & 3 \\ 1 & -1 & 0 \\ -1 & 2 & 1 \end{vmatrix} = 2 + 6 - 3 - 3 = 2 \neq 0,$$

故 $C = A - 2E$ 可逆，且由

$$C_{11} = \begin{vmatrix} -1 & 0 \\ 2 & 1 \end{vmatrix} = -1,\quad C_{21} = -\begin{vmatrix} 3 & 3 \\ 2 & 1 \end{vmatrix} = 3,\quad C_{31} = \begin{vmatrix} 3 & 3 \\ -1 & 0 \end{vmatrix} = 3,$$

$$C_{12} = -\begin{vmatrix} 1 & 0 \\ -1 & 1 \end{vmatrix} = -1,\quad C_{22} = \begin{vmatrix} -2 & 3 \\ -1 & 1 \end{vmatrix} = 1,\quad C_{32} = -\begin{vmatrix} -2 & 3 \\ 1 & 0 \end{vmatrix} = 3,$$

$$C_{13} = \begin{vmatrix} 1 & -1 \\ -1 & 2 \end{vmatrix} = 1,\quad C_{23} = -\begin{vmatrix} -2 & 3 \\ -1 & 2 \end{vmatrix} = 1,\ C_{33} = \begin{vmatrix} -2 & 3 \\ 1 & -1 \end{vmatrix} = -1.$$

即
$$(A - 2E)^{-1} = \frac{1}{2}\begin{pmatrix} -1 & 3 & 3 \\ -1 & 1 & 3 \\ 1 & 1 & -1 \end{pmatrix}.$$

从而得
$$\begin{aligned} B &= (A - 2E)^{-1}A \\ &= \frac{1}{2}\begin{pmatrix} -1 & 3 & 3 \\ -1 & 1 & 3 \\ 1 & 1 & -1 \end{pmatrix}\begin{pmatrix} 0 & 3 & 3 \\ 1 & 1 & 0 \\ -1 & 2 & 3 \end{pmatrix} \\ &= \frac{1}{2}\begin{pmatrix} 0 & 6 & 6 \\ -2 & 4 & 6 \\ 2 & 2 & 0 \end{pmatrix} \\ &= \begin{pmatrix} 0 & 3 & 3 \\ -1 & 2 & 3 \\ 1 & 1 & 0 \end{pmatrix}. \end{aligned}$$

18. 解题过程 由方程 $AB + E = A^2 + B$，合并含有已知矩阵 B 的项，得

$$(A - E)B = A^2 - E = (A - E)(A + E).$$

又 $A - E = \begin{pmatrix} 0 & 0 & 1 \\ 0 & 1 & 0 \\ 1 & 0 & 0 \end{pmatrix}$，其行列式 $\det(A - E) = -1 \neq 0$，

故 $A - E$ 可逆，用 $(A - E)^{-1}$ 左乘上式两边，

即得
$$B = A + E = \begin{pmatrix} 2 & 0 & 1 \\ 0 & 3 & 0 \\ 1 & 0 & 2 \end{pmatrix}.$$

19. 分析 由基本公式 $AA^* = |A|E$ 比较所给公式，左乘 A，右乘 A^{-1}，化简后得 $B = (A + E)^{-1}$ 为所求解.

解题过程 由于所给矩阵方程中含有 A 及其伴随矩阵 A^*，因此仍从公式 $AA^* = |A|E$ 着手. 为此，用 A 左乘所给方程两边，得 $AA^*BA = 2ABA - 8A$.

又 $|A| = -2 \neq 0$，故 A 是可逆矩阵，用 A^{-1} 右乘上式两边，得

$$|A|B = 2AB - 8E \Rightarrow (2A + 2E)B = 8E \Rightarrow (A + E)B = 4E.$$

注意到 $A + E = \mathrm{diag}(1, -2, 1) + \mathrm{diag}(1, 1, 1) = \mathrm{diag}(2, -1, 2)$，是可逆矩阵，且 $(A +$

$E)^{-1} = \text{diag}\left(\frac{1}{2}, -1, \frac{1}{2}\right)$,

于是 $B = 2A = \text{diag}(2, -4, 2) = 2\text{diag}(1, -2, 1)$.

20. 解题过程 **解法一**　首先由 A^* 来确定 $|A|$，$|A|^3 = |A^*| = 8$，故 $|A| = 2$.

其次化简所给矩阵方程：

$$ABA^{-1} = BA^{-1} + 3E$$
$$(A - E)BA^{-1} = 3E$$
$$(A - E)B = 3A. \text{①}$$

由 ① 式 $\Rightarrow (E - A^{-1})B = 3E$

$\Rightarrow (E - \frac{1}{2}A^*)B = 3E$　（因 $A^{-1} = \frac{1}{2}A^*$）

$\Rightarrow (2E - A^*)B = 6E$

$\Rightarrow B = 6(2E - A^*)^{-1}$　（因 $(2E - A^*)$ 可逆）

$$= \begin{pmatrix} 6 & 0 & 0 & 0 \\ 0 & 6 & 0 & 0 \\ 0 & 0 & 6 & 0 \\ 0 & 0 & 0 & -1 \end{pmatrix}.$$

解法二

分析　有关伴随矩阵的命题，首先要想到公式 $AA^* = A^*A = |A|E$.

由 $|A|^* = |A|^{n-1}$（见题 24）可知 $\begin{vmatrix} 1 & & & \\ & 1 & & \\ & & 1 & \\ & & & 8 \end{vmatrix} = |A|^3 \Rightarrow |A| = 2$.

原等式

$$ABA^{-1} = BA^{-1} + 3E$$
$$\Rightarrow AB = B + 3A$$
$$\Rightarrow A^*AB = A^*B + 3A^*A$$
$$\Rightarrow |A|B = A^*B + 3|A|E$$
$$\Rightarrow 2B = A^*B + 6E$$
$$\Rightarrow (2E - A^*)B = 6E$$
$$\Rightarrow B = 6(2E - A^*)^{-1}$$
$$= \begin{pmatrix} 6 & & & \\ & 6 & & \\ & & 6 & \\ & & & -1 \end{pmatrix}.$$

21. 分析　此题关键在于利用矩阵多次幂连乘，中间项相乘为单位矩阵. 这是一种解题技巧，以后解题经常用到.

解题过程　由 $P = \begin{pmatrix} -1 & -4 \\ 1 & 1 \end{pmatrix}$ 求得 $P^{-1} = \frac{1}{3}\begin{pmatrix} 1 & 4 \\ -1 & -1 \end{pmatrix}$,

而 $P^{-1}AP = \Lambda \Rightarrow A = P\Lambda P^{-1}$

于是有　$A^{11} = \underbrace{(P\Lambda P^{-1})(P\Lambda P^{-1})\cdots(P\Lambda P^{-1})}_{11\text{个因子连乘}} = (P\Lambda^{11}P^{-1})$

$$=\frac{1}{3}\begin{pmatrix}-1&-4\\1&1\end{pmatrix}\begin{pmatrix}(-1)^{11}&0\\0&2^{11}\end{pmatrix}\begin{pmatrix}1&4\\-1&-1\end{pmatrix}$$

$$=\frac{1}{3}\begin{pmatrix}1&-2^{13}\\-1&2^{11}\end{pmatrix}\begin{pmatrix}1&4\\-1&-1\end{pmatrix}$$

$$=\frac{1}{3}\begin{pmatrix}1+2^{13}&2^2+2^{13}\\-1-2^{11}&-2^2-2^{11}\end{pmatrix}$$

$$=\begin{pmatrix}2731&2732\\-683&-684\end{pmatrix}.$$

22. 解题过程 因 $|\boldsymbol{P}|=\begin{vmatrix}1&1&1\\1&0&-2\\1&-1&1\end{vmatrix}=-2-1-1-2=-6\neq 0$,故 $\boldsymbol{P}$ 可逆,且可求得

$$\boldsymbol{P}^{-1}=\frac{1}{6}\begin{pmatrix}2&2&2\\3&0&-3\\1&-2&1\end{pmatrix}.$$

从而有 $\varphi(\boldsymbol{A})=\boldsymbol{A}^8(5\boldsymbol{E}-6\boldsymbol{A}+\boldsymbol{A}^2)=\boldsymbol{P}\boldsymbol{\Lambda}^8(5\boldsymbol{E}-6\boldsymbol{\Lambda}+\boldsymbol{\Lambda}^2)\boldsymbol{P}^{-1}$.

又 $\boldsymbol{\Lambda}^8(5\boldsymbol{E}-6\boldsymbol{\Lambda}+\boldsymbol{\Lambda}^2)=\mathrm{diag}(1,1,5^8)\cdot\mathrm{diag}(12,0,0)=\mathrm{diag}(12,0,0)$,

所以

$$\varphi(\boldsymbol{A})=\boldsymbol{P}\boldsymbol{\Lambda}^8(5\boldsymbol{E}-6\boldsymbol{\Lambda}+\boldsymbol{\Lambda}^2)\boldsymbol{P}^{-1}$$

$$=\begin{pmatrix}1&1&1\\1&0&-2\\1&-1&1\end{pmatrix}\begin{pmatrix}2&&\\&0&\\&&0\end{pmatrix}\begin{pmatrix}2&2&2\\3&0&-3\\1&-2&1\end{pmatrix}$$

$$=\begin{pmatrix}4&4&4\\4&4&4\\4&4&4\end{pmatrix}.$$

23. 分析 $\boldsymbol{A}^{\mathrm{T}}$、$\boldsymbol{A}^*$、$\boldsymbol{A}^{-1}$ 记为对 $\boldsymbol{A}$ 进行运算的记号. $(\boldsymbol{A}^{\mathrm{T}})^*=(\boldsymbol{A}^*)^{\mathrm{T}}$,$(\boldsymbol{A}^{\mathrm{T}})^{-1}=(\boldsymbol{A}^{-1})^{\mathrm{T}}$,$(\boldsymbol{A}^*)^{-1}=(\boldsymbol{A}^{-1})^*$ 这些公式应熟练应用.

解题过程 因 $\boldsymbol{A}^*=|\boldsymbol{A}|\boldsymbol{A}^{-1}$,由 $\boldsymbol{A}^{-1}$ 的可逆性及 $|\boldsymbol{A}|\neq 0$ 可知 A^* 可逆,且

$$(\boldsymbol{A}^*)^{-1}=(|\boldsymbol{A}|\boldsymbol{A}^{-1})^{-1}=\frac{1}{|\boldsymbol{A}|}\boldsymbol{A}.$$

另一方面,由伴随矩阵的性质,有 $\boldsymbol{A}^{-1}(\boldsymbol{A}^{-1})^*=|\boldsymbol{A}^{-1}|\boldsymbol{E}$.

用 $\boldsymbol{A}$ 左乘上式两边得 $(\boldsymbol{A}^{-1})^*=|\boldsymbol{A}^{-1}|\boldsymbol{A}=|\boldsymbol{A}|^{-1}\boldsymbol{A}=\frac{1}{|\boldsymbol{A}|}\boldsymbol{A}$.

比较上面两个式子,即知结论成立.

24. 分析 (1) 中应用公式:$\boldsymbol{A}^*=|\boldsymbol{A}|\cdot\boldsymbol{A}^{-1}$,(2) 中应用公式:$\boldsymbol{A}^*\boldsymbol{A}=|\boldsymbol{A}|\boldsymbol{E}$ 及 $\|\boldsymbol{A}|\boldsymbol{E}_n|=|\boldsymbol{A}|^n$ 可得.

解题过程 (1) 由伴随矩阵的基本性质 $\boldsymbol{A}\boldsymbol{A}^*=\boldsymbol{A}^*\boldsymbol{A}=|\boldsymbol{A}|\boldsymbol{E}$,

当 $|\boldsymbol{A}|=0$ 时,上式成为 $\boldsymbol{A}^*\boldsymbol{A}=\boldsymbol{O}$.

要证 $|\boldsymbol{A}^*|=0$,用反证法:设 $|\boldsymbol{A}^*|\neq 0$,由矩阵可逆的充要条件知,$\boldsymbol{A}^*$ 是可逆矩阵,用 $(\boldsymbol{A}^*)^{-1}$ 左乘上式等号两边,得 $\boldsymbol{A}=\boldsymbol{O}$. 于是推得 $\boldsymbol{A}$ 的所有 $n-1$ 阶子式,亦即 $\boldsymbol{A}^*$ 的所有元素为零. 这导致 $\boldsymbol{A}^*=\boldsymbol{O}$,此与 $\boldsymbol{A}^*$ 为可逆矩阵矛盾. 这一矛盾说明,当 $|\boldsymbol{A}|=0$ 时,$|\boldsymbol{A}|^*=0$.

(2) 分两种情形:

① $|A|=0$. 由(1)知，$|A^*|=0=|A|^{n-1}$，结论成立.

② $|A|\neq 0$. 此时 A 可逆

$$|AA^*|=|A^*A|=\|A|E_n|=|A|^n.$$

于是 $$|A^*|=|A|^{n-1}.$$

温馨提示 本题(1)是说：若 A 不可逆，则 A^* 也不可逆；本题(2)是说：若 A 可逆，则 A^* 也可逆. 至此我们已经证明了：A 与其伴随矩阵 A^* 同时可逆或同时不可逆，或用数学的语言，A 可逆的充要条件是 A^* 可逆.

25. **分析** 同类型矩阵相乘、相加、相减得到的新矩阵与原矩阵类型相同，以此可作为最后结果的验证.

解题过程

$$\begin{pmatrix}1&2&1&0\\0&1&0&1\\0&0&2&1\\0&0&0&3\end{pmatrix}\begin{pmatrix}1&0&3&1\\0&1&2&-1\\0&0&-2&3\\0&0&0&-3\end{pmatrix}=\begin{pmatrix}1&2&5&2\\0&1&2&-4\\0&0&-4&3\\0&0&0&-9\end{pmatrix}$$

小结 一般地有，同阶上(下)三角矩阵乘上(下)三角矩阵等于一个上(下)三角矩阵.

26. **分析** 原矩阵中 O 较多，通过观察可使用分块矩阵进行简化计算.

解题过程 这是一个方阵求幂的问题.

若记 $A=\begin{pmatrix}A_1&O\\O&A_2\end{pmatrix}$，其中，$A_1=\begin{pmatrix}3&4\\4&-3\end{pmatrix}$，$A_2=\begin{pmatrix}2&0\\2&2\end{pmatrix}$，

则 A 成为一个分块对角矩阵，从而原矩阵的求幂问题成为上述分块对角矩阵的求幂问题.

于是 $A^4=\begin{pmatrix}A_1^4&O\\O&A_2^4\end{pmatrix}$.

因 $A_1^2=\begin{pmatrix}25&0\\0&25\end{pmatrix}=25E=5^2E$，故 $A_1^4=5^4E$；

又 $A_2=2\begin{pmatrix}1&0\\1&1\end{pmatrix}$，故 $A_2^4=2^4\begin{pmatrix}1&0\\4&1\end{pmatrix}$.

代入即得 $$A^4=\begin{pmatrix}5^4&0&&\\0&5^4&&O\\&&2^4&0\\&O&2^6&2^4\end{pmatrix}.$$

又由方阵取行列式性质，

$$|A^8|=|A|^8$$
$$=\begin{vmatrix}A_1&O\\O&A_2\end{vmatrix}^8$$
$$(|A_1|\cdot|A_2|)^8$$
$$=|A_1|^8\cdot|A_2|^8$$

$$= 25^8 \times 4^8 = 10^{16}.$$

27. 分析 熟练应用特殊矩阵求逆的几个公式：

$$\begin{pmatrix} \boldsymbol{A} & \boldsymbol{O} \\ \boldsymbol{O} & \boldsymbol{B} \end{pmatrix}^{-1} = \begin{pmatrix} \boldsymbol{A}^{-1} & \boldsymbol{O} \\ \boldsymbol{O} & \boldsymbol{B}^{-1} \end{pmatrix}, \begin{pmatrix} \boldsymbol{O} & \boldsymbol{A} \\ \boldsymbol{B} & \boldsymbol{O} \end{pmatrix}^{-1} = \begin{pmatrix} \boldsymbol{O} & \boldsymbol{B}^{-1} \\ \boldsymbol{A}^{-1} & \boldsymbol{O} \end{pmatrix}.$$

解题过程 (1) 因 $\boldsymbol{A}$ 和 $\boldsymbol{B}$ 均可逆，作分块矩阵 $\begin{pmatrix} \boldsymbol{O} & \boldsymbol{B}^{-1} \\ \boldsymbol{A}^{-1} & \boldsymbol{O} \end{pmatrix}$，由分块矩阵乘法规则，

$$\begin{pmatrix} \boldsymbol{O} & \boldsymbol{A} \\ \boldsymbol{B} & \boldsymbol{O} \end{pmatrix}\begin{pmatrix} \boldsymbol{O} & \boldsymbol{B}^{-1} \\ \boldsymbol{A}^{-1} & \boldsymbol{O} \end{pmatrix} = \begin{pmatrix} \boldsymbol{E}_n & \boldsymbol{O} \\ \boldsymbol{O} & \boldsymbol{E}_s \end{pmatrix} = \boldsymbol{E}_{n+s}.$$

于是 $\begin{pmatrix} \boldsymbol{O} & \boldsymbol{A} \\ \boldsymbol{B} & \boldsymbol{O} \end{pmatrix}$ 可逆，且其逆 $\begin{pmatrix} \boldsymbol{O} & \boldsymbol{A} \\ \boldsymbol{B} & \boldsymbol{O} \end{pmatrix}^{-1} = \begin{pmatrix} \boldsymbol{O} & \boldsymbol{B}^{-1} \\ \boldsymbol{A}^{-1} & \boldsymbol{O} \end{pmatrix}$.

28. 分析 本题首先通过观察化为分块矩阵进行简化计算，并牢记分块矩阵求逆公式

$$\begin{pmatrix} \boldsymbol{A} & \boldsymbol{O} \\ \boldsymbol{O} & \boldsymbol{B} \end{pmatrix}^{-1} = \begin{pmatrix} \boldsymbol{A}^{-1} & \boldsymbol{O} \\ \boldsymbol{O} & \boldsymbol{B}^{-1} \end{pmatrix},$$

$$\begin{pmatrix} \boldsymbol{A} & \boldsymbol{O} \\ \boldsymbol{C} & \boldsymbol{B} \end{pmatrix}^{-1} = \begin{pmatrix} \boldsymbol{A}^{-1} & \boldsymbol{O} \\ -\boldsymbol{B}^{-1}\boldsymbol{C}\boldsymbol{A}^{-1} & \boldsymbol{B}^{-1} \end{pmatrix}$$

解题过程 (1) 这里矩阵 $\boldsymbol{A} = \begin{pmatrix} \boldsymbol{A}_1 & \boldsymbol{O} \\ \boldsymbol{O} & \boldsymbol{A}_2 \end{pmatrix}$ 是一个分块对角矩阵.

其中 $$\boldsymbol{A}_1 = \begin{pmatrix} 5 & 2 \\ 2 & 1 \end{pmatrix}, \quad \boldsymbol{A}_2 = \begin{pmatrix} 8 & 3 \\ 5 & 2 \end{pmatrix}.$$

因 $\boldsymbol{A}_1^{-1} = \begin{pmatrix} 1 & -2 \\ -2 & 5 \end{pmatrix}$，$\boldsymbol{A}_2^{-1} = \begin{pmatrix} 2 & -3 \\ -5 & 8 \end{pmatrix}$，故得

$$\boldsymbol{A}^{-1} = \begin{pmatrix} \boldsymbol{A}_1^{-1} & \boldsymbol{O} \\ \boldsymbol{O} & \boldsymbol{A}_2^{-1} \end{pmatrix} = \begin{pmatrix} 1 & -2 & 0 & 0 \\ -2 & 5 & 0 & 0 \\ 0 & 0 & 2 & -3 \\ 0 & 0 & -5 & 8 \end{pmatrix}.$$

(2) 将 A 分块为 $\begin{pmatrix} \boldsymbol{O} & \boldsymbol{A}_1 \\ \boldsymbol{A}_2 & \boldsymbol{O} \end{pmatrix}$，其中 $\boldsymbol{A}_1 = \frac{1}{5}$，$\boldsymbol{A}_2 = \begin{pmatrix} 2 & 1 \\ 4 & 3 \end{pmatrix}$

因 $\boldsymbol{A}_1, \boldsymbol{A}_2$ 均可逆，由题 27 得

$$\boldsymbol{A}^{-1} = \begin{pmatrix} \boldsymbol{O} & \boldsymbol{A}_2^{-1} \\ \boldsymbol{A}_1^{-1} & \boldsymbol{O} \end{pmatrix} = \begin{pmatrix} 0 & \frac{3}{2} & -\frac{1}{2} \\ 0 & -2 & 1 \\ 5 & 0 & 0 \end{pmatrix}$$

$$= \begin{pmatrix} 0 & \frac{3}{2} & -\frac{1}{2} \\ 0 & -2 & 1 \\ 5 & 0 & 0 \end{pmatrix} = \frac{1}{2}\begin{pmatrix} 0 & 3 & -1 \\ 0 & -4 & 2 \\ 10 & 0 & 0 \end{pmatrix}$$

小结 该题的结果是说，下三角矩阵 $\boldsymbol{A}$ 的逆矩阵 $\boldsymbol{A}^{-1}$ 仍是下三角矩阵. 一般地，可以证明可逆的上(下)三角矩阵仍是上(下)三角矩阵.

第三章

矩阵的初等变换与线性方程组

本章知识结构网络

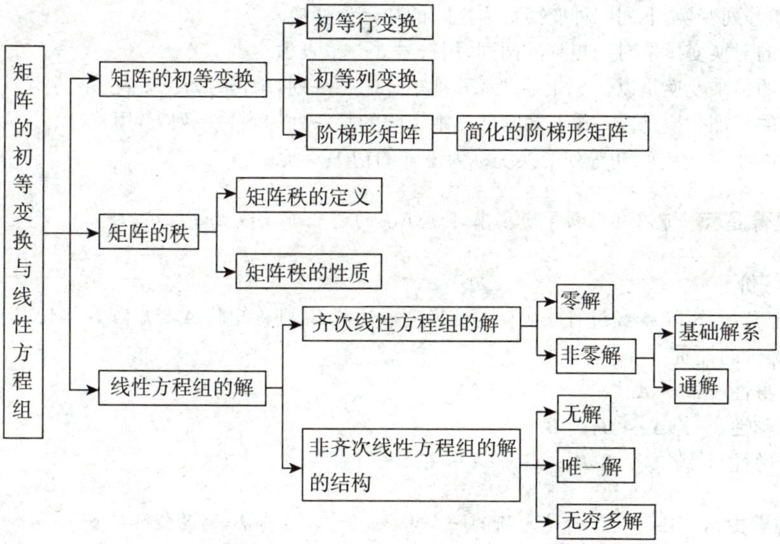

本章知识要点

(1) 求逆矩阵:利用初等变换法对矩阵进行初等行变换,来求可逆矩阵的逆矩阵.

(2) 求解矩阵:给出一矩阵方程,化简该矩阵方程,表示所求矩阵,再利用初等变换法化简矩阵,得到简化的阶梯形矩阵,即得所求矩阵.

(3) 求矩阵的秩:利用初等变换法将矩阵化成阶梯形矩阵,非零行的行数,就是所求矩阵的秩.

(4) 证明矩阵的秩:利用矩阵的性质和线性方程组的解等,来证明矩阵的秩.

(5) 解线性方程组:包括齐次和非齐次线性方程组.解齐次线性方程组时,利用齐次线性方程组有零解和非零解的条件,再利用初等变换法对方程组的系数矩阵进行初等行变换化成简化阶梯形矩阵,可求得齐次线性方程组的基础解系,就可求得该方程组的一般解;解齐次线性方程组时,首先判定该方程组是否有解,然后再求解.对非齐次线性方程组有解还是无解的判定更为复杂.

知识点归纳

一、矩阵的初等变换

1. 矩阵的初等变换

(1) 初等行变换:下列三种变换称为矩阵的初等行变换.

① 行的对换变换是对调矩阵的两行,用符号 $r_i \leftrightarrow r_j$ 表示.

② 行的倍乘变换是以一个非零常数 k 乘矩阵的某一行,用符号 $r_i \times k$ 表示.

③ 行的倍加变换是以一个非零常数 k 乘矩阵的某一行加到另一行上,用符号 $r_i \times k + r_j$ 表示.

(2) 初等列变换,下列三种变换称为矩阵的初等列变换.

① 列的对换变换是对调矩阵的两列,用符号 $c_i \leftrightarrow c_j$ 表示.

② 列的倍乘变换是以一个非零常数 k 乘矩阵的某一列,用符号 $c_i \times k$ 表示.

③ 列的倍加变换是以一个非零常数 k 乘矩阵的某一列加到另一列上,用符号 $c_i \times k + c_j$ 表示.

矩阵的初等行变换、初等列变换统称为矩阵的初等变换.

温馨提示 可以利用初等变换求可逆矩阵的逆矩阵或线性方程组的解.

2. 矩阵的等价

(1) 定义:若矩阵 $\boldsymbol{A}$ 经过有限次初等变换变成矩阵 $\boldsymbol{B}$,则称矩阵 $\boldsymbol{A}$ 与矩阵 $\boldsymbol{B}$ 等价,记作 $\boldsymbol{A} \sim \boldsymbol{B}$.

(2) 等价的性质:

① **反身性** $\boldsymbol{A} \sim \boldsymbol{A}$.

② **对称性** 若 $\boldsymbol{A} \sim \boldsymbol{B}$,则 $\boldsymbol{B} \sim \boldsymbol{A}$.

③ **传递性** 若 $\boldsymbol{A} \sim \boldsymbol{B}, \boldsymbol{B} \sim \boldsymbol{C}$,则 $\boldsymbol{A} \sim \boldsymbol{C}$.

温馨提示 矩阵的等价是考研的一个考点,如:若 $\boldsymbol{A} \sim \boldsymbol{B}$,则两矩阵的秩相等.

3. 初等矩阵

(1) 定义:由单位矩阵 $\boldsymbol{E}$ 经过一次初等变换得到的矩阵称为初等矩阵.

① 初等对换矩阵是把单位矩阵中第 i,j 两行对调(或第 i,j 两列对调)得到的初等矩阵,记作 $\boldsymbol{E}(i,j)$.

② 初等倍乘矩阵是以 $k \neq 0$ 乘以单位矩阵中第 i 行(或第 i 列)得到的初等矩阵,记作 $\boldsymbol{E}(i(k))$.

③ 初等倍加矩阵是以 k 乘单位矩阵 $\boldsymbol{E}$ 的第 j 行加到第 i 行上(或第 i 列加到第 j 列上)得到的初等矩阵,记作 $\boldsymbol{E}(ij(k))$.

(2) 性质

性质 1 设 $\boldsymbol{A}$ 是一个 $m \times n$ 矩阵,对 $\boldsymbol{A}$ 施行一次初等行变换,相当于在 $\boldsymbol{A}$ 的左边乘以相应的 m 阶初等矩阵;对 $\boldsymbol{A}$ 施行一次初等列变换,相当于在 $\boldsymbol{A}$ 的右边乘以相应的 n 阶实等矩阵.

性质 2 方阵 $\boldsymbol{A}$ 可逆的充分必要条件是存在有限个初等矩阵 $\boldsymbol{P}_1, \boldsymbol{P}_2, \cdots, \boldsymbol{P}_i$ 使得 $\boldsymbol{A} = \boldsymbol{P}_1\boldsymbol{P}_2\cdots\boldsymbol{P}_i$.

推论　方阵 $\boldsymbol{A}$ 可逆的充分必要条件是 $\boldsymbol{A} \sim \boldsymbol{E}$.

温馨提示　初等矩阵是可逆的，且它的逆矩阵是同型的初等矩阵.

二、初等矩阵的秩

1. 矩阵的秩的概念

(1) 定义 1　阶梯形矩阵的行秩是阶梯形矩阵的非零行的行数. 如

$$\boldsymbol{A} = \begin{pmatrix} 1 & 2 & 3 & 0 & 2 \\ 0 & 0 & 1 & 2 & 1 \\ 0 & 0 & 0 & 1 & 1 \\ 0 & 0 & 0 & 0 & 0 \end{pmatrix}.$$

矩阵 $\boldsymbol{A}$ 的行秩是 3，实际上，矩阵 $\boldsymbol{A}$ 的列秩也是 3.

温馨提示　阶梯形矩阵的行秩和阶梯矩阵的列秩是相等的，均为该矩阵的非零行的行数.

(2) 几个定义和定理

定理 1　如果对矩阵 $\boldsymbol{A}$ 做初等行变换将其化为 $\boldsymbol{B}$，则 $\boldsymbol{B}$ 的行秩等于 $\boldsymbol{A}$ 的行秩.

定理 2　初等变换不改变矩阵的行秩和列秩.

定理 3　矩阵 $\boldsymbol{A}$ 的行秩等于其列秩.

定义 2　矩阵 $\boldsymbol{A}$ 的行秩的数值称为矩阵 $\boldsymbol{A}$ 的秩，记作秩($\boldsymbol{A}$) 或 $R(\boldsymbol{A})$.

定义 3　n 阶矩阵 $\boldsymbol{A}$ 的秩等于 n，则称 $\boldsymbol{A}$ 为满秩矩阵，即 $R(\boldsymbol{A}) = n$.

定理 4　n 阶矩阵 $\boldsymbol{A}$ 的秩等于 n 的充分必要条件是 $|\boldsymbol{A}| \neq 0$($\boldsymbol{A}$ 为非奇异矩阵).

定义 4　在 $m \times n$ 矩阵 $\boldsymbol{A}$ 中，任取 k 行和 k 列($k \leqslant m, k \leqslant n$)，位于这些行列交叉处的 k^2 个元素，不改变它们在 $\boldsymbol{A}$ 中所处的位置次序而得的 k 阶行列式，称为矩阵 $\boldsymbol{A}$ 的 k 阶子式.

定义 5　矩阵 $\boldsymbol{A}$ 的 k 阶子式等于零时，称为 k 阶零子式；不等于零时，称为 k 阶非零子式；如果矩阵 $\boldsymbol{A}$ 存在 k 阶子式不等于零，而所有 $k+1$ 阶子式(若有 $k+1$ 阶子式) 都等于零，则称矩阵 $\boldsymbol{A}$ 的非零子式最高阶数为 k.

定义 6　矩阵 $\boldsymbol{A}$ 的秩等于矩阵 $\boldsymbol{A}$ 的非零子式的最高阶数.

定理 5　若 $\boldsymbol{A} \sim \boldsymbol{B}$，则 $R(\boldsymbol{A}) = R(\boldsymbol{B})$.

推论　若可逆矩阵 $\boldsymbol{P}, \boldsymbol{Q}$ 使得 $\boldsymbol{PAQ} = \boldsymbol{B}$，则 $R(\boldsymbol{A}) = R(\boldsymbol{B})$.

2. 矩阵秩的性质

(1) $0 \leqslant R(\boldsymbol{A}_{m\times n}) \leqslant \min\{m, n\}$.

(2) $R(\boldsymbol{A}^{\mathrm{T}}) = R(\boldsymbol{A})$.

(3) 若 $\boldsymbol{A} \sim \boldsymbol{B}$，则 $R(\boldsymbol{A}) = R(\boldsymbol{B})$.

(4) 若可逆矩阵 $\boldsymbol{P}, \boldsymbol{Q}$ 使得 $\boldsymbol{PAQ} = \boldsymbol{B}$，则 $R(\boldsymbol{A}) = R(\boldsymbol{B})$.

(5) $\max\{R(\boldsymbol{A}), R(\boldsymbol{B})\} \leqslant R(\boldsymbol{A}, \boldsymbol{B}) \leqslant R(\boldsymbol{A}) + R(\boldsymbol{B})$.

(6) $R(\boldsymbol{A}+\boldsymbol{B}) \leqslant R(\boldsymbol{A}) + R(\boldsymbol{B})$.

(7) $R(\boldsymbol{AB}) \leqslant \min\{R(\boldsymbol{A}), R(\boldsymbol{B})\}$.

(8) $\boldsymbol{A}_{m\times n}\boldsymbol{B}_{n\times l} = \boldsymbol{O}$，则 $R(\boldsymbol{A}) + R(\boldsymbol{B}) \leqslant n$.

三、线性方程组的解

1. **基本定义**

方程组
$$\begin{cases} a_{11}x_1+a_{12}x_2+\cdots+a_{1n}x_n=b_1, \\ a_{21}x_1+a_{22}x_2+\cdots+a_{2n}x_n=b_2, \\ \vdots \quad\quad \vdots \quad\quad\quad \vdots \\ a_{m1}x_1+a_{m2}x_2+\cdots+a_{mn}x_n=b_m. \end{cases} \tag{4.1}$$

称为 n 个未知数 m 个方程的**非齐次线性方程组**,其中 $x_1,x_2,\cdots,x_n$ 代表 n 个未知量,m 是方程的个数,m 可以等于 n,也可以大于 n 或者小于 n,a_{ij} 是第 $i(i=1,2,\cdots,m)$ 个方程中 $x_j(j=1,2,\cdots,n)$ 的系数,$b_i(i=1,2,\cdots,m)$ 是第 i 个方程的常数项.

如果 $b_i=0(\forall i=1,2,\cdots,m)$,则称方程组
$$\begin{cases} a_{11}x_1+a_{12}x_2+\cdots+a_{1n}x_n=0, \\ a_{21}x_1+a_{22}x_2+\cdots+a_{2n}x_n=0, \\ \vdots \quad\quad \vdots \quad\quad\quad \vdots \\ a_{m1}x_1+a_{m2}x_2+\cdots+a_{mn}x_n=0. \end{cases} \tag{4.2}$$

为齐次线性方程组.

若将一组数 $c_1,c_2,\cdots,c_n$ 分别代替方程组的 $x_1,x_2,\cdots,x_n$,使(4.1)式中的 m 个等式都成立,则称有序数组$[c_1,c_2,\cdots,c_n]$是方程组的**一组解**.解方程就是要找出方程组的全部解.

线性方程组(4.1)的全体系数及常数项所构成的矩阵

$$\overline{\boldsymbol{A}}=\begin{bmatrix} a_{11} & a_{12} & \cdots & a_{1n} & b_1 \\ a_{21} & a_{22} & \cdots & a_{2n} & b_2 \\ \vdots & \vdots & & \vdots & \vdots \\ a_{m1} & a_{m2} & \cdots & a_{mn} & b_m \end{bmatrix}$$

称为方程组的增广矩阵,而由全体系数组成的矩阵

$$\boldsymbol{A}=\begin{bmatrix} a_{11} & a_{12} & \cdots & a_{1n} \\ a_{21} & a_{22} & \cdots & a_{2n} \\ \vdots & \vdots & & \vdots \\ a_{m1} & a_{m2} & \cdots & a_{mn} \end{bmatrix}$$

称为方程组的**系数矩阵**.

方程组可以用矩阵表示为:$\boldsymbol{Ax}=\boldsymbol{b}$ 其中 $\boldsymbol{x}=[x_1,x_2,\cdots,x_n]^{\mathrm{T}}$,$\boldsymbol{b}=[b_1,b_2,\cdots,b_m]^{\mathrm{T}}$

定义　如果 $\boldsymbol{\eta}_1,\boldsymbol{\eta}_2,\cdots,\boldsymbol{\eta}_t$ 是齐次线性方程组 $\boldsymbol{Ax}=\boldsymbol{0}$ 的一组基础解系,

(1)$\boldsymbol{\eta}_1,\boldsymbol{\eta}_2,\cdots,\boldsymbol{\eta}_t$ 是 $\boldsymbol{Ax}=\boldsymbol{0}$ 的解;

(2)$\boldsymbol{\eta}_1,\boldsymbol{\eta}_2,\cdots,\boldsymbol{\eta}_t$ 线性无关;

(3)$\boldsymbol{Ax}=\boldsymbol{0}$ 的任一解都可由 $\boldsymbol{\eta}_1,\boldsymbol{\eta}_2,\cdots,\boldsymbol{\eta}_t$ 线性表出.

那么,对任意常数 $c_1,c_2,\cdots,c_t$,
$$c_1\boldsymbol{\eta}_1+c_2\boldsymbol{\eta}_2+\cdots+c_t\boldsymbol{\eta}_t$$
是齐次方程组 $\boldsymbol{Ax}=\boldsymbol{0}$ 的通解.

2. **主要定理**

定理 1　线性方程组的初等变换把线性方程组变成与它同解的方程组.

定理 2　设 n 元线性方程组为(4.1)，对它的增广矩阵施行高斯消元法，得到阶梯形矩阵

$$\overline{\mathbf{A}} \to \cdots \to \left[\begin{array}{cccccc:c} c_{11} & c_{12} & \cdots & c_{1r} & \cdots & c_{1n} & d_1 \\ & c_{21} & \cdots & c_{2r} & \cdots & c_{2n} & d_2 \\ & & \ddots & \vdots & & \vdots & \vdots \\ & & & c_{rr} & \cdots & c_{rn} & d_r \\ & & & & & 0 & d_{r+1} \\ & & & & & & 0 \end{array}\right]$$

如果 $d_{r+1} \neq 0$，方程组(4.1)无解；如果 $d_{r+1} = 0$，方程组有解，而且当 $r = n$ 时有唯一解，当 $r < n$ 时有无穷多解.

定理 3　齐次方程组(4.2)有非零解

$\Leftrightarrow r(\mathbf{A}) < n$

$\Leftrightarrow \mathbf{A}$ 的列向量线性相关.

推论 1　当 $m < n$(即方程的个数 < 未知数的个数)时，齐次线性方程组(4.2)必有非零解.

推论 2　当 $m = n$ 时，齐次线性方程组(4.2)有非零解的充分必要条件是行列式 $|\mathbf{A}| = 0$.

定理 4　(有解判定定理)

非齐次线性方程组 $\mathbf{Ax} = \boldsymbol{b}$ 有解的充分必要条件是其系数矩阵和增广矩阵的秩相等，即 $r(\mathbf{A}) = r(\overline{\mathbf{A}})$.

定理 5　(齐次方程组解的性质)

如果 $\boldsymbol{\eta}_1, \boldsymbol{\eta}_2$ 是齐次线性方程组 $\mathbf{Ax} = \mathbf{0}$ 的两个解，那么其线性组合仍是该齐次线性方程组 $\mathbf{Ax} = \mathbf{0}$ 的解.

定理 6　(线性方程组解的性质)

(1) 如果 $\boldsymbol{\alpha}, \boldsymbol{\beta}$ 是线性方程组 $\mathbf{Ax} = \boldsymbol{b}$ 的两个解，则 $\boldsymbol{\alpha} - \boldsymbol{\beta}$ 是导出组 $\mathbf{Ax} = \mathbf{0}$ 的解.

(2) 如果 $\boldsymbol{\alpha}$ 是线性方程组 $\mathbf{Ax} = \boldsymbol{b}$ 的解，$\boldsymbol{\eta}$ 是导出组 $\mathbf{Ax} = 0$ 的解，则 $\boldsymbol{\alpha} + \boldsymbol{\eta}$ 是 $\mathbf{Ax} = \boldsymbol{b}$ 的解.

定理 7　设齐次线性方程组(4.2)系数矩阵的秩 $r(\mathbf{A}) = r < n$，则 $\mathbf{Ax} = \mathbf{0}$ 的基础解系由 $n - r$ 个解向量构成，即 $\mathbf{Ax} = \mathbf{0}$ 有 $n - r(\mathbf{A})$ 个线性无关的解向量.

定理 8　(解的结构)

对非齐次线性方程组 $\mathbf{Ax} = \boldsymbol{b}$，若 $r(\mathbf{A}) = r(\overline{\mathbf{A}}) = r$，且已知 $\boldsymbol{\eta}_1, \boldsymbol{\eta}_2, \cdots, \boldsymbol{\eta}_{n-r}$ 是导出组 $\mathbf{Ax} = \mathbf{0}$ 的基础解系，$\boldsymbol{\xi}_0$ 是 $\mathbf{Ax} = \boldsymbol{b}$ 的某个已知解，则 $\mathbf{Ax} = \boldsymbol{b}$ 的通解为 $\boldsymbol{\xi}_0 + c_1\boldsymbol{\eta}_1 + c_2\boldsymbol{\eta}_2 + \cdots + c_{n-r}\boldsymbol{\eta}_{n-r}$，其中 $c_1, c_2, \cdots, c_{n-r}$ 为任意常数.

定理 9　非齐次线性方程组 $\mathbf{Ax} = \boldsymbol{b}$ 无解

$\Leftrightarrow r(\mathbf{A}) + 1 = r(\overline{\mathbf{A}})$

$\Leftrightarrow \boldsymbol{b}$ 不能由 $\mathbf{A}$ 的列向量线性表出.

典型例题解析

Ⅰ 矩阵的初等变换

例 1 $\begin{bmatrix}0&1&0\\1&0&0\\0&0&1\end{bmatrix}^{2011}\begin{bmatrix}1&2&3\\4&5&6\\7&8&9\end{bmatrix}\begin{bmatrix}0&0&1\\0&1&0\\1&0&0\end{bmatrix}^{2012}=$______.

分析 $\boldsymbol{E}_{12}\begin{bmatrix}0&1&0\\1&0&0\\0&0&1\end{bmatrix}$是初等矩阵，左乘$\boldsymbol{A}=\begin{bmatrix}1&2&3\\4&5&6\\7&8&9\end{bmatrix}$所得$\boldsymbol{E}_{12}\boldsymbol{A}$是$\boldsymbol{A}$作初等行变换(1,2两行对换)，而$\boldsymbol{E}_{12}{}^{2011}\boldsymbol{A}$表示$\boldsymbol{A}$作了奇数次的1,2两行对换，相当于矩阵$\boldsymbol{A}$作了一次1,2两行对换，故

$$\boldsymbol{E}_{12}{}^{2011}\boldsymbol{A}=\begin{bmatrix}4&5&6\\1&2&3\\7&8&9\end{bmatrix}.$$

而右乘$\boldsymbol{E}_{13}$是作1,3两列对换，由于是偶数次对换，因而结果不变，即$\begin{bmatrix}4&5&6\\1&2&3\\7&8&9\end{bmatrix}$为所求.

解题要点：本题主要考察矩阵的初等变换，注意左乘与右乘的区别.

例 2 已知3阶矩阵$\boldsymbol{A}$可逆，将$\boldsymbol{A}$的第2列与第3列变换得$\boldsymbol{B}$，再把$\boldsymbol{B}$的第1列的-2倍加至第3列得$\boldsymbol{C}$，则满足$\boldsymbol{PA}^{-1}=\boldsymbol{C}^{-1}$的矩阵$\boldsymbol{P}$为______.

(A) $\begin{bmatrix}1&0&2\\0&0&1\\0&1&0\end{bmatrix}$　(B) $\begin{bmatrix}1&2&0\\0&0&1\\0&1&0\end{bmatrix}$　(C) $\begin{bmatrix}1&0&-2\\0&0&1\\0&1&0\end{bmatrix}$　(D) $\begin{bmatrix}1&2&0\\0&0&1\\0&1&0\end{bmatrix}$

分析 对矩阵$\boldsymbol{A}$作一次初等列变换相当于用同类的初等矩阵右乘$\boldsymbol{A}$，故

$$\boldsymbol{A}\begin{bmatrix}1&0&0\\0&0&1\\0&1&0\end{bmatrix}=\boldsymbol{B},\boldsymbol{B}\begin{bmatrix}1&0&-2\\0&1&0\\0&0&1\end{bmatrix}=\boldsymbol{C}.$$

于是 $$\boldsymbol{A}\begin{bmatrix}1&0&0\\0&0&1\\0&1&0\end{bmatrix}\begin{bmatrix}1&0&-2\\0&0&1\\0&1&0\end{bmatrix}=\boldsymbol{C}\Rightarrow\begin{bmatrix}1&0&-2\\0&0&1\\0&1&0\end{bmatrix}^{-1}\begin{bmatrix}1&0&0\\0&0&1\\0&1&0\end{bmatrix}^{-1}\boldsymbol{A}^{-1}=\boldsymbol{C}^{-1}.$$

所以 $$\boldsymbol{P}=\begin{bmatrix}1&0&-2\\0&0&1\\0&1&0\end{bmatrix}^{-1}\begin{bmatrix}1&0&0\\0&0&1\\0&1&0\end{bmatrix}^{-1}=\begin{bmatrix}1&0&2\\0&0&1\\0&1&0\end{bmatrix}\begin{bmatrix}1&0&0\\0&0&1\\0&1&0\end{bmatrix}=\begin{bmatrix}1&2&0\\0&0&1\\0&1&0\end{bmatrix}.$$

应选(B).

解题要点：本题主要考察矩阵的初等变换.

例 3 设 $\boldsymbol{A},\boldsymbol{P}$ 均为 3 阶矩阵，$\boldsymbol{P}^{\mathrm{T}}$ 为 $\boldsymbol{P}$ 的转置矩阵，且 $\boldsymbol{P}^{\mathrm{T}}\boldsymbol{A}\boldsymbol{P}=\begin{bmatrix}1&0&0\\0&1&0\\0&0&2\end{bmatrix}$，若 $\boldsymbol{P}=(\boldsymbol{\alpha}_1,\boldsymbol{\alpha}_2,\boldsymbol{\alpha}_3)$，$\boldsymbol{Q}=(\boldsymbol{\alpha}_1+\boldsymbol{\alpha}_2,\boldsymbol{\alpha}_2,\boldsymbol{\alpha}_3)$，则 $\boldsymbol{Q}^{\mathrm{T}}\boldsymbol{A}\boldsymbol{Q}=$ ________.

(A) $\begin{bmatrix}2&1&0\\1&1&0\\0&0&2\end{bmatrix}$　(B) $\begin{bmatrix}1&1&0\\1&2&0\\0&0&2\end{bmatrix}$　(C) $\begin{bmatrix}2&0&0\\0&1&0\\0&0&2\end{bmatrix}$　(D) $\begin{bmatrix}1&0&0\\0&2&0\\0&0&2\end{bmatrix}$

分析 对矩阵 $\boldsymbol{P}$ 作一次初等列变换：把第 2 列加至第 1 列，便可得到矩阵 $\boldsymbol{Q}$.

若记 $\boldsymbol{E}_{12}(1)=\begin{bmatrix}1&&\\1&1&\\&&1\end{bmatrix}$，则 $\boldsymbol{Q}=\boldsymbol{P}\boldsymbol{E}_{12}(1)$. 那么

$$\boldsymbol{Q}^{\mathrm{T}}\boldsymbol{A}\boldsymbol{Q}=[\boldsymbol{P}\boldsymbol{E}_{12}(1)]^{\mathrm{T}}\boldsymbol{A}[\boldsymbol{P}\boldsymbol{E}_{12}(1)]=\boldsymbol{E}_{12}^{\mathrm{T}}(1)(\boldsymbol{P}^{\mathrm{T}}\boldsymbol{A}\boldsymbol{P})\boldsymbol{E}_{12}(1)$$

$$=\begin{bmatrix}1&1&0\\0&1&0\\0&0&1\end{bmatrix}\begin{bmatrix}1&0&0\\0&1&0\\0&0&2\end{bmatrix}\begin{bmatrix}1&0&0\\1&1&0\\0&0&1\end{bmatrix}=\begin{bmatrix}2&1&0\\1&1&0\\0&0&2\end{bmatrix}.$$

所以应选(A).

解题要点：本题主要考察矩阵的初等变换，属于基本题型.

例 4 已知矩阵 $\boldsymbol{A}=\begin{bmatrix}1&0&0\\2&0&3\end{bmatrix}$，$\boldsymbol{B}=\begin{bmatrix}1&0&0\\0&1&0\end{bmatrix}$，求可逆矩阵 $\boldsymbol{P}$ 和 $\boldsymbol{Q}$，使 $\boldsymbol{PAQ}=\boldsymbol{B}$.

解 对 $\boldsymbol{A}$ 作初等变换，有

$$\boldsymbol{A}=\begin{bmatrix}1&0&0\\2&0&3\end{bmatrix}\xrightarrow{\text{行}}\begin{bmatrix}1&0&0\\0&0&3\end{bmatrix}\xrightarrow{\text{行(列)}}\begin{bmatrix}1&0&0\\0&0&1\end{bmatrix}\xrightarrow{\text{列}}\begin{bmatrix}1&0&0\\0&1&0\end{bmatrix}=\boldsymbol{B},$$

即有
$$\begin{bmatrix}1&0\\0&\frac{1}{3}\end{bmatrix}\begin{bmatrix}1&0\\-2&1\end{bmatrix}\boldsymbol{A}\begin{bmatrix}1&0&0\\0&0&1\\0&1&0\end{bmatrix}=\boldsymbol{B},$$

那么
$$\boldsymbol{P}=\begin{bmatrix}1&0\\0&\frac{1}{3}\end{bmatrix}\begin{bmatrix}1&0\\-2&1\end{bmatrix}=\begin{bmatrix}1&0\\-\frac{2}{3}&\frac{1}{3}\end{bmatrix},\boldsymbol{Q}=\begin{bmatrix}1&0&0\\0&0&1\\0&1&0\end{bmatrix}\text{为所求.}$$

解题要点：本题主要考察矩阵的初等变换，属于基本题型。

例 5 设 $\boldsymbol{A}=\begin{bmatrix}a_{11}&a_{12}&a_{13}\\a_{21}&a_{22}&a_{23}\\a_{31}&a_{32}&a_{33}\end{bmatrix}$，$\boldsymbol{B}=\begin{bmatrix}a_{11}&a_{13}&a_{12}\\a_{21}&a_{23}&a_{22}\\a_{31}+2a_{11}&a_{33}+2a_{13}&a_{32}+2a_{12}\end{bmatrix}$

$\boldsymbol{P}_1=\begin{bmatrix}1&0&0\\0&0&1\\0&1&0\end{bmatrix}$，$\boldsymbol{P}_2=\begin{bmatrix}1&0&2\\0&1&0\\0&0&1\end{bmatrix}$，$\boldsymbol{P}_3=\begin{bmatrix}1&0&0\\0&0&1\\2&0&1\end{bmatrix}$

则 $\boldsymbol{B}=$ ________.

(A) $\boldsymbol{P}_3\boldsymbol{A}\boldsymbol{P}_2$　(B) $\boldsymbol{P}_2\boldsymbol{A}\boldsymbol{P}_3$　(C) $\boldsymbol{P}_3\boldsymbol{A}\boldsymbol{P}_1$　(D) $\boldsymbol{P}_2\boldsymbol{A}\boldsymbol{P}_1$

分析 观察到把矩阵 $\boldsymbol{A}$ 的第 1 行的 2 倍加至第 3 行，然后再 2、3 两列对换即得到矩阵 $\boldsymbol{B}$，这里的初等

行变换应该用 $\boldsymbol{P}_3$ 来实现,初等列变换应该用 $\boldsymbol{P}_1$ 来完成,故 $\boldsymbol{B}=\boldsymbol{P}_3\boldsymbol{A}\boldsymbol{P}_1$,应选(C).

解题要点:本题主要考察矩阵初等变换的性质,应熟练掌握。

例6 已知

$$\boldsymbol{A}=\begin{bmatrix}a_{11}&a_{12}&a_{13}\\a_{21}&a_{22}&a_{23}\\a_{31}&a_{32}&a_{33}\end{bmatrix},\boldsymbol{B}=\begin{bmatrix}a_{13}&-a_{11}+a_{12}&a_{11}\\a_{23}&-a_{21}+a_{22}&a_{21}\\a_{33}&-a_{31}+a_{32}&a_{31}\end{bmatrix}$$

$$\boldsymbol{P}_1=\begin{bmatrix}0&0&1\\0&1&0\\1&0&0\end{bmatrix},\boldsymbol{P}_2=\begin{bmatrix}1&0&0\\0&1&0\\0&0&1\end{bmatrix},\boldsymbol{P}_3=\begin{bmatrix}1&-1&0\\0&1&0\\0&0&1\end{bmatrix}$$

其中 $\boldsymbol{A}$ 可逆,那么 $\boldsymbol{B}^{-1}=$

(A)$\boldsymbol{A}^{-1}\boldsymbol{P}_1\boldsymbol{P}_2$　　(B)$\boldsymbol{P}_1\boldsymbol{P}_2\boldsymbol{A}^{-1}$　　(C)$\boldsymbol{P}_1\boldsymbol{P}_3\boldsymbol{A}^{-1}$　　(D)$\boldsymbol{P}_3\boldsymbol{P}_1\boldsymbol{A}^{-1}$

分析　把矩阵 $\boldsymbol{A}$ 的第1列的 -1 倍加至第2列,再1、3两列对调即得到矩阵 $\boldsymbol{B}$. 故 $\boldsymbol{B}=\boldsymbol{A}\boldsymbol{P}_3\boldsymbol{P}_1$,那么,

$$\boldsymbol{B}^{-1}=(\boldsymbol{A}\boldsymbol{P}_3\boldsymbol{P}_1)^{-1}=\boldsymbol{P}_1^{-1}\boldsymbol{P}_3^{-1}\boldsymbol{A}^{-1}=\boldsymbol{P}_1\boldsymbol{P}_2\boldsymbol{A}^{-1}$$

所以应选(B).

注意,若先1、3两列对调,再把第3列的 -1 倍加至第2列亦得到矩阵 $\boldsymbol{B}$,用初等矩阵描述即

$$\boldsymbol{B}=\boldsymbol{A}\begin{bmatrix}0&0&1\\0&1&0\\1&0&0\end{bmatrix}\begin{bmatrix}1&0&0\\0&1&0\\0&-1&1\end{bmatrix}$$

那么,$\boldsymbol{B}^{-1}=\begin{bmatrix}1&0&0\\0&1&0\\0&1&1\end{bmatrix}\begin{bmatrix}0&0&1\\0&1&0\\1&0&0\end{bmatrix}\boldsymbol{A}^{-1}=\begin{bmatrix}0&0&1\\0&1&0\\1&1&0\end{bmatrix}\boldsymbol{A}^{-1}$

这与 $\boldsymbol{B}^{-1}=\boldsymbol{P}_1\boldsymbol{P}_2\boldsymbol{A}^{-1}$ 是一样的.

解题要点:本题主要考察矩阵的左乘与右乘,要掌握其变换特点.

例7 与矩阵 $\boldsymbol{A}=\begin{bmatrix}1&2&0\\2&4&0\\0&0&9\end{bmatrix}$ 等价的矩阵是________.

(A)$\begin{bmatrix}1&0&0\\0&0&0\\0&0&0\end{bmatrix}$　　(B)$\begin{bmatrix}1&0&0\\0&2&0\\0&0&0\end{bmatrix}$　　(C)$\begin{bmatrix}1&0&0\\0&2&0\\0&0&3\end{bmatrix}$　　(D) 以上都不正确

分析　显然行列式 $|\boldsymbol{A}|=0$,但矩阵 $\boldsymbol{A}$ 中有2阶子式非零,故秩 $r(\boldsymbol{A})=2$. 所以与 $\boldsymbol{A}$ 等价的矩阵是(B).
其实,把矩阵 $\boldsymbol{A}$ 第1行的 -2 倍加至第2行,再把第1列的 -2 倍加至第2行,然后2、3两行对换后再2、3两列对换,最后第2行乘以 $\frac{2}{9}$ 即得(B).

解题要点:本题主要考察等价矩阵的概念,以及确定方法。

Ⅱ 矩阵的秩

例 8 设矩阵 $\boldsymbol{A}=\begin{bmatrix}1 & 1 & 1 & 1\\ 0 & -1 & 1 & b\\ 2 & a & 3 & 4\\ 3 & 1 & 5 & 7\end{bmatrix}$，求矩阵 $\boldsymbol{A}$ 的秩.

解 对矩阵 $\boldsymbol{A}$ 作初等变换，将它化为阶梯形矩阵，有

$$\boldsymbol{A}=\begin{bmatrix}1 & 1 & 1 & 1\\ 0 & -1 & 1 & b\\ 2 & a & 3 & 4\\ 3 & 1 & 5 & 7\end{bmatrix}\to\begin{bmatrix}1 & 1 & 1 & 1\\ 0 & -1 & 1 & b\\ 0 & a-2 & 1 & 2\\ 0 & -2 & 2 & 4\end{bmatrix}$$

$$\to\begin{bmatrix}1 & 1 & 1 & 1\\ 0 & -1 & 1 & b\\ 0 & 0 & a-1 & ab-2b+2\\ 0 & 0 & 0 & 4-2b\end{bmatrix}$$

当 $a\neq 1$ 且 $b\neq 2$ 时，秩 $r(\boldsymbol{A})=4$.

当 $a=1$ 且 $b=2$ 时，秩 $r(\boldsymbol{A})=2$.

当 $a\neq 1$ 且 $b=2$ 或 $a=1$ 且 $b\neq 2$ 时，秩 $r(\boldsymbol{A})=3$.

解题要点： 本题主要考察矩阵秩的计算，属于基本问题.

例 9 设 $\boldsymbol{A}=\begin{bmatrix}2 & 3 & 4\\ 6 & t & 2\\ 4 & 6 & 3\end{bmatrix}$，$\boldsymbol{B}=\begin{bmatrix}1\\ 3\\ 0\end{bmatrix}[2,3,4]$，若秩 $r(\boldsymbol{A}+\boldsymbol{AB})=2$，则 $t=$ ________.

分析 由于 $r(\boldsymbol{A}+\boldsymbol{AB})=r[\boldsymbol{A}(\boldsymbol{E}+\boldsymbol{B})]$，又

$$\boldsymbol{E}+\boldsymbol{B}=\boldsymbol{E}+\begin{bmatrix}1\\ 3\\ 0\end{bmatrix}[2,3,4]=\boldsymbol{E}+\begin{bmatrix}2 & 3 & 4\\ 6 & 9 & 12\\ 0 & 0 & 0\end{bmatrix}=\begin{bmatrix}3 & 3 & 4\\ 6 & 10 & 12\\ 0 & 0 & 1\end{bmatrix}.$$

是可逆矩阵. 故 $r(\boldsymbol{A}+\boldsymbol{AB})=r(\boldsymbol{A})=2$.

对矩阵 $\boldsymbol{A}$ 作初等变换，有

$$\boldsymbol{A}=\begin{bmatrix}2 & 3 & 4\\ 6 & t & 2\\ 4 & 6 & 3\end{bmatrix}\to\begin{bmatrix}2 & 3 & 4\\ 0 & t-9 & -10\\ 0 & 0 & -5\end{bmatrix}$$

那么，$r(\boldsymbol{A})=2\Leftrightarrow t=9$.

解题要点： 本题通过对秩的计算，反求未知数 t.

例 10 设 $\boldsymbol{A}$ 是 $m\times n$ 矩阵，$\boldsymbol{B}$ 是 $n\times s$ 矩阵，证明秩

$$r(\boldsymbol{AB})\leqslant \min(r(\boldsymbol{A}),r(\boldsymbol{B})).$$

证法一 对于齐次方程组

$$(\text{Ⅰ})\boldsymbol{AB}x=\boldsymbol{0} \text{ 与 } (\text{Ⅱ})\boldsymbol{B}x=\boldsymbol{0}$$

若 $\boldsymbol{\alpha}$ 是方程组(Ⅱ)的任一个解，则由

$$(\boldsymbol{AB})\boldsymbol{\alpha}=\boldsymbol{A}(\boldsymbol{B\alpha})=\boldsymbol{A0}=\boldsymbol{0}$$

知 $\boldsymbol{\alpha}$ 是方程组(Ⅰ)的解.因此方程组(Ⅱ)的解集合是方程组(Ⅰ)的解集合的子集合.

又因(Ⅰ)的解向量的秩为 $s-r(\boldsymbol{AB})$,(Ⅱ)的解向量的秩为 $s-r(\boldsymbol{B})$,

故有

$$s-r(\boldsymbol{B})\leqslant s-r(\boldsymbol{AB})$$

即 $r(\boldsymbol{AB})\leqslant r(\boldsymbol{B})$

另一方面,$r(\boldsymbol{AB})=r((\boldsymbol{AB})^{\mathrm{T}})=r(\boldsymbol{B}^{\mathrm{T}}\boldsymbol{A}^{\mathrm{T}})\leqslant r(\boldsymbol{A}^{\mathrm{T}})=r(\boldsymbol{A})$.命题得证.

证法二 记 $\boldsymbol{AB}=\boldsymbol{C}$,并对 $\boldsymbol{A}$、$\boldsymbol{C}$ 按列分块,有

$$[\boldsymbol{\alpha}_1,\boldsymbol{\alpha}_2,\cdots,\boldsymbol{\alpha}_n]\begin{bmatrix}b_{11}&b_{12}&\cdots&b_{1s}\\b_{21}&b_{22}&\cdots&b_{2s}\\\vdots&\vdots&&\vdots\\b_{n1}&b_{n2}&\cdots&b_{ns}\end{bmatrix}=[\boldsymbol{\gamma}_1,\boldsymbol{\gamma}_2,\cdots,\boldsymbol{\gamma}_s]$$

说明 $\boldsymbol{AB}$ 的列向量 $\gamma_i(i=1,2,\cdots,s)$ 可由 $\boldsymbol{A}$ 的列向量 $\boldsymbol{\alpha}_1,\boldsymbol{\alpha}_2,\cdots,\boldsymbol{\alpha}_s$ 线性表出.因此据定理3.8与3.9有

$r(\boldsymbol{AB})=r(\gamma_1,\gamma_2,\cdots,\gamma_s)\leqslant r(\boldsymbol{\alpha}_1,\boldsymbol{\alpha}_2,\cdots,\boldsymbol{\alpha}_n)=r(\boldsymbol{A})$

类似地,对 $\boldsymbol{B}$ 与 $\boldsymbol{C}$ 分别按行分块,有

$$\begin{bmatrix}a_{11}&a_{12}&\cdots&a_{1n}\\a_{21}&a_{22}&\cdots&a_{2n}\\\vdots&\vdots&&\vdots\\a_{m1}&a_{m2}&\cdots&a_{mn}\end{bmatrix}\begin{bmatrix}\boldsymbol{\beta}_1\\\boldsymbol{\beta}_2\\\vdots\\\boldsymbol{\beta}_n\end{bmatrix}=\begin{bmatrix}\boldsymbol{\delta}_1\\\boldsymbol{\delta}_2\\\vdots\\\boldsymbol{\delta}_m\end{bmatrix}$$

说明 $\boldsymbol{AB}$ 的行向量 $\boldsymbol{\delta}_j(j=1,2,\cdots,m)$ 可由 $\boldsymbol{B}$ 的行向量 $\boldsymbol{\beta}_1,\boldsymbol{\beta}_2,\cdots,\boldsymbol{\beta}_n$ 线性表示,因此

$$r(\boldsymbol{AB})=r(\boldsymbol{\delta}_1,\boldsymbol{\delta}_2,\cdots,\boldsymbol{\delta}_m)\leqslant r(\boldsymbol{\beta}_1,\boldsymbol{\beta}_2,\cdots,\boldsymbol{\beta}_n)=r(\boldsymbol{B}).$$

例 11 (1) 已知 $\boldsymbol{A}=\begin{bmatrix}1&3&2&a\\2&7&a&3\\0&a&5&-5\end{bmatrix}$,如果秩 $r(\boldsymbol{A})=2$,则 a 必为

(A) $\dfrac{5}{2}$ (B) 5 (C) -1 (D) 1

(2) 设 $n(n\geqslant3)$ 阶矩阵 $\boldsymbol{A}=\begin{bmatrix}1&a&a&\cdots&a\\a&1&a&\cdots&a\\a&a&1&\cdots&a\\\vdots&\vdots&\vdots&&\vdots\\a&a&a&\cdots&1\end{bmatrix}$,如果随矩阵 $\boldsymbol{A}^*$ 的秩 $r(\boldsymbol{A}^*)=1$,则 a 为

(A) 1 (B) $\dfrac{1}{1-n}$ (C) -1 (D) $\dfrac{1}{n-1}$

分析 (1) 经初等变换矩阵的秩不变,对矩阵 A 作初等行变换,有

$$\boldsymbol{A}=\begin{bmatrix}1&3&2&a\\2&7&a&3\\0&a&5&-5\end{bmatrix}\to\begin{bmatrix}1&3&2&a\\0&1&a-4&3-2a\\0&a&5&-5\end{bmatrix}\to\begin{bmatrix}1&3&2&a\\0&1&a-4&3-2a\\0&0&5+4a-a^2&2a^2-3a-5\end{bmatrix}.$$

由 $5+4a-a^2=(a+1)(5-a)$,$2a^2-3a-5=(2a-5)(a+1)$,

可见 $a=-1$ 时, $\boldsymbol{A}\to\begin{bmatrix}1&3&2&-1\\0&1&-5&5\\0&0&0&0\end{bmatrix}$,此时秩 $r(\boldsymbol{A})=2$. 故应选(C).

(2) 由伴随矩阵秩的公式 $r(\boldsymbol{A}^*)=\begin{cases}n\text{若}r(\boldsymbol{A})=n\\1,\text{若}r(\boldsymbol{A})=n-1,\text{知}r(\boldsymbol{A})=n-1,\text{那么}|\boldsymbol{A}|=0\text{且}\\0,\text{若}r(\boldsymbol{A})<n-1\end{cases}$

有 $n-1$ 阶子式不为 0.

如 $a=1$,显然 $|\boldsymbol{A}|$ 的二阶子式全为 0,故(A) 不入选. 而 $a\neq1$ 时,由题设有

$$|\boldsymbol{A}|=[(n-1)a+1]\begin{vmatrix}1&1&1&\cdots&1\\a&1&a&\cdots&a\\a&a&1&\cdots&a\\\vdots&\vdots&\vdots&&\vdots\\a&a&a&\cdots&1\end{vmatrix}$$

$$=[(n-1)a+1]\begin{vmatrix}1&1&1&\cdots&1\\0&1-a&0&\cdots&0\\0&0&1-a&\cdots&0\\\vdots&\vdots&\vdots&&\vdots\\0&0&0&\cdots&1-a\end{vmatrix}=0,$$

必有 $(n-1)a+1=0$,故应选(B).

解题要点:本题主要考察矩阵秩的简单计算。

例 12 设 $\boldsymbol{A}$ 是 $m\times n$ 矩阵, $\boldsymbol{B}$ 是 $n\times s$ 矩阵,证明 $r(\boldsymbol{AB})\leqslant r(\boldsymbol{B})$.

证法一 设 $\boldsymbol{AB}=\boldsymbol{C}$, $\boldsymbol{C}$ 是 $m\times s$ 矩阵,对 $\boldsymbol{B},\boldsymbol{C}$ 均按行分块,记为

$$\begin{bmatrix}a_{11}&a_{12}&\cdots&a_{1n}\\a_{21}&a_{22}&\cdots&a_{2n}\\\vdots&\vdots&&\vdots\\a_{m1}&a_{m2}&\cdots&a_{mn}\end{bmatrix}\begin{bmatrix}\boldsymbol{\alpha}_1\\\boldsymbol{\alpha}_2\\\vdots\\\boldsymbol{\alpha}_n\end{bmatrix}=\begin{bmatrix}\boldsymbol{\beta}_1\\\boldsymbol{\beta}_2\\\vdots\\\boldsymbol{\beta}_m\end{bmatrix},$$

用分块矩阵乘法,得

$$\begin{cases}a_{11}\boldsymbol{\alpha}_1+a_{12}\boldsymbol{\alpha}_2+\cdots+a_{1n}\boldsymbol{\alpha}_n=\boldsymbol{\beta}_1,\\a_{21}\boldsymbol{\alpha}_1+a_{22}\boldsymbol{\alpha}_2+\cdots+a_{2n}\boldsymbol{\alpha}_n=\boldsymbol{\beta}_2,\\\cdots\cdots\cdots\cdots\\a_{m1}\boldsymbol{\alpha}_1+a_{m2}\boldsymbol{\alpha}_2+\cdots+a_{mn}\boldsymbol{\alpha}_n=\boldsymbol{\beta}_m,\end{cases}$$

即向量组 $\boldsymbol{\beta}_1,\boldsymbol{\beta}_2,\cdots,\boldsymbol{\beta}_m$ 可由向量组 $\boldsymbol{\alpha}_1,\boldsymbol{\alpha}_2,\cdots,\boldsymbol{\alpha}_n$ 线性表出,那么

$$r(\boldsymbol{AB})=r(\boldsymbol{C})=r(\boldsymbol{\beta}_1,\boldsymbol{\beta}_2,\cdots,\boldsymbol{\beta}_m)\leqslant r(\boldsymbol{\alpha}_1,\boldsymbol{\alpha}_2,\cdots,\boldsymbol{\alpha}_n)=r(\boldsymbol{B}).$$

证法二 构造两个齐次线性方程组

$$\boldsymbol{ABx}=\boldsymbol{0}\quad①;\boldsymbol{Bx}=\boldsymbol{0}\quad②,$$

其中 $\boldsymbol{x}=(x_1,x_2,\cdots,x_s)^{\mathrm{T}}$.

由于方程组 ② 的解必是方程组 ① 的解,因此 r(② 的解向量) $\leqslant r$(① 的解向量).

即 $s-r(\boldsymbol{B})\leqslant s-r(\boldsymbol{AB})$,从而 $r(\boldsymbol{AB})\leqslant r(\boldsymbol{B})$.

证法三 设 $r(\boldsymbol{B})=r$,化 $\boldsymbol{B}$ 为等价标准形即有可逆矩阵 $\boldsymbol{P}$、$\boldsymbol{Q}$,使

$$PBQ=\begin{bmatrix}E_r & 0\\0 & 0\end{bmatrix}\Rightarrow ABP=AP^{-1}\begin{bmatrix}E_r & 0\\0 & 0\end{bmatrix}.$$

对 $m\times n$ 矩阵 AP^{-1} 分块为 (C_1,C_2)，其中 C_1 是 $m\times r$ 矩阵，C_2 是 $m\times(n-r)$ 矩阵，则有

$$ABQ=(C_1,C_2)\begin{bmatrix}E_r & 0\\0 & 0\end{bmatrix}=(C_1,0).$$

那么
$$r(AB)=r(ABQ)=r(C_1,0)=r(C_1).$$

因为 C_1 是 $m\times r$ 矩阵，故 $r(C_1)\leqslant r=r(B)$. 所以 $r(AB)\leqslant r(B)$.

解题要点：本题是关于矩阵秩的简单证明，注意其中的转化技巧。

例 13 设 α,β 为 3 维列向量，矩阵 $A=\alpha\alpha^{\mathrm T}+\beta\beta^{\mathrm T}$，其中 $\alpha^{\mathrm T},\beta^{\mathrm T}$ 分别是 α,β 的转置，证明

(Ⅰ) 秩 $r(A)\leqslant 2$；

(Ⅱ) 若 α,β 线性相关，则秩 $r(A)<2$.

证法一 (Ⅰ) 利用 $r(A+B)\leqslant r(A)+r(B)$ 和 $r(AB)\leqslant \min(r(A),r(B))$，有

$r(A)=r(\alpha\alpha^{\mathrm T}+\beta\beta^{\mathrm T})\leqslant r(\alpha\alpha^{\mathrm T})+r(\beta\beta^{\mathrm T})\leqslant r(\alpha)+r(\beta)$.

又 α,β 均为 3 给列向量，则 $r(\alpha)\leqslant 1,r(\beta)\leqslant 1$. 故 $r(A)\leqslant 2$.

(Ⅱ) 当 α,β 线性相关时，不妨设 $\beta=k\alpha$. 则

$r(A)=r(\alpha\alpha^{\mathrm T}+k^2\alpha\alpha^{\mathrm T})=r[(1+k^2)\alpha\alpha^{\mathrm T}]=r(\alpha\alpha^{\mathrm T})\leqslant r(\alpha)\leqslant 1<2$.

证法二 (Ⅰ) 因为 α,β 均为 3 维列向量，故存在非零列向量 x 与 α,β 均正交，即

$$\alpha^{\mathrm T}x=0,\beta^{\mathrm T}x=0.$$

从而
$$\alpha\alpha^{\mathrm T}x=0,\beta\beta^{\mathrm T}x=0,\text{进而}(\alpha\alpha^{\mathrm T}+\beta\beta^{\mathrm T})x=0.$$

即齐次方程组 $Ax=0$ 有非 0 解，故 $r(A)\leqslant 2$.

(Ⅱ) 因为齐次方程组 $\alpha^{\mathrm T}x=0$ 有 2 个线性无关的解，设为 η_1,η_2，那么

$$\alpha^{\mathrm T}\eta_1=0,\alpha^{\mathrm T}\eta_2=0.$$

若 α,β 线性相关，不妨设 $\beta=k\alpha$，那么

$\beta^{\mathrm T}\eta_1=(k\alpha)^{\mathrm T}\eta_1=k\alpha^{\mathrm T}\eta_1=0,\beta^{\mathrm T}\eta_2=(k\alpha)\mathrm T\eta_2=k\alpha^{\mathrm T}\eta_2=0$.

于是
$$A\eta_1=(\alpha\alpha^{\mathrm T}+\beta\beta^{\mathrm T})\eta_1=0,A\eta_2=(\alpha\alpha^{\mathrm T}+\beta\beta^{\mathrm T})\eta_2=0,$$

即 $Ax=0$ 至少有 2 个线性无关的解，因此 $n-r(A)\geqslant 2$，即 $r(A)\leqslant 1<2$.

解题要点：本题主要考察矩阵秩的有关性质，注意证明的过程技巧。

例 14 设 A 是 $m\times n$ 矩阵，B 是 $n\times s$ 矩阵，若 $AB=O$

证明 $r(A)+r(B)\leqslant n$.

证 对矩阵 B 按列分块，记 $B=[\beta_1,\beta_2,\cdots,\beta_s]$，则

$AB=A[\beta_1,\beta_2,\cdots,\beta_S]=[A\beta_1,A\beta_2,\cdots,A\beta_s]=[0,0,\cdots,0]$，于是 $A\beta_j=0(j=1,2,\cdots,s)$

即 B 的列向量均是齐次方程组 $Ax=0$ 的解，由于方程组 $Ax=0$ 解向量的秩为 $n-r(A)$，所以

$$r(\beta_1,\beta_2,\cdots,\beta_s)\leqslant n-r(A)$$

又秩 $r(\beta_1,\beta_2,\cdots,\beta_s)=r(B)$，从而有 $r(A)+r(B)\leqslant n$.

解题要点：注意证明技巧及对矩阵分块的运算。

Ⅲ 线性方程组的解

例 15 选择题

(1) 对于 n 元方程组,下列命题正确的是________.

(A) 如果 $\boldsymbol{Ax}=\boldsymbol{0}$ 只有零解,则 $\boldsymbol{Ax}=\boldsymbol{b}$ 有唯一解.

(B) 如果 $\boldsymbol{Ax}=\boldsymbol{0}$ 有非零解,则 $\boldsymbol{Ax}=\boldsymbol{b}$ 有无穷多解.

(C) 如果 $\boldsymbol{Ax}=\boldsymbol{b}$ 有两个不同的解,则 $\boldsymbol{Ax}=\boldsymbol{0}$ 有无穷多解.

(D)$\boldsymbol{Ax}=\boldsymbol{b}$ 有唯一解的充要条件是 $r(\boldsymbol{A})=n$.

(2) 已知 $\boldsymbol{\eta}_1,\boldsymbol{\eta}_2,\boldsymbol{\eta}_3,\boldsymbol{\eta}_4$ 是 $\boldsymbol{Ax}=\boldsymbol{0}$ 的基础解系,则此方程组的基础解系还可选用

(A)$\boldsymbol{\eta}_1+\boldsymbol{\eta}_2,\boldsymbol{\eta}_2+\boldsymbol{\eta}_3,\boldsymbol{\eta}_3+\boldsymbol{\eta}_4,\boldsymbol{\eta}_4+\boldsymbol{\eta}_1$ (B)$\boldsymbol{\eta}_1,\boldsymbol{\eta}_2,\boldsymbol{\eta}_3,\boldsymbol{\eta}_4$ 的等价向量组 $\boldsymbol{\alpha}_1,\boldsymbol{\alpha}_2,\boldsymbol{\alpha}_3,\boldsymbol{\alpha}_4$

(C)$\boldsymbol{\eta}_1,\boldsymbol{\eta}_2,\boldsymbol{\eta}_3,\boldsymbol{\eta}_4$ 的等秩向量组 $\boldsymbol{\alpha}_1,\boldsymbol{\alpha}_2,\boldsymbol{\alpha}_3,\boldsymbol{\alpha}_4$ (D)$\boldsymbol{\eta}_1+\boldsymbol{\eta}_2,\boldsymbol{\eta}_2+\boldsymbol{\eta}_3,\boldsymbol{\eta}_3-\boldsymbol{\eta}_4,\boldsymbol{\eta}_4-\boldsymbol{\eta}_1$

(3) 已知 $\boldsymbol{\beta}_1,\boldsymbol{\beta}_2$ 是 $\boldsymbol{Ax}=\boldsymbol{b}$ 的两个不同的解,$\boldsymbol{\alpha}_1,\boldsymbol{\alpha}_2$ 是相应齐次方程组 $\boldsymbol{Ax}=\boldsymbol{0}$ 的基础解系,k_1,k_2 是任意常数,则 $\boldsymbol{Ax}=\boldsymbol{b}$ 的通解是

(A)$k_1\boldsymbol{\alpha}_1+k_2(\boldsymbol{\alpha}_1+\boldsymbol{\alpha}_2)+\dfrac{\boldsymbol{\beta}_1-\boldsymbol{\beta}_2}{2}$ (B)$k_1\boldsymbol{\alpha}_1+k_2(\boldsymbol{\alpha}_1-\boldsymbol{\alpha}_2)+\dfrac{\boldsymbol{\beta}_1+\boldsymbol{\beta}_2}{2}$

(C)$k_1\boldsymbol{\alpha}_1+k_2(\boldsymbol{\beta}_1-\boldsymbol{\beta}_2)+\dfrac{\boldsymbol{\beta}_1-\boldsymbol{\beta}_2}{2}$ (D)$k_1\boldsymbol{\alpha}_1+k_2(\boldsymbol{\beta}_1-\boldsymbol{\beta}_2)+\dfrac{\boldsymbol{\beta}_1+\boldsymbol{\beta}_2}{2}$

(4) 设 $\boldsymbol{A}$ 是秩为 $n-1$ 的 n 阶矩阵,$\boldsymbol{\alpha}_1$ 与 $\boldsymbol{\alpha}_2$ 是方程组 $\boldsymbol{Ax}=\boldsymbol{0}$ 的两个不同的解向量,则 $\boldsymbol{Ax}=\boldsymbol{0}$ 的通解必定是

(A)$\boldsymbol{\alpha}_1+\boldsymbol{\alpha}_2$ (B)$k\boldsymbol{\alpha}_1$ (C)$k(\boldsymbol{\alpha}_1+\boldsymbol{\alpha}_2)$ (D)$k(\boldsymbol{\alpha}_1-\boldsymbol{\alpha}_2)$

(5) 设 n 阶矩阵 $\boldsymbol{A}$ 的伴随矩阵 $\boldsymbol{A}^*\neq\boldsymbol{0}$,若 $\boldsymbol{\xi}_1,\boldsymbol{\xi}_2,\boldsymbol{\xi}_3,\boldsymbol{\xi}_4$ 是非齐次方程组 $\boldsymbol{Ax}=\boldsymbol{b}$ 的互不相等的解,则对应的齐次方程组 $\boldsymbol{Ax}=\boldsymbol{0}$ 的基础解系

(A) 不存在 (B) 仅含一个非零解的量

(C) 含有两个线性无关的解向量 (D) 含有三个线性无关的解向量

分析 (1) 当 $r(\boldsymbol{A})=n$ 时,不一定有 $r(\overline{\boldsymbol{A}})=n$. 注意,$n$ 元方程组只表示 $\boldsymbol{A}$ 有 n 个列向量,并不反映列向量的维数(即方程的个数),此时可以有 $r(\overline{\boldsymbol{A}})>n$,那么方程组可能无解,所以(A)、(B)、(D) 均不对. 对于(C),从 $\boldsymbol{Ax}=\boldsymbol{b}$ 有不同的解,知 $\boldsymbol{Ax}=\boldsymbol{0}$ 有非零解,进而有无穷多解.

(2) 本小题中(A),(D) 均线性相关.

$(\boldsymbol{\eta}_1+\boldsymbol{\eta}_2)-(\boldsymbol{\eta}_2+\boldsymbol{\eta}_3)+(\boldsymbol{\eta}_3+\boldsymbol{\eta}_4)-(\boldsymbol{\eta}_4+\boldsymbol{\eta}_1)=\boldsymbol{0}$,

$(\boldsymbol{\eta}_1+\boldsymbol{\eta}_2)-(\boldsymbol{\eta}_2+\boldsymbol{\eta}_3)+(\boldsymbol{\eta}_3-\boldsymbol{\eta}_4)+(\boldsymbol{\eta}_4-\boldsymbol{\eta}_1)=\boldsymbol{0}$,

用简单的加减可排除(A),(D). 关于(C),因为等秩不能保证 $\boldsymbol{\alpha}_i$ 是方程组的解,也就不可能是基础解系. 至于(B),由等价知 $\boldsymbol{\alpha}_1,\boldsymbol{\alpha}_2,\boldsymbol{\alpha}_3,\boldsymbol{\alpha}_4$ 是解,从 $r(\boldsymbol{\alpha}_1,\boldsymbol{\alpha}_2,\boldsymbol{\alpha}_3,\boldsymbol{\alpha}_4)=r(\boldsymbol{\eta}_1,\boldsymbol{\eta}_2,\boldsymbol{\eta}_3,\boldsymbol{\eta}_4)=4$,得到 $\boldsymbol{\alpha}_1,\boldsymbol{\alpha}_2,\boldsymbol{\alpha}_3,\boldsymbol{\alpha}_4$ 线性无关,故(B) 正确.

(3) $\dfrac{\boldsymbol{\beta}_1-\boldsymbol{\beta}_2}{2}$ 不是 $\boldsymbol{Ax}=\boldsymbol{b}$ 的解,从解的结构来看应排除(A)、(C),虽 $\boldsymbol{\beta}_1-\boldsymbol{\beta}_2,\boldsymbol{\alpha}_1$ 都是 $\boldsymbol{Ax}=\boldsymbol{0}$ 的解,但是否线性无关不能保证,能否成为基础解系不明确,(D) 应排除. 由 $\boldsymbol{\alpha}_1,\boldsymbol{\alpha}_2$ 是基础解系,得 $\boldsymbol{\alpha}_1,\boldsymbol{\alpha}_1-\boldsymbol{\alpha}_2$ 线性无关是基础解系,而$\dfrac{\boldsymbol{\beta}_1+\boldsymbol{\beta}_2}{2}$ 是 $\boldsymbol{Ax}=\boldsymbol{b}$ 的解,故(B) 正确.

(4) 因为通解中必有任意常数,显见(A) 不正确. 由 $n-r(\boldsymbol{A})=1$ 知 $\boldsymbol{Ax}=\boldsymbol{0}$ 的基础解系由一个非零向量构成. $\boldsymbol{\alpha}_1,\boldsymbol{\alpha}_1+\boldsymbol{\alpha}_2$ 与 $\boldsymbol{\alpha}_1-\boldsymbol{\alpha}_2$ 中哪一个一定是非零向量呢?

已知条件只是说 $\boldsymbol{\alpha}_1, \boldsymbol{\alpha}_2$ 是两个不同的解，那么 $\boldsymbol{\alpha}_1$ 可以是零解，因而 $k\boldsymbol{\alpha}_1$ 可能不是通解. 如果 $\boldsymbol{\alpha}_1 - \boldsymbol{\alpha}_2 \neq \mathbf{0}$，则 $\boldsymbol{\alpha}_1, \boldsymbol{\alpha}_2$ 是两个不同的解，但 $\boldsymbol{\alpha}_1 + \boldsymbol{\alpha}_2 = \mathbf{0}$，即两个不同的解不能保证 $\boldsymbol{\alpha}_1 + \boldsymbol{\alpha}_2 \neq \mathbf{0}$. 因此要排除(B)、(C). 由于 $\boldsymbol{\alpha}_1 \neq \boldsymbol{\alpha}_2$，必有 $\boldsymbol{\alpha}_1 - \boldsymbol{\alpha}_2 \neq \mathbf{0}$. 可见(D) 正确.

(5) 本题考查齐次方程组 $\boldsymbol{Ax} = \mathbf{0}$ 的基础解系中解向量的个数，也就是要求出矩阵 $\boldsymbol{A}$ 的秩. 由于

$$r(\boldsymbol{A}^*) = \begin{cases} n, 如\ r(\boldsymbol{A}) = n, \\ 1, 如\ r(\boldsymbol{A}) = n-1, \\ 0, 如\ r(\boldsymbol{A}) < n-1, \end{cases}$$

因为 $\boldsymbol{A}^* \neq \mathbf{0}$，必有 $r(\boldsymbol{A}^*) \geqslant 1$，故 $r(\boldsymbol{A}) = n$ 或 $n-1$. 又因 $\boldsymbol{\xi}_1, \boldsymbol{\xi}_2, \boldsymbol{\xi}_3, \boldsymbol{\xi}_4$ 是 $\boldsymbol{Ax} = \boldsymbol{b}$ 互不相同的解，知 $\boldsymbol{\xi}_1 - \boldsymbol{\xi}_2$ 是 $\boldsymbol{Ax} = \mathbf{0}$ 的非零解，而必有 $r(\boldsymbol{A}) < n$. 从而 $r(\boldsymbol{A}) = n-1$. 因此 $n - r(\boldsymbol{A}) = n-(n-1) = 1$. 即 $\boldsymbol{Ax} = \mathbf{0}$ 只有一个线性无关的解. 故应选(B).

解题要点：本题主要考查了有关线性方程组解的基本概念，覆盖比较全面，注意其中的解题技巧，关键是对定义的把握。

例 16 已知 $\boldsymbol{\alpha}_1, \boldsymbol{\alpha}_2$ 是方程组

$$\begin{cases} x_1 - x_2 - ax_3 = 3, \\ 2x_1 - 3x_3 = 1, \\ -2x_1 + ax_2 + 10x_3 = 4 \end{cases}$$

的两个不同的解向量，则 $a =$ ________.

分析 因为 $\boldsymbol{\alpha}_1, \boldsymbol{\alpha}_2$ 是方程组两个不同的解，故方程组有无穷多解. 因此秩 $r(\boldsymbol{A}) = r(\overline{\boldsymbol{A}}) < 3$，对增广矩阵作初等行变换有

$$\left[\begin{array}{ccc:c} 1 & -1 & -a & 3 \\ 2 & 0 & -3 & 1 \\ -2 & a & 10 & 4 \end{array}\right] \rightarrow \left[\begin{array}{ccc:c} 1 & -1 & -a & 3 \\ 0 & 2 & 2a-3 & -5 \\ 0 & a-2 & 10-2a & 10 \end{array}\right] \rightarrow \left[\begin{array}{ccc:c} 1 & -1 & -a & 3 \\ 0 & 2 & 2a-3 & -5 \\ 0 & 0 & 2a^2-3a-14 & -5a-10 \end{array}\right].$$

易见仅当 $a = -2$ 时，$r(\boldsymbol{A}) = r(\overline{\boldsymbol{A}}) = 2 < 3$. 故知 $a = -2$.

解题要点：本题主要考察线性方程组解的性质，何时有解、何时无解，以及何时有不同解，注意对基本知识的掌握。

例 17 设 $\boldsymbol{A} = \begin{bmatrix} 1 & 0 & 3 & 1 & 2 \\ 2 & 1 & 7 & 4 & 3 \\ -1 & 2 & -1 & 3 & 0 \end{bmatrix}$，则 $\boldsymbol{Ax} = \mathbf{0}$ 的基础解系中所含解向量的个数是________.

分析 由于 $\boldsymbol{Ax} = \mathbf{0}$ 的基础解系由 $n - r(\boldsymbol{A})$ 个解向量所构成，故应计算秩 $r(\boldsymbol{A})$.

$$\boldsymbol{A} = \begin{bmatrix} 1 & 0 & 3 & 1 & 2 \\ 2 & 1 & 7 & 4 & 3 \\ -1 & 2 & -1 & 3 & 0 \end{bmatrix} \rightarrow \begin{bmatrix} 1 & 0 & 3 & 1 & 2 \\ 0 & 1 & 1 & 2 & -1 \\ 0 & 2 & 2 & 4 & 2 \end{bmatrix} \rightarrow \begin{bmatrix} 1 & 0 & 3 & 1 & 2 \\ 0 & 1 & 1 & 2 & -1 \\ 0 & 0 & 0 & 0 & 4 \end{bmatrix}$$

由于 $r(\boldsymbol{A}) = 3$，那么

$$n - r(\boldsymbol{A}) = 5 - 3 = 2$$

所以基础解系中所含解向量个数为 2.

解题要点：本题主要考察线性方程组解基础解系的概念，注意基础解的个数与线性方程组秩的关系。

例 18 已知 $\xi_1=(-9,1,2,11)^T,\xi_2=(1,-5,13,0)^T,\xi_3=(-7,-9,24,11)^T$ 是方程组

$$\begin{cases}2x_1+a_2x_2+3x_3+a_4x_4=d_1,\\3x_1+b_2x_2+2x_3+b_4x_4=4,\\9x_1+4x_2+x_3+c_3x_4=d_3\end{cases}$$

的三个解,求此方程组的通解.

分析 求 $\boldsymbol{Ax}=\boldsymbol{b}$ 的通解关键是求 $\boldsymbol{Ax}=\boldsymbol{0}$ 的基础解系,$\xi_1-\xi_2,\xi_2-\xi_3$ 都是 $\boldsymbol{Ax}=\boldsymbol{0}$ 的解,现在就要判断秩 $r(\boldsymbol{A})$,以确定基础解系中解向量的个数.

解 $\boldsymbol{A}$ 是 3×4 矩阵,$r(\boldsymbol{A})\leqslant3$,由于 $\boldsymbol{A}$ 中第 2,3 两行不成比例,故 $r(\boldsymbol{A})\geqslant2$,又因

$\boldsymbol{\eta}_1=\xi_1-\xi_2=(-10,6,-11,11)^T,\boldsymbol{\eta}_2=\xi_2-\xi_3=(8,4,-11,-11)^T$

是 $\boldsymbol{Ax}=\boldsymbol{0}$ 的两个线性无关的解,于是 $4-r(\boldsymbol{A})\geqslant2$,因此 $r(\boldsymbol{A})=2$,所以 $\boldsymbol{\xi}_1+k_1\boldsymbol{\eta}_1+k_2\boldsymbol{\eta}_2$ 是通解.

解题要点:本题主要考察线性方程组的解、通解以及与线性方程组秩的关系,这是基本知识的简单贯通应用,注意掌握。

例 19 齐次方程组

$$\begin{cases}x_1+2x_2+3x_3+2x_4+5x_5=0\\2x_1+2x_2+x_3+3x_4+x_5=0\\3x_1+4x_2+3x_3+4x_4+3x_5=0\end{cases}$$

的通解________.

分析 对系数矩阵 $\boldsymbol{A}$ 作初等行变换化为行最简有:

$$\boldsymbol{A}=\begin{bmatrix}1&2&3&2&5\\2&2&1&3&1\\3&4&3&4&3\end{bmatrix}\to\begin{bmatrix}1&2&3&2&5\\0&-2&-5&-1&-9\\0&-2&-6&-2&-12\end{bmatrix}$$

$$\to\begin{bmatrix}1&2&3&2&5\\0&2&5&1&9\\0&0&-1&-1&-3\end{bmatrix}\to\begin{bmatrix}1&2&0&-1&-4\\0&2&0&-4&-6\\0&0&1&1&3\end{bmatrix}$$

$$\to\begin{bmatrix}1&0&0&3&2\\0&1&0&-2&-3\\0&0&1&1&3\end{bmatrix}$$

得同解方程组

$$\begin{cases}x_1\qquad\quad+3x_4+2x_5=0\\\quad x_2\qquad-2x_4-3x_5=0\\\qquad\quad x_3+x_4+3x_5=0\end{cases}$$

令 $x_4=k_1,x_5=k_2$ 得 $x_3=-k_1-3k_2,x_2=2k_1+3k_2,x_1=-3k_1-2k_2$,所以方程组通解为 $k_1(-3,2,-1,1,0)^T+k_2(-2,3,-3,0,1)^T,k_1,k_2$ 为任意实数.

解题要点:本题主要考察线性方程组通解的计算。

例 20 齐次方程组

$$\begin{cases} x_1+x_2 \quad +3x_4-x_5=0 \\ 2x_2+x_3+2x_4+x_5=0 \\ x_4+3x_5=0 \end{cases}$$

的基础解系是________.

分析 系数矩阵 $\mathbf{A}=\begin{bmatrix}1&1&0&3&-1\\0&2&1&2&1\\0&0&0&1&3\end{bmatrix}$ 已是阶梯形,由秩 $r(\mathbf{A})=3$,知 $n-r(\mathbf{A})=5-3=2$.

令 $x_3=1,x_5=0$,得 $x_4=0,x_5=-\dfrac{1}{2},x_1=\dfrac{1}{2}$.

令 $x_3=0,x_5=1$,得 $x_4=-3,x_2=\dfrac{5}{2},x_1=\dfrac{15}{2}$.

故基础解系是:$\boldsymbol{\eta}_1=\left[\dfrac{1}{2},-\dfrac{1}{2},1,0,0\right]^{\mathrm{T}},\boldsymbol{\eta}_2=\left[\dfrac{15}{2},\dfrac{5}{2},0,-3,1\right]^{\mathrm{T}}$.

解题要点:本题主要考察线性方程组基础解系的计算。注意运算技巧。

例 21 解方程组 $\begin{cases}6x_1-2x_2+2x_3+x_4=3,\\x_1-x_2+x_4=1,\\2x_1+x_3+3x_4=2.\end{cases}$

解 对增广矩阵高斯消元化为阶梯形

$$\overline{\mathbf{A}}=\left[\begin{array}{cccc:c}6&-2&2&1&3\\1&-1&0&1&1\\2&0&1&3&2\end{array}\right]\to\left[\begin{array}{cccc:c}1&-1&0&1&1\\0&2&1&1&0\\6&-2&2&1&3\end{array}\right]\to\left[\begin{array}{cccc:c}1&-1&0&1&1\\0&2&1&1&0\\0&4&2&-5&-3\end{array}\right]$$

$$\to\left[\begin{array}{cccc:c}1&-1&0&1&1\\0&2&1&1&0\\0&0&0&7&3\end{array}\right],$$

由 $r(\mathbf{A})=r(\overline{\mathbf{A}})=3$,方程组有解,$n-r(\mathbf{A})=1$ 有 1 个自由变量.

先求相应齐次线性方程组的基础解系,令 $x_3=2$,解出 $x_4=0,x_2=-1,x_1=-1$,所以齐次方程组通解是 $k(-1,-1,2,0)^{\mathrm{T}}$.

再求非齐次线性方程组的特解,令 $x_3=0$,解出 $x_4=\dfrac{3}{7},x_2=-\dfrac{3}{14},x_1=\dfrac{5}{14}$,特解为 $\left(\dfrac{5}{14},-\dfrac{3}{14},0,\dfrac{3}{7}\right)^{\mathrm{T}}$. 所以,方程组的通解是:$\left(\dfrac{5}{14},-\dfrac{3}{14},0,\dfrac{3}{7}\right)^{\mathrm{T}}+k(-1,-1,2,0)^{\mathrm{T}}$.

解题要点:本题属于基本题型,考察线性方程组的基本计算。

例 22 设 $\mathbf{A}$ 是 n 阶矩阵,秩 $r(\mathbf{A})=n-1$.

(1) 若矩阵 $\mathbf{A}$ 各行元素之和均为 0,则方程组 $\mathbf{Ax}=\mathbf{0}$ 的通解是________.

(2) 若行列式 $|\mathbf{A}|$ 的代数余子式 $A_{11}\neq0$,则方程组 $\mathbf{Ax}=\mathbf{0}$ 的通解是________.

分析 由于 $n-r(\mathbf{A})=n-(n-1)=1$,故 $\mathbf{Ax}=\mathbf{0}$ 的通解形式为 $k\boldsymbol{\eta}$,我们只需找出 $\mathbf{Ax}=\mathbf{0}$ 的一个非零解就可以了.

(1) 齐次方程组 $\mathbf{Ax}=\mathbf{0}$,即

$$\begin{cases}a_{11}x_1+a_{12}x_2+\cdots+a_{1n}x_n=0\\a_{21}x_1+a_{22}x_2+\cdots+a_{2n}x_n=0\\\vdots\qquad\vdots\qquad\qquad\vdots\\a_{n1}x_1+a_{n2}x_2+\cdots+a_{nn}x_n=0\end{cases}$$

那么,各行元素之和均为 0,即

$$\begin{cases}a_{11}+a_{12}+\cdots+a_{1n}=0\\a_{21}+a_{22}+\cdots+a_{2n}=0\\\vdots\qquad\vdots\qquad\vdots\\a_{n1}+a_{n2}+\cdots+a_{nn}=0\end{cases}$$

所以 $x_1=1,x_2=1,\cdots,x_n=1$ 是 $\boldsymbol{Ax}=\boldsymbol{0}$ 的一个解,因此,$\boldsymbol{Ax}=\boldsymbol{0}$ 的通解为 $k(1,1,\cdots,1)^{\mathrm{T}}$.

(2) 由秩 $r(\boldsymbol{A})=n-1$ 和行列式 $|\boldsymbol{A}|=0$,那么

$$\boldsymbol{AA}^*=|\boldsymbol{A}|\boldsymbol{E}=\boldsymbol{O},$$

故伴随矩阵 $\boldsymbol{A}^*$ 的每一列都是齐次方程组 $\boldsymbol{Ax}=\boldsymbol{0}$ 的解,对于

$$\boldsymbol{A}^*=\begin{bmatrix}A_{11}&A_{12}&\cdots&A_{n1}\\A_{12}&A_{22}&\cdots&A_{n2}\\\vdots&\vdots&&\vdots\\A_{1n}&A_{2n}&\cdots&A_{nn}\end{bmatrix}$$

由 $A_{11}\neq0$,故$[A_{11},A_{12},\cdots,A_{1n}]^{\mathrm{T}}$ 是 $\boldsymbol{Ax}=\boldsymbol{0}$ 的非零解,因此,$\boldsymbol{Ax}=\boldsymbol{0}$ 的通解是 $k[A_{11},A_{12},\cdots,A_{1n}]^{\mathrm{T}}$.

解题要点:本题的解题思路是通过秩的计算,求解线性方程组的通解。

例 23 解方程组

$$\begin{cases}2x_1-2x_2+x_3-x_4+x_5=1\\x_1+2x_2-x_3+x_4-2x_5=1\\4x_1-10x_2+5x_3-5x_4+7x_5=1\\2x_1-14x_2+7x_3-7x_4+11x_5=-1\end{cases}$$

解 对增广矩阵作初等变换化为阶梯形,有

$$\overline{\boldsymbol{A}}=\left[\begin{array}{ccccc:c}2&-2&1&-1&1&1\\1&2&-1&1&-2&1\\4&-10&5&-5&7&1\\2&-14&7&-7&11&-1\end{array}\right]\to\left[\begin{array}{ccccc:c}1&2&-1&1&-2&1\\2&-2&1&-1&1&1\\4&-10&5&-5&7&1\\2&-14&7&-7&11&-1\end{array}\right]$$

$$\to\left[\begin{array}{ccccc:c}1&2&-1&1&-2&1\\0&-6&3&-3&5&-1\\0&-18&9&-9&15&-3\\0&-18&9&-9&15&-3\end{array}\right]\to\left[\begin{array}{ccccc:c}1&2&-1&1&-2&1\\0&6&-3&3&-5&1\\0&0&0&0&0&0\\0&0&0&0&0&0\end{array}\right]$$

由于 $r(\boldsymbol{A})=r(\overline{\boldsymbol{A}})$ 方程组有解,其同解的线性方程组是

$$\begin{cases}x_1+2x_2-x_3+x_4-2x_5=1\\6x_2-3x_3+3x_4-5x_5=1\end{cases}$$

移项,得

$$\begin{cases}x_1+2x_2=1+x_3-x_4+2x_5\\\quad 6x_2=1+3x_3-3x_4+5x_5\end{cases}$$

(1) 先求特解 $\boldsymbol{\alpha}$,只要取 $x_3=x_4=x_5=0$ 即可,于是

$$\boldsymbol{\alpha}=\left[\frac{2}{3},\frac{1}{6},0,0,0\right]^{\mathrm{T}}.$$

(2) 再求出组的基础解系(需把方程组的常数项换成零),得

$$\begin{cases}x_1+2x_2=x_3-x_4+2x_5\\ 6x_2=3x_3-3x_4+5x_5\end{cases}$$

此时 $n-r(\mathbf{A})=5-2=3$,x_3,x_4,x_5 是自由变量.

令 $x_3=1,x_4=0,x_5=0$,得 $\boldsymbol{\eta}_1=\left[0,\frac{1}{2},1,0,0\right]^{\mathrm{T}}$.

令 $x_3=0,x_4=1,x_5=0$,得 $\boldsymbol{\eta}_2=\left[0,-\frac{1}{2},0,1,0\right]^{\mathrm{T}}$.

令 $x_3=0,x_4=0,x_5=1$,得 $\boldsymbol{\eta}_3=\left[\frac{1}{3},\frac{5}{6},0,0,1\right]^{\mathrm{T}}$,

故方程组的通解是 $\boldsymbol{\alpha}+k_1\boldsymbol{\eta}_1+k_2\boldsymbol{\eta}_2+k_3\boldsymbol{\eta}_3$($k_1,k_2,k_3$ 为任意常数).

解题要点:本题主要考察线性方程组的基本解题步骤。

例 24 当 a 取何值时,线性方程组

$$\begin{cases}-x_1-4x_2+x_3=1\\ ax_2-3x_3=3\\ x_1+3x_2+(a+1)x_3=0\end{cases}$$

无解、有唯一解、有无穷多解?并在有解时求其所有解.

解 对增广矩阵作初等行变换,有

$$\overline{\mathbf{A}}=\left[\begin{array}{ccc:c}-1&-4&1&1\\0&a&-3&3\\1&3&a+1&0\end{array}\right]\to\left[\begin{array}{ccc:c}-1&-4&1&1\\0&a&-3&3\\0&-1&a+2&1\end{array}\right]$$

$$\to\left[\begin{array}{ccc:c}-1&-4&1&1\\0&-1&a+2&1\\0&0&a^2+2a-3&a+3\end{array}\right]$$

若 $a=1$,则 $r(\mathbf{A})=2$,$r(\overline{\mathbf{A}})=3$,方程组无解.

若 $a=-3$,则 $r(\mathbf{A})=r(\overline{\mathbf{A}})=2<3$,方程组有无穷多解.

当 $a\neq1$ 且 $a\neq-3$,则 $r(\mathbf{A})=r(\overline{\mathbf{A}})=3$,方程组有唯一解.

当 $a=-3$ 时,

$$\overline{\mathbf{A}}\to\left[\begin{array}{ccc:c}1&4&-1&-1\\0&1&1&-1\\0&0&0&0\end{array}\right]$$

方程组通解是:$[3,-1,0]^{\mathrm{T}}+k[5,-1,1]^{\mathrm{T}}$.

当 $a\neq1$ 且 $a\neq-3$ 时

$$\overline{\mathbf{A}}\to\left[\begin{array}{ccc:c}1&4&-1&-1\\0&1&-(a+2)&-1\\0&0&a-1&1\end{array}\right]$$

得

$$x_3=\frac{1}{a-1},x_2=\frac{3}{a-1},x_1=-\frac{a+10}{a-1}$$

方程组的唯一解是：$\left[-\frac{a+10}{1-a},\frac{3}{a-1},\frac{1}{a-1}\right]^{\mathrm{T}}$.

解题要点：本题主要考察线性方程组何时无解、有解、以及何时有唯一解和无穷多解，注意此题的解题思路。

例 25 设线性方程组

$$\begin{cases}x_1+\lambda x_2+\mu x_3+x_4=0\\2x_1+x_2+x_3+2x_4=0\\3x_1+(2+\lambda)x_2+(4+\mu)x_3+4x_4=1\end{cases}$$

已知$(1,-1,1,-1)^{\mathrm{T}}$是该方程组的一个解，试求

(1) 方程组的全部解，并用对应的齐次线性方程组的基础解系表示全部解；

(2) 该方程组满足$x_2=x_3$的全部解.

解 (1) 因为$(1,-1,1,-1)^{\mathrm{T}}$是方程组的一个解，将其代入方程的两端，立即有$\lambda=\mu$.

对增广矩阵作初等行变换

$$\overline{\mathbf{A}}=\left[\begin{array}{cccc:c}1&\lambda&\lambda&1&0\\2&1&1&2&0\\3&2+\lambda&4+\lambda&4&1\end{array}\right]\to\left[\begin{array}{cccc:c}1&0&-2\lambda&1-\lambda&-\lambda\\0&1&3&1&1\\0&0&2(2\lambda-1)&2\lambda-1&2\lambda-1\end{array}\right]$$

① 如$\lambda=\frac{1}{2}$

$$\overline{\mathbf{A}}\to\left[\begin{array}{cccc:c}1&0&-1&\frac{1}{2}&-\frac{1}{2}\\0&1&3&1&1\\0&0&0&0&0\end{array}\right]$$

由$r(\mathbf{A})=r(\overline{\mathbf{A}})=2,n-r(\mathbf{A})=4-2=2$，方程组有无穷多解，其通为：

$\left(-\frac{1}{2},1,0,0,0\right)^{\mathrm{T}}+k_1(1,-3,1,0)^{\mathrm{T}}+k_2\left(-\frac{1}{2},-1,0,1\right)^{\mathrm{T}}$，$k_1,k_2$为任意常数.

② 如$\lambda\neq\frac{1}{2}$

$$\overline{\mathbf{A}}\to\left[\begin{array}{cccc:c}1&0&-2\lambda&1-\lambda&-\lambda\\0&1&3&1&1\\0&0&2&1&1\end{array}\right]\to\left[\begin{array}{cccc:c}1&0&0&1&0\\0&1&0&-\frac{1}{2}&-\frac{1}{2}\\0&0&1&\frac{1}{2}&\frac{1}{2}\end{array}\right]$$

由$r(\mathbf{A})=r(\overline{\mathbf{A}})=3,n-r(\mathbf{A})=4-3=1$，方程组有无穷多解，其通解为：

$\left(0,-\frac{1}{2},\frac{1}{2},0\right)^{\mathrm{T}}+k\left(-1,\frac{1}{2},-\frac{1}{2},1\right)^{\mathrm{T}}$，$k$为任意常数.

(2)① 由$\lambda=\frac{1}{2}$，对$x_2=x_3$由通解知：

$$1+(-3k_1)+(-k_2)=0+k_1\Rightarrow k_2=1-4k_1$$

通解为 $(-1,0,0,1)^{\mathrm{T}}+k_1(3,1,1,-4)^{\mathrm{T}}$，$k_1$为任意常数.

② 如$\lambda\neq\frac{1}{2}$，对于$x_2=x_3$，由通解知

$$-\frac{1}{2}+\frac{1}{2}k=\frac{1}{2}-\frac{1}{2}\Rightarrow k=1$$

故方程组的解为

$$\left(0,-\frac{1}{2},\frac{1}{2},0\right)^{\mathrm{T}}+\left(-1,\frac{1}{2},-\frac{1}{2},1\right)^{\mathrm{T}}=(-1,0,0,1)^{\mathrm{T}}.$$

解题要点:本题的解题思路类似于上题。

例 26 讨论 a,b 取何值时,下列方程组无解,有唯一解、有无穷多解,有解时求出其解

$$\begin{cases}x_1+2x_3+2x_4=6,\\2x_1+x_2+3x_3+ax_4=0,\\3x_1+ax_3+6x_4=18,\\4x_1-x_2+9x_3+13x_4=b.\end{cases}$$

解 将增广矩阵用初等行变换化为阶梯形,即

$$\left[\begin{array}{cccc:c}1&0&2&2&6\\2&1&3&a&0\\3&0&a&6&18\\4&-1&9&13&b\end{array}\right]\to\left[\begin{array}{cccc:c}1&0&2&2&6\\0&1&-1&a-4&-12\\0&0&a-6&0&0\\0&-1&1&5&b-24\end{array}\right]$$

$$\to\left[\begin{array}{cccc:c}1&0&2&2&6\\0&1&-1&a-4&-12\\0&0&a-6&0&0\\0&0&0&a+1&b-36\end{array}\right]$$

讨论:(1) 当 $a=-1,b\neq36$ 时,$r(\boldsymbol{A})=3,r(\overline{\boldsymbol{A}})=4$ 方程组无解;

(2) 当 $a\neq-1,a\neq6$ 时,$r(\boldsymbol{A})=r(\overline{\boldsymbol{A}})=4$,方程组有唯一解,由下往上依次可解出

$x_4=\dfrac{b-36}{a+1},x_3=0,x_2=-12-\dfrac{(a-4)(b-36)}{a+1},x_1=6-\dfrac{2(b-36)}{a+1}$;

(3) 当 $a=-1,b=36$ 时,$r(\boldsymbol{A})=r(\overline{\boldsymbol{A}})=3$,方程组有无穷多解,此时方程组化为

$$\left[\begin{array}{cccc:c}1&0&2&2&6\\0&1&-1&-5&-12\\0&0&-7&0&0\end{array}\right]$$

令 $x_4=0$,有 $x_3=0,x_2=-12,x_1=6$,即特解是 $\boldsymbol{\xi}=(6,-12,0,0)^{\mathrm{T}}$.

令 $x_4=1$,解齐次方程组有 $x_3=0,x_2=5,x_1=-2$,即 $\boldsymbol{\eta}=(-2,5,0,1)^{\mathrm{T}}$ 是基础解系,所以通解为 $\boldsymbol{\xi}+k\boldsymbol{\eta}=(6,-12,0,0)^{\mathrm{T}}+k(-2,5,0,1)^{\mathrm{T}}$.

(4) 当 $a=6$ 时,$r(\boldsymbol{A})=r(\overline{\boldsymbol{A}})=3$,方程组有无穷多解,此时方程组化为

$$\left[\begin{array}{cccc:c}1&0&2&2&6\\0&1&-1&2&-12\\0&0&0&7&b-36\end{array}\right]$$

令 $x_3=0$,有特解 $\boldsymbol{\alpha}=\left(\frac{1}{7}(114-2b),-\frac{1}{7}(12+2b),0,\frac{1}{7}(b-36)\right)^{\mathrm{T}}$.

令 $x_3=1$,有齐次方程组基础解系 $\boldsymbol{\beta}=(-2,1,1,0)^{\mathrm{T}}$.

所以通解是 $\boldsymbol{\alpha}+k\boldsymbol{\beta}=\left(\frac{1}{7}(114-2b),-\frac{1}{7}(12+2b),0,\frac{1}{7}(b-36)\right)^{\mathrm{T}}+k(-2,1,1,0)^{\mathrm{T}}$.

解题要点: 本题主要考察解的情况与系数矩阵和增广矩阵之间的关系，这是一个常考的出题点，注意掌握。

例 27 设方程组(Ⅰ)

$$\begin{cases} x_1+x_2+x_3=0, \\ x_1+2x_2+ax_3=0, \\ x_1+4x_2+a^2x_3=0 \end{cases}$$

与方程组(Ⅱ) $x_1+2x_2+x_3=a-1$ 有公共解，求 a 的值及所有公共解.

分析 本题有两种解法：一是根据两个方程有公共解的条件知，把这两个方程组联立后的方程组也应有解，且其解即为所求的公共解；二是把一个方程组的解代入到另一个方程组，确立它们的公共解.

解法一 把方程组(Ⅰ)与(Ⅱ)联立，得方程组(Ⅲ)

$$\begin{cases} x_1+x_2+x_3=0, \\ x_1+2x_2+ax_3=0, \\ x_1+4x_2+a^2x_3=0, \\ x_1+2x_2+x_3=a-1, \end{cases}$$

则方程组(Ⅲ)的解就是方程组(Ⅰ)与(Ⅱ)的公共解.

对方程组(Ⅲ)的增广矩阵作初等行变换，有

$$\overline{\mathbf{A}}=\left[\begin{array}{ccc:c} 1 & 1 & 1 & 0 \\ 1 & 2 & a & 0 \\ 1 & 4 & a^2 & 0 \\ 1 & 2 & 1 & a-1 \end{array}\right] \to \left[\begin{array}{ccc:c} 1 & 0 & 1 & 1-a \\ 0 & 1 & 0 & a-1 \\ 0 & 0 & a-1 & 1-a \\ 0 & 0 & 0 & (a-1)(a-2) \end{array}\right],$$

则方程组(Ⅲ)有解 $\Leftrightarrow (a-1)(a-2)=0$.

当 $a=1$ 时，$\overline{\mathbf{A}} \to \left[\begin{array}{ccc:c} 1 & 0 & 1 & 0 \\ 0 & 1 & 0 & 0 \\ 0 & 0 & 0 & 0 \\ 0 & 0 & 0 & 0 \end{array}\right]$，此时方程组(Ⅲ)的通解为 $k(-1,0,1)^T$(k 为任意常数)，即为方程组(Ⅰ)与(Ⅱ)的公共解.

当 $a=2$ 时，$\overline{\mathbf{A}}=\left[\begin{array}{ccc:c} 1 & 0 & 1 & -1 \\ 0 & 1 & 0 & 1 \\ 0 & 0 & 1 & -1 \\ 0 & 0 & 0 & 0 \end{array}\right]$，此时方程组(Ⅲ)有唯一解 $(0,1,-1)^T$，这亦是方程组(Ⅰ)与(Ⅱ)的唯一公共解.

解法二 先求出方程组(Ⅰ)的解，其系数行列式

$$\begin{vmatrix} 1 & 1 & 1 \\ 1 & 2 & a \\ 1 & 4 & a^2 \end{vmatrix}=(a-1)(a-2),$$

当 $a\neq 1$ 且 $a\neq 2$ 时，齐次方程组(Ⅰ)只有零解，但零向量不是方程组(Ⅱ)的解，所以方程组(Ⅰ)与(Ⅱ)的公共解只在 $a=1$ 或 $a=2$ 时才有可能.

当 $a=1$ 时,对方程组(Ⅰ)的系数矩阵作初等行变换,有 $\begin{bmatrix}1&1&1\\1&2&1\\1&4&1\end{bmatrix}\to\begin{bmatrix}1&0&1\\0&1&0\\0&0&0\end{bmatrix}$,

得到方程组(Ⅰ)的通解为 $k(-1,0,1)^{\mathrm{T}}$,而此解也是方程组(Ⅱ)的解,故方程组(Ⅰ)与(Ⅱ)的公共解为:$k(-1,0,1)^{\mathrm{T}}$,而此时也是方程组(Ⅱ)的解,故方程组(Ⅰ)与(Ⅱ)的公共解为:$k(-1,0,1)^{\mathrm{T}}$,k 为任意常数.

当 $a=2$ 时,对方程组(Ⅰ)的系数矩阵作初等行变换,有

$$\begin{bmatrix}1&1&1\\1&2&2\\1&4&4\end{bmatrix}\to\begin{bmatrix}1&0&0\\0&1&1\\0&0&0\end{bmatrix},$$

故方程组(Ⅰ)的通解为 $k(0,-1,1)^{\mathrm{T}}$,k 为任意常数.

把 $x_1=0,x_2=-k,x_3=k$ 代入方程组(Ⅱ)解出 $k=-1$.

因此方程组(Ⅰ)与(Ⅱ)的公共解为 $(0,1,-1)^{\mathrm{T}}$.

解题要点: 本题主要考察两方程有公共解的计算,注意解题技巧。

例 28 设 π 元齐次线性方程组(Ⅰ)为 $\begin{cases}2x_1+3x_2-x_3=0,\\x_1+2x_2+x_3-x_4=0,\end{cases}$

而已知另一 π 元齐次线方程组(Ⅱ)的一个基础解系为

$$\boldsymbol{\alpha}_1=(2,-1,a+2,1)^T,\boldsymbol{\alpha}_2=(-1,2,4,a+8)^{\mathrm{T}}.$$

(1) 求方程组(Ⅰ)的一个基础解系;

(2) 当 a 为何值时,方程组(Ⅰ)与(Ⅱ)有非零公共解?若有,求出其所有非零公共解.

分析 要求 n 元线性方程组的基础解系必须知道该线性方程组系数矩阵的秩 r 为多少,才能确定基础解系中所线性无关的解的个数 $n-r$. 任意选取 $n-r$ 个线性无关的解便是基础解系,因此,首先应求出或判定出方程组(Ⅰ)的系数矩阵的秩.

解 (1) 对方程组(Ⅰ)的系数矩阵作初等行变换,有

$$\begin{bmatrix}2&3&-1&0\\1&2&1&-1\end{bmatrix}\to\begin{bmatrix}1&2&1&-1\\0&-1&-3&2\end{bmatrix}.$$

由于 $n-r(\mathbf{A})=4-2=2$,基础解系由 2 个线性无关的解向量所构成,取 x_3,x_4 为自由变量,得

$$\boldsymbol{\beta}_1=(5,-3,1,0)^{\mathrm{T}},\boldsymbol{\beta}_2=(-3,2,0,1)^{\mathrm{T}}$$

是方程组(Ⅰ)的基础解系.

(2) 设 $\boldsymbol{\eta}$ 是方程组(Ⅰ)与(Ⅱ)的非零公共解,则

$\boldsymbol{\eta}=k_1\boldsymbol{\beta}_1+k_2\boldsymbol{\beta}_2=l_1\boldsymbol{\alpha}_1+l_2\boldsymbol{\alpha}_2$,其中 k_1,k_2 与 l_1,l_2 均是不全为 0 的常数.

由 $k_1\boldsymbol{\beta}_1+k_2\boldsymbol{\beta}_2-l_1\boldsymbol{\alpha}_1-l_2\boldsymbol{\alpha}_2=\mathbf{0}$,得齐次方程组(Ⅲ)

$$\begin{cases}5k_1-3k_2-2l_1+l_2=0,\\-3k_1+2k_2+l_1-2l_2=0,\\k_1-(a+2)l_1-4l_2=0,\\k_2-l_1-(a+8)l_2=0,\end{cases}$$

对方程组(Ⅲ)的系数矩阵作初等行变换,有

$$\begin{bmatrix}5&-3&-2&1\\-3&2&1&-2\\1&0&-a-2&-4\\0&1&-1&-a-8\end{bmatrix}\to\begin{bmatrix}1&0&-a-2&-4\\0&1&-1&-a-8\\-3&2&1&-2\\5&-3&-2&1\end{bmatrix}$$

$$\to\begin{bmatrix}1&0&-a-2&-4\\0&1&-1&-a-8\\0&2&-3a-5&-14\\0&-3&5a+8&21\end{bmatrix}\to\begin{bmatrix}1&0&-a-2&-4\\0&1&-1&-a-8\\0&0&-3a-3&2a+2\\0&0&5a+5&-3a-3\end{bmatrix}.$$

如果 $a\neq-1$，则(Ⅲ) $\to\begin{bmatrix}1&0&-a-2&-4\\0&1&-1&-a-8\\0&0&-3&2\\0&0&5&-3\end{bmatrix}$. 那么方程组(Ⅲ)只有零解，即 $k_1-k_2=l_1-l_2=0$. 于是 $\boldsymbol{\eta}=\mathbf{0}$. 不合题意.

当 $a=-1$ 时，方程组(Ⅲ)同解变形为 $\begin{bmatrix}1&0&-1&-4\\0&1&-1&-7\\0&0&0&0\\0&0&0&0\end{bmatrix}$，解出 $k_1=l_1+4l_2, k_2=l_1+7l_2$.

于是 $\boldsymbol{\eta}=(l_1+4l_2)\boldsymbol{\beta}_1+(l_1+7l_2)\boldsymbol{\beta}_2=l_1\boldsymbol{\alpha}_1+l_2\boldsymbol{\alpha}_2$.

所以 $a=-1$ 时，方程组(Ⅰ)与(Ⅱ)有非零公共解，且公共解是

$l_1(2,-1,1,1)^{\mathrm{T}}+l_2(-1,2,4,7)^{\mathrm{T}}$.

解题要点：本题主要考察线性方程组系数矩阵的秩与方程解的关系。

真题点睛

1 (2011) 设 $\boldsymbol{A}$ 为 3 阶矩阵，将 $\boldsymbol{A}$ 的第 2 列加到第 1 列得矩阵 $\boldsymbol{B}$，再交换 $\boldsymbol{B}$ 的第 2 行与第 3 行得单位矩阵. 记 $\boldsymbol{P}_1=\begin{bmatrix}1&0&0\\1&1&0\\0&0&1\end{bmatrix}$，$\boldsymbol{P}_2=\begin{bmatrix}1&0&0\\0&0&1\\0&1&0\end{bmatrix}$，则 $\boldsymbol{A}=$

(A) $\boldsymbol{P}_1\boldsymbol{P}_2$　　(B) $\boldsymbol{P}_1^{-1}\boldsymbol{P}_2$　　(C) $\boldsymbol{P}_2\boldsymbol{P}_1$　　(D) $\boldsymbol{P}_2\boldsymbol{P}_1^{-1}$

分析　本题考查矩阵的初等变换与初等矩阵. 按题意

$$\boldsymbol{A}\begin{bmatrix}1&0&0\\1&1&0\\0&0&1\end{bmatrix}=\boldsymbol{B},\ \begin{bmatrix}1&0&0\\0&0&1\\0&1&0\end{bmatrix}\boldsymbol{B}=\boldsymbol{E},$$

即 $\boldsymbol{AP}_1=\boldsymbol{B}, \boldsymbol{P}_2\boldsymbol{B}=\boldsymbol{E}\Rightarrow\boldsymbol{P}_2(\boldsymbol{AP}_1)=\boldsymbol{E}$. 所以 $\boldsymbol{A}=\boldsymbol{P}_2^{-1}\boldsymbol{E}\boldsymbol{P}_1^{-1}=\boldsymbol{P}_2\boldsymbol{P}_1^{-1}$. 故应选(D).

解题要点：本题主要考察矩阵的初等变换，属基本题型。

2 设 $\boldsymbol{A}$ 为 3 阶矩阵,$\boldsymbol{P}$ 为 3 阶可逆矩阵,且 $\boldsymbol{P}^{-1}\boldsymbol{AP}=\begin{bmatrix}1&0&0\\0&1&0\\0&0&2\end{bmatrix}$,若 $\boldsymbol{P}=(\boldsymbol{\alpha}_1,\boldsymbol{\alpha}_2,\boldsymbol{\alpha}_3)$.

$\boldsymbol{Q}=(\boldsymbol{\alpha}_1+\boldsymbol{\alpha}_2,\boldsymbol{\alpha}_2,\boldsymbol{\alpha}_3)$,则 $\boldsymbol{Q}^{-1}\boldsymbol{AQ}=$

(A) $\begin{bmatrix}1&0&0\\0&2&0\\0&0&1\end{bmatrix}$ (B) $\begin{bmatrix}1&0&0\\0&1&0\\0&0&2\end{bmatrix}$ (C) $\begin{bmatrix}2&0&0\\0&1&0\\0&0&2\end{bmatrix}$ (D) $\begin{bmatrix}2&0&0\\0&2&0\\0&0&1\end{bmatrix}$

分析一 本题考查初等变换与初等矩阵. 由于 $\boldsymbol{P}$ 经列变换为 $\boldsymbol{Q}$,有

$$\boldsymbol{Q}=\boldsymbol{P}\begin{bmatrix}1&0&0\\1&1&0\\0&0&1\end{bmatrix}=\boldsymbol{PE}(2,1(1)).$$

那么 $\boldsymbol{Q}^{-1}\boldsymbol{AQ}=[\boldsymbol{PE}(2,1(1))]^{-1}\boldsymbol{A}[\boldsymbol{PE}(2,1(1))]=\boldsymbol{E}(2,1(1))^{-1}(\boldsymbol{P}^{-1}\boldsymbol{AP})\boldsymbol{E}(2,1(1))$

$$=\begin{bmatrix}1&0&0\\-1&1&0\\0&0&1\end{bmatrix}\begin{bmatrix}1&&\\&1&\\&&2\end{bmatrix}\begin{bmatrix}1&0&0\\1&1&0\\0&0&1\end{bmatrix}=\begin{bmatrix}1&&\\&1&\\&&2\end{bmatrix}$$

故选(B).

分析二 由题设 $\boldsymbol{P}^{-1}\boldsymbol{AP}=\begin{bmatrix}1&0&0\\0&1&0\\0&0&2\end{bmatrix}$ 知,矩阵 $\boldsymbol{A}$ 是可相似对角化的矩阵. 因而其相似变换矩阵 $\boldsymbol{P}$ 的列向量 $\boldsymbol{\alpha}_1,\boldsymbol{\alpha}_2,\boldsymbol{\alpha}_3$ 是 $\boldsymbol{A}$ 的分别属于特征值 $\lambda_1=1,\lambda_2=1,\lambda_3=2$ 的特征向量. 由于 $\lambda_1=\lambda_2=1$ 是 $\boldsymbol{A}$ 的 2 重特征值,所以 $\boldsymbol{\alpha}_1+\boldsymbol{\alpha}_2$ 仍是 $\boldsymbol{A}$ 的属于特征值 1 的特征向量,即 $\boldsymbol{A}(\boldsymbol{\alpha}_1+\boldsymbol{\alpha}_2)=1\cdot(\boldsymbol{\alpha}_1+\boldsymbol{\alpha}_2)$. 从而有

$$\boldsymbol{Q}^{-1}\boldsymbol{AQ}=\begin{bmatrix}1&0&0\\0&1&0\\0&0&2\end{bmatrix}$$

故选(B).

解题要点: 本题主要考察矩阵的初等变换,注意解题技巧.

3 设 $\boldsymbol{A}=\begin{bmatrix}1&a\\1&0\end{bmatrix}$,$\boldsymbol{B}=\begin{bmatrix}0&1\\1&b\end{bmatrix}$. 当 a,b 为何值时,存在矩阵 $\boldsymbol{C}$ 使得 $\boldsymbol{AC}-\boldsymbol{CA}=\boldsymbol{B}$,并求所有矩阵 $\boldsymbol{C}$.

解 设 $\boldsymbol{C}=\begin{bmatrix}x_1&x_2\\x_3&x_4\end{bmatrix}$,则 $\boldsymbol{AC}=\begin{bmatrix}x_1+ax_3&x_2+ax_4\\x_1&x_2\end{bmatrix}$,$\boldsymbol{CA}=\begin{bmatrix}x_1+x_2&ax_1\\x_3+x_4&ax_3\end{bmatrix}$.

于是由 $\boldsymbol{AC}-\boldsymbol{CA}=\boldsymbol{B}$ 得方程组(Ⅰ)$\begin{cases}-x_2+ax_3=0,\\-ax_1+x_2+ax_4=1,\\x_1-x_3-x_4=1,\\x_2-ax_3=b.\end{cases}$

由于矩阵 $\boldsymbol{C}$ 存在,故方程组(Ⅰ)有解. 将(Ⅰ)的增广矩阵用初等行变换化为阶梯形,即

$$\begin{bmatrix}0&-1&a&0&\vdots&0\\-a&1&0&a&\vdots&1\\1&0&-1&1&\vdots&1\\0&1&a&0&\vdots&b\end{bmatrix}\to\begin{bmatrix}1&0&-1&-1&\vdots&1\\0&-1&a&0&\vdots&0\\0&0&0&0&\vdots&1+a\\0&0&0&0&\vdots&b\end{bmatrix}.$$

从而方程组(Ⅰ)有解 $\Leftrightarrow a=-1,b=0$,则存在矩阵 $\boldsymbol{C}$ 使得 $\boldsymbol{AC}-\boldsymbol{CA}=\boldsymbol{B}\Leftrightarrow a=-1,b=0$.
以 $a=-1,b=0$ 代入,解得方程组的通解为
$(1,0,0,0)^{\mathrm{T}}+k_1(1,-1,1,0)^{\mathrm{T}}+k_2(1,0,0,1)^{\mathrm{T}}$,其中 k_1,k_2 为任意常数.

于是所有矩阵 $\boldsymbol{C}$ 为 $\begin{bmatrix}1+k_1+k_2&-k_1\\k_1&k_2\end{bmatrix}$,其中 k_1,k_2 为任意常数.

解题要点:本题主要考察矩阵的运算,注意解题技巧。

4 (2013) 设 $\boldsymbol{A},\boldsymbol{B},\boldsymbol{C}$ 均为 n 阶矩阵.若 $\boldsymbol{AB}=\boldsymbol{C}$,且 $\boldsymbol{B}$ 可逆,则

(A) 矩阵 $\boldsymbol{C}$ 的行向量组与矩阵 $\boldsymbol{A}$ 的行向量组等价

(B) 矩阵 $\boldsymbol{C}$ 的列向量组与矩阵 $\boldsymbol{A}$ 的列向量组等价

(C) 矩阵 $\boldsymbol{C}$ 的行向量组与矩阵 $\boldsymbol{B}$ 的行向量组等价

(D) 矩阵 $\boldsymbol{C}$ 的列向量组与矩阵 $\boldsymbol{B}$ 的列向量组等价

分析　由于 $\boldsymbol{AB}=\boldsymbol{C}$,那么对矩阵 $\boldsymbol{A},\boldsymbol{C}$ 按列分块,有

$$(\boldsymbol{\alpha}_1,\boldsymbol{\alpha}_2,\cdots,\boldsymbol{\alpha}_n)\begin{bmatrix}b_{11}&b_{12}&\cdots&b_{1n}\\b_{21}&b_{22}&\cdots&b_{2n}\\\vdots&\vdots&\vdots&\vdots\\b_{n1}&b_{n2}&\cdots&b_{nn}\end{bmatrix}=(\boldsymbol{\gamma}_1,\boldsymbol{\gamma}_2,\cdots,\boldsymbol{\gamma}_n),$$

即 $\begin{cases}\boldsymbol{\gamma}_1=b_{11}\boldsymbol{\alpha}_1+b_{21}\boldsymbol{\alpha}_2+\cdots+b_{n1}\boldsymbol{\alpha}_n,\\\boldsymbol{\gamma}_2=b_{12}\boldsymbol{\alpha}_1+b_{22}\boldsymbol{\alpha}_2+\cdots+b_{n2}\boldsymbol{\alpha}_n,\\\cdots\cdots\\\boldsymbol{\gamma}_n=b_{1n}\boldsymbol{\alpha}_1+b_{2n}\boldsymbol{\alpha}_2+\cdots+b_{nn}\boldsymbol{\alpha}_n\end{cases}$

这说明矩阵 $\boldsymbol{C}$ 的列向量组 $\boldsymbol{\gamma}_1,\boldsymbol{\gamma}_2,\cdots,\boldsymbol{\gamma}_n$ 可由矩阵 $\boldsymbol{A}$ 的列向量组 $\boldsymbol{\alpha}_1,\boldsymbol{\alpha}_2,\cdots,\boldsymbol{\alpha}_n$ 线性表出.
又因为矩阵 $\boldsymbol{B}$ 可逆,从而 $\boldsymbol{A}=\boldsymbol{CB}^{-1}$,那么矩阵 $\boldsymbol{A}$ 的列向量组也可由矩阵 $\boldsymbol{C}$ 的列向量组线性表出由向量组等价的定义可知,应选(B).
或者,可逆矩阵可表示成若干个初等矩阵的乘积,于是 $\boldsymbol{A}$ 经过有限次初等列变换化为 $\boldsymbol{C}$,而初等列变换保持矩阵列向量组的等价关系.故选(B).

解题要点:本题主要考察等价的性质及定义,注意转换。

5 (2005) 设 $\boldsymbol{A}$ 为 $n(n\geqslant 2)$ 阶可逆矩阵,交换 $\boldsymbol{A}$ 的第 1 行与第 2 行得矩阵 $\boldsymbol{B},\boldsymbol{A}^*,\boldsymbol{B}^*$ 分别为 $\boldsymbol{A},\boldsymbol{B}$ 的伴随矩阵,则

(A) 交换 $\boldsymbol{A}^*$ 的第 1 列与第 2 列得 $\boldsymbol{B}^*$　　(B) 交换 $\boldsymbol{A}^*$ 的第 1 行与第 2 行得 $\boldsymbol{B}^*$

(C) 交换 $\boldsymbol{A}^*$ 的第 1 列与第 2 列得 $-\boldsymbol{B}^*$　　(D) 交换 $\boldsymbol{A}^*$ 的第 1 行与第 2 行得 $-\boldsymbol{B}^*$

分析　为书写简洁,不妨考察 $\boldsymbol{A}$ 为 3 阶矩阵,因为 $\boldsymbol{A}$ 作初等行变换得到 $\boldsymbol{B}$,所以用初等矩阵左乘 $\boldsymbol{A}$ 得到 $\boldsymbol{B}$.按已知有

$$\begin{bmatrix}0&1&0\\1&0&0\\0&0&1\end{bmatrix}\boldsymbol{A}=\boldsymbol{B}\Rightarrow\boldsymbol{B}^{-1}=\boldsymbol{A}^{-1}\begin{bmatrix}0&1&0\\1&0&0\\0&0&1\end{bmatrix}^{-1}=\boldsymbol{A}^{-1}\begin{bmatrix}0&1&0\\1&0&0\\0&0&1\end{bmatrix}.$$

从而 $$\frac{\boldsymbol{B}^*}{|\boldsymbol{B}|}=\frac{\boldsymbol{A}^*}{|\boldsymbol{A}|}\begin{bmatrix}0&1&0\\1&0&0\\0&0&1\end{bmatrix}$$

又因 $|\boldsymbol{A}|=-|\boldsymbol{B}|$，故 $\boldsymbol{A}^*\begin{bmatrix}0&1&0\\1&0&0\\0&0&1\end{bmatrix}=-\boldsymbol{B}$，所以应选(C).

解题要点：本题主要考察等价的性质及定义，注意转换。

6 (2006) 设 $\boldsymbol{A}$ 为 3 阶矩阵，将 $\boldsymbol{A}$ 的第 2 行加到第 1 行得 $\boldsymbol{B}$，再将 $\boldsymbol{B}$ 的第 1 列的 -1 倍加到第 2 列得 $\boldsymbol{C}$，记 $\boldsymbol{P}=\begin{bmatrix}1&1&0\\0&1&0\\0&0&1\end{bmatrix}$，则________.

(A) $\boldsymbol{C}=\boldsymbol{P}^{-1}\boldsymbol{AP}$　(B) $\boldsymbol{C}=\boldsymbol{PAP}^{-1}$　(C) $\boldsymbol{C}=\boldsymbol{P}^{\mathrm{T}}\boldsymbol{AP}$　(D) $\boldsymbol{PAP}^{\mathrm{T}}$

分析　按已知条件，用初等矩阵描述有

$$\boldsymbol{B}=\begin{bmatrix}1&1&0\\0&1&0\\0&0&1\end{bmatrix}\boldsymbol{A},\boldsymbol{C}=\boldsymbol{B}\begin{bmatrix}1&-1&0\\0&1&0\\0&0&1\end{bmatrix}.$$

于是 $\boldsymbol{C}=\begin{bmatrix}1&1&0\\0&1&0\\0&0&1\end{bmatrix}\boldsymbol{A}\begin{bmatrix}1&-1&0\\0&1&0\\0&0&1\end{bmatrix}=\boldsymbol{PAP}^{-1}$，所以应选(B).

解题要点：本题考查初等矩阵的左乘右乘问题及初等矩阵逆阵的公式.

7 (2010) 设 $\boldsymbol{A}$ 为 $m\times n$ 矩阵，$\boldsymbol{B}$ 为 $n\times m$ 矩阵，$\boldsymbol{E}$ 为 m 阶单位矩阵. 若 $\boldsymbol{AB}=\boldsymbol{E}$，则

(A) $r(\boldsymbol{A})=m,r(\boldsymbol{B})=m$　(B) $r(\boldsymbol{A})=m,r(\boldsymbol{B})=n$

(C) $r(\boldsymbol{A})=n,r(\boldsymbol{B})=m$　(D) $r(\boldsymbol{A})=n,r(\boldsymbol{B})=n$

分析　因为 $\boldsymbol{AB}=\boldsymbol{E}$ 是 m 阶单位矩阵，知 $r(\boldsymbol{AB})=m$.

又因 $r(\boldsymbol{AB})\leqslant\min(r(\boldsymbol{A}),r(\boldsymbol{B}))$，故

$$m\leqslant r(\boldsymbol{A}),m\leqslant r(\boldsymbol{B}).\qquad ①$$

另一方面，$\boldsymbol{A}$ 是 $m\times n$ 矩阵，$\boldsymbol{B}$ 是 $n\times m$ 矩阵，则有

$$r(\boldsymbol{A})\leqslant m,r(\boldsymbol{B})\leqslant m.\qquad ②$$

比较①、②得 $r(\boldsymbol{A})=m,r(\boldsymbol{B})=m$. 所以应选(A).

解题要点：本题主要考察矩阵秩的计算.

8 (2012) 设 $\boldsymbol{\alpha}$ 为 3 维单位列向量，$\boldsymbol{E}$ 为 3 阶单位矩阵，则矩阵 $\boldsymbol{E}-\boldsymbol{\alpha\alpha}^{\mathrm{T}}$ 的秩为________.

分析　设 $\boldsymbol{\alpha}=\begin{bmatrix}a_1\\a_2\\a_3\end{bmatrix}$，则有 $\boldsymbol{\alpha}^{\mathrm{T}}\boldsymbol{\alpha}=a_1^2+a_2^2+a_3^2=1$，又

$$\boldsymbol{A}=\boldsymbol{\alpha\alpha}^{\mathrm{T}}=\begin{bmatrix}a_1\\a_2\\a_3\end{bmatrix}(a_1,a_2,a_3)=\begin{bmatrix}a_1^2&a_1a_2&a_1a_3\\a_2a_1&a_2^2&a_2a_3\\a_3a_1&a_3a_2&a_3^2\end{bmatrix}.$$

易见秩 $r(\boldsymbol{A})=1$.那么

$$|\lambda\boldsymbol{E}-\boldsymbol{A}|=\lambda^3-(a_1^2+a_2^2+a_3^2)\lambda^2=\lambda^3-\lambda^2,$$

所以矩阵 $\boldsymbol{A}$ 的特征值为 1,0,0,从而 $\boldsymbol{E}-\boldsymbol{A}$ 的特征值为 0,1,1.

又因 $\boldsymbol{E}-\boldsymbol{A}$ 为对称矩阵,从而 $\boldsymbol{E}-\boldsymbol{A}\sim\begin{bmatrix}0&&\\&1&\\&&1\end{bmatrix}$.故 $r(\boldsymbol{E}\sim\boldsymbol{\alpha\alpha}^{\mathrm{T}})=2$.

解题要点: 本题主要考察矩阵秩的计算,注意解题技巧.

课后习题全解

1. **分析** 普通矩阵化为最简矩阵时注意行(列)矩阵的变换,利用矩阵基本性质,加、减、数乘等初等变换.

解题过程 (1)

$$\begin{pmatrix}1&0&2&-1\\2&0&3&1\\3&0&4&3\end{pmatrix}$$

$$\xrightarrow[r_3-3r_1]{r_2-2r_1}\begin{pmatrix}1&0&2&-1\\0&0&-1&3\\0&0&-2&6\end{pmatrix}$$

$$\xrightarrow[\text{后}\, r_3+2r_2]{\text{先}\,(-1)r_2}\begin{pmatrix}1&0&2&-1\\0&0&1&-3\\0&0&0&0\end{pmatrix}$$

$$\xrightarrow{r_1-2r_2}\begin{pmatrix}1&0&0&5\\0&0&1&-3\\0&0&0&0\end{pmatrix}.$$

(2)

$$\begin{pmatrix}0&2&-3&1\\0&3&-4&3\\0&4&-7&-1\end{pmatrix}$$

$$\xrightarrow[\text{后}\, r_1-r_2]{\text{先}\, r_1\leftrightarrow r_2}\begin{pmatrix}0&1&-1&2\\0&2&-3&1\\0&4&-7&-1\end{pmatrix}$$

$$\xrightarrow[r_3-4r_1]{r_2-2r_1}\begin{pmatrix}0&1&-1&2\\0&0&-1&-3\\0&0&-3&-9\end{pmatrix}$$

$$\xrightarrow[\text{后}\,(-1)r_2]{\text{先}\, r_3-3r_2}\begin{pmatrix}0&1&-1&2\\0&0&1&3\\0&0&0&0\end{pmatrix}$$

$$\xrightarrow{r_1+r_2}\begin{pmatrix}0&1&0&5\\0&0&1&3\\0&0&0&0\end{pmatrix}.$$

(3)
$$\begin{pmatrix}1&-1&3&-4&3\\3&-3&5&-4&1\\2&-2&3&-2&0\\3&-3&4&-2&-1\end{pmatrix}$$

$$\xrightarrow[r_4-3r_1]{\substack{r_2-3r_1\\r_3-2r_1}}\begin{pmatrix}1&-1&3&-4&3\\0&0&-4&8&-8\\0&0&-3&6&-6\\0&0&-5&10&-10\end{pmatrix}$$

$$\xrightarrow[\substack{\text{次}\ r_3-r_2,r_4-r_2\\\text{再}\ r_1-3r_2}]{\text{先}\frac{r_2}{-4},\frac{r_3}{-3},\frac{r_4}{-5}}\begin{pmatrix}1&-1&0&2&-3\\0&0&1&-2&2\\0&0&0&0&0\\0&0&0&0&0\end{pmatrix}.$$

(4)
$$\begin{pmatrix}2&3&1&-3&-7\\1&2&0&-2&-4\\3&-2&8&3&0\\2&-3&7&4&3\end{pmatrix}$$

$$\xrightarrow[\substack{\text{又}\ r_3-3r_1\\\text{再}\ r_4-2r_1}]{\substack{\text{先}\ r_1\leftrightarrow r_2\\\text{次}\ r_2-2r_1}}\begin{pmatrix}1&2&0&-2&-4\\0&-1&1&1&1\\0&-8&8&9&12\\0&-7&7&8&11\end{pmatrix}$$

$$\xrightarrow[\text{再}\ r_3+8r_2]{\substack{\text{先}(-1)r_2\\\text{次}\ r_4-r_3+r_2}}\begin{pmatrix}1&2&0&-2&-4\\0&1&-1&-1&-1\\0&0&0&1&4\\0&0&0&0&0\end{pmatrix}$$

$$\xrightarrow[\text{再}\ r_1-2r_2]{\substack{\text{先}\ r_2+r_3\\\text{次}\ r_1+2r_3}}\begin{pmatrix}1&0&2&0&-2\\0&1&-1&0&3\\0&0&0&1&4\\0&0&0&0&0\end{pmatrix}.$$

2. 解题过程 对$(\boldsymbol{A},\boldsymbol{E})$作初等行变换把$\boldsymbol{A}$化成行最简形，便同时得到$\boldsymbol{P}$. 运算如下：

$$(\boldsymbol{A},\boldsymbol{E})=\begin{pmatrix}1&2&3&4&1&0&0\\2&3&4&5&0&1&0\\5&4&3&2&0&0&1\end{pmatrix}$$

$$\xrightarrow[r_3-5r_1]{r_2-2r_1}\begin{pmatrix}1&2&3&4&1&0&0\\0&-1&-2&-3&-2&1&0\\0&-6&-12&-18&-5&0&1\end{pmatrix}$$

$$\xrightarrow[r_2\div(-1)]{\substack{r_3-6r_2\\r_1+2r_2}}\begin{pmatrix}1&0&-1&-2&-3&2&0\\0&1&2&3&2&-1&0\\0&0&0&0&7&-6&1\end{pmatrix}$$

故矩阵$\begin{pmatrix}1&0&-1&-2\\0&1&2&3\\0&0&0&0\end{pmatrix}$为$\boldsymbol{A}$的行最简形.

列所求矩阵
$$\boldsymbol{P}=\begin{pmatrix}-3&2&0\\2&-1&0\\7&-6&1\end{pmatrix}$$

3. 解题过程 (1) 以$(\boldsymbol{A},\boldsymbol{E})$作初等行变换把$\boldsymbol{A}$化为行最简形,便同时得到$\boldsymbol{P}$.

$$(\boldsymbol{A},\boldsymbol{E})=\begin{pmatrix}-5&3&1&1&0\\2&-1&1&0&1\end{pmatrix}$$

$$\xrightarrow[r_2+5r_1]{\substack{r_1\leftrightarrow r_2\\ r_1\div 2}}\begin{pmatrix}1&-\frac{1}{2}&\frac{1}{2}&0&\frac{1}{2}\\0&\frac{1}{2}&\frac{7}{2}&1&\frac{5}{2}\end{pmatrix}$$

$$\xrightarrow[r_2\times 2]{r_1+r_2}\begin{pmatrix}1&0&4&1&3\\0&1&7&2&5\end{pmatrix}$$

故矩阵$\begin{pmatrix}1&0&4\\0&1&7\end{pmatrix}$为$A$的行最简形,$\boldsymbol{P}=\begin{pmatrix}1&3\\2&5\end{pmatrix}$.

(2) 对$(\boldsymbol{A}^{\mathrm{T}},\boldsymbol{E})$作初等行变换把$\boldsymbol{A}$化为行最简形,便同时得到$\boldsymbol{Q}$,

$$(\boldsymbol{A}^{\mathrm{T}}\boldsymbol{E})=\begin{pmatrix}-5&2&1&0&0\\3&-1&0&1&0\\1&1&0&0&1\end{pmatrix}$$

$$\xrightarrow[r_3+5r_1]{\substack{r_1\leftrightarrow r_3\\ r_2-3r_1}}\begin{pmatrix}1&1&0&0&1\\0&-4&0&1&-3\\0&7&1&0&5\end{pmatrix}$$

$$\xrightarrow[r_1+r_3]{r_3+2r_2}\begin{pmatrix}1&0&1&2&0\\0&-4&0&1&-3\\0&-1&1&2&-1\end{pmatrix}$$

$$\xrightarrow[\substack{r_3\div 1\\ r_2\leftrightarrow r_3}]{r_2-4r_3}\begin{pmatrix}1&0&1&2&0\\0&1&-1&-2&1\\0&0&-4&-7&1\end{pmatrix}$$

故矩阵$\begin{pmatrix}1&0\\0&1\\0&0\end{pmatrix}$为$\boldsymbol{A}^{\mathrm{T}}$的行最简形时,$\boldsymbol{Q}=\begin{pmatrix}1&2&0\\-1&-2&1\\-4&-7&1\end{pmatrix}$.

4. 分析 在求矩阵的逆矩阵时,利用初等变换应熟记列变换、行变换公式:

若$\begin{pmatrix}\boldsymbol{A}\\\boldsymbol{E}\end{pmatrix}\xrightarrow{\text{列变换}}\begin{pmatrix}\boldsymbol{E}\\\boldsymbol{C}\end{pmatrix}$,则$\boldsymbol{A}^{-1}=\boldsymbol{C}$.

若$\begin{pmatrix}\boldsymbol{A}\\\boldsymbol{B}\end{pmatrix}\xrightarrow{\text{列变换}}\begin{pmatrix}\boldsymbol{E}\\\boldsymbol{C}\end{pmatrix}$,则$\boldsymbol{C}=\boldsymbol{B}\boldsymbol{A}^{-1}$.

若$(\boldsymbol{A}\vdots\boldsymbol{B})\xrightarrow{\text{行变换}}(\boldsymbol{E}\vdots\boldsymbol{C})$,则$\boldsymbol{C}=\boldsymbol{A}^{-1}\boldsymbol{B}$.

若$(\boldsymbol{A} \vdots \boldsymbol{E}) \xrightarrow{\text{行变换}} (\boldsymbol{E} \vdots \boldsymbol{C})$，则$\boldsymbol{C}=\boldsymbol{A}^{-1}$.

解题过程 (1)(用初等列变换) 因为

$$\begin{pmatrix} 3 & 2 & 1 \\ 3 & 1 & 5 \\ 3 & 2 & 3 \\ 1 & 0 & 0 \\ 0 & 1 & 0 \\ 0 & 0 & 1 \end{pmatrix} \xrightarrow[\text{再 } c_3-3c_1]{\substack{\text{先 } c_1\leftrightarrow c_3 \\ \text{次 } c_2-2c_1}} \begin{pmatrix} 1 & 0 & 0 \\ 5 & -9 & -12 \\ 3 & -4 & -6 \\ 0 & 0 & 1 \\ 0 & 1 & 0 \\ 1 & -2 & -3 \end{pmatrix}$$

$$\xrightarrow[\substack{\text{次 } c_2+9c_3 \\ \text{又 } c_1-5c_3 \\ \text{再 } c_2\leftrightarrow c_3}]{\text{先 } c_3/-12} \begin{pmatrix} 1 & 0 & 0 \\ 0 & 1 & 0 \\ \frac{1}{2} & \frac{1}{2} & \frac{1}{2} \\ \frac{5}{12} & -\frac{1}{12} & -\frac{3}{4} \\ 0 & 0 & 1 \\ -\frac{1}{4} & \frac{1}{4} & \frac{1}{4} \end{pmatrix}$$

$$\xrightarrow[\text{后 } 2c_3]{\substack{\text{先 } c_2-c_3 \\ c_1-c_3}} \begin{pmatrix} 1 & 0 & 0 \\ 0 & 1 & 0 \\ 0 & 0 & 1 \\ \frac{7}{6} & \frac{2}{3} & -\frac{3}{2} \\ -1 & -1 & 2 \\ -\frac{1}{2} & 0 & \frac{1}{2} \end{pmatrix},$$

所以

$$\begin{pmatrix} 3 & 2 & 1 \\ 3 & 1 & 5 \\ 3 & 2 & 3 \end{pmatrix}^{-1} = \begin{pmatrix} \frac{7}{6} & \frac{2}{3} & -\frac{3}{2} \\ -1 & -1 & 2 \\ -\frac{1}{2} & 0 & \frac{1}{2} \end{pmatrix}.$$

(2)(用初等行变换) 因为

$$\begin{pmatrix} 3 & -2 & 0 & -1 & 1 & 0 & 0 & 0 \\ 0 & 2 & 2 & 1 & 0 & 1 & 0 & 0 \\ 1 & -2 & -3 & -2 & 0 & 0 & 1 & 0 \\ 0 & 1 & 2 & 1 & 0 & 0 & 0 & 1 \end{pmatrix}$$

$$\xrightarrow[\text{再 } r_2\leftrightarrow r_4]{\substack{\text{先 } r_1\leftrightarrow r_3\\ \text{次 } r_3-3r_1}}\begin{pmatrix}1&-2&-3&-2&0&0&1&0\\0&1&2&1&0&0&0&1\\0&4&9&5&1&0&-3&0\\0&2&2&1&0&1&0&0\end{pmatrix}$$

$$\xrightarrow[\substack{\text{次 } r_4+2r_3\\ \text{又 } r_3-r_4\\ \text{再 } r_2-r_4}]{\substack{\text{先 } r_3-4r_2\\ r_4-2r_2}}\begin{pmatrix}1&-2&-3&-2&0&0&1&0\\0&1&2&0&-2&-1&6&11\\0&0&1&0&-1&-1&3&6\\0&0&0&1&2&1&-6&-10\end{pmatrix}$$

$$\xrightarrow[\substack{r_1+3r_3\\ r_1+2r_2}]{\substack{\text{先 } r_2-2r_3\\ \text{后 } r_1+2r_4}}\begin{pmatrix}1&0&0&0&1&1&-2&-4\\0&1&0&0&0&1&0&-1\\0&0&1&0&-1&-1&3&6\\0&0&0&1&2&1&-6&-10\end{pmatrix}$$

所以 $\begin{pmatrix}3&-2&0&-1\\0&2&2&1\\1&-2&-3&-2\\0&1&2&1\end{pmatrix}^{-1}=\begin{pmatrix}1&1&-2&-4\\0&1&0&-1\\-1&-1&3&6\\2&1&-6&-10\end{pmatrix}$.

小结 一般地,对于4阶及以上的高阶方阵来说,用初等变换法求逆矩阵要简单些,但就3阶方阵而言,伴随矩阵法与初等变换法差不多,究竟用哪种方法好,在无特殊要求的条件下,看各人的习惯而定.

5. 解题过程 对此方程组的增广矩阵作初等行变换得

$$\boldsymbol{B}=\begin{pmatrix}1&1&1&2\\1&2&4&3\\1&3&9&5\end{pmatrix}\xrightarrow[r_2-r_1]{r_3-r_2}\begin{pmatrix}1&1&1&2\\0&1&3&1\\0&1&5&2\end{pmatrix}\xrightarrow[r_3\times\frac{1}{2}]{\substack{r_1-r_2\\ r_3-r_2}}\begin{pmatrix}1&0&-2&1\\0&1&3&1\\0&0&1&\frac{1}{2}\end{pmatrix}$$

$$\xrightarrow[r_2-3r_3]{r_1+2r_3}\begin{pmatrix}1&0&0&2\\0&1&0&-\frac{1}{2}\\0&0&1&\frac{1}{2}\end{pmatrix}.$$

由此得到解为 $x_1=2,x_2=-\frac{1}{2},x_3=\frac{1}{2}$.

6. 分析 熟记公式:$\boldsymbol{AX}=\boldsymbol{B}$ 时,$(\boldsymbol{A},\boldsymbol{B})\xrightarrow{\text{初等行变换}}(\boldsymbol{E},\boldsymbol{X})$

$$\boldsymbol{XA}=\boldsymbol{B}\text{ 时},\begin{pmatrix}\boldsymbol{A}\\ \boldsymbol{B}\end{pmatrix}\xrightarrow{\text{初等列变换}}\begin{pmatrix}\boldsymbol{E}\\ \boldsymbol{BA}^{-1}\end{pmatrix}$$

可以简化烦琐的推导,直接计算.

解题过程 (1) 用初等行变换.把$(\boldsymbol{A},\boldsymbol{B})$化成行最简形:

$$(\boldsymbol{A},\boldsymbol{B})=\begin{pmatrix}4&1&-2&1&-3\\2&2&1&2&2\\3&1&-1&3&-1\end{pmatrix}$$

$$\xrightarrow[\text{再 } r_2 \leftrightarrow r_3]{\substack{\text{先 } r_1 - r_3 \\ \text{次 } r_2 - 2r_1 \\ \text{又 } r_3 - 3r_1}} \begin{pmatrix} 1 & 0 & -1 & -2 & -2 \\ 0 & 1 & 2 & 9 & 5 \\ 0 & 2 & 3 & 6 & 6 \end{pmatrix}$$

$$\xrightarrow[\text{再 } r_1 + r_3]{\substack{\text{先 } r_3 - 2r_2 \\ \text{次 } (-1)r_3 \\ \text{又 } r_2 - 2r_3}} \begin{pmatrix} 1 & 0 & 0 & 10 & 2 \\ 0 & 1 & 0 & -15 & -3 \\ 0 & 0 & 1 & 12 & 4 \end{pmatrix}.$$

由上式右端的行最简形矩阵知 $\boldsymbol{X} = \begin{pmatrix} 10 & 2 \\ -15 & -3 \\ 12 & 4 \end{pmatrix}$.

(2) 这是一个很简单的矩阵方程,因 $|\boldsymbol{A}| = 1 \neq 0$,故 $\boldsymbol{A}$ 可逆.

于是,由 $\boldsymbol{XA} = \boldsymbol{B}$ 得到 $\boldsymbol{X} = \boldsymbol{BA}^{-1}$. 下面用初等行变换求 $\boldsymbol{X}$.

因 $\boldsymbol{XA} = \boldsymbol{B} \Rightarrow \boldsymbol{A}^{\mathrm{T}}\boldsymbol{X}^{\mathrm{T}} = \boldsymbol{B}^{\mathrm{T}} \Rightarrow \boldsymbol{X}^{\mathrm{T}} = (\boldsymbol{A}^{\mathrm{T}})^{-1}\boldsymbol{B}^{\mathrm{T}}$,而 $(\boldsymbol{A}^{\mathrm{T}})^{-1}\boldsymbol{B}^{\mathrm{T}}$ 可用初等行变换求得,从而 $\boldsymbol{X}$ 也可由此解出,具体如下:

$$(\boldsymbol{A}^{\mathrm{T}}, \boldsymbol{B}^{\mathrm{T}}) = \begin{pmatrix} 0 & 2 & -3 & 1 & 2 \\ 2 & -1 & 3 & 2 & -3 \\ 1 & 3 & -4 & 3 & 1 \end{pmatrix}$$

$$\xrightarrow[\text{的次序}]{\text{交换行}} \begin{pmatrix} 1 & 3 & -4 & 3 & 1 \\ 0 & 2 & -3 & 1 & 2 \\ 2 & -1 & 3 & 2 & -3 \end{pmatrix}$$

$$\xrightarrow[\text{单位坐标向量}]{\text{把第 1 列变换成}} \begin{pmatrix} 1 & 3 & -4 & 3 & 1 \\ 0 & 2 & -3 & 1 & 2 \\ 0 & -7 & 11 & -4 & -5 \end{pmatrix}$$

$$\xrightarrow[\text{单位坐标向量}]{\text{把第 2 列变换成}} \begin{pmatrix} 1 & 0 & \frac{1}{2} & \frac{3}{2} & -2 \\ 0 & 1 & -\frac{3}{2} & \frac{1}{2} & 1 \\ 0 & 0 & 1 & -1 & 4 \end{pmatrix}$$

$$\xrightarrow[\text{单位坐标向量}]{\text{把第 3 列变换成}} \begin{pmatrix} 1 & 0 & 0 & 2 & -4 \\ 0 & 1 & 0 & -1 & 7 \\ 0 & 0 & 1 & -1 & 4 \end{pmatrix},$$

于是 $\boldsymbol{X}^{\mathrm{T}} = \begin{pmatrix} 2 & -4 \\ -1 & 7 \\ -1 & 4 \end{pmatrix}$,所以 $\boldsymbol{X} = \begin{pmatrix} 2 & -1 & -1 \\ -4 & 7 & 4 \end{pmatrix}$.

(3) **分析** 灵活运用公式 $\boldsymbol{AX} = \boldsymbol{B}$ 求 $\boldsymbol{X}$ 的式子 $(\boldsymbol{A}, \boldsymbol{B}) \xrightarrow{\text{行变换}} (\boldsymbol{E}, \boldsymbol{X})$.

解题过程 由已知方程变形为 $(\boldsymbol{A} - 2\boldsymbol{E})\boldsymbol{X} = \boldsymbol{A}$,进而用初等行变换把 $(\boldsymbol{A} - 2\boldsymbol{E}, \boldsymbol{A})$ 化成最简形式.

$$(\boldsymbol{A} - 2\boldsymbol{E}, \boldsymbol{A}) = \begin{pmatrix} -1 & -1 & 0 & 1 & -1 & 0 \\ 0 & -1 & -1 & 0 & 1 & -1 \\ -1 & 0 & -1 & -1 & 0 & 1 \end{pmatrix}$$

$$\xrightarrow[\text{再 } r_3-r_2]{\substack{\text{先}(-1)r_1 \\ (-1)r_2 \\ \text{次 } r_3+r_1}} \begin{pmatrix} 1 & 1 & 0 & -1 & 1 & 0 \\ 0 & 1 & 1 & 0 & -1 & 1 \\ 0 & 0 & -2 & -2 & 2 & 0 \end{pmatrix}$$

$$\xrightarrow[\text{再 } r_1-r_2]{\substack{\text{先 } r_3/(-2) \\ \text{次 } r_2-r_3}} \begin{pmatrix} 1 & 0 & 0 & 0 & 1 & -1 \\ 0 & 1 & 0 & -1 & 0 & 1 \\ 0 & 0 & 1 & 1 & -1 & 0 \end{pmatrix}.$$

由上式右端的行最简形矩阵知 $\boldsymbol{X}=\begin{pmatrix} 0 & 1 & -1 \\ -1 & 0 & 1 \\ 1 & -1 & 0 \end{pmatrix}$.

小结 初等列变换多应用于理论推导,数值矩阵在进行初等变换时,要尽可能使用初等行变换.

7. **分析** 在进行推理论证有困难时,举例说明更简洁,有说服力.

解题过程 都可能有,例如

$\boldsymbol{A}=\begin{pmatrix} 1 & 0 & 0 & 0 & 0 & 0 \\ 0 & 1 & 0 & 0 & 0 & 0 \\ 0 & 0 & 1 & 0 & 0 & 0 \end{pmatrix}$ 的秩是 3,但有等于 0 的 2 阶子式,也有等于 0 的 3 阶子式.

小结 矩阵的秩为 r,只肯定存在不为 0 的 r 阶子式,且阶数高于 r 的所有子式(如果有的话)均为 0,既没有说所有(如果还有其他)r 阶子式都不等于 0,也没有说没有阶数低于 r 的为 0 的子式.

8. **解题过程** 首先,因为 $\boldsymbol{B}$ 中任一非零子式必是 $\boldsymbol{A}$ 中的非零子式,所以 $\boldsymbol{B}$ 中非零子式的最高阶数不会超过 $\boldsymbol{A}$ 中非零子式的最高阶数,即有 $R(\boldsymbol{B})\leqslant R(\boldsymbol{A})$.

其次,设 $R(\boldsymbol{A})=r$,假定从 $\boldsymbol{A}$ 中划去第 i 行得到 $\boldsymbol{B}$. 考虑 $\boldsymbol{A}$ 的某个 r 阶非零子式 $\boldsymbol{D}$:若 $\boldsymbol{D}$ 中不含 $\boldsymbol{A}$ 的第 i 行元素,则 $\boldsymbol{D}$ 也是 $\boldsymbol{B}$ 的一个 r 阶非零子式,于是 $R(\boldsymbol{B})\geqslant r$,而由前已知 $R(\boldsymbol{B})\leqslant r$,故此时有 $R(\boldsymbol{B})=r$;若 $\boldsymbol{D}$ 中含有 $\boldsymbol{A}$ 的第 i 行元素,则在 $\boldsymbol{D}$ 中至少有一个 $r-1$ 阶子式非零(否则 $\boldsymbol{D}=0$),此非零的 $r-1$ 阶子式就是 $\boldsymbol{B}$ 的一个 $r-1$ 非零子式,故此时有 $R(\boldsymbol{B})\geqslant r-1$. 综合起来,得 $R(\boldsymbol{A})-1\leqslant R(\boldsymbol{B})\leqslant R(\boldsymbol{A})$.

9. **分析** 由已知两行向量得方阵为 5 阶,可再加 3 排行向量. 因为给出两行向量线性无关,只需另 3 排与这两排线性无关. 因所求矩阵秩为 4,故有 1 排全为 0.

解题过程 如果把已知的行向量排在第 1,2 行,则左上角的 2 阶子式非零,因此再取行向量(0,0,1,0,0),(0,0,0,1,0),(0,0,0,0,0) 即可,故所求矩阵可为

$$\begin{pmatrix} 1 & 0 & 1 & 0 & 0 \\ 1 & -1 & 0 & 0 & 0 \\ 0 & 0 & 1 & 0 & 0 \\ 0 & 0 & 0 & 1 & 0 \\ 0 & 0 & 0 & 0 & 0 \end{pmatrix}.$$

10. **分析** 将 $\boldsymbol{A}$ 作初等行变换化为行阶梯形矩阵,得 $R(\boldsymbol{A})=r$,再从中找出行列式不为 0 的最高阶非零子式.

解题过程 以下解中将题中原矩阵均记为 $\boldsymbol{A}$，且都是对 $\boldsymbol{A}$ 施以初等行变换化为行阶梯形矩阵 $\widetilde{\boldsymbol{A}}$. 先求矩阵 $\boldsymbol{A}$ 的秩 $R(\boldsymbol{A})$，然后在其中找一个最高阶非零子式.

(1) 因
$$\boldsymbol{A}=\begin{pmatrix}3&1&0&2\\1&-1&2&-1\\1&3&-4&4\end{pmatrix}\xrightarrow[\text{再 } r_3-r_1]{\substack{\text{先 } r_1\leftrightarrow r_2\\ \text{次 } r_2-3r_1}}\begin{pmatrix}1&-1&2&-1\\0&4&-6&5\\0&4&-6&5\end{pmatrix}$$
$$\xrightarrow{r_3-r_2}\begin{pmatrix}1&-1&2&-1\\0&4&-6&5\\0&0&0&0\end{pmatrix}\triangleq\widetilde{\boldsymbol{A}},$$
可知 $R(\boldsymbol{A})=2$.

而 $\widetilde{\boldsymbol{A}}$ 的前 2 列含非零的 2 阶子式，因此从 $\boldsymbol{A}$ 的前 2 列所含的 3 个 2 阶子式中可以看出（一般应经计算）$\boldsymbol{A}$ 的一个最高阶非零子式为 $\begin{vmatrix}3&1\\1&-1\end{vmatrix}$.

(2) 因
$$\boldsymbol{A}=\begin{pmatrix}3&2&-1&-3&-1\\2&-1&3&1&-3\\7&0&5&-1&-8\end{pmatrix}\xrightarrow[\text{再 } r_3-7r_1]{\substack{\text{先 } r_1-r_2\\ \text{次 } r_2-2r_1}}\begin{pmatrix}1&3&-4&-4&2\\0&-7&11&9&-7\\0&-21&33&27&-22\end{pmatrix}$$
$$\xrightarrow{r_3-3r_2}\begin{pmatrix}1&3&-4&-4&2\\0&-7&11&9&-7\\0&0&0&0&-1\end{pmatrix}\triangleq\widetilde{\boldsymbol{A}},$$

故可知 $R(\boldsymbol{A})=3$.

而 $\widetilde{\boldsymbol{A}}$ 的第 1、2、5 列含非零的 3 阶子式，因此对应于 $\boldsymbol{A}$ 的 1、2、5 列的那个 3 阶子式 $\begin{vmatrix}3&2&-1\\2&-1&-3\\7&0&-8\end{vmatrix}$ 便是 $\boldsymbol{A}$ 的一个最高阶非零子式.

(3) 因
$$\boldsymbol{A}=\begin{pmatrix}2&1&8&3&7\\2&-3&0&7&-5\\3&-2&5&8&0\\1&0&3&2&0\end{pmatrix}\xrightarrow[\substack{\text{又 } r_3-3r_1\\ \text{再 } r_4-2r_1}]{\substack{\text{先 } r_1\leftrightarrow r_4\\ \text{次 } r_2-2r_1}}\begin{pmatrix}1&0&3&2&0\\0&-3&-6&3&-5\\0&-2&-4&2&0\\0&-2&-4&2&0\\0&1&2&-1&7\end{pmatrix}$$

$$\xrightarrow[\text{再}r_4+3r_2]{\substack{\text{先}r_2\leftrightarrow r_4\\ \text{次}r_3+2r_2}}\begin{pmatrix}1&0&3&2&0\\0&1&2&-1&7\\0&0&0&0&14\\0&0&0&0&16\end{pmatrix}$$

$$\xrightarrow[\text{后}r_4-16r_3]{\text{先}\frac{r_3}{14}}\begin{pmatrix}1&0&3&2&0\\0&1&2&-1&7\\0&0&0&0&1\\0&0&0&0&0\end{pmatrix}\triangleq\widetilde{\boldsymbol{A}},$$

可知$R(\boldsymbol{A})=3$.

而$\widetilde{\boldsymbol{A}}$的第1、2、5列含非零的3阶子式,因此从$\boldsymbol{A}$的1、2、5列所含的4个3阶子式中找出$\boldsymbol{A}$的一个最高阶非零子式.现可看出(一般应经计算)$\begin{vmatrix}2&1&7\\2&-3&-5\\1&0&0\end{vmatrix}=16\neq0$,即为$A$的一个最高阶非零子式.

小结 (1)因为$R(\boldsymbol{A}^{\mathrm{T}})=R(\boldsymbol{A})$,所以也可以用初等列变换求矩阵的秩,但我们强调用初等行变换化为行阶梯形矩阵以求其秩,这是因为此问题与求解线性方程组紧密相连.

(2)显然,所求的最高阶非零子式,一般情形下不只一个,这从本题的各小题都可看出,请读者自己找一找.

11. **分析** 借助同型标准形矩阵,由矩阵的等价,对称,传递性进行证明.

解题过程 必要性即定理3,故只需证明充分性.设$R(\boldsymbol{A})=R(\boldsymbol{B})=r$,由矩阵的等价标准形理论知矩阵$\boldsymbol{A}$、$\boldsymbol{B}$具有相同的标准形

$$\boldsymbol{F}=\begin{pmatrix}\boldsymbol{E}_r&\boldsymbol{O}\\\boldsymbol{O}&\boldsymbol{O}\end{pmatrix}_{m\times n}.$$

于是$\boldsymbol{A}\cong\boldsymbol{F}$,$\boldsymbol{B}\cong\boldsymbol{F}$,从而由等价关系的对称性和传递性知$\boldsymbol{A}\cong\boldsymbol{B}$.

小结 命题的前提条件$\boldsymbol{A}$,$\boldsymbol{B}$都是$m\times n$矩阵,这是必不可少的.否则,结论不成立.因为只有两个同型矩阵才可以谈等价的问题.

12. **解题过程** 对$\boldsymbol{A}$作初等行变换

$$\boldsymbol{A}=\begin{pmatrix}1&-2&3k\\-1&2k&-3\\k&-2&3\end{pmatrix}$$

$$\xrightarrow[r_3-kr_1]{r_2+r_1}\begin{pmatrix}1&-2&3k\\0&2(k-1)&3(k-1)\\0&2(k-1)&-3(k^2-1)\end{pmatrix}$$

$$\xrightarrow{r_3-r_2}\begin{pmatrix}1&-2&3k\\0&2(k-1)&3(k-1)\\0&0&-3(k-1)(k+2)\end{pmatrix},$$

于是,由定理 3 可得:

(1)$k=1$ 时,$R(\boldsymbol{A})=1$;

(2) 当 $k=-2$ 时,$R(\boldsymbol{A})=2$;

(3) 当 $k\neq 1$ 且 $k\neq -2$ 时,$R(\boldsymbol{A})=3$.

13. 分析 注意解题步骤:

① 对系数矩阵 $\boldsymbol{A}$ 施行初等行变换化为最简矩阵.

② 由行最简形矩阵写出对应的同解方程组.

③ 求出方程组的基础解系.

解题过程 (1) 对系数矩阵 $\boldsymbol{A}$ 施以初等行变换,化为行最简形矩阵 $\widetilde{\boldsymbol{A}}$:

$$\boldsymbol{A}=\begin{pmatrix}1&1&2&-1\\2&1&1&-1\\2&2&1&2\end{pmatrix}\xrightarrow[r_3-2r_1]{r_2-2r_1}\begin{pmatrix}1&1&2&-1\\0&-1&-3&1\\0&0&-3&4\end{pmatrix}$$

$$\xrightarrow[(-\frac{1}{3})r_3]{(-1)r_2}\begin{pmatrix}1&1&2&-1\\0&1&3&-1\\0&0&1&-\frac{4}{3}\end{pmatrix}$$

$$\xrightarrow[\text{后 } r_1-r_2]{\text{先 } r_2-3r_3,\ r_1-2r_3}\begin{pmatrix}1&0&0&-\frac{4}{3}\\0&1&0&3\\0&0&1&-\frac{4}{3}\end{pmatrix}\triangleq\widetilde{\boldsymbol{A}},$$

即得与原方程组同解的方程组

$$\begin{cases}x_1-\frac{4}{3}x_4=0,\\x_2+3x_4=0,\\x_3-\frac{4}{3}x_4=0,\end{cases}\text{由此即得}\begin{cases}x_1=\frac{4}{3}x_4,\\x_2=-3x_4,\\x_3=\frac{4}{3}x_4.\end{cases}$$

令 $x_4=c$,将其解写成通常的参数形式: $\begin{cases}x_1=\frac{4}{3}c,\\x_2=-3c,\\x_3=\frac{4}{3}c,\\x_4=c,\end{cases}$ 其中 c 为任意实数.

或写成向量形式: $\begin{pmatrix}x_1\\x_2\\x_3\\x_4\end{pmatrix}=k\begin{pmatrix}4\\-9\\4\\3\end{pmatrix}$,此处 $k=\frac{c}{3}$.

(2) 对系数矩阵 $\boldsymbol{A}$ 施以初等行变换,化为行最简形矩阵 $\widetilde{\boldsymbol{A}}$:

$$A=\begin{pmatrix}1&2&1&-1\\3&6&-1&-3\\5&10&1&-5\end{pmatrix}$$

$$\xrightarrow[r_3-5r_1]{r_2-3r_1}\begin{pmatrix}1&2&1&-1\\0&0&-4&0\\0&0&-4&0\end{pmatrix}$$

$$\xrightarrow[\text{再}\ r_1-r_2]{\substack{\text{先}\ r_2/(-4)\\ \text{次}\ r_3+4r_2}}\begin{pmatrix}1&2&0&-1\\0&0&1&0\\0&0&0&0\end{pmatrix}\triangleq\tilde{A},$$

即得与原方程组同解的方程组$\begin{cases}x_1+2x_2-x_4=0,\\x_3=0.\end{cases}$

由此即得$\begin{cases}x_1=-2x_2+x_4\\x_3=0x_2+0x_4.\end{cases}$

令 $x_2=c_1,x_4=c_2$，将其解写成通常的参数形式：

$$\begin{cases}x_1=-2c_1+c_2,\\x_2=c_1,\\x_3=0,\\x_4=c_2,\end{cases}\qquad \text{其中 } c_1,c_2 \text{ 为任意实数.}$$

或写成向量形式：$\begin{pmatrix}x_1\\x_2\\x_3\\x_4\end{pmatrix}=c_1\begin{pmatrix}-2\\1\\0\\0\end{pmatrix}+c_2\begin{pmatrix}1\\0\\0\\1\end{pmatrix}$，其中 c_1,c_2 为任意实数.

(3) 对系数矩阵 $\boldsymbol{A}$ 施以初等行变换，化为行阶梯形矩阵：

$$A=\begin{pmatrix}2&3&-1&-7\\3&1&2&-7\\4&1&-3&6\\1&-2&5&-5\end{pmatrix}$$

$$\xrightarrow[\substack{\text{又}\ r_3-4r_1\\ \text{再}\ r_4-2r_1}]{\substack{\text{先}\ r_1\leftrightarrow r_4\\ \text{次}\ r_2-3r_1}}\begin{pmatrix}1&-2&5&-5\\0&7&-13&8\\0&9&-23&26\\0&7&-11&3\end{pmatrix}$$

$$\xrightarrow[\substack{\text{次}\ r_2-3r_3\\ \text{再}\ r_3-2r_2}]{\substack{\text{先}\ r_4-r_2\\ r_3-r_2}}\begin{pmatrix}1&-2&5&-5\\0&1&17&-46\\0&0&-44&110\\0&0&2&-5\end{pmatrix}$$

$$\xrightarrow[\text{后}\ r_4+22r_3]{\text{先}\ r_3\leftrightarrow r_4}\begin{pmatrix}1&-2&5&-5\\0&1&17&-46\\0&0&2&-5\\0&0&0&0\end{pmatrix},$$

由最后的行阶梯形矩阵来看，$R(\mathbf{A})=3$，故原方程组有解.

即得与原方程组同解的方程组

$$\begin{cases}x_1-2x_2+5x_3-5x_4=0,\\ x_2+17x_3-46x_4=0, \quad (x_4\ \text{可任意取值})\\ 2x_3-5x_4=0.\end{cases}$$

令 $x_4=c$，把它写成通常的常数形式：

$$\begin{cases}x_1=-\dfrac{1}{2}c,\\ x_2=\dfrac{7}{2}c,\\ x_3=\dfrac{5}{2}c,\\ x_4=c.\end{cases}$$

其中 c 为任意实数或写成向量形式：

$$\begin{pmatrix}x_1\\x_2\\x_3\\x_4\end{pmatrix}=c\begin{pmatrix}-\dfrac{1}{2}\\ \dfrac{7}{2}\\ \dfrac{5}{2}\\ 1\end{pmatrix}$$

(4) 对系数矩阵 $\mathbf{A}$ 施以初等行变换，化为行阶梯形矩阵：

$$\mathbf{A}=\begin{pmatrix}3&4&-5&7\\2&-3&3&-2\\4&11&-13&16\\7&-2&1&3\end{pmatrix}\xrightarrow[\substack{\text{又 } r_3-4r_1\\ \text{再 } r_4-7r_1}]{\substack{\text{先 } r_1-r_2\\ \text{次 } r_2-2r_1}}\begin{pmatrix}1&7&-8&9\\0&-17&19&-20\\0&-17&19&-20\\0&-51&57&-60\end{pmatrix}$$

$$\xrightarrow[\text{再 } r_2/(-17)]{\substack{\text{先 } r_4-3r_2\\ r_3-r_2}}\begin{pmatrix}1&7&-8&9\\0&1&-\dfrac{19}{17}&\dfrac{20}{17}\\0&0&0&0\\0&0&0&0\end{pmatrix}$$

由上式最后的行阶梯形矩阵看出 $R(\mathbf{A})=2$，故原齐次线性方程组有非零解，于是可继续施以初等行变换，化为行最简形矩阵 $\tilde{\mathbf{A}}$：

$$\boldsymbol{A}\underset{\sim}{r_1-7r_2}\begin{pmatrix}1&0&-\frac{3}{17}&\frac{13}{17}\\0&1&-\frac{19}{17}&\frac{20}{17}\\0&0&0&0\\0&0&0&0\end{pmatrix}\triangleq\widetilde{\boldsymbol{A}},$$

由此得原方程组的通解为$\begin{cases}x_1=\frac{3}{17}c_1-\frac{13}{17}c_2,\\x_2=\frac{19}{17}c_1-\frac{20}{17}c_2,\\x_3=c_1,\\x_4=c_2,\end{cases}$其中 c_1,c_2 为任意实数.

或写成向量形式：$\begin{pmatrix}x_1\\x_2\\x_3\\x_4\end{pmatrix}=c_1\begin{pmatrix}3\\19\\17\\0\end{pmatrix}+c_2\begin{pmatrix}-13\\-20\\0\\17\end{pmatrix}$.

14. 分析 注意求解非齐次方程组 $\boldsymbol{AX}=\boldsymbol{b}$ 的步骤：

① 对增广矩阵 $\boldsymbol{B}$ 施行初等行变换，化为行阶梯矩阵.

② 再化为行最简形矩阵.

③ 由行最简形矩阵解出同解方程组.

④ 求同解方程组的特解与对应齐次方程组的基础解系，从而得到原方程组的通解.

解题过程 (1) 对增广矩阵 $\boldsymbol{B}$ 施以初等行变换：

$$\boldsymbol{B}=\begin{pmatrix}4&2&-1&2\\3&-1&2&10\\11&3&0&8\end{pmatrix}$$

$$\underset{\sim}{\begin{matrix}\text{先 } r_1-r_2\\\text{次 } r_2-3r_1\\\text{再 } r_3-11r_1\end{matrix}}\begin{pmatrix}1&3&-3&-8\\0&-10&11&34\\0&-30&33&96\end{pmatrix}$$

$$\underset{\sim}{r_3-3r_2}\begin{pmatrix}1&3&-3&-8\\0&-10&11&34\\0&0&0&-6\end{pmatrix},$$

由上式右端的行阶梯形矩阵可知，$R(\boldsymbol{A})=2\neq3=R(\boldsymbol{B})$，故原方程组无解.

(2) 对增广矩阵 $\boldsymbol{B}$ 施以初等行变换：

$$\boldsymbol{B}=\begin{pmatrix}2&3&1&4\\1&-2&4&-5\\3&8&-2&13\\4&-1&9&-6\end{pmatrix}$$

$$\underset{\sim}{\begin{matrix}\text{先 } r_1\leftrightarrow r_2\\\text{次 } r_2-2r_1\\\text{又 } r_3-3r_1\\\text{再 } r_4-4r_1\end{matrix}}\begin{pmatrix}1&-2&4&-5\\0&7&-7&14\\0&14&-14&28\\0&7&-7&14\end{pmatrix}$$

$$\xrightarrow[\text{后 } r_2/7]{\substack{\text{先 } r_3-2r_2 \\ r_4-r_2}} \begin{pmatrix} 1 & -2 & 4 & -5 \\ 0 & 1 & -1 & 2 \\ 0 & 0 & 0 & 0 \\ 0 & 0 & 0 & 0 \end{pmatrix},$$

由上式右端的行阶梯形矩阵可知，$R(\boldsymbol{A}) = R(\boldsymbol{B}) = 2 < 3$（未知量的个数），故原方程组有无穷多解，继续把增广矩阵化成行最简形矩阵：

$$\boldsymbol{B} \xrightarrow{r_1+2r_2} \begin{pmatrix} 1 & 0 & 2 & -1 \\ 0 & 1 & -1 & 2 \\ 0 & 0 & 0 & 0 \\ 0 & 0 & 0 & 0 \end{pmatrix},$$

即
$$\begin{cases} x = -2z-1, \\ y = z+2, \\ z = z. \end{cases}$$

即得通解$\begin{cases} x = -2c-1, \\ y = c+2, \\ z = c, \end{cases}$ 或者向量形式 $\begin{pmatrix} x \\ y \\ z \end{pmatrix} = \begin{pmatrix} -1 \\ 2 \\ 0 \end{pmatrix} + c\begin{pmatrix} -2 \\ 1 \\ 1 \end{pmatrix}$，其中 c 为任意实数.

(3) 对增广矩阵 $\boldsymbol{B}$ 施以初等行变换，得

$$\boldsymbol{B} = \begin{pmatrix} 2 & 1 & -1 & 1 & 1 \\ 4 & 2 & -2 & 1 & 2 \\ 2 & 1 & -1 & -1 & 1 \end{pmatrix}$$

$$\xrightarrow[r_3-r_1]{r_2-2r_1} \begin{pmatrix} 2 & 1 & -1 & 1 & 1 \\ 0 & 0 & 0 & -1 & 0 \\ 0 & 0 & 0 & -2 & 0 \end{pmatrix}$$

$$\xrightarrow[\text{再 } r_3+2r_2]{\substack{\text{先 } r_1+r_2 \\ \text{次 } (-1)r_2}} \begin{pmatrix} 2 & 1 & -1 & 0 & 1 \\ 0 & 0 & 0 & 1 & 0 \\ 0 & 0 & 0 & 0 & 0 \end{pmatrix} \xrightarrow{\text{记为}} \boldsymbol{F}.$$

由上式右端的阶梯形矩阵 $\boldsymbol{F}$ 可知，原方程组的通解为

$$\begin{pmatrix} x \\ y \\ z \\ w \end{pmatrix} = c_1\begin{pmatrix} -\frac{1}{2} \\ 1 \\ 0 \\ 0 \end{pmatrix} + c_2\begin{pmatrix} \frac{1}{2} \\ 0 \\ 1 \\ 0 \end{pmatrix} + \begin{pmatrix} \frac{1}{2} \\ 0 \\ 0 \\ 0 \end{pmatrix}, \text{其中 } c_1, c_2 \text{ 为任意实数.}$$

(4) 对增广矩阵 $\boldsymbol{B}$ 施以初等行变换，得

$$\boldsymbol{B} = \begin{pmatrix} 2 & 1 & -1 & 1 & 1 \\ 3 & -2 & 1 & -3 & 4 \\ 1 & 4 & -3 & 5 & -2 \end{pmatrix}$$

$$\xrightarrow[\substack{\text{又 } r_3-2r_1 \\ \text{再 } r_2-2r_3}]{\substack{\text{先 } r_1\leftrightarrow r_3 \\ \text{次 } r_2-3r_1}} \begin{pmatrix} 1 & 4 & -3 & 5 & -2 \\ 0 & 0 & 0 & 0 & 0 \\ 0 & -7 & 5 & -9 & 5 \end{pmatrix}$$

$$\xrightarrow[\text{再 } r_1-4r_2]{\substack{\text{先 } r_2\leftrightarrow r_3\\ \text{次 } r_2/(-7)}}\begin{pmatrix}1&0&-\frac{1}{7}&-\frac{1}{7}&\frac{6}{7}\\0&1&-\frac{5}{7}&\frac{9}{7}&-\frac{5}{7}\\0&0&0&0&0\end{pmatrix}.$$

由上式右端的行最简形矩阵可知，原方程组的通解为

$$\begin{pmatrix}x\\y\\z\\w\end{pmatrix}=c_1\begin{pmatrix}\frac{1}{7}\\\frac{5}{7}\\1\\0\end{pmatrix}+c_2\begin{pmatrix}\frac{1}{7}\\-\frac{9}{7}\\0\\1\end{pmatrix}+\begin{pmatrix}\frac{6}{7}\\-\frac{5}{7}\\0\\0\end{pmatrix},\text{其中 } c_1,c_2 \text{ 为任意实数}.$$

小结 上述解中，$(-1,2,0)^T$ 为非齐次线性方程的一个特解，$c(-2,1,1)^T$ 为对应的齐次线性方程组的通解，由于出现在通解中的那些列向量在行最简形矩阵中都可以找到，故当我们将非齐次线性方程组的增广矩阵化为行最简形矩阵后，不必写出同解方程组即可写出通解.

15. **解题过程** 把题目所给方程组改写为

$$\begin{pmatrix}x_1\\x_2\\x_3\\x_4\end{pmatrix}=\begin{pmatrix}2c_1-2c_2\\-3c_1+4c_2\\c_1\\c_2\end{pmatrix}\xrightarrow[c_2=x_4\text{ 代入}]{\text{以 } c_1=x_3}\begin{pmatrix}2x_3-2x_4\\-3x_3+4x_4\\x_3\\x_4\end{pmatrix},$$

由此知所求方程组有两个自由未知数 x_3、x_4，且对应的方程组为

$$\begin{cases}x_1=2x_3-2x_4,\\x_2=-3x_3+4x_4,\end{cases}\text{即}\begin{cases}x_1-2x_3+2x_4=0\\x_2+3x_3-4x_4=0.\end{cases}$$

它以原式为通解.

16. **解题过程** 记此方程组为 $\boldsymbol{A}\boldsymbol{x}=\boldsymbol{b}$，那么当 $\lambda\neq2$，且 $\lambda\neq-\frac{1}{2}$ 时 $R(\boldsymbol{A})=R(\boldsymbol{A},\boldsymbol{b})=3$，有唯一解；

当 $\lambda=-\frac{1}{2}$ 时，$R(\boldsymbol{A})=2$，而 $R(\boldsymbol{A},\boldsymbol{b})=3$，故方程组无解；当 $\lambda=2$ 时，

$$(\boldsymbol{A},\boldsymbol{b})=\begin{pmatrix}1&1&-2&1\\0&0&3&3\\0&0&5&5\end{pmatrix}\to\begin{pmatrix}1&1&0&3\\0&0&1&1\\0&0&0&0\end{pmatrix},$$

$R(\boldsymbol{A})=R(\boldsymbol{A},\boldsymbol{b})=2<3$，故方程组有无限多解，且同解方程组为

$$\begin{cases}x_1=-x_2+3,\\x_3=1,\end{cases}\text{得通解}\begin{pmatrix}x_1\\x_2\\x_3\end{pmatrix}=c\begin{pmatrix}-1\\1\\0\end{pmatrix}+\begin{pmatrix}3\\0\\1\end{pmatrix}\ (c\in R).$$

17. **分析** 在求解非齐次线性方程组解的情况时：

(1) 有唯一解 $\Leftrightarrow R(\boldsymbol{A})=R(\boldsymbol{B})=n$.

(2) 无穷多解 $\Leftrightarrow R(\boldsymbol{A})=R(\boldsymbol{B})<n$.

(3) 无解 $\Leftrightarrow R(\boldsymbol{A}) \neq R(\boldsymbol{B})$.

(n 为未知量个数)

解题过程 对增广矩阵进行初等行变换

$$\boldsymbol{B}=\begin{pmatrix}\lambda & 1 & 1 & 1\\ 1 & \lambda & 1 & \lambda\\ 1 & 1 & \lambda & \lambda^2\end{pmatrix}\xrightarrow{r_1\leftrightarrow r_3}\begin{pmatrix}1 & 1 & \lambda & \lambda^2\\ 1 & \lambda & 1 & \lambda\\ \lambda & 1 & 1 & 1\end{pmatrix}$$

$$\xrightarrow[r_3-\lambda r_1]{r_2-r_1}\begin{pmatrix}1 & 1 & \lambda & \lambda^2\\ 0 & \lambda-1 & 1-\lambda & \lambda-\lambda^2\\ 0 & 1-\lambda & 1-\lambda^2 & 1-\lambda^3\end{pmatrix}$$

$$\xrightarrow{r_3+r_2}\begin{pmatrix}1 & 1 & \lambda & \lambda^2\\ 0 & \lambda-1 & 1-\lambda & \lambda-\lambda^2\\ 0 & 0 & (\lambda+2)(1-\lambda) & (1-\lambda)(\lambda+1)^2\end{pmatrix},$$

故(1) 当 $\lambda\neq 1$ 且 $\lambda\neq -2$ 时,$R(\boldsymbol{B})=R(\boldsymbol{A})=3$,方程组有唯一解.

(2) 当 $\lambda=-2$ 时,$R(\boldsymbol{A})=2\neq R(\boldsymbol{B})=3$,方程组无解.

(3) 当 $\lambda=1$ 时,$R(\boldsymbol{B})=R(\boldsymbol{A})=1$,方程组有无穷多个解.

18. 解题过程 对增广矩阵作初等行变换,使之成为行阶梯形矩阵:

$$\boldsymbol{B}=\begin{pmatrix}-2 & 1 & 1 & -2\\ 1 & -2 & 1 & \lambda\\ 1 & 1 & -2 & \lambda^2\end{pmatrix}$$

$$\xrightarrow{r_1\leftrightarrow r_2}\begin{pmatrix}1 & -2 & 1 & \lambda\\ -2 & 1 & 1 & -2\\ 1 & 1 & -2 & \lambda^2\end{pmatrix}$$

$$\xrightarrow[r_3-r_1]{r_2+2r_1}\begin{pmatrix}1 & -2 & 1 & \lambda\\ 0 & -3 & 3 & -2+2\lambda\\ 0 & 3 & -3 & \lambda^2-\lambda\end{pmatrix}$$

$$\xrightarrow[\text{后 } r_2/(-3)]{\text{先 } r_3+r_2}\begin{pmatrix}1 & -2 & 1 & \lambda\\ 0 & 1 & -1 & -2(\lambda-1)/3\\ 0 & 0 & 0 & (\lambda-1)(\lambda+2)\end{pmatrix}.$$

由此可知,当 $\lambda=-2$ 或 $\lambda=1$ 时,$R(\boldsymbol{A})=R(\boldsymbol{B})=2$,方程组有无穷多解.

当 $\lambda=-2$ 时,继续对上面的行阶梯形矩阵作初等行变换,化为行最简形矩阵:

$$\boldsymbol{B}\sim\begin{pmatrix}1 & -2 & 1 & -2\\ 0 & 1 & -1 & 2\\ 0 & 0 & 0 & 0\end{pmatrix}\sim\begin{pmatrix}1 & 0 & -1 & 2\\ 0 & 1 & -1 & 2\\ 0 & 0 & 0 & 0\end{pmatrix}.$$

据此得通解为 $\begin{pmatrix}x_1\\ x_2\\ x_3\end{pmatrix}=\begin{pmatrix}2\\ 2\\ 0\end{pmatrix}+c\begin{pmatrix}1\\ 1\\ 1\end{pmatrix}$,其中 c 为任意实数.

当 $\lambda=1$ 时,继续对上面的行阶梯形矩阵作初等行变换,化为最简形矩阵:

$$\boldsymbol{B}\sim\begin{pmatrix}1 & -2 & 1 & 1\\ 0 & 1 & -1 & 0\\ 0 & 0 & 0 & 0\end{pmatrix}\sim\begin{pmatrix}1 & 0 & -1 & 1\\ 0 & 1 & -1 & 0\\ 0 & 0 & 0 & 0\end{pmatrix}.$$

据此得通解为 $\begin{pmatrix} x_1 \\ x_2 \\ x_3 \end{pmatrix} = \begin{pmatrix} 1 \\ 0 \\ 0 \end{pmatrix} + c\begin{pmatrix} 1 \\ 1 \\ 1 \end{pmatrix}$，其中 c 为任意实数.

19. 解题过程 由于系数矩阵是方阵，其行列式

$$|\boldsymbol{A}| = \begin{vmatrix} 2-\lambda & 2 & -2 \\ 2 & 5-\lambda & -4 \\ -2 & -4 & 5-\lambda \end{vmatrix} \xlongequal[c_3+c_2]{r_3+r_2} \begin{vmatrix} 2-\lambda & 2 & 0 \\ 2 & 5-\lambda & 1-\lambda \\ 0 & 1-\lambda & 2(1-\lambda) \end{vmatrix}$$

$$= (1-\lambda)\begin{vmatrix} 2-\lambda & 2 & 0 \\ 2 & 5-\lambda & 1-\lambda \\ 0 & 1 & 2 \end{vmatrix} = -(\lambda-1)^2(\lambda-10).$$

由定理 4，当 $|\boldsymbol{A}| \neq 0$ 即 $\lambda \neq 1$ 且 $\lambda \neq 10$ 时，方程组有唯一解.

其次判定 $\lambda = 10$ 或 $\lambda = 1$ 时方程组解的情况：

当 $\lambda = 10$ 时，增广矩阵成为

$$\boldsymbol{B} = \begin{pmatrix} -8 & 2 & -2 & 1 \\ 2 & -5 & -4 & 2 \\ -2 & -4 & -5 & -11 \end{pmatrix} \xrightarrow[\substack{r_3+r_1 \\ r_2+4r_1}]{r_1 \leftrightarrow r_2} \begin{pmatrix} 2 & -5 & -4 & 2 \\ 0 & -18 & -18 & 9 \\ 0 & -9 & -9 & -9 \end{pmatrix}$$

$$\xrightarrow[\substack{r_3+r_2\times 18 \\ r_3\times(1/27)}]{\substack{r_3 \leftrightarrow r_2 \\ r_2\times(-1/9)}} \begin{pmatrix} 2 & -5 & -4 & 2 \\ 0 & 1 & 1 & 1 \\ 0 & 0 & 0 & 1 \end{pmatrix}.$$

可见 $R(\boldsymbol{A}) = 2 < R(\boldsymbol{B}) = 3$，方程组无解；

当 $\lambda = 1$ 时，增广矩阵成为

$$\boldsymbol{B} = \begin{pmatrix} 1 & 2 & -2 & 1 \\ 2 & 4 & -4 & 2 \\ -2 & -4 & 4 & -2 \end{pmatrix} \sim \begin{pmatrix} 1 & 2 & -2 & 1 \\ 0 & 0 & 0 & 0 \\ 0 & 0 & 0 & 0 \end{pmatrix}.$$

知 $R(\boldsymbol{A}) = R(\boldsymbol{B}) = 1$，方程组有无穷多解，且其通解为

$$x = k_1\begin{pmatrix} -2 \\ 1 \\ 0 \end{pmatrix} + k_2\begin{pmatrix} 2 \\ 0 \\ 1 \end{pmatrix} + \begin{pmatrix} 1 \\ 0 \\ 0 \end{pmatrix}, k_1, k_2 \in \boldsymbol{R}.$$

20. 解题过程 充分性：

设 $\boldsymbol{a} = (a_1, a_2, \cdots, a_m)^{\mathrm{T}}$，$\boldsymbol{b} = (b_1, b_2, \cdots, b_n)^{\mathrm{T}}$，不妨设 $a_1 b_1 \neq 0$.

利用矩阵秩的性质，由 $\boldsymbol{A} = \boldsymbol{a}\boldsymbol{b}^{\mathrm{T}}$ 有 $R(\boldsymbol{A}) \leqslant R(\boldsymbol{a}) = 1$；

另一方面，$\boldsymbol{A}$ 的 $(1,1)$ 元 $a_1 b_1 \neq 0$，有 $R(\boldsymbol{A}) \geqslant 1$.

于是 $R(\boldsymbol{A})=1$.

必要性:

设 $\boldsymbol{A}=(a_{ij})_{m\times n}$,因 $R(\boldsymbol{A})=1$,由等价标准形理论知,存在 m 阶可逆阵 $\boldsymbol{P}$ 和 n 阶可逆阵 $\boldsymbol{Q}$,使 $\boldsymbol{A}=\boldsymbol{P}\begin{pmatrix}1 & \boldsymbol{O}\\ \boldsymbol{O} & \boldsymbol{O}\end{pmatrix}\boldsymbol{Q}$,于是

$$\boldsymbol{A}=\boldsymbol{P}\begin{pmatrix}1\\0\\\vdots\\0\end{pmatrix}(1,0,\cdots,0)\boldsymbol{Q}\triangleq\boldsymbol{a}\boldsymbol{b}^{\mathrm{T}},$$

其中 $\boldsymbol{a}\triangleq\boldsymbol{P}\begin{pmatrix}1\\0\\\vdots\\0\end{pmatrix}$ 和 $\boldsymbol{b}^{\mathrm{T}}\triangleq(1,0,\cdots,0)\boldsymbol{Q}$ 分别为非零 m 维列向量和非零 n 维行向量.

21. 解题过程 设 $\boldsymbol{x}_1$ 为线性方程 $\boldsymbol{Bx}=\boldsymbol{0}$ 的任意一解,且由已知 $\boldsymbol{AB}=\boldsymbol{C}$ 可得

$$\boldsymbol{ABx}_1=\boldsymbol{Cx}_1=\boldsymbol{0}$$

则可知 $\boldsymbol{x}_1$ 也为线性方程 $\boldsymbol{Cx}=\boldsymbol{0}$ 的解.

设 $\boldsymbol{y}_1$ 为线性方程 $\boldsymbol{Cx}=\boldsymbol{0}$ 的任意一解,

由已知 $\boldsymbol{AB}=\boldsymbol{C}$ 可得,$\boldsymbol{Cy}_1=\boldsymbol{ABy}_1=\boldsymbol{0}$.

又由已知 $\boldsymbol{A}$ 为列满秩矩阵,则线性方程 $\boldsymbol{Ax}=\boldsymbol{0}$ 只有零解.

由于 $\boldsymbol{ABy}_1=\boldsymbol{0}$,可以推出 $\boldsymbol{By}_1=\boldsymbol{0}$.

则可知 $\boldsymbol{y}_1$ 也为线性方程 $\boldsymbol{Bx}=\boldsymbol{0}$ 的解.

综上所述,线性方程 $\boldsymbol{Bx}=\boldsymbol{0}$ 与 $\boldsymbol{Cx}=\boldsymbol{0}$ 同解.

22. 分析 非齐次线性方程组有解 $\Leftrightarrow R(\boldsymbol{A})=R(\boldsymbol{B})=n$,$\boldsymbol{B}$ 为增广矩阵,n 为未知量个数,此题要灵活运用此等价式.

解题过程 方程 $\boldsymbol{AX}=\boldsymbol{E}_m$ 有解

$\Leftrightarrow R(\boldsymbol{A})=R(\boldsymbol{A},\boldsymbol{E}_m)$ (定理 7)

$\Leftrightarrow R(\boldsymbol{A})=m$ (必要性由不等式 $m\leqslant R(\boldsymbol{A},\boldsymbol{E}_m)=R(\boldsymbol{A})\leqslant m$ 得到;充分性由不等式 $m=R(\boldsymbol{A})\leqslant R(\boldsymbol{A},\boldsymbol{E}_m)\leqslant m$ 得到).

小结 当 $m=n$,即 $\boldsymbol{A}$ 为 n 阶方阵时,显然 $\boldsymbol{AX}=\boldsymbol{E}$ 及 $\boldsymbol{YA}=\boldsymbol{E}$ 有解 $\Leftrightarrow R(\boldsymbol{A})=n$,并有 $\boldsymbol{X}=\boldsymbol{Y}=\boldsymbol{A}^{-1}$;当 $m\neq n$ 时,按题设条件 $\boldsymbol{X}$ 和 $\boldsymbol{Y}$ 的解不是唯一的.

第四章

向量组的线性相关性

本章知识结构网络

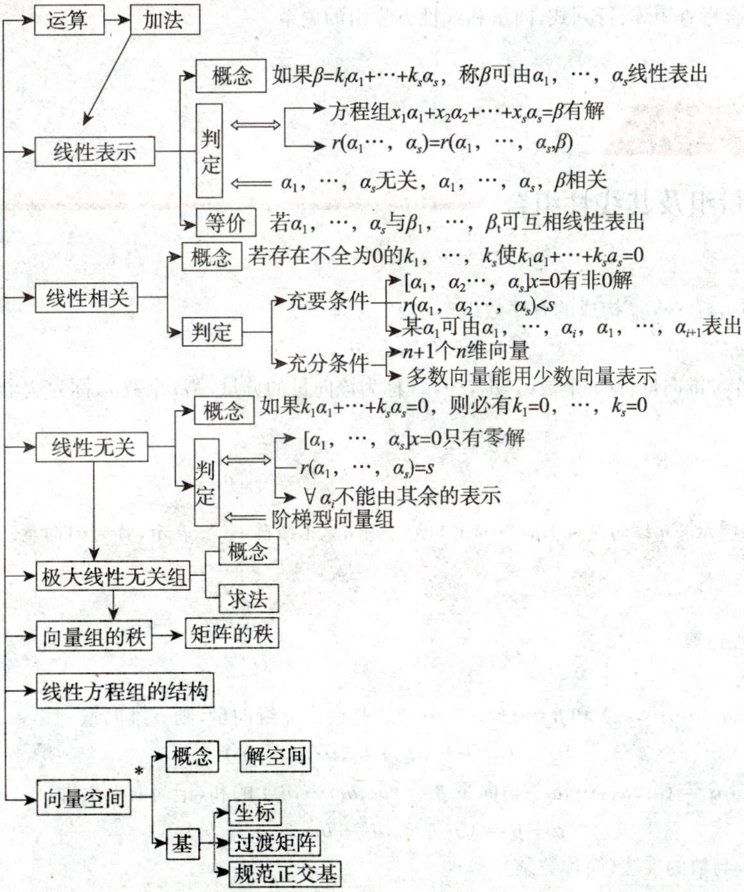

本章知识要点

(1) 向量的线性组合与线性表示.

(2) 向量组的线性相关性.

(3) 有关向量组线性表示的命题的证明.

(4) 向量组最大线性无关组的求解.

(5) 有关向量组的秩的计算.

(6) 有关向量组的秩的证明.

(7) 考查向量组的秩和矩阵的秩的联系.

(8) 齐次线性方程组解的结论证明(非零解的存在性和计算).

(9) 非齐次线性方程组解的结论证明(特解及通解的计算论证).

(10) 综合考查矩阵、行列式、向量和线性方程组的关系.

知识点归纳

一、向量组及其线性组合

1. n 维向量

n 个数 $a_1,a_2,\cdots,a_n$ 构成的有序数组

$$(a_1,a_2,\cdots,a_n)$$

称为一个 n 维向量,这 n 个数 $a_1,a_2,\cdots,a_n$ 称为该向量的分量,第 i 个数 a_i 称为这个向量的第 i 个分量.

温馨提示 n 维向量 $(a_1,a_2,\cdots,a_n)$ 也可用 $n\times 1$ 矩阵 $\begin{pmatrix} a_1 \\ a_2 \\ \vdots \\ a_n \end{pmatrix}$ 表示,称为列向量.

2. 向量的线性运算

(1) 加法

设 $\boldsymbol{\alpha}=(a_1,a_2,\cdots,a_n)$ 和 $\boldsymbol{\beta}=(b_1,b_2,\cdots,b_n)$ 是两个 n 维向量,则 n 维向量

$$(a_1+b_1,a_2+b_2,\cdots,a_n+b_n)$$

称为向量 $\boldsymbol{\alpha}=(a_1,a_2,\cdots,a_n)$ 与向量 $\boldsymbol{\beta}=(b_1,b_2,\cdots,b_n)$ 的和,记为 $\boldsymbol{\alpha}+\boldsymbol{\beta}$,即

$$\boldsymbol{\alpha}+\boldsymbol{\beta}=(a_1+b_1,a_2+b_2,\cdots,a_n+b_n).$$

(2) 向量与数的乘法(简称数乘)

设 k 是一个数,n 维向量 $k\boldsymbol{\alpha}=(ka_1,ka_2,\cdots,ka_n)$ 称为向量 $\boldsymbol{\alpha}$ 与数 k 的乘积.

向量的加法和数乘算统称为向量的线性运算.

温馨提示　向量的线性运算类型似于矩阵的线性运算.

3. 向量的线性组合与线性表示

设 $\boldsymbol{\alpha}_1,\boldsymbol{\alpha}_2,\cdots,\boldsymbol{\alpha}_s\in\mathbb{R}^n$，$k_1,k_2,\cdots,k_s\in\mathbb{R}$，则表达式

$$k_1\boldsymbol{\alpha}_1+k_2\boldsymbol{\alpha}_2+\cdots+k_s\boldsymbol{\alpha}_s$$

称为向量组 $\boldsymbol{\alpha}_1,\boldsymbol{\alpha}_2,\cdots,\boldsymbol{\alpha}_s$ 的一个线性组合，$k_1,k_2,\cdots,k_s$ 称为其组合系数.

设 $\boldsymbol{\beta}\in\mathbb{R}^n$，若存在一组数 $k_1,k_2,\cdots,k_s$ 使得

$$\boldsymbol{\beta}=k_1\boldsymbol{\alpha}_1+k_2\boldsymbol{\alpha}_2+\cdots+k_s\boldsymbol{\alpha}_s,$$

则称向量 $\boldsymbol{\beta}$ 可以由向量组 $\boldsymbol{\alpha}_1,\boldsymbol{\alpha}_2,\cdots,\boldsymbol{\alpha}_s$ 线性表示.

定理　向量 $\boldsymbol{\beta}$ 可以由向量组 $\boldsymbol{\alpha}_1,\boldsymbol{\alpha}_2,\cdots,\boldsymbol{\alpha}_s$ 线性表示的充分必要条件是矩阵 $\boldsymbol{A}=(\boldsymbol{\alpha}_1,\boldsymbol{\alpha}_2,\cdots,\boldsymbol{\alpha}_s)$ 和矩阵 $\boldsymbol{B}=(\boldsymbol{\alpha}_1,\boldsymbol{\alpha}_2,\cdots,\boldsymbol{\alpha}_s,\boldsymbol{\beta})$ 的秩相等.

温馨提示　此处的向量是列向量.

4. 向量组的等价性

设 A 和 B 是两个向量组，若向量组 A 的每个向量都可以由向量线 B 线性表示，则称向量组 A 可由向量组 B 线性表示. 若向量组 A 与向量组 B 可相互线性表示，则称向量组 A 与向量组 B 等价.

推论　向量组 A 与向量组 B 等价的充分必要条件是

$$R(\boldsymbol{A})=R(\boldsymbol{B})=R(\boldsymbol{A},\boldsymbol{B}).$$

温馨提示　向量组的等价关系满足三条基本性质:

(1) 反身性:任意一个向量组与自身等价;

(2) 对称性:若向量组 A 与向量组 B 等价，则向量组 B 与向量组 A 等价;

(3) 传递性:若向量组 A 与向量组 B 等价，向量组 B 与向量组 C 等价，则向量组 A 与向量组 C 等价.

二、向量组的线性相关性

1. 向量组的线性相关性

给定向量组 $A:\boldsymbol{\alpha}_1,\boldsymbol{\alpha}_2,\cdots,\boldsymbol{\alpha}_l\ (l\geqslant 1)$，如果存在一组不全为零的数 $k_1,k_2,\cdots,k_l$，使得

$$k_1\boldsymbol{\alpha}_1+k_2\boldsymbol{\alpha}_2+\cdots+k_l\boldsymbol{\alpha}_l=\boldsymbol{0},$$

则称向量组 $A:\boldsymbol{\alpha}_1,\boldsymbol{\alpha}_2,\cdots,\boldsymbol{\alpha}_l\ (l\geqslant 1)$ 线性相关，否则称向量组 A 线性无关.

温馨提示　向量组 $A:\boldsymbol{\alpha}_1,\boldsymbol{\alpha}_2,\cdots,\boldsymbol{\alpha}_l$ 或者线性相关或者线性无关.

2. 关于向量的线性相关性的几个结论

(1) 单独一个非零向量线性无关

(2) 如果一个向量组线性无关，则它的任何一个非空的部分组也线性无关.

(3) 若 n 维向量组 $\boldsymbol{\alpha}_1,\boldsymbol{\alpha}_2,\cdots,\boldsymbol{\alpha}_s$ 线性无关，则都添加一个分量得到的 $n+1$ 维向量组也线性无关.

(4) 若向量组 $\boldsymbol{\alpha}_1,\boldsymbol{\alpha}_2,\cdots,\boldsymbol{\alpha}_s$ 线性无关，而添加一个向量 $\boldsymbol{\beta}$ 后得到的向量组 $\boldsymbol{\beta},\boldsymbol{\alpha}_1,\boldsymbol{\alpha}_2,\cdots,\boldsymbol{\alpha}_s$ 线性相关，则向量 $\boldsymbol{\beta}$ 可由向量组 $\boldsymbol{\alpha}_1,\boldsymbol{\alpha}_2,\cdots,\boldsymbol{\alpha}_s$ 线性表示且表示法是唯一的(线性组合的系数唯一).

(5) 如果一个向量组的一部分线性相关,那么这个向量组就线性相关.

(6) 如果向量组①$\boldsymbol{\alpha}_1,\boldsymbol{\alpha}_2,\cdots,\boldsymbol{\alpha}_r$ 可由向量组②$\boldsymbol{\beta}_1,\boldsymbol{\beta}_2,\cdots,\boldsymbol{\beta}_s$ 线性表示,且向量组①$\boldsymbol{\alpha}_1,\boldsymbol{\alpha}_2,\cdots,\boldsymbol{\alpha}_r$ 线性无关,则组①所含向量个数不大于组②所含向量个数,即 $r\leqslant s$.

(7) 一个向量组性相关的充分必要条件是它所构成的矩阵的秩小于向量个数;线性无关的充分必要条件是它所构成的矩阵的秩等于向量个数.

温馨提示 含有零向量的向量组一定线性相关.

三、向量组的秩

1. 最大线性无关组

给定向量组 A,若存在 A 的一个部分组 B:$\boldsymbol{\alpha}_1,\boldsymbol{\alpha}_2,\cdots,\boldsymbol{\alpha}_s$,满足

(1) 向量组 B 线性无关;

(2) 向量组 A 中任意 $s+1$ 个向量可以由向量组 B 线性表示,则称向量组 B 是向量组 A 的一个最大线性无关组.

温馨提示 ① 向量组与其最大线性无关组是等价的;② 一个向量组的最大线性无关组所包含的向量个数是唯一的.

2. 向量组的秩

向量组 A 的最大线性无关组所包含向量的个数称为向量组 A 的秩. 只含有零向量的向量组的秩规定为 0.

3. 矩阵的行秩和列秩

对于矩阵

$$\boldsymbol{A}=\begin{bmatrix} a_{11} & a_{12} & \cdots & a_{1n} \\ a_{21} & a_{22} & \cdots & a_{2n} \\ \vdots & \vdots & & \vdots \\ a_{s1} & a_{s2} & \cdots & a_{sn} \end{bmatrix}.$$

按行或按列分块为

$$\boldsymbol{A}=\begin{bmatrix} \boldsymbol{\alpha}_1 \\ \boldsymbol{\alpha}_2 \\ \vdots \\ \boldsymbol{\alpha}_s \end{bmatrix}=(\boldsymbol{\beta}_1,\boldsymbol{\beta}_2,\cdots,\boldsymbol{\beta}_n).$$

$\boldsymbol{A}$ 的行向量组为

$\boldsymbol{\alpha}_1=(a_{11},a_{12},\cdots,a_{1n}),\boldsymbol{\alpha}_2=(a_{21},a_{22},\cdots,a_{2n}),\cdots,\boldsymbol{\alpha}_s=(a_{s1},a_{s2},\cdots,a_{sn})$,

$\boldsymbol{A}$ 的列向量组为

$$\boldsymbol{\beta}_1=\begin{bmatrix} a_{11} \\ a_{21} \\ \vdots \\ a_{s1} \end{bmatrix},\boldsymbol{\beta}_2=\begin{bmatrix} a_{12} \\ a_{22} \\ \vdots \\ a_{s2} \end{bmatrix},\cdots,\boldsymbol{\beta}_n=\begin{bmatrix} a_{1n} \\ a_{2n} \\ \vdots \\ a_{sn} \end{bmatrix}.$$

$\boldsymbol{A}$ 的行向量组 $\boldsymbol{\alpha}_1,\boldsymbol{\alpha}_2,\cdots,\boldsymbol{\alpha}_s$ 的秩称为 $\boldsymbol{A}$ 的行秩，$\boldsymbol{A}$ 的列向量组 $\boldsymbol{\beta}_1,\boldsymbol{\beta}_2,\cdots,\boldsymbol{\beta}_n$ 的秩称为 A 的列秩.

温馨提示 ① 等价的向量组有相同的秩；② 矩阵的行秩等于其列秩.

四、线性方程组的结构及向量空间

1. n 元线性方程组

记矩阵 $\boldsymbol{A}=\begin{pmatrix} a_{11} & a_{12} & \cdots & a_{1n} \\ a_{21} & a_{22} & \cdots & a_{2n} \\ \vdots & \vdots & \vdots & \\ a_{m1} & a_{m2} & \cdots & a_{mn} \end{pmatrix}$，$\boldsymbol{b}=\begin{pmatrix} b_1 \\ b_2 \\ \vdots \\ b_m \end{pmatrix}$，$\boldsymbol{x}=\begin{pmatrix} x_1 \\ x_2, \\ \vdots \\ x_n \end{pmatrix}$，

则线性方程组

$$\boldsymbol{Ax}=b$$

称为 n 元线性方程组.

(1)$\boldsymbol{Ax}=\boldsymbol{b}$ 称为非齐次线性方程组，其中矩阵 $\boldsymbol{A}$ 称为方程的系数矩阵，$\boldsymbol{b}$ 为常数项矩阵，$\boldsymbol{x}$ 为未知量矩阵.

(2)$\boldsymbol{Ax}=0$ 称为齐次线性方程组，零向量 $\boldsymbol{0}=(0,0,\cdots,0)^{\mathrm{T}}$ 是齐次线性方程组 $\boldsymbol{Ax}=\boldsymbol{0}$ 的一个解，称为零解. 我们关心的是齐次线性方程组 $\boldsymbol{Ax}=\boldsymbol{0}$ 有无非零的解(向量).

温馨提示 ① 齐次线性方程组 $\boldsymbol{Ax}=\boldsymbol{0}$ 有非零解的充分必要条件是系数矩阵的秩小于 n，即 $R(\boldsymbol{A})<n$. ② 非齐次线性方程组 $\boldsymbol{Ax}=\boldsymbol{b}$ 有解的充分必要条件是它的系数矩阵和增广矩阵的秩相等，即 $R(\boldsymbol{A})=R(\overline{\boldsymbol{A}})$，增广矩阵 $\overline{\boldsymbol{A}}=(\boldsymbol{A}\vdots\boldsymbol{b})$.

2. 解空间

设 S 是齐次线性方程组 $\boldsymbol{Ax}=\boldsymbol{0}$ 的所有解向量组成的集合，即

$$S=\{\boldsymbol{Ax}=0,\boldsymbol{x}\in\mathbb{R}^n\},$$

S 称为齐次线性方程组 $\boldsymbol{Ax}=\boldsymbol{0}$ 的解空间.

3. 基础解系

齐次线性方程组 $\boldsymbol{Ax}=\boldsymbol{0}$ 的一组解 $\boldsymbol{\eta}_1,\boldsymbol{\eta}_2,\cdots,\boldsymbol{\eta}_t$ 称为其基础解系，如果

(1) 向量组 $\boldsymbol{\eta}_1,\boldsymbol{\eta}_2,\cdots,\boldsymbol{\eta}_t$ 线性无关；

(2) 齐次线性方程组 $\boldsymbol{Ax}=\boldsymbol{0}$ 的任一个解都能由向量组 $\boldsymbol{\eta}_1,\boldsymbol{\eta}_2,\cdots,\boldsymbol{\eta}_t$ 线性表示.

温馨提示 齐次线性方程组 $\boldsymbol{Ax}=\boldsymbol{0}$ 的基础解系就是其解空间的最大线性无关组.

4. 通解

设齐次线性方程组 $\boldsymbol{Ax}=\boldsymbol{0}$ 有非零解，其基础解系是 $\boldsymbol{\eta}_1,\boldsymbol{\eta}_2,\cdots,\boldsymbol{\eta}_t$，则

$$\boldsymbol{\eta}=\sum_{i=1}^{t}c_j\boldsymbol{\eta}_j\ (c_1,c_2,\cdots,c_t\ 是任意常数)$$

表示了齐次线性方程组 $\boldsymbol{Ax}=\boldsymbol{0}$ 全部的解，称为齐次线性方程组 $\boldsymbol{Ax}=\boldsymbol{0}$ 的通解.

5. 非齐次线性方程组的性质与结构

(1) 导出组

齐次线性方程组 $Ax = 0$ 称为非齐次线性方程组 $Ax = b$ 的导出组.

温馨提示 非齐次线性方程组 $Ax=b$ 的解具有下述性质:① 非齐次线性方程组 $Ax=b$ 的任意两个解的差是它的导出组的解;② 非齐次线性方程组 $Ax=b$ 的一个解与它的导出组的一个解的和是非齐次线性方程组 $Ax=b$ 的解.

(2) 解的结构

如果 $\boldsymbol{\eta}_0$ 是非齐次线性方程组 $Ax=b$ 的一个解(称为特解),那么非齐次线性方程组 $Ax=b$ 的任一解向量可表示为

$$\boldsymbol{\eta}=\boldsymbol{\eta}_0+k_1\boldsymbol{\xi}_1+k_2\boldsymbol{\xi}_2+\cdots+k_{n-r}\boldsymbol{\xi}_{n-r},$$

其中 $\boldsymbol{\xi}_1,\boldsymbol{\xi}_2,\cdots,\boldsymbol{\xi}_{n-r}$ 是其导出组 $Ax=\mathbf{0}$ 的基础解系,$k_1,k_2,\cdots,k_{n-r}$ 为任意实数.

6. 向量空间

(1) 定义

设 V 为 n 维向量的集合,如果集合 V 非空,且集合 V 对于向量加法及数乘两种运算封闭,则称集合 V 为向量空间.

(2) r 维向量空间

设 V 为向量空间,如果 r 个向量 $\boldsymbol{a}_1,\boldsymbol{a}_2,\cdots,\boldsymbol{a}_r\in V$,且满足 ① $\boldsymbol{a}_1,\boldsymbol{a}_2,\cdots,\boldsymbol{a}_r$ 线性无关;② V 中任一向量都可由 $\boldsymbol{a}_1,\boldsymbol{a}_2,\cdots,\boldsymbol{a}_r$ 线性表示,那么向量组 $\boldsymbol{a}_1,\boldsymbol{a}_2,\cdots,\boldsymbol{a}_r$ 就称为空间 V 的一个基,r 称为 V 的维数,并称 V 为 r 维向量空间.

典型例题解析

Ⅰ 向量组及其线性组合、向量组的相关性

例 1 下列向量组中,线性无关的是

(A) $[1,2,3,4]^{\mathrm T},[2,3,4,5]^{\mathrm T},[0,0,0,0]^{\mathrm T}$

(B) $[1,2,-1]^{\mathrm T},[3,5,6]^{\mathrm T},[0,7,9]^{\mathrm T},[1,0,2]^{\mathrm T}$

(C) $[a,1,2,3,]^{\mathrm T},[b,1,2,3]^{\mathrm T},[c,3,4,5]^{\mathrm T},[d,0,0,0]^{\mathrm T}$

(D) $[a,1,b,0,0]^{\mathrm T},[c,0,d,6,0]^{\mathrm T},[a,0,c,5,6]^{\mathrm T}$

分析 (A) 中有零向量必线性相关. 因为

$$0\boldsymbol{\alpha}_1+0\boldsymbol{\alpha}_2+\boldsymbol{\alpha}_3=\mathbf{0}$$

系数 0,0,1 不全为 0.

(B) 4 个三维向量必线性相关. $n+1$ 个 n 维向量必线性相关.

(C) 4 个四维向量可用行列式,由于

$$\begin{vmatrix} a & b & c & d \\ 1 & 1 & 3 & 0 \\ 2 & 2 & 4 & 0 \\ 3 & 3 & 5 & 0 \end{vmatrix}=-d\begin{vmatrix} 1 & 1 & 3 \\ 2 & 2 & 4 \\ 3 & 3 & 5 \end{vmatrix}=0$$

从而线性相关.

(D) 中,因为

$$\begin{vmatrix}1&0&0\\0&6&5\\0&0&6\end{vmatrix}\neq 0$$

知$[1,0,0]^T$,$[0,6,0]^T$,$[0,5,6]^T$ 线性无关,那么其延伸组$[a,1,b,0,6]^T$,$[c,0,d,6,0]^T$,$[a,0,c,5,6]^T$ 必线性无关.

解题要点: 本题主要考察向量组线性相关、无关的概念,需要对定义进行很好地掌握,属于基本题型.

例 2 若 $\boldsymbol{\alpha}_1=[1,3,4,-2]^T$,$\boldsymbol{\alpha}_2=[2,1,3,t]^T$,$\boldsymbol{\alpha}_3=[3,-1,2,0]^T$ 线性相关,则 $t=$________.

分析 设 $x_1\boldsymbol{\alpha}_1+x_2\boldsymbol{\alpha}_2+x_3\boldsymbol{\alpha}_3=\mathbf{0}$,按分量写出,即有

$$\begin{cases}x_1+2x_2+3x_3=0\\3x_1+x_2-x_3=0\\4x_1+3x_2+2x_3=0\\-2x_1+tx_2=0\end{cases}$$

对系数矩阵$[\boldsymbol{\alpha}_1,\boldsymbol{\alpha}_2,\boldsymbol{\alpha}_3]$作初等行变换,有

$$\begin{bmatrix}1&2&3\\3&1&-1\\4&3&2\\-2&t&0\end{bmatrix}\to\begin{bmatrix}1&2&3\\0&-5&-10\\0&-5&-10\\0&t+4&6\end{bmatrix}\to\begin{bmatrix}1&2&3\\0&1&2\\0&t+4&6\\0&0&0\end{bmatrix}\to\begin{bmatrix}1&2&3\\0&1&2\\0&0&6-2(t+4)\\0&0&0\end{bmatrix}$$

$$\boldsymbol{\alpha}_1,\boldsymbol{\alpha}_2,\boldsymbol{\alpha}_3\text{ 线性相关}\Leftrightarrow[\boldsymbol{\alpha}_1,\boldsymbol{\alpha}_2,\boldsymbol{\alpha}_2]\begin{bmatrix}x_1\\x_2\\x_3\end{bmatrix}=\mathbf{0}\text{ 有非零解}$$

$$\Leftrightarrow \text{秩 } r(\boldsymbol{\alpha}_1,\boldsymbol{\alpha}_2,\boldsymbol{\alpha}_3)<3$$

故

$$6-2(t+4)=0,\text{即 } t=-1.$$

解题要点: 本题是线性相关的判断,通过矩阵的秩来求解.

例 3 (Ⅰ)若 $\boldsymbol{\alpha}_1=(1,0,5,2)^T$,$\boldsymbol{\alpha}_2=(3,-2,3,-4)^T$,$\boldsymbol{\alpha}_3=(-1,1,t,3)^T$ 线性相关,则 $t=$________;

(Ⅱ)若 $\boldsymbol{\alpha}_1=(1,-1,2,4)^T$,$\boldsymbol{\alpha}_2=(0,3,1,2)^T$,$\boldsymbol{\alpha}_3=(3,0,7,a)^T$,$\boldsymbol{\alpha}_4=(1,-2,2,0)^T$ 线性无关,则 a 的取值范围为________.

分析 (Ⅰ)$\boldsymbol{\alpha}_1,\boldsymbol{\alpha}_2,\boldsymbol{\alpha}_3$ 线性相关的充要条件是齐次方程组 $x_1\boldsymbol{\alpha}_1+x_2\boldsymbol{\alpha}_2+x_3\boldsymbol{\alpha}_3=\mathbf{0}$ 有非零解. 对系数矩阵高斯消元,化为阶梯形,于是有

$$\begin{bmatrix}1&3&-1\\0&-2&1\\5&3&t\\2&-4&3\end{bmatrix}\to\begin{bmatrix}1&3&-1\\0&-2&1\\0&-12&t+5\\0&-10&5\end{bmatrix}\to\begin{bmatrix}1&3&-1\\0&-2&1\\0&0&t-1\\0&0&0\end{bmatrix}.$$

因为齐次方程组有三个未知数,它若有非零解则阶梯形方程组中方程个数必不大于2,故知 $t=1$.

(Ⅱ)n 个 n 维向量 $\boldsymbol{\alpha}_1,\boldsymbol{\alpha}_2,\cdots,\boldsymbol{\alpha}_n$ 线性无关 $\Leftrightarrow|\boldsymbol{\alpha}_1,\boldsymbol{\alpha}_2,\cdots,\boldsymbol{\alpha}_n|\neq 0$. 因为

$$|\boldsymbol{\alpha}_1,\boldsymbol{\alpha}_2,\boldsymbol{\alpha}_3,\boldsymbol{\alpha}_4| = \begin{vmatrix} 1 & 0 & 3 & 1 \\ -1 & 3 & 0 & -2 \\ 2 & 1 & 7 & 2 \\ 4 & 2 & a & 0 \end{vmatrix} = \begin{vmatrix} 1 & 0 & 3 & 1 \\ 0 & 3 & 3 & -1 \\ 0 & 1 & 1 & 0 \\ 0 & 2 & a-12 & -4 \end{vmatrix} = \begin{vmatrix} 3 & 3 & -1 \\ 1 & 1 & 0 \\ 2 & a-12 & -4 \end{vmatrix}$$

$$= \begin{vmatrix} 3 & 0 & -1 \\ 1 & 0 & 0 \\ 2 & a-14 & -4 \end{vmatrix} = 14-a \neq 0,$$

所以 $a\neq 14$.

解题要点:本题主要考察相性相关、无关的判别方法.

例 4 (1) 下列向量组 $\boldsymbol{\alpha}_1,\boldsymbol{\alpha}_2,\cdots,\boldsymbol{\alpha}_s$ 中,线性无关的是

(A)$(1,2,3,4),(4,3,2,1),(0,0,0,0)$

(B)$(a,b,c),(b,c,d),(c,d,e),(d,e,f)$

(C)$(a,1,b,0,0),(c,0,d,2,3),(e,4,f,5,6)$

(D)$(a,1,2,3),(b,1,2,3),(c,4,2,3),(d,0,0,0)$

(2) 已知向量组 $\boldsymbol{\alpha}_1,\boldsymbol{\alpha}_2,\boldsymbol{\alpha}_3,\boldsymbol{\alpha}_4$ 线性无关,则命题正确的是

(A)$\boldsymbol{\alpha}_1+\boldsymbol{\alpha}_2,\boldsymbol{\alpha}_2+\boldsymbol{\alpha}_3,\boldsymbol{\alpha}_3+\boldsymbol{\alpha}_4,\boldsymbol{\alpha}_4+\boldsymbol{\alpha}_1$ 线性无关

(B)$\boldsymbol{\alpha}_1-\boldsymbol{\alpha}_2,\boldsymbol{\alpha}_2-\boldsymbol{\alpha}_3,\boldsymbol{\alpha}_3-\boldsymbol{\alpha}_4,\boldsymbol{\alpha}_4-\boldsymbol{\alpha}_1$ 线性无关

(C)$\boldsymbol{\alpha}_1+\boldsymbol{\alpha}_2,\boldsymbol{\alpha}_2+\boldsymbol{\alpha}_3,\boldsymbol{\alpha}_3-\boldsymbol{\alpha}_4,\boldsymbol{\alpha}_4-\boldsymbol{\alpha}_1$ 线性无关

(D)$\boldsymbol{\alpha}_1+\boldsymbol{\alpha}_2,\boldsymbol{\alpha}_2-\boldsymbol{\alpha}_3,\boldsymbol{\alpha}_3-\boldsymbol{\alpha}_4,\boldsymbol{\alpha}_4-\boldsymbol{\alpha}_1$ 线性无关

(3) 设 $\boldsymbol{\alpha}_1,\boldsymbol{\alpha}_2,\cdots,\boldsymbol{\alpha}_s$ 是 n 维向量,则下列命题中正确的是

(A) 如 $\boldsymbol{\alpha}_s$ 不能用 $\boldsymbol{\alpha}_1,\boldsymbol{\alpha}_2,\cdots,\boldsymbol{\alpha}_{s-1}$ 线性表出,则 $\boldsymbol{\alpha}_1,\boldsymbol{\alpha}_2,\cdots,\boldsymbol{\alpha}_s$ 线性无关

(B) 如 $\boldsymbol{\alpha}_1,\boldsymbol{\alpha}_2,\cdots,\boldsymbol{\alpha}_s$ 线性相关,$\boldsymbol{\alpha}_s$ 不能由 $\boldsymbol{\alpha}_1,\boldsymbol{\alpha}_2,\cdots,\boldsymbol{\alpha}_{s-1}$ 线性表出,则 $\boldsymbol{\alpha}_1,\boldsymbol{\alpha}_2,\cdots,\boldsymbol{\alpha}_{s-1}$ 线性相关

(C) 如 $\boldsymbol{\alpha}_1,\boldsymbol{\alpha}_2,\cdots,\boldsymbol{\alpha}_s$ 中,任意 $s-1$ 个向量都线性无关,则 $\boldsymbol{\alpha}_1,\boldsymbol{\alpha}_2,\cdots,\boldsymbol{\alpha}_s$ 线性无关

(D) 零向量不能用 $\boldsymbol{\alpha}_1,\boldsymbol{\alpha}_2,\cdots,\boldsymbol{\alpha}_s$ 线性表出

(4) 设向量组 Ⅰ:$\boldsymbol{\alpha}_1,\boldsymbol{\alpha}_2,\cdots,\boldsymbol{\alpha}_r$ 可由向量组 Ⅱ:$\boldsymbol{\beta}_1,\boldsymbol{\beta}_2,\cdots,\boldsymbol{\beta}_s$ 线性表出,则下列命题正确的是

(A) 若向量组 Ⅰ 线性无关,则 $r\leqslant s$.　　(B) 若向量组 Ⅰ 线性相关,则 $r>s$.

(C) 若向量组 Ⅱ 线性无关,则 $r\leqslant s$.　　(D) 若向量组 Ⅱ 线性相关,则 $r>s$.

分析 (1) 有零向量的向量组肯定线性相关,任意 $n+1$ 个 n 维向量必线性相关. 因此(A),(B) 均线性相关.

对于(D),若 $d=0$,肯定线性相关;若 $d\neq 0$,则

$$(a,1,2,3)-(b,1,2,3)=\frac{a-b}{d}(d,0,0,0),$$

即 $\boldsymbol{\alpha}_1,\boldsymbol{\alpha}_2,\boldsymbol{\alpha}_4$ 线性相关,而线性相关的向量组再增加向量肯定仍是线性相关,因此不论哪种情况,(D) 是线性相关的.(也可直接计算行列式.)

由排除法可知(C) 入选. 另一方面,若能观察出 $\boldsymbol{\beta}_1=(1,0,0),\boldsymbol{\beta}_2=(0,2,3),\boldsymbol{\beta}_3=(4,5,6)$ 所构成的行列式

$$\begin{vmatrix} 1 & 0 & 0 \\ 0 & 2 & 3 \\ 4 & 5 & 6 \end{vmatrix}\neq 0,$$

则可知 $\boldsymbol{\beta}_1,\boldsymbol{\beta}_2,\boldsymbol{\beta}_3$ 线性无关，而 $\boldsymbol{\alpha}_1,\boldsymbol{\alpha}_2,\boldsymbol{\alpha}_3$ 是其延伸组，即不论如何扩充均线性无关，故选(C).

(2) 可观察法可知 $(\boldsymbol{\alpha}_1+\boldsymbol{\alpha}_2)-(\boldsymbol{\alpha}_2+\boldsymbol{\alpha}_3)+(\boldsymbol{\alpha}_3+\boldsymbol{\alpha}_4)-(\boldsymbol{\alpha}_4+\boldsymbol{\alpha}_1)=\mathbf{0}$，即(A) 线性相关.

对于(B)，$(\boldsymbol{\alpha}_1-\boldsymbol{\alpha}_2)+(\boldsymbol{\alpha}_2-\boldsymbol{\alpha}_3)+(\boldsymbol{\alpha}_3-\boldsymbol{\alpha}_4)+(\boldsymbol{\alpha}_4-\boldsymbol{\alpha}_1)=\mathbf{0}$. 即(B) 线性相关.

而(C) 中，$(\boldsymbol{\alpha}_1+\boldsymbol{\alpha}_2)-(\boldsymbol{\alpha}_2+\boldsymbol{\alpha}_3)+(\boldsymbol{\alpha}_3-\boldsymbol{\alpha}_4)+(\boldsymbol{\alpha}_4-\boldsymbol{\alpha}_1)=\mathbf{0}$，即(C) 线性相关.

由排除法可知(D) 正确. 作为复习并掌握基本方法，请读者直接证明(D) 线性无关.

(3)(A)，(C)，(D) 均错，仅(B) 正确.

(A) 中当 $\boldsymbol{\alpha}_s$ 不能用 $\boldsymbol{\alpha}_1,\boldsymbol{\alpha}_2,\cdots,\boldsymbol{\alpha}_{s-1}$ 线性表出时，并不保证每一个向量 $\boldsymbol{\alpha}_i(i=1,2,\cdots,s-1)$ 都不能用其余的向量线性表出. 例如：$\boldsymbol{\alpha}_1=(1,0)$，$\boldsymbol{\alpha}_2=(2,0)$，$\boldsymbol{\alpha}_3=(0,3)$，虽 $\boldsymbol{\alpha}_3$ 不能用 $\boldsymbol{\alpha}_1,\boldsymbol{\alpha}_2$ 线性表出，但 $2\boldsymbol{\alpha}_1-\boldsymbol{\alpha}_2+0\boldsymbol{\alpha}_3=\mathbf{0}$，$\boldsymbol{\alpha}_1,\boldsymbol{\alpha}_2,\boldsymbol{\alpha}_3$ 是线性相关的.

(C) 如 $\boldsymbol{\alpha}_1,\boldsymbol{\alpha}_2,\cdots,\boldsymbol{\alpha}_s$ 线性无关，可知它的任何一个部分组均线性无关. 但任一部分组线性无关并不能保证该向量组线性无关. 例如

$\boldsymbol{e}_1=(1,0,0,\cdots,0)$，$\boldsymbol{e}_2=(0,1,0,\cdots,0)$，$\cdots$，$\boldsymbol{e}_n=(0,0,0,\cdots,1)$，$\boldsymbol{\alpha}=(1,1,1,\cdots,1)$，

其中任意 n 个都是线性无关的，但这 $n+1$ 个向量是线性相关的.

(D) 在线性表出的定义中，对组合系数没有任何约束条件，因此，零向量可以用任何向量组线性表出，最多组合系数全取为 0，即 $\mathbf{0}=0\boldsymbol{\alpha}_1+0\boldsymbol{\alpha}_2+\cdots+0\boldsymbol{\alpha}_s$.

其实，零向量由 $\boldsymbol{\alpha}_1,\boldsymbol{\alpha}_2,\cdots,\boldsymbol{\alpha}_s$ 表示时，如果组合系数可以不全为 0，则表明 $\boldsymbol{\alpha}_1,\boldsymbol{\alpha}_2,\cdots,\boldsymbol{\alpha}_s$ 是线性相关的，否则线性无关.

关于(B)，由于 $\boldsymbol{\alpha}_1,\boldsymbol{\alpha}_2,\cdots,\boldsymbol{\alpha}_s$ 线性相关，故存在不全为 0 的 $k_i(i=1,2,\cdots,s)$，使

$$k_1\boldsymbol{\alpha}_1+k_2\boldsymbol{\alpha}_2+\cdots+k_s\boldsymbol{\alpha}_s=\mathbf{0}.$$

显然，$k_s=0$(否则 $\boldsymbol{\alpha}_s$ 可由 $\boldsymbol{\alpha}_1,\cdots,\boldsymbol{\alpha}_{s-1}$ 线性表出)，因此 $\boldsymbol{\alpha}_1,\boldsymbol{\alpha}_2,\cdots,\boldsymbol{\alpha}_{s-1}$ 线性相关.

(4) 因为 Ⅰ 可由 Ⅱ 线性表出，故 $r(\text{Ⅰ})\leqslant r(\text{Ⅱ})$. 当向量组 Ⅰ 线性无关时，有 $r(\text{Ⅰ})=r(\boldsymbol{\alpha}_1,\boldsymbol{\alpha}_2,\cdots,\boldsymbol{\alpha}_r)=r$. 由向量组秩的概念自然有 $r(\text{Ⅱ})=r(\boldsymbol{\beta}_1,\boldsymbol{\beta}_2,\cdots,\boldsymbol{\beta}_s)\leqslant s$. 从而(A) 正确.

若 $\boldsymbol{\alpha}_1=\begin{bmatrix}1\\0\\0\end{bmatrix}$，$\boldsymbol{\alpha}_2=\begin{bmatrix}2\\0\\0\end{bmatrix}$，$\boldsymbol{\beta}_1=\begin{bmatrix}1\\0\\0\end{bmatrix}$，$\boldsymbol{\beta}_2=\begin{bmatrix}0\\1\\0\end{bmatrix}$，$\boldsymbol{\beta}_3=\begin{bmatrix}0\\0\\0\end{bmatrix}$，可见(B)、(D) 均不正确.

若 $\boldsymbol{\alpha}_1=\begin{bmatrix}1\\0\\0\end{bmatrix}$，$\boldsymbol{\alpha}_2=\begin{bmatrix}2\\0\\0\end{bmatrix}$，$\boldsymbol{\alpha}_3=\begin{bmatrix}3\\0\\0\end{bmatrix}$，$\boldsymbol{\beta}_1=\begin{bmatrix}1\\0\\0\end{bmatrix}$，$\boldsymbol{\beta}_2=\begin{bmatrix}0\\1\\0\end{bmatrix}$，可知(C) 不正确.

解题要点：本题考察比较全面，主要的解题思路是抓住线性相关的定义，从定义出发去求解问题.

例 5 若 $\boldsymbol{\alpha}_1=[1,2,3,1]^{\mathrm{T}}$，$\boldsymbol{\alpha}_2=[1,1,2,-1]^{\mathrm{T}}$，$\boldsymbol{\alpha}_3=[2,6,a,5]^{\mathrm{T}}$，$\boldsymbol{\alpha}_4=[3,4,7,-1]^{\mathrm{T}}$ 线性相关，则 $a=$ ________.

分析 4 个 4 维向量计算行列式，有

$$|\boldsymbol{\alpha}_1,\boldsymbol{\alpha}_2,\boldsymbol{\alpha}_3,\boldsymbol{\alpha}_4|=\begin{vmatrix}1&1&2&3\\2&1&6&4\\3&2&a&7\\1&-1&5&-1\end{vmatrix}=\begin{vmatrix}1&1&2&3\\0&-1&2&-2\\0&-1&a-6&-2\\0&-2&3&-4\end{vmatrix}$$

$$=\begin{vmatrix}-1&2&-2\\-1&a-6&-2\\-2&3&-4\end{vmatrix}$$

说明,对于 $\forall a, \boldsymbol{\alpha}_1, \boldsymbol{\alpha}_2, \boldsymbol{\alpha}_3, \boldsymbol{\alpha}_4$ 恒线性相关.

解题要点:本题主要考察线性相关的性质,通过性质求解参数.

例 6 (2011,4) 设 $\boldsymbol{\alpha}_i = [a_{i1}, a_{i2}, \cdots, a_{in}]^{\mathrm{T}} (i = 1,2,\cdots,r, r < n)$ 是 n 维实向量,且 $\boldsymbol{\alpha}_1, \boldsymbol{\alpha}_2, \cdots, \boldsymbol{\alpha}_r$ 线性无关. 已知 $\boldsymbol{\beta} = [b_1, b_2, \cdots, b_n]^{\mathrm{T}}$ 是线性方程组

$$\begin{cases} a_{11}x_1 + a_{12}x_2 + \cdots + a_{1n}x_n = 0 \\ a_{21}x_1 + a_{22}x_2 + \cdots + a_{2n}x_n = 0 \\ \cdots\cdots\cdots\cdots \\ a_{r1}x_1 + a_{r2}x_2 + \cdots + a_{rn}x_n = 0 \end{cases}$$

的非零解向量,试判断向量组 $\boldsymbol{\alpha}_1, \boldsymbol{\alpha}_2, \cdots, \boldsymbol{\alpha}_r, \boldsymbol{\beta}$ 的线性相关性.

解 (用定义,同乘) 设 $k_1\boldsymbol{\alpha}_1 + k_2\boldsymbol{\alpha}_2 + \cdots + k_r\boldsymbol{\alpha}_r + l\boldsymbol{\beta} = \mathbf{0}$ (1)

因为 $\boldsymbol{\beta}$ 为齐次方程组的非零解,有

$$\begin{cases} a_{11}b_1 + a_{12}b_2 + \cdots + a_{1n}x_n = 0 \\ a_{21}b_1 + a_{22}b_2 + \cdots + a_{2n}b_n = 0 \\ \cdots\cdots\cdots\cdots \\ a_{r1}b_1 + a_{r2}b_2 + \cdots + a_{rn}b_n = 0. \end{cases}$$

即 $\boldsymbol{\beta}^{\mathrm{T}}\boldsymbol{\alpha}_1 = 0, \boldsymbol{\beta}^{\mathrm{T}}\boldsymbol{\alpha}_2 = 0, \cdots, \boldsymbol{\beta}^{\mathrm{T}}\boldsymbol{\alpha}_r = 0.$

用 $\boldsymbol{\beta}^{\mathrm{T}}$ 左乘(1) 式两端,并把 $\boldsymbol{\beta}^{\mathrm{T}}\boldsymbol{\beta}_i = 0$ 代入,得

$$l\boldsymbol{\beta}^{\mathrm{T}}\boldsymbol{\beta} = 0 \tag{2}$$

因为 $\boldsymbol{\beta} \neq \mathbf{0}$,有 $\boldsymbol{\beta}^{\mathrm{T}}\boldsymbol{\beta} = b_1^1 + b_2^2 + \cdots + b_n^2 > 0$,故必有 $l = 0$,代入(1) 式,得

$$k_1\boldsymbol{\alpha}_1 + k_2\boldsymbol{\alpha}_2 + \cdots + k_r\boldsymbol{\alpha}_r = \mathbf{0} \tag{3}$$

因为 $\boldsymbol{\alpha}_1, \boldsymbol{\alpha}_2, \cdots, \boldsymbol{\alpha}_r$ 线性无关,由(3) 知

$$k_1 = 0, k_2 = 0, \cdots, k_r = 0$$

从而向量组 $\boldsymbol{\alpha}_1, \boldsymbol{\alpha}_2, \cdots, \boldsymbol{\alpha}_r, \boldsymbol{\beta}$ 线性无关.

解题要点:本题主要考察用定义证明线性相关性.

例 7 判断 $\boldsymbol{\alpha}_1 = (1,0,2,3)^{\mathrm{T}}, \boldsymbol{\alpha}_2 = (1,1,3,5)^{\mathrm{T}}, \boldsymbol{\alpha}_3 = (1,-1,a+2,1)^{\mathrm{T}}, \boldsymbol{\alpha}_4 = (1,2,4,a+9)^{\mathrm{T}}$ 的线性相关性.

解法一 设 $x_1\boldsymbol{\alpha}_1 + x_2\boldsymbol{\alpha}_2 + x_3\boldsymbol{\alpha}_3 + x_4\boldsymbol{\alpha}_4 = \mathbf{0}$,按分量写出,有

$$\begin{cases} x_1 + x_2 + x_3 + x_4 = 0, \\ x_2 - x_3 + 2x_4 = 0, \\ 2x_1 + 3x_2 + (a+2)x_3 + 4x_4 = 0, \\ 3x_1 + 5x_2 + x_3 + (a+9)x_4 = 0. \end{cases}$$

对系数矩阵高斯消元,有

$$\begin{bmatrix} 1 & 1 & 1 & 1 \\ 0 & 1 & -1 & 2 \\ 2 & 3 & a+2 & 4 \\ 3 & 5 & 1 & a+9 \end{bmatrix} \to \begin{bmatrix} 1 & 1 & 1 & 1 \\ 0 & 1 & -1 & 2 \\ 0 & 1 & a & 2 \\ 0 & 2 & -2 & a+6 \end{bmatrix} \to \begin{bmatrix} 1 & 1 & 1 & 1 \\ 0 & 1 & -1 & 2 \\ 0 & 0 & a+1 & 0 \\ 0 & 0 & 0 & a+2 \end{bmatrix}$$

当 $a = -1$ 或 $a = -2$ 时,$r(\mathbf{A}) = 3 < 4$,齐次方程组有非零解,向量组线性相关. 否则线性无关.

解法二 由于4个4维向量，故可用行列式. 因为

$$\begin{vmatrix} 1 & 1 & 1 & 1 \\ 0 & 1 & -1 & 2 \\ 2 & 3 & a+2 & 4 \\ 3 & 5 & 1 & a+9 \end{vmatrix} = (a+1)(a+2),$$

所以 $a=-1$ 或 $a=-2$ 时，向量组线性相关，否则线性无关.

解题要点: 本题主要考察线性相关性的证明，由向量组的线性相关性，转为求解齐次方程组有无非零解问题.

例8 设 $\boldsymbol{A}$ 为3阶矩阵，$\boldsymbol{\alpha}_1,\boldsymbol{\alpha}_2$ 为 $\boldsymbol{A}$ 的分别属于特征值 $-1,1$ 的特征向量，向量 $\boldsymbol{\alpha}_3$ 满足 $\boldsymbol{A\alpha}_3=\boldsymbol{\alpha}_2+\boldsymbol{\alpha}_3$，证明 $\boldsymbol{\alpha}_1,\boldsymbol{\alpha}_2,\boldsymbol{\alpha}_3$ 线性无关.

证法一 （用定义，同乘）由特征值、特征向量的定义，有

$$\boldsymbol{A\alpha}_1=-\boldsymbol{\alpha}_1,\boldsymbol{A\alpha}_2=\boldsymbol{\alpha}_2.$$

设

$$k_1\boldsymbol{\alpha}_1+k_2\boldsymbol{\alpha}_2+k_3\boldsymbol{\alpha}_3=\boldsymbol{0} \tag{1}$$

用 $\boldsymbol{A}$ 乘(1)得

$$-k_1\boldsymbol{\alpha}_1+k_2\boldsymbol{\alpha}_2+k_3(\boldsymbol{\alpha}_2+\boldsymbol{\alpha}_3)=\boldsymbol{0} \tag{2}$$

(1)－(2)得

$$2k_1\boldsymbol{\alpha}_1-k_3\boldsymbol{\alpha}_2=\boldsymbol{0}$$

因为 $\boldsymbol{\alpha}_1,\boldsymbol{\alpha}_2$ 是不同特征值的特征向量，$\boldsymbol{\alpha}_1,\boldsymbol{\alpha}_2$ 线性无关，故 $k_1=0,k_3=0$.

代入(1)得：$k_2\boldsymbol{\alpha}_2=\boldsymbol{0}$.

又因 $\boldsymbol{\alpha}_2$ 是特征向量，$\boldsymbol{\alpha}_2\neq\boldsymbol{0}$ 从而 $k_2=0$. 因此，$\boldsymbol{\alpha}_1,\boldsymbol{\alpha}_2,\boldsymbol{\alpha}_3$ 线性无关.

证法二 （反证法）因为 $\boldsymbol{\alpha}_1,\boldsymbol{\alpha}_2$ 是矩阵 $\boldsymbol{A}$ 不同特征值的特征向量，它们线性无关. 那么如果 $\boldsymbol{\alpha}_1,\boldsymbol{\alpha}_2,\boldsymbol{\alpha}_3$ 线性相关则

$$\boldsymbol{\alpha}_3=k_1\boldsymbol{\alpha}_1+k_2\boldsymbol{\alpha}_2 \tag{1}$$

用 $\boldsymbol{A}$ 左乘(1)式两端并把 $\boldsymbol{A\alpha}_1=-\boldsymbol{\alpha}_1,\boldsymbol{A\alpha}_2=\boldsymbol{\alpha}_2,\boldsymbol{A\alpha}_3=\boldsymbol{\alpha}_2+\boldsymbol{\alpha}_3$ 代入得

$$\boldsymbol{\alpha}_2+\boldsymbol{\alpha}_3=-k_1\boldsymbol{\alpha}_1+k_2\boldsymbol{\alpha}_2 \tag{2}$$

(2)－(1)得 $\boldsymbol{\alpha}_2=-2k_1\boldsymbol{\alpha}_1$ 与 $\boldsymbol{\alpha}_1,\boldsymbol{\alpha}_2$ 线性无关相矛盾.

解题要点: 本题主要考察线性相关性的证明，注意对定义的准确把握以及反证法的应用.

例9 已知 $\boldsymbol{\alpha}_1=[1,2,-3,1]^{\mathrm{T}},\boldsymbol{\alpha}_2=[5,-5,a,11]^{\mathrm{T}},\boldsymbol{\alpha}_3=[1,-3,6,3]^{\mathrm{T}},\boldsymbol{\beta}=[2,-1,3,b]^{\mathrm{T}}$，试问当 a,b 取何值时 $\boldsymbol{\beta}$ 可以由 $\boldsymbol{\alpha}_1,\boldsymbol{\alpha}_2,\boldsymbol{\alpha}_3$ 线性表示，并写出其表达式.

解 设 $x_1\boldsymbol{\alpha}_1+x_2\boldsymbol{\alpha}_2+x_3\boldsymbol{\alpha}_3=\boldsymbol{\beta}$，按分量写出，即有

$$\begin{cases} x_1+5x_2+x_3=2 \\ 2x_1-5x_2-3x_3=-1 \\ -3x_1+ax_2+6x_3=3 \\ x_1+11x_2+3x_3=b \end{cases}$$

对增广矩阵 $[\boldsymbol{\alpha}_1,\boldsymbol{\alpha}_2,\boldsymbol{\alpha}_3,\boldsymbol{\beta}]$ 作初等行变换，有

$$\left[\begin{array}{ccc:c} 1 & 5 & 1 & 2 \\ 2 & -5 & -3 & -1 \\ -3 & a & 6 & 3 \\ 1 & 11 & 3 & b \end{array}\right] \to \left[\begin{array}{ccc:c} 1 & 5 & 1 & 2 \\ 0 & -15 & -5 & -5 \\ 0 & a+15 & 9 & 9 \\ 0 & 6 & 2 & b-2 \end{array}\right] \to \left[\begin{array}{ccc:c} 1 & 5 & 1 & 2 \\ 0 & 3 & 1 & 1 \\ 0 & 0 & \frac{12-a}{3} & \frac{12-a}{3} \\ 0 & 0 & 0 & b-4 \end{array}\right]$$

如果 $b \neq 4$,方程组无解,$\boldsymbol{\beta}$ 不能由 $\boldsymbol{\alpha}_1,\boldsymbol{\alpha}_2,\boldsymbol{\alpha}_3$ 线性表出.

如果 $b=4$,秩 $r(\boldsymbol{A})=r(\overline{\boldsymbol{A}})$,方程组有解,$\boldsymbol{\beta}$ 可由 $\boldsymbol{\alpha}_1,\boldsymbol{\alpha}_2,\boldsymbol{\alpha}_3$ 线性表出.

(1) 当 $a \neq 12$ 时,$[\boldsymbol{\alpha}_1,\boldsymbol{\alpha}_2,\boldsymbol{\alpha}_3,\boldsymbol{\beta}] \rightarrow \left[\begin{array}{ccc:c}1&5&1&2\\0&3&1&1\\0&0&1&1\\0&0&0&0\end{array}\right]$

方程组有唯一解,$x_1=1,x_2=0,x_3=1$. 即 $\boldsymbol{\beta}=\boldsymbol{\alpha}_1+\boldsymbol{\alpha}_3$.

(2) 当 $a=12$ 时,$[\boldsymbol{\alpha}_1,\boldsymbol{\alpha}_2,\boldsymbol{\alpha}_3,\boldsymbol{\beta}] \rightarrow \begin{bmatrix}1&5&1&2\\0&3&1&1\\0&0&0&0\\0&0&0&0\end{bmatrix}$

方程组有无穷多解:$x_2=t,x_3=1-3t,x_1=1-2t$. 即

$\boldsymbol{\beta}=(1-2t)\boldsymbol{\alpha}_1+t\boldsymbol{\alpha}_2+(1-3t)\boldsymbol{\alpha}_3$,$t$ 为任意实数.

解题要点:本题主要考察线性表出的定义以及计算.

例 10 设有向量组(Ⅰ)$\boldsymbol{\alpha}_1=[1,0,2]^{\mathrm{T}},\boldsymbol{\alpha}_2=[1,1,3]^{\mathrm{T}},\boldsymbol{\alpha}_3=[1,-1,a+2]^{\mathrm{T}}$;(Ⅱ)$\boldsymbol{\beta}_1=[1,2,a+3]^{\mathrm{T}},\boldsymbol{\beta}_2=[2,1,a+6]^{\mathrm{T}},\boldsymbol{\beta}_3=[2,1,a+4]^{\mathrm{T}}$. 试问:当 a 为何值时,向量组(Ⅰ)与(Ⅱ)等价?当 a 为保值时,向量组(Ⅰ)与(Ⅱ)不等价?

分析 所谓向量组(Ⅰ)与(Ⅱ)等价,即向量组(Ⅰ)与(Ⅱ)可以互相线性表出. 如果方程组

$$x_1\boldsymbol{\alpha}_1+x_2\boldsymbol{\alpha}_2+x_3\boldsymbol{\alpha}_3=\boldsymbol{\beta}$$

有解,则 $\boldsymbol{\beta}$ 可以由 $\boldsymbol{\alpha}_1,\boldsymbol{\alpha}_2,\boldsymbol{\alpha}_3$ 线性表出.

那么,如果对同一个 a,三个方程组

$$x_1\boldsymbol{\alpha}_1+x_2\boldsymbol{\alpha}_2+x_3\boldsymbol{\alpha}_3=\boldsymbol{\beta}_1,\ y_1\boldsymbol{\alpha}_1+y_2\boldsymbol{\alpha}_2+y_3\boldsymbol{\alpha}_3=\boldsymbol{\beta}_2,\ z_1\boldsymbol{\alpha}_1+z_2\boldsymbol{\alpha}_2+z_3\boldsymbol{\alpha}_3=\boldsymbol{\beta}_3$$

均有解,则说明向量组(Ⅱ)可以由向量组(Ⅰ)线性表出.

解 对$[\boldsymbol{\alpha}_1,\boldsymbol{\alpha}_2,\boldsymbol{\alpha}_3 \vdots \boldsymbol{\beta}_1,\boldsymbol{\beta}_2,\boldsymbol{\beta}_3]$作初等行变换,有

$$[\boldsymbol{\alpha}_1,\boldsymbol{\alpha}_2,\boldsymbol{\alpha}_3 \vdots \boldsymbol{\beta}_1,\boldsymbol{\beta}_2,\boldsymbol{\beta}_3]=\left[\begin{array}{ccc:ccc}1&1&1&1&2&2\\0&1&-1&2&1&1\\2&3&a+2&a+3&a+6&a+4\end{array}\right] \rightarrow \left[\begin{array}{ccc:ccc}1&1&1&1&2&2\\0&1&-1&2&1&1\\0&1&a&a+1&a+2&a\end{array}\right]$$

$$\rightarrow \left[\begin{array}{ccc:ccc}1&1&1&1&2&2\\0&1&-1&2&1&1\\0&0&a+1&a-1&a+1&a-1\end{array}\right]$$

那么,由方程组 $x_1\boldsymbol{\alpha}_1+x_2\boldsymbol{\alpha}_2+x_3\boldsymbol{\alpha}_3=\boldsymbol{\beta}_1$ 知,只要 $a \neq -1$ 方程组总有唯一解,即 $a \neq -1$ 时,$\boldsymbol{\beta}_1$ 必可由 $\boldsymbol{\alpha}_1,\boldsymbol{\alpha}_2,\boldsymbol{\alpha}_3$ 线性表出. 而 $a=-1$ 时,方程组无解,$\boldsymbol{\beta}_1$ 不能由 $\boldsymbol{\alpha}_1,\boldsymbol{\alpha}_2,\boldsymbol{\alpha}_3$ 线性表出.

由方程组 $y_1\boldsymbol{\alpha}_1+y_2\boldsymbol{\alpha}_2+y_3\boldsymbol{\alpha}_3=\boldsymbol{\beta}_2$ 知,$\forall a$ 方程组总有解,即 $\boldsymbol{\beta}_2$ 必可由 $\boldsymbol{\alpha}_1,\boldsymbol{\alpha}_2,\boldsymbol{\alpha}_3$ 线性表出.

由方程组 $y_1\boldsymbol{\alpha}_1+y_2\boldsymbol{\alpha}_2+y_3\boldsymbol{\alpha}_3=\boldsymbol{\beta}_3$ 知,只要 $a \neq -1$,方程组就有解,$\boldsymbol{\beta}_3$ 就可由 $\boldsymbol{\alpha}_1,\boldsymbol{\alpha}_2,\boldsymbol{\alpha}_3$ 线性表出.

因此,当 $a \neq -1$ 时,向量组(Ⅱ)可由向量组(Ⅰ)线性表出.

反之,由于行列式

$$|\boldsymbol{\beta}_1,\boldsymbol{\beta}_2,\boldsymbol{\beta}_3|=\begin{vmatrix}1&2&2\\2&1&1\\a+3&a+6&a+4\end{vmatrix}=\begin{vmatrix}1&2&0\\2&1&0\\a+3&a+6&-2\end{vmatrix}=6 \neq 0$$

故 $\forall a$，三个方程组 $x_1\boldsymbol{\beta}_1+x_2\boldsymbol{\beta}_2+x_3\boldsymbol{\beta}_3=\boldsymbol{\alpha}_j(j=1,2,3)$ 恒有解，即对于 $\forall a$，向量组(Ⅰ)总可由向量组(Ⅱ)线性表出.

因此，$a\neq-1$ 时向量组(Ⅰ)与(Ⅱ)等价.

而 $a=-1$ 时，$\boldsymbol{\beta}_1$ 不能由 $\boldsymbol{\alpha}_1,\boldsymbol{\alpha}_2,\boldsymbol{\alpha}_3$ 线性表出，向量组(Ⅰ)与(Ⅱ)不等价.

解题要点：本题的主要思路是将相互等价转化为线性相关性，然后再根据线性相关性的性质求解问题.

例 11 (1) 若 $\boldsymbol{\beta}=(1,2,t)^{\mathrm{T}}$ 可由 $\boldsymbol{\alpha}_1=(2,1,1)^{\mathrm{T}},\boldsymbol{\alpha}_2=(-1,2,7)^{\mathrm{T}},\boldsymbol{\alpha}_3=(1,-1,-4)^{\mathrm{T}}$ 线性表出，则 $t=$ ________；

(2) 设 $\boldsymbol{\alpha}_1=(1,2,1)^{\mathrm{T}},\boldsymbol{\alpha}_2=(2,3,a)^{\mathrm{T}},\boldsymbol{\alpha}_3=(1,a+2,-2)^{\mathrm{T}}$，若 $\boldsymbol{\beta}_1=(1,3,4)^{\mathrm{T}}$ 可以由 $\boldsymbol{\alpha}_1,\boldsymbol{\alpha}_2,\boldsymbol{\alpha}_3$ 线性表出，$\boldsymbol{\beta}_2=(0,1,2)^{\mathrm{T}}$ 不能由 $\boldsymbol{\alpha}_1,\boldsymbol{\alpha}_2,\boldsymbol{\alpha}_3$ 线性表出，则 $a=$ ________.

分析 (1)$\boldsymbol{\beta}$ 可以由向量组 $\boldsymbol{\alpha}_1,\boldsymbol{\alpha}_2,\boldsymbol{\alpha}_3$ 线性表出的充要条件是线性方程组 $x_1\boldsymbol{\alpha}_1+x_2\boldsymbol{\alpha}_2+x_3\boldsymbol{\alpha}_3=\boldsymbol{\beta}$ 有解.

对增广矩阵高斯消元，化为阶梯形，即

$$\begin{bmatrix}2&-1&1&\vdots&1\\1&2&-1&\vdots&2\\1&7&-4&\vdots&t\end{bmatrix}\to\begin{bmatrix}1&2&-1&\vdots&2\\2&-1&1&\vdots&1\\1&7&-4&\vdots&t\end{bmatrix}\to\begin{bmatrix}1&2&-1&\vdots&2\\0&-5&3&\vdots&-3\\0&5&-3&\vdots&t-2\end{bmatrix}$$

$$\to\begin{bmatrix}1&2&-1&\vdots&2\\0&-5&3&\vdots&-3\\0&0&0&\vdots&t-5\end{bmatrix},$$

方程组有解 $\Leftrightarrow r(\boldsymbol{A})=r(\overline{\boldsymbol{A}})$，显然 $t=5$.

(2) 依题意，方程组 $x_1\boldsymbol{\alpha}_1+x_2\boldsymbol{\alpha}_2+x_3\boldsymbol{\alpha}_3=\boldsymbol{\beta}_1$ 有解，而方程组 $x_1\boldsymbol{\alpha}_1+x_2\boldsymbol{\alpha}_2+x_3\boldsymbol{\alpha}_3=\boldsymbol{\beta}_2$ 无解.

因为两个方程组的系数矩阵相同，故可合并一次加减消元，即

$$\begin{bmatrix}1&2&1&\vdots&1&0\\2&3&a+2&\vdots&3&1\\1&a&-2&\vdots&4&2\end{bmatrix}\to\begin{bmatrix}1&2&1&\vdots&1&0\\0&-1&a&\vdots&1&1\\0&a-2&-3&\vdots&3&2\end{bmatrix}\to\begin{bmatrix}1&2&1&\vdots&1&0\\0&1&-a&\vdots&-1&-1\\0&0&a^2-2a-3&\vdots&a+1&a\end{bmatrix},$$

可见 $a=-1$ 时，方程组 $x_1\boldsymbol{\alpha}_1+x_2\boldsymbol{\alpha}_2+x_3\boldsymbol{\alpha}_3=\boldsymbol{\beta}_1$ 有解，而 $x_1\boldsymbol{\alpha}_1+x_2\boldsymbol{\alpha}_2+x_3\boldsymbol{\alpha}_3=\boldsymbol{\beta}_2$ 无解，故 $a=-1$.

解题要点：本题的主要思路是将线性表出转化为线性方程组有无解的问题，然后根据方程组解的判定求解.

例 12 设向量组 $\boldsymbol{\alpha}_1,\boldsymbol{\alpha}_2,\boldsymbol{\alpha}_3$ 线性相关，向量组 $\boldsymbol{\alpha}_2,\boldsymbol{\alpha}_3,\boldsymbol{\alpha}_4$ 线性无关，问

(1)$\boldsymbol{\alpha}_1$ 能否由 $\boldsymbol{\alpha}_2,\boldsymbol{\alpha}_3$ 线性表出？证明你的结论.

(2)$\boldsymbol{\alpha}_1$ 能否由 $\boldsymbol{\alpha}_1,\boldsymbol{\alpha}_2,\boldsymbol{\alpha}_3$ 线性表出？证明你的结论.

解 (1) $\boldsymbol{\alpha}_1$ 能由 $\boldsymbol{\alpha}_2,\boldsymbol{\alpha}_3$ 线性表出.

证法一 因为已知向量组 $\boldsymbol{\alpha}_2,\boldsymbol{\alpha}_3,\boldsymbol{\alpha}_4$ 线性无关，那么它的部分组 $\boldsymbol{\alpha}_2,\boldsymbol{\alpha}_3$ 线性无关. 又因 $\boldsymbol{\alpha}_1,\boldsymbol{\alpha}_2,\boldsymbol{\alpha}_3$ 线性相关，故 $\boldsymbol{\alpha}_1$ 可以由 $\boldsymbol{\alpha}_2,\boldsymbol{\alpha}_3$ 线性表出.

证法二 因为向量组 $\boldsymbol{\alpha}_1,\boldsymbol{\alpha}_2,\boldsymbol{\alpha}_3$ 线性相关，故存在不全为零的数 k_1,k_2,k_3，使得

$$k_1\boldsymbol{\alpha}_1+k_2\boldsymbol{\alpha}_2+k_3\boldsymbol{\alpha}_3=\mathbf{0}$$

其中必有 $k_1\neq0$. 否则，若 $k_1=0$，则 k_2,k_3 不全为零，使 $k_2\boldsymbol{\alpha}_2+k_3\boldsymbol{\alpha}_3=\mathbf{0}$. 即 $\boldsymbol{\alpha}_2,\boldsymbol{\alpha}_3$ 线性相关，进而向量组 $\boldsymbol{\alpha}_2,\boldsymbol{\alpha}_3,\boldsymbol{\alpha}_4$ 线性相关，与已知矛盾. 于是 $k_1\neq\mathbf{0}$. 由此有

$$\boldsymbol{\alpha}_1=-\frac{k_2}{k_1}\boldsymbol{\alpha}_2-\frac{k_3}{k_1}\boldsymbol{\alpha}_3$$

即 $\boldsymbol{\alpha}_1$ 可由 $\boldsymbol{\alpha}_2,\boldsymbol{\alpha}_3$ 线性表出.

(2)$\boldsymbol{\alpha}_4$ 不能由 $\boldsymbol{\alpha}_1,\boldsymbol{\alpha}_2,\boldsymbol{\alpha}_3$ 线性表出.

证法一(反证法) 若 $\boldsymbol{\alpha}_4$ 能由 $\boldsymbol{\alpha}_1,\boldsymbol{\alpha}_2,\boldsymbol{\alpha}_3$ 线性表出,设

$$\boldsymbol{\alpha}_4=k_1\boldsymbol{\alpha}_1+k_2\boldsymbol{\alpha}_2+k_3\boldsymbol{\alpha}_3$$

由(1)知,$\boldsymbol{\alpha}_1=l_2\boldsymbol{\alpha}_2+l_3\boldsymbol{\alpha}_3$,代入上式整理,得到

$$\boldsymbol{\alpha}_4=(k_1l_2+k_2)\boldsymbol{\alpha}_2+(k_1l_3+k_3)\boldsymbol{\alpha}_3$$

即 $\boldsymbol{\alpha}_4$ 可由 $\boldsymbol{\alpha}_2,\boldsymbol{\alpha}_3$ 线性表出,从而 $\boldsymbol{\alpha}_2,\boldsymbol{\alpha}_3,\boldsymbol{\alpha}_4$ 线性相关,与已知矛盾. 因此,$\boldsymbol{\alpha}_4$ 不能由 $\boldsymbol{\alpha}_1,\boldsymbol{\alpha}_2,\boldsymbol{\alpha}_3$ 线性表出.

证法二 考查方程组 $x_1\boldsymbol{\alpha}_1+x_2\boldsymbol{\alpha}_2+x_3\boldsymbol{\alpha}_3=\boldsymbol{\alpha}_4$,因为 $\boldsymbol{\alpha}_1,\boldsymbol{\alpha}_2,\boldsymbol{\alpha}_3$. 线性相关,故系数矩阵的秩 $r(\boldsymbol{A})=r(\boldsymbol{\alpha}_1,\boldsymbol{\alpha}_2,\boldsymbol{\alpha}_3)<3$. 又因 $\boldsymbol{\alpha}_2,\boldsymbol{\alpha}_3,\boldsymbol{\alpha}_4$ 线性无关,故增广矩阵的秩,$r(\boldsymbol{\alpha}_1,\boldsymbol{\alpha}_2,\boldsymbol{\alpha}_3,\boldsymbol{\alpha}_4)\geqslant 3$. 于是 $r(\boldsymbol{A})\neq r(\overline{\boldsymbol{A}})$,方程组无解,因此,$\boldsymbol{\alpha}_4$ 不能由 $\boldsymbol{\alpha}_1,\boldsymbol{\alpha}_2,\boldsymbol{\alpha}_3$ 线性表出.

解题要点: 本题主要考察线性表出与线性相关的关系,本质是对定义的考察,需对定义进行准确掌握.

例 13 设 n 维列向量组 $\boldsymbol{\alpha}_1,\cdots,\boldsymbol{\alpha}_m(m<n)$ 线性无关,则 n 维列向量组 $\boldsymbol{\beta}_1,\cdots,\boldsymbol{\beta}_m$ 线性无关的充分必要条件为

(A) 向量组 $\boldsymbol{\alpha}_1,\cdots,\boldsymbol{\alpha}_m$ 可由向量组 $\boldsymbol{\beta}_1,\cdots,\boldsymbol{\beta}_m$ 线性表示

(B) 向量组 $\boldsymbol{\beta}_1,\cdots,\boldsymbol{\beta}_m$ 可由向量组 $\boldsymbol{\alpha}_1,\cdots,\boldsymbol{\alpha}_m$ 线性表示

(C) 向量组 $\boldsymbol{\alpha}_1,\cdots,\boldsymbol{\alpha}_m$ 与向量组 $\boldsymbol{\beta}_1,\cdots,\boldsymbol{\beta}_m$ 等价

(D) 矩阵 $\boldsymbol{A}=[\boldsymbol{\alpha}_1,\cdots,\boldsymbol{\alpha}_m]$ 与矩阵 $\boldsymbol{B}=[\boldsymbol{\beta}_1,\cdots,\boldsymbol{\beta}_m]$ 等价

分析 简记向量组 $\boldsymbol{\alpha}_1,\cdots,\boldsymbol{\alpha}_m$ 为(Ⅰ),向量组 $\boldsymbol{\beta}_1,\cdots,\boldsymbol{\beta}_m$ 记为(Ⅱ). 那么

$$(\text{Ⅱ})\text{线性无关}\Leftrightarrow\text{秩 } r(\text{Ⅱ})=m.$$

(A) 若(Ⅰ)可由(Ⅱ)线性表出,则秩 $r(\text{Ⅰ})\leqslant r(\text{Ⅱ})$,又因向量组(Ⅰ)线性无关,有 $m=r(\text{Ⅰ})\leqslant r(\text{Ⅱ})\leqslant m$

从而秩 $r(\text{Ⅱ})=m$,即 $\boldsymbol{\beta}_1,\cdots,\boldsymbol{\beta}_m$ 线性无关,充分性成立.

那么,当 $m<n$ 时,条件(A) 必要吗?亦即,如果向量组(Ⅰ)与(Ⅱ)均线性无关,能否保证(Ⅰ)可由(Ⅱ)线性表出?设 $\boldsymbol{\alpha}_1=\begin{bmatrix}1\\0\\0\end{bmatrix},\boldsymbol{\alpha}_2=\begin{bmatrix}0\\1\\0\end{bmatrix},\boldsymbol{\beta}_1=\begin{bmatrix}1\\0\\0\end{bmatrix},\boldsymbol{\beta}_2=\begin{bmatrix}0\\0\\1\end{bmatrix}$

则 $\boldsymbol{\alpha}_1,\boldsymbol{\alpha}_2$ 与 $\boldsymbol{\beta}_1,\boldsymbol{\beta}_2$ 均线性无关,但 $\boldsymbol{\alpha}_1,\boldsymbol{\alpha}_2$ 不能由 $\boldsymbol{\beta}_1,\boldsymbol{\beta}_2$ 线性表出,故(A) 不是必要条件,仅是充分条件.

(B) 若向量组(Ⅱ)可由(Ⅰ)线性表出,则秩 $r(\text{Ⅱ})\leqslant r(\text{Ⅰ})=m$. 即有

$$r(\boldsymbol{\beta}_1,\cdots,\boldsymbol{\beta}_m)\leqslant m$$

所以 $\boldsymbol{\beta}_1,\cdots,\boldsymbol{\beta}_m$ 的线性无关不能确定. (B) 不是充分条件.

那么条件(B) 必要吗?即向量组(Ⅰ)与(Ⅱ)均线性无关,能否保证(Ⅱ)必可由(Ⅰ)线性表出?(A) 中的反例说明(B) 也不是必要条件,因此条件(B) 既不充分也不必要. (C) 向量组(Ⅰ)与(Ⅱ)等价,即(Ⅰ)与(Ⅱ)可互相线性表出. 由(A)(B) 知(C) 只是充分条件.

(D) 矩阵 $\boldsymbol{A}$ 与 $\boldsymbol{B}$ 等价是指经初等变换矩阵 $\boldsymbol{A}$ 可换为矩阵 $\boldsymbol{B}$,$\boldsymbol{A}$ 与 $\boldsymbol{B}$ 等价的充分必要条件是秩

$r(\boldsymbol{A}) = r(\boldsymbol{B})$.

如果矩阵 $\boldsymbol{A} = [\boldsymbol{\alpha}_1, \cdots, \boldsymbol{\alpha}_m]$ 与 $\boldsymbol{B} = [\boldsymbol{\beta}_1, \cdots, \boldsymbol{\beta}_m]$ 等价，则 $r(\boldsymbol{A}) = r(\boldsymbol{\alpha}_1, \cdots, \boldsymbol{\alpha}_m) = r(\boldsymbol{\beta}_1, \cdots, \boldsymbol{\beta}_m) = r(\boldsymbol{B})$，因为向量组 $\boldsymbol{\alpha}_1, \cdots, \boldsymbol{\alpha}_m$ 线性无关，秩 $r(\boldsymbol{\alpha}_1, \cdots, \boldsymbol{\alpha}_m) = m$. 从而 $r(\boldsymbol{\beta}_1, \cdots, \boldsymbol{\beta}_m) = m$.

因此，向量组 $\boldsymbol{\beta}_1, \cdots, \boldsymbol{\beta}_m$ 线性无关，充分性成立.

反之，若向量组 $\boldsymbol{\alpha}_1, \cdots, \boldsymbol{\alpha}_m$ 与 $\boldsymbol{\beta}_1, \cdots, \boldsymbol{\beta}_m$ 均线性无关，则

$$r(\boldsymbol{\alpha}_1, \cdots, \boldsymbol{\alpha}_m) = r(\boldsymbol{\beta}_1, \cdots, \boldsymbol{\beta}_m) = m$$

从而秩 $r(\boldsymbol{A}) = r(\boldsymbol{B})$. 即矩阵 $\boldsymbol{A}$ 与 $\boldsymbol{B}$ 等价，必要性成立，所以应选(D).

解题要点：本题主要考察线性无关的成立条件.

例 14 已知 $\boldsymbol{\alpha}_1, \boldsymbol{\alpha}_2, \boldsymbol{\alpha}_3$ 线性无关，证明 $2\boldsymbol{\alpha}_1 + 3\boldsymbol{\alpha}_2, \boldsymbol{\alpha}_2 - \boldsymbol{\alpha}_3, \boldsymbol{\alpha}_1 + \boldsymbol{\alpha}_2 + \boldsymbol{\alpha}_3$ 线性无关.

证法一 (定义法，拆项重组) 若 $x_1(2\boldsymbol{\alpha}_1 + 3\boldsymbol{\alpha}_2) + x_2(\boldsymbol{\alpha}_2 - \boldsymbol{\alpha}_3) + x_3(\boldsymbol{\alpha}_1 + \boldsymbol{\alpha}_2 + \boldsymbol{\alpha}_3) = \boldsymbol{0}$，整理得 $(2x_1 + x_3)\boldsymbol{\alpha}_1 + (3x_1 + x_2 + x_3)\boldsymbol{\alpha}_2 + (-x_2 + x_3)\boldsymbol{\alpha}_3 = \boldsymbol{0}$.

由已知条件 $\boldsymbol{\alpha}_1, \boldsymbol{\alpha}_2, \boldsymbol{\alpha}_3$ 线性无关，故组合系数必全为 0，即

$\begin{cases} 2x_1 + x_3 = 0, \\ 3x_1 + x_2 + x_3 = 0, \\ -x_2 + x_3 = 0, \end{cases}$ 因为系数行列式 $\begin{vmatrix} 2 & 0 & 1 \\ 3 & 1 & 1 \\ 0 & -1 & 1 \end{vmatrix} = 1 \neq 0$，

故齐次方程组只有零解，即 $x_1 = x_2 = x_3 = 0$. 因此 $2\boldsymbol{\alpha}_1 + 3\boldsymbol{\alpha}_2, \boldsymbol{\alpha}_2 - \boldsymbol{\alpha}_3, \boldsymbol{\alpha}_1 + \boldsymbol{\alpha}_2 + \boldsymbol{\alpha}_3$ 线性无关.

证明二 (用秩，等价向量组) 令 $\boldsymbol{\beta}_1 = 2\boldsymbol{\alpha}_1 + 3\boldsymbol{\alpha}_2, \boldsymbol{\beta}_2 = \boldsymbol{\alpha}_2 - \boldsymbol{\alpha}_3, \boldsymbol{\beta}_3 = \boldsymbol{\alpha}_1 + \boldsymbol{\alpha}_2 + \boldsymbol{\alpha}_3$，则有 $\boldsymbol{\alpha}_1 = 2\boldsymbol{\beta}_1 - 3\boldsymbol{\beta}_2 - 3\boldsymbol{\beta}_3, \boldsymbol{\alpha}_2 = -\boldsymbol{\beta}_1 + 2\boldsymbol{\beta}_2 + 2\boldsymbol{\beta}_3, \boldsymbol{\alpha}_3 = -\boldsymbol{\beta}_1 + \boldsymbol{\beta}_2 + \boldsymbol{\beta}_3$，

那么，向量组 $\boldsymbol{\alpha}_1, \boldsymbol{\alpha}_2, \boldsymbol{\alpha}_3$ 与 $\boldsymbol{\beta}_1, \boldsymbol{\beta}_2, \boldsymbol{\beta}_3$ 可互相线性表出，它们是等价向量组，因而有相同的秩，由于 $\boldsymbol{\alpha}_1, \boldsymbol{\alpha}_2, \boldsymbol{\alpha}_3$ 线性无关，则 $r(\boldsymbol{\beta}_1, \boldsymbol{\beta}_2, \boldsymbol{\beta}_3) = r(\boldsymbol{\alpha}_1, \boldsymbol{\alpha}_2, \boldsymbol{\alpha}_3) = 3$.

所以，$\boldsymbol{\beta}_1, \boldsymbol{\beta}_2, \boldsymbol{\beta}_3$ 线性无关，即 $2\boldsymbol{\alpha}_1 + 3\boldsymbol{\alpha}_2, \boldsymbol{\alpha}_2 - \boldsymbol{\alpha}_3, \boldsymbol{\alpha}_1 + \boldsymbol{\alpha}_2 + \boldsymbol{\alpha}_3$ 线性无关.

证法三 (用秩) 因为 $\boldsymbol{\alpha}_1, \boldsymbol{\alpha}_2, \boldsymbol{\alpha}_3$ 线性无关，知其秩为 3，又

$$(2\boldsymbol{\alpha}_1 + 3\boldsymbol{\alpha}_2, \boldsymbol{\alpha}_2 - \boldsymbol{\alpha}_3, \boldsymbol{\alpha}_1 + \boldsymbol{\alpha}_2 + \boldsymbol{\alpha}_3) = (\boldsymbol{\alpha}_1, \boldsymbol{\alpha}_2, \boldsymbol{\alpha}_3)\begin{bmatrix} 2 & 0 & 1 \\ 3 & 1 & 1 \\ 0 & -1 & 1 \end{bmatrix},$$

而矩阵 $\begin{bmatrix} 2 & 0 & 1 \\ 3 & 1 & 1 \\ 0 & -1 & 1 \end{bmatrix}$ 可逆，故 $r(2\boldsymbol{\alpha}_1 + 3\boldsymbol{\alpha}_2, \boldsymbol{\alpha}_2 - \boldsymbol{\alpha}_3, \boldsymbol{\alpha}_1 + \boldsymbol{\alpha}_2 + \boldsymbol{\alpha}_3) = r(\boldsymbol{\alpha}_1, \boldsymbol{\alpha}_2, \boldsymbol{\alpha}_3) = 3$.

解题要点：本题主要考察线性无关与秩的关系，注意反证法的应用.

例 15 设 $\boldsymbol{A}$ 是 n 阶矩阵，若存在正整数 k，使线性方程组 $\boldsymbol{A}^k\boldsymbol{x} = \boldsymbol{0}$ 有解向量 $\boldsymbol{\alpha}$，且 $\boldsymbol{A}^{k-1}\boldsymbol{\alpha} \neq \boldsymbol{0}$. 证明：向量组 $\boldsymbol{\alpha}, \boldsymbol{A\alpha}, \cdots, \boldsymbol{A}^{k-1}\boldsymbol{\alpha}$ 是线性无关的.

证法一 (定义法，同乘) 设有常数 $l_1, l_2, \cdots, l_k$，使得

$$l_1\boldsymbol{\alpha} + l_2\boldsymbol{A\alpha} + \cdots + l_k\boldsymbol{A}^{k-1}\boldsymbol{\alpha} = \boldsymbol{0}, \qquad (*)$$

用 $\boldsymbol{A}^{k-1}$ 左乘上式，得 $\boldsymbol{A}^{k-1}(l_1\boldsymbol{\alpha} + l_2\boldsymbol{A\alpha} + \cdots + l_k\boldsymbol{A}^{k-1}\boldsymbol{\alpha}) = \boldsymbol{0}$.

由 $\boldsymbol{A}^k\boldsymbol{\alpha} = \boldsymbol{0}$，知 $\boldsymbol{A}^{k+1}\boldsymbol{\alpha} = \boldsymbol{A}^{k+2}\boldsymbol{\alpha} = \cdots = \boldsymbol{0}$，从而有 $l_1\boldsymbol{A}^{k-1}\boldsymbol{\alpha} = \boldsymbol{0}$. 因为 $\boldsymbol{A}^{k-1}a \neq \boldsymbol{0}$，所以 $l_1 = 0$.

类似可证 $l_2 = l_2 = \cdots = l_k = 0$，故向量组 $\boldsymbol{\alpha}, \boldsymbol{A\alpha}, \cdots, \boldsymbol{A}^{k-1}\boldsymbol{\alpha}$ 线性无关.

证法二 （反证法）如 $\boldsymbol{\alpha},A\boldsymbol{\alpha},A^2\boldsymbol{\alpha},\cdots,A^{k-1}\boldsymbol{\alpha}$ 线性相关，则存在不全为 0 的数 $l_1,l_2,\cdots,l_k$，使

$$l_1\boldsymbol{\alpha}+l_2A\boldsymbol{\alpha}+\cdots+l_kA^{k-1}\boldsymbol{\alpha}=\mathbf{0}.$$

设 $l_1,l_2,\cdots,l_k$ 中第一个不为 0 的数是 l_i，则

$$l_iA^{i-1}\boldsymbol{\alpha}+l_{i+1}A^i\boldsymbol{\alpha}+\cdots+l_kA^{k-1}\boldsymbol{\alpha}=\mathbf{0}.$$

用 A^{k-i} 左乘上式，利用 $A^k\boldsymbol{\alpha}=A^{k+1}\boldsymbol{\alpha}=\cdots=\mathbf{0}$，得 $l_1A^{k-1}\boldsymbol{\alpha}=\mathbf{0}$.

由于 $l_i\neq 0$，得 $A^{k-1}\boldsymbol{\alpha}=\mathbf{0}$，与已知矛盾.

解题要点： 本题主要考察线性无关与秩的关系，注意反证法的应用.

例 16 设 A 是 $n\times m$ 矩阵，B 是 $m\times n$ 矩阵，其中 $n<m$，若 $AB=E$，证明 B 的列向量线性无关.

证法一 （定义法，同乘）对矩阵 B 按列分块，记 $B=(\boldsymbol{\beta}_1,\boldsymbol{\beta}_2,\cdots,\boldsymbol{\beta}_n)$ 若 $x_1\boldsymbol{\beta}_1+x_2\boldsymbol{\beta}_2+\cdots+x_n\boldsymbol{\beta}_n=\mathbf{0}$，用分块矩阵可写成

$$(\boldsymbol{\beta}_1,\boldsymbol{\beta}_2,\cdots,\boldsymbol{\beta}_n)\begin{bmatrix}x_1\\x_2\\\vdots\\x_n\end{bmatrix}=\mathbf{0}\text{，即 }B\boldsymbol{x}=\mathbf{0}.$$

用矩阵 A 左乘上式，并代入 $AB=E$，得 $x=E\boldsymbol{x}=AB\boldsymbol{x}=A\mathbf{0}=\mathbf{0}$. 所以 B 的列向量 $\boldsymbol{\beta}_1,\boldsymbol{\beta}_2,\cdots,\boldsymbol{\beta}_n$ 线性无关.

证法二 （用秩）对于 $AB=E$，把 B 与 E 均按行分块，记作

$$\begin{bmatrix}a_{11}&a_{12}&\cdots&a_{1m}\\a_{21}&a_{22}&\cdots&a_{2m}\\\vdots&\vdots&&\vdots\\a_{n1}&a_{n2}&\cdots&a_{nm}\end{bmatrix}\begin{bmatrix}\boldsymbol{\alpha}_1\\\boldsymbol{\alpha}_2\\\vdots\\\boldsymbol{\alpha}_m\end{bmatrix}=\begin{bmatrix}\boldsymbol{e}_1\\\boldsymbol{e}_2\\\vdots\\\boldsymbol{e}_n\end{bmatrix},$$

其中 $\boldsymbol{\alpha}_i=(b_{i1},b_{i2},\cdots,b_{in})$ 是 B 的第 i 行，$\boldsymbol{e}_i=(0,\cdots,0,1,0,\cdots,0)$ 的第 i 个分量为 1.

用分块矩阵乘法，易见 $a_{11}\boldsymbol{\alpha}_1+a_{12}\boldsymbol{\alpha}_2+\cdots+a_{1m}\boldsymbol{\alpha}_m=\boldsymbol{e}_1$，即 $\boldsymbol{e}_1$ 可由 $\boldsymbol{\alpha}_1,\boldsymbol{\alpha}_2,\cdots,\boldsymbol{\alpha}_m$ 线性表出.

同理，$\boldsymbol{e}_2,\cdots,\boldsymbol{e}_n$ 也均可由 $\boldsymbol{\alpha}_1,\boldsymbol{\alpha}_2,\cdots,\boldsymbol{\alpha}_m$ 线性表出.

显然，坐标向量 $\boldsymbol{e}_1,\boldsymbol{e}_2,\cdots,\boldsymbol{e}_n$ 可表示任一个 n 维向量 $\boldsymbol{\alpha}_i=b_{i1}\boldsymbol{e}_1+b_{i2}\boldsymbol{e}_2+\cdots+b_{in}\boldsymbol{e}_n$. 于是 $\boldsymbol{\alpha}_1,\boldsymbol{\alpha}_2,\cdots,\boldsymbol{\alpha}_m$ 与 $\boldsymbol{e}_1,\boldsymbol{e}_2,\cdots,\boldsymbol{e}_n$ 可互相线性表出，是等价向量组，有相同的秩. 所以

$$r(\boldsymbol{\alpha}_1,\boldsymbol{\alpha}_2,\cdots,\boldsymbol{\alpha}_m)=r(\boldsymbol{e}_1,\boldsymbol{e}_2,\cdots,\boldsymbol{e}_n)=n.$$

因为，矩阵的秩 = 行秩 = 列秩，由 $r(B)=n$ 知，B 的列向量组线性无关.

证法三 （用秩）因为 B 是 $m\times n$ 矩阵，且 $n<m$，从矩阵秩的定义知：$r(B)\leqslant n$. 又因 $r(B)\geqslant r(AB)=r(E)=n$，

所以 $r(B)=n$，那么 B 的列向量组的秩量 n，即其线性无关.

解题要点： 本题主要考察线性无关的证明，注意对定义的掌握.

例 17 设 $\boldsymbol{\alpha}_i=(a_{i1},a_{i2},\cdots,a_{in})^{\mathrm{T}}(i=1,2,\cdots,r;r<n)$ 是 n 维实向量，且 $\boldsymbol{\alpha}_1,\boldsymbol{\alpha}_2,\cdots,\boldsymbol{\alpha}_r$ 线性无关，已知 $\boldsymbol{\beta}=(b_1,b_2,\cdots,b_n)^{\mathrm{T}}$ 是线性方程组

$$\begin{cases}a_{11}x_1+a_{12}x_2+\cdots+a_{1n}x_n=0,\\a_{21}x_1+a_{22}x_2+\cdots+a_{2n}x_n=0,\\\cdots\cdots\cdots\cdots\\a_{r1}x_1+a_{r2}x_2+\cdots+a_{rn}x_n=0\end{cases}$$

的非零解向量. 试判断向量组 $\boldsymbol{\alpha}_1,\boldsymbol{\alpha}_2,\cdots,\boldsymbol{\alpha}_r,\boldsymbol{\beta}$ 的线性相关性.

分析 因为 $\boldsymbol{\beta}=(b_1,b_2,\cdots,b_n)^{\mathrm{T}}$ 是齐次方程组的解，故有

$$\begin{cases}a_{11}b_1+a_{12}b_2+\cdots+a_{1n}b_n=0,\\a_{21}b_1+a_{22}b_2+\cdots+a_{2n}b_n=0,\\\cdots\cdots\\a_{r1}b_1+a_{r2}b_2+\cdots+a_{rn}b_n=0,\end{cases}$$

即 $\boldsymbol{\beta}$ 与 $\boldsymbol{\alpha}_i(i=1,2,\cdots,r)$ 正交，利用几何值可知 $\boldsymbol{\alpha}_1,\boldsymbol{\alpha}_2,\cdots,\boldsymbol{\alpha}_r,\boldsymbol{\beta}$ 线性无关.

解 设有一组数 $k_1,k_2,\cdots,k_r,l$，使得

$$k_1\boldsymbol{\alpha}_1+k_2\boldsymbol{\alpha}_2+\cdots+k_r\boldsymbol{\alpha}_r+l\boldsymbol{\beta}=\mathbf{0} \tag{*}$$

成立，则因 $\boldsymbol{\beta}=(b_1,b_2,\cdots,b_n)^{\mathrm{T}}$ 是齐次线性方程组

$$\begin{cases}a_{11}x_1+a_{12}x_2+\cdots+a_{1n}x_n=0,\\a_{21}x_1+a_{22}x_2+\cdots+a_{2n}x_n=0,\\\cdots\cdots\\a_{r1}x_1+a_{r2}x_2+\cdots+a_{rn}x_n=0\end{cases}$$

的解，故有 $\boldsymbol{\beta}^{\mathrm{T}}\boldsymbol{\alpha}_i=0(i=1,2,\cdots,r)$.

对(*)式，左乘 $\boldsymbol{\beta}^{\mathrm{T}}$ 有 $k_1\boldsymbol{\beta}^{\mathrm{T}}\boldsymbol{\alpha}_1+k_2\boldsymbol{\beta}^{\mathrm{T}}\boldsymbol{\alpha}_2+\cdots+k_r\boldsymbol{\beta}^{\mathrm{T}}\boldsymbol{\alpha}_r+l\boldsymbol{\beta}^{\mathrm{T}}\boldsymbol{\beta}=0$.

得 $l\boldsymbol{\beta}^{\mathrm{T}}\boldsymbol{\beta}=0$，由于 $\boldsymbol{\beta}\neq\mathbf{0}$，知 $\boldsymbol{\beta}^{\mathrm{T}}\boldsymbol{\beta}=||\boldsymbol{\beta}||^2\neq0$，故 $l=0$.

代入(*)式知 $k_1\boldsymbol{\alpha}_1+k_2\boldsymbol{\alpha}_2+\cdots+k_r\boldsymbol{\alpha}_r=\mathbf{0}$，由于向量组 $\boldsymbol{\alpha}_1,\boldsymbol{\alpha}_2,\cdots,\boldsymbol{\alpha}_r$ 线性无关，所以得

$$k_1=k_2=\cdots=k_r=0.$$

因此，向量组 $\boldsymbol{\alpha}_1,\boldsymbol{\alpha}_2,\cdots,\boldsymbol{\alpha}_r,\boldsymbol{\beta}$ 线性无关.

解题要点： 本题主要考察齐次方程的解与线性相关性的关系.

Ⅱ　向量组的秩

例 18 设向量组(Ⅰ)可由向量组(Ⅱ)线性表出，且秩 $r(\text{Ⅰ})=r(\text{Ⅱ})$，证明向量组(Ⅰ)与(Ⅱ)等价.

分析 要证向量组(Ⅰ)与(Ⅱ)等价，也就是要证(Ⅰ)与(Ⅱ)可以互相线性表出，现已知(Ⅰ)可由(Ⅱ)线性表出，故只需证(Ⅱ)可由(Ⅰ)线性表出，出发点就是秩 $r(\text{Ⅰ})=r(\text{Ⅱ})$.

证 设秩 $r(\text{Ⅰ})=r(\text{Ⅱ})=r$，且 $\boldsymbol{\alpha}_1,\boldsymbol{\alpha}_2,\cdots,\boldsymbol{\alpha}_r$ 与 $\boldsymbol{\beta}_1,\boldsymbol{\beta}_2,\cdots,\boldsymbol{\beta}_r$ 分别是向量组(Ⅰ)与(Ⅱ)的极大线性无关组. 由于(Ⅰ)可由(Ⅱ)线性表出，故 $\boldsymbol{\alpha}_1,\boldsymbol{\alpha}_2,\cdots,\boldsymbol{\alpha}_r$ 可由 $\boldsymbol{\beta}_1,\boldsymbol{\beta}_2,\cdots,\boldsymbol{\beta}_r$ 线性表出，那么

$$r(\boldsymbol{\alpha}_1,\boldsymbol{\alpha}_2,\cdots,\boldsymbol{\alpha}_r,\boldsymbol{\beta}_1,\boldsymbol{\beta}_2,\cdots,\boldsymbol{\beta}_r)=r(\boldsymbol{\beta}_1,\boldsymbol{\beta}_2,\cdots,\boldsymbol{\beta}_r)=r$$

又因 $\boldsymbol{\alpha}_1,\boldsymbol{\alpha}_2,\cdots,\boldsymbol{\alpha}_r$ 线性无关，于是 $\boldsymbol{\alpha}_1,\boldsymbol{\alpha}_2,\cdots,\boldsymbol{\alpha}_r$ 是向量组 $\boldsymbol{\alpha}_1,\boldsymbol{\alpha}_2,\cdots,\boldsymbol{\alpha}_r,\boldsymbol{\beta}_1,\boldsymbol{\beta}_2,\cdots,\boldsymbol{\beta}_r$ 的极大线性无关组. 从而 $\boldsymbol{\beta}_1,\boldsymbol{\beta}_2,\cdots,\boldsymbol{\beta}_r$ 可由 $\boldsymbol{\alpha}_1,\boldsymbol{\alpha}_2,\cdots,\boldsymbol{\alpha}_r$ 线性表出. 进而向量组(Ⅱ)可由 $\boldsymbol{\alpha}_1,\boldsymbol{\alpha}_2,\cdots,\boldsymbol{\alpha}_r$ 线性表出. 也就是(Ⅱ)可由(Ⅰ)线性表出. 又已知(Ⅰ)可由(Ⅱ)线性表出，所以(Ⅰ)与(Ⅱ)等价.

解题要点： 本题主要考察线性表出、等价与矩阵秩的关系.

例 19 求向量组

$\boldsymbol{\alpha}_1=(1,1,4,2)^{\mathrm{T}},\boldsymbol{\alpha}_2=(1,-1,-2,4)^{\mathrm{T}},\boldsymbol{\alpha}_3=(-3,2,3,-11)^{\mathrm{T}},\boldsymbol{\alpha}_4=(1,3,10,0)^{\mathrm{T}}$ 的一个极大线性无关组.

解法一 把行向量组成矩阵，用初等行变换化阶梯形，有

$$\begin{bmatrix}1&1&4&2\\1&-1&-2&4\\-3&2&3&-11\\1&3&10&0\end{bmatrix}\begin{matrix}\boldsymbol{\alpha}_1\\\boldsymbol{\alpha}_2\\\boldsymbol{\alpha}_3\\\boldsymbol{\alpha}_4\end{matrix}\to\begin{bmatrix}1&1&4&2\\0&-2&-6&2\\0&5&15&-5\\0&2&6&-2\end{bmatrix}\begin{matrix}\boldsymbol{\alpha}_1\\\boldsymbol{\alpha}_2-\boldsymbol{\alpha}_1\\\boldsymbol{\alpha}_3+3\boldsymbol{\alpha}_1\\\boldsymbol{\alpha}_4-\boldsymbol{\alpha}_1\end{matrix}$$

$$\to\begin{bmatrix}1&1&4&2\\0&-1&-3&1\\0&1&3&-1\\0&0&0&0\end{bmatrix}\begin{matrix}\boldsymbol{\alpha}_1\\\frac{1}{2}(\boldsymbol{\alpha}_2-\boldsymbol{\alpha}_1)\\\frac{1}{5}(\boldsymbol{\alpha}_3+3\boldsymbol{\alpha}_1)\\\boldsymbol{\alpha}_4-\boldsymbol{\alpha}_1+\boldsymbol{\alpha}_2-\boldsymbol{\alpha}_1\end{matrix}$$

$$\to\begin{bmatrix}1&1&4&2\\0&-1&-3&1\\0&0&0&0\\0&0&0&0\end{bmatrix}\begin{matrix}\boldsymbol{\alpha}_1\\\frac{1}{2}(\boldsymbol{\alpha}_2-\boldsymbol{\alpha}_1)\\\frac{1}{5}(\boldsymbol{\alpha}_3+3\boldsymbol{\alpha}_1)+\frac{1}{2}(\boldsymbol{\alpha}_2-\boldsymbol{\alpha}_1)\\\boldsymbol{\alpha}_4-\boldsymbol{\alpha}_1+\boldsymbol{\alpha}_2\end{matrix}$$

所以,$\boldsymbol{\alpha}_1,\boldsymbol{\alpha}_2$ 是一个极大线性无关组.

解法二 把 $\boldsymbol{\alpha}_1$ 写成列向量,构成矩阵 $\boldsymbol{A}$,再作初等行变换化 $\boldsymbol{A}$ 为阶梯形,即

$$\begin{bmatrix}1&1&-3&1\\1&-1&2&3\\4&-2&3&10\\2&4&-11&0\end{bmatrix}\to\begin{bmatrix}1&1&-3&1\\0&-2&5&2\\0&-6&15&6\\0&2&-5&-2\end{bmatrix}\to\begin{bmatrix}1&1&-3&1\\0&-2&5&2\\0&0&0&0\\0&0&0&0\end{bmatrix},$$

那么阶梯形矩阵中每一行第一个非零元所在的列对应的列向量 $\boldsymbol{\alpha}_1,\boldsymbol{\alpha}_2$ 就是极大线性无关组.

解法三 由 $\boldsymbol{\alpha}_1\neq\boldsymbol{0}$,所以 $\boldsymbol{\alpha}_1$ 线性无关. 考察 $\boldsymbol{\alpha}_1,\boldsymbol{\alpha}_2$,现 $\boldsymbol{\alpha}_2\neq k\boldsymbol{\alpha}_1$,可知 $\boldsymbol{\alpha}_1,\boldsymbol{\alpha}_2$ 线性无关;再考察 $\boldsymbol{\alpha}_1,\boldsymbol{\alpha}_2,\boldsymbol{\alpha}_3$,对于方程 $x_1\boldsymbol{\alpha}_1+x_2\boldsymbol{\alpha}_2+x_3\boldsymbol{\alpha}_3=\boldsymbol{0}$,现有非零解,例如 $\boldsymbol{\alpha}_1+5\boldsymbol{\alpha}_2+2\boldsymbol{\alpha}_3=\boldsymbol{0}$,所以 $\boldsymbol{\alpha}_1,\boldsymbol{\alpha}_2,\boldsymbol{\alpha}_3$ 线性相关,在极大线性无关组中应去掉 $\boldsymbol{\alpha}_3$,最后看 $\boldsymbol{\alpha}_1,\boldsymbol{\alpha}_2,\boldsymbol{\alpha}_4$,因为 $2\boldsymbol{\alpha}_1-\boldsymbol{\alpha}_2-\boldsymbol{\alpha}_4=\boldsymbol{0}$,所以添加 $\boldsymbol{\alpha}_4$ 后仍线性相关,因此极大线性无关组是 $\boldsymbol{\alpha}_1,\boldsymbol{\alpha}_2$.

解题要点: 本题主要考察极大线性无关组的计算,注意解题方法.

例 20 设 4 维向量组 $\boldsymbol{\alpha}_1=(1+a,1,1,1)^{\mathrm{T}},\boldsymbol{\alpha}_2=(2,2+a,2,2)^{\mathrm{T}},\boldsymbol{\alpha}_3=(3,3,3+a,3)^{\mathrm{T}},\boldsymbol{\alpha}_4=(4,4,4,4+a)^{\mathrm{T}}$,问 a 为何值时,$\boldsymbol{\alpha}_1,\boldsymbol{\alpha}_2,\boldsymbol{\alpha}_3,\boldsymbol{\alpha}_4$ 线性相关?当 $\boldsymbol{\alpha}_1,\boldsymbol{\alpha}_2,\boldsymbol{\alpha}_3,\boldsymbol{\alpha}_4$ 线性相关时,求其一个极大线性无关组,并将其余向量用该极大线性无关组线性表出.

解法一 设 $\boldsymbol{A}=(\boldsymbol{\alpha}_1,\boldsymbol{\alpha}_2,\boldsymbol{\alpha}_3,\boldsymbol{\alpha}_4)$,则

$$|\boldsymbol{A}|=\begin{vmatrix}1+a&2&3&4\\1&2+a&3&4\\1&2&3+a&4\\1&2&3&4+a\end{vmatrix}=\begin{vmatrix}a+10&2&3&4\\a+10&2+a&3&4\\a+10&2&3+a&4\\a+10&2&3&4+a\end{vmatrix}=(a+10)a^3,$$

那么,当 $a=0$ 或 $a=-10$ 时,$|\boldsymbol{A}|=0$,向量组 $\boldsymbol{\alpha}_1,\boldsymbol{\alpha}_2,\boldsymbol{\alpha}_3,\boldsymbol{\alpha}_4$ 线性相关.

当 $a=0$ 时,$\boldsymbol{\alpha}_1$ 为向量组 $\boldsymbol{\alpha}_1,\boldsymbol{\alpha}_2,\boldsymbol{\alpha}_3,\boldsymbol{\alpha}_4$ 的一个极大线性无关组,且

$$\boldsymbol{\alpha}_2=2\boldsymbol{\alpha}_1,\boldsymbol{\alpha}_3=3\boldsymbol{\alpha}_1,\boldsymbol{\alpha}_4=4\boldsymbol{\alpha}_1.$$

当 $a=-10$ 时，对 $\boldsymbol{A}$ 作初等行变换，有

$$\boldsymbol{A}=\begin{bmatrix}-9&2&3&4\\1&-8&3&4\\1&2&-7&4\\1&2&3&-6\end{bmatrix}\to\begin{bmatrix}-9&2&3&4\\10&-10&0&0\\10&0&-10&0\\10&0&0&-10\end{bmatrix}\to\begin{bmatrix}-9&2&3&4\\1&-1&0&0\\1&0&-1&0\\1&0&0&-1\end{bmatrix}$$

$$\to\begin{bmatrix}0&0&0&0\\1&-1&0&0\\1&0&-1&0\\1&0&0&-1\end{bmatrix}=(\boldsymbol{\beta}_1,\boldsymbol{\beta}_2,\boldsymbol{\beta}_3,\boldsymbol{\beta}_4).$$

由于 $\boldsymbol{\beta}_2,\boldsymbol{\beta}_3,\boldsymbol{\beta}_4$ 为 $\boldsymbol{\beta}_1,\boldsymbol{\beta}_2,\boldsymbol{\beta}_3,\boldsymbol{\beta}_4$ 的一个极大线性无关组，且 $\boldsymbol{\beta}_1=-\boldsymbol{\beta}_2-\boldsymbol{\beta}_3-\boldsymbol{\beta}_4$，所以 $\boldsymbol{\alpha}_2,\boldsymbol{\alpha}_3,\boldsymbol{\alpha}_4$ 为向量组 $\boldsymbol{\alpha}_1,\boldsymbol{\alpha}_2,\boldsymbol{\alpha}_3,\boldsymbol{\alpha}_4$ 的一个极大线性无关组，且 $\boldsymbol{\alpha}_1=-\boldsymbol{\alpha}_2-\boldsymbol{\alpha}_3-\boldsymbol{\alpha}_4$.

解法二 设 $\boldsymbol{A}=(\boldsymbol{\alpha}_1,\boldsymbol{\alpha}_2,\boldsymbol{\alpha}_3,\boldsymbol{\alpha}_4)$，对 $\boldsymbol{A}$ 作初等行变换，有

$$\boldsymbol{A}=\begin{bmatrix}1+a&2&3&4\\1&2+a&3&4\\1&2&3+a&4\\1&2&3&4+a\end{bmatrix}\to\begin{bmatrix}1+a&2&3&4\\-a&a&0&0\\-a&0&a&0\\-a&0&0&a\end{bmatrix}=\boldsymbol{B}.$$

当 $a=0$ 时，秩 $r(\boldsymbol{A})=1$，因而 $\boldsymbol{\alpha}_1,\boldsymbol{\alpha}_2,\boldsymbol{\alpha}_3,\boldsymbol{\alpha}_4$ 线性相关. 此时 $\boldsymbol{\alpha}_1$ 是向量组 $\boldsymbol{\alpha}_1,\boldsymbol{\alpha}_2,\boldsymbol{\alpha}_3,\boldsymbol{\alpha}_4$ 的一个极大线性无关组，且 $\boldsymbol{\alpha}_2=2\boldsymbol{\alpha}_1,\boldsymbol{\alpha}_3=3\boldsymbol{\alpha}_1,\boldsymbol{\alpha}_4=4\boldsymbol{\alpha}_1$.

当 $a\neq 0$ 时，对矩阵 B 作初等变换有

$$\boldsymbol{B}\to\begin{bmatrix}1+a&2&3&4\\-1&1&0&0\\-1&0&1&0\\-1&0&0&1\end{bmatrix}\to\begin{bmatrix}a+10&0&0&0\\-1&1&0&0\\-1&0&1&0\\-1&0&0&1\end{bmatrix}=\boldsymbol{C}=(\boldsymbol{\gamma}_1,\boldsymbol{\gamma}_2,\boldsymbol{\gamma}_3,\boldsymbol{\gamma}_4).$$

如果 $a\neq-10$，则秩 $r(\boldsymbol{C})=4$，$\boldsymbol{\alpha}_1,\boldsymbol{\alpha}_2,\boldsymbol{\alpha}_3,\boldsymbol{\alpha}_4$ 线性无关.

如果 $a=-10$，则秩 $r(\boldsymbol{C})=3$，从而 $r(\boldsymbol{A})=3$，$\boldsymbol{\alpha}_1,\boldsymbol{\alpha}_2,\boldsymbol{\alpha}_3,\boldsymbol{\alpha}_4$ 线性相关.

由于 $\boldsymbol{\gamma}_2,\boldsymbol{\gamma}_3,\boldsymbol{\gamma}_4$ 是 $\boldsymbol{\gamma}_1,\boldsymbol{\gamma}_2,\boldsymbol{\gamma}_3,\boldsymbol{\gamma}_4$ 的一个极大线性无关组且 $\boldsymbol{\gamma}_1=-\boldsymbol{\gamma}_2-\boldsymbol{\gamma}_3-\boldsymbol{\gamma}_4$，所以 $\boldsymbol{\alpha}_2,\boldsymbol{\alpha}_3,\boldsymbol{\alpha}_4$ 是 $\boldsymbol{\alpha}_1,\boldsymbol{\alpha}_2,\boldsymbol{\alpha}_3,\boldsymbol{\alpha}_4$ 的一个极大线性无关组，且 $\boldsymbol{\alpha}_1=-\boldsymbol{\alpha}_2-\boldsymbol{\alpha}_3-\boldsymbol{\alpha}_4$.

解题要点：本题主要考察线性无关组的解法及其性质.

例 21 已知向量组（Ⅰ）$\boldsymbol{\alpha}_1,\boldsymbol{\alpha}_2,\boldsymbol{\alpha}_3$；（Ⅱ）$\boldsymbol{\alpha}_1,\boldsymbol{\alpha}_2,\boldsymbol{\alpha}_3,\boldsymbol{\alpha}_4$；（Ⅲ）$\boldsymbol{\alpha}_1,\boldsymbol{\alpha}_2,\boldsymbol{\alpha}_3,\boldsymbol{\alpha}_5$，如果它们的秩分别为 r（Ⅰ）$=r$（Ⅱ）$=3$，r（Ⅲ）$=4$，求 $r(\boldsymbol{\alpha}_1,\boldsymbol{\alpha}_2,\boldsymbol{\alpha}_3,\boldsymbol{\alpha}_4+\boldsymbol{\alpha}_5)$.

分析 由于 r（Ⅰ）$=3$，得 $\boldsymbol{\alpha}_1,\boldsymbol{\alpha}_2,\boldsymbol{\alpha}_3$ 线性无关，那么向量组 $\boldsymbol{\alpha}_1,\boldsymbol{\alpha}_2,\boldsymbol{\alpha}_3,\boldsymbol{\alpha}_4+\boldsymbol{\alpha}_5$ 的秩至少是 3，能否是 4，关键就看 $\boldsymbol{\alpha}_4+\boldsymbol{\alpha}_5$，能否用 $\boldsymbol{\alpha}_1,\boldsymbol{\alpha}_2,\boldsymbol{\alpha}_3$ 线性表出，或者看向量组 $\boldsymbol{\alpha}_1,\boldsymbol{\alpha}_2,\boldsymbol{\alpha}_3,\boldsymbol{\alpha}_4+\boldsymbol{\alpha}_5$ 是线性相关还是线性无关.

解法一 由 r（Ⅰ）$=r$（Ⅱ）$=3$，知 $\boldsymbol{\alpha}_1,\boldsymbol{\alpha}_2,\boldsymbol{\alpha}_3$ 线性无关，$\boldsymbol{\alpha}_1,\boldsymbol{\alpha}_2,\boldsymbol{\alpha}_3,\boldsymbol{\alpha}_4$ 线性相关，故 $\boldsymbol{\alpha}_4$ 可由 $\boldsymbol{\alpha}_1,\boldsymbol{\alpha}_2,\boldsymbol{\alpha}_3$ 线性表出. 设 $\boldsymbol{\alpha}_4=l_1\boldsymbol{\alpha}_1+l_2\boldsymbol{\alpha}_2+l_3\boldsymbol{\alpha}_3$.

如果 $\boldsymbol{\alpha}_4+\boldsymbol{\alpha}_5$ 能由 $\boldsymbol{\alpha}_1,\boldsymbol{\alpha}_2,\boldsymbol{\alpha}_3$ 线性表出，设 $\boldsymbol{\alpha}_4+\boldsymbol{\alpha}_5=k_1\boldsymbol{\alpha}_1+k_2\boldsymbol{\alpha}_2+k_3\boldsymbol{\alpha}_3$，则

$$\boldsymbol{\alpha}_5=(k_1-l_1)\boldsymbol{\alpha}_1+(k_2-l_2)\boldsymbol{\alpha}_2+(k_3-l_3)\boldsymbol{\alpha}_3.$$

于是 $\boldsymbol{\alpha}_5$ 可由 $\boldsymbol{\alpha}_1,\boldsymbol{\alpha}_2,\boldsymbol{\alpha}_3$ 线性表出，即 $\boldsymbol{\alpha}_1,\boldsymbol{\alpha}_2,\boldsymbol{\alpha}_3,\boldsymbol{\alpha}_5$ 线性相关，与已知 r（Ⅲ）$=4$ 相矛盾. 所以 $\boldsymbol{\alpha}_4+\boldsymbol{\alpha}_5$ 不能用 $\boldsymbol{\alpha}_1,\boldsymbol{\alpha}_2,\boldsymbol{\alpha}_3$ 线性表出，由秩的定义知 $r(\boldsymbol{\alpha}_1,\boldsymbol{\alpha}_2,\boldsymbol{\alpha}_3,\boldsymbol{\alpha}_4)=4$.

解法二 如果 $x_1\boldsymbol{\alpha}_1+x_2\boldsymbol{\alpha}_2+x_3\boldsymbol{\alpha}_3+x_4(\boldsymbol{\alpha}_4+\boldsymbol{\alpha}_5)=\mathbf{0}$,把 $\boldsymbol{\alpha}_4=l_1\boldsymbol{\alpha}_1+l_2\boldsymbol{\alpha}_2+l_3\boldsymbol{\alpha}_3$(理由同前,略)代入,有 $(x_1+l_1x_4)\boldsymbol{\alpha}_1+(x_2+l_2x_4)\boldsymbol{\alpha}_2+(x_3+l_3x_4)\boldsymbol{\alpha}_3+x_4\boldsymbol{\alpha}_5=\mathbf{0}$

由 $r(\text{Ⅲ})=4$,知 $\boldsymbol{\alpha}_1,\boldsymbol{\alpha}_2,\boldsymbol{\alpha}_3,\boldsymbol{\alpha}_4$ 线性无关,从而

$$\begin{cases}x_1+l_1x_4=0,\\x_2+l_2x_4=0,\\x_3+l_3x_4=0,\\x_4=0\end{cases}\Rightarrow x_1=x_2=x_3=x_4=0,\text{下略.}$$

解法三 同前,设 $\boldsymbol{\alpha}_4=l_1\boldsymbol{\alpha}_1+l_2\boldsymbol{\alpha}_2+l_3\boldsymbol{\alpha}_3$,构造矩阵$(\boldsymbol{\alpha}_1,\boldsymbol{\alpha}_2,\boldsymbol{\alpha}_3,\boldsymbol{\alpha}_4)$作初等列变换.

$$(\boldsymbol{\alpha}_1,\boldsymbol{\alpha}_2,\boldsymbol{\alpha}_3,\boldsymbol{\alpha}_5)\xrightarrow[\substack{l_2r_2+r_4\\l_3r_3+r_4}]{l_1r_1+r_4}(\boldsymbol{\alpha}_1,\boldsymbol{\alpha}_2,\boldsymbol{\alpha}_3,\boldsymbol{\alpha}_5+l_1\boldsymbol{\alpha}_1+l_2\boldsymbol{\alpha}_2+l_3\boldsymbol{\alpha}_3),$$

即 $(\boldsymbol{\alpha}_1,\boldsymbol{\alpha}_2,\boldsymbol{\alpha}_3,\boldsymbol{\alpha}_5)\xrightarrow{\text{列变换}}(\boldsymbol{\alpha}_1,\boldsymbol{\alpha}_2,\boldsymbol{\alpha}_3,\boldsymbol{\alpha}_5+\boldsymbol{\alpha}_4)$. 由于初等变换不改变秩,故

$$r(\boldsymbol{\alpha}_1,\boldsymbol{\alpha}_2,\boldsymbol{\alpha}_3,\boldsymbol{\alpha}_5+\boldsymbol{\alpha}_4)=r(\boldsymbol{\alpha}_1,\boldsymbol{\alpha}_2,\boldsymbol{\alpha}_3,\boldsymbol{\alpha}_5)=4.$$

解题要点:本题主要考察线性无关与秩的关系.

Ⅲ 线性方程组的结构、向量空间

例 22 设有齐次线性方程组

$$\begin{cases}(1+a)x_1+x_2+\cdots+x_n=0\\2x_1+(2+a)x_2+\cdots+2x_n=0\\\vdots\qquad\vdots\qquad\vdots\\nx_1+nx_2+\cdots+(n+a)x_n=0\end{cases}\qquad(n\geqslant 2)$$

试问 a 为何值时,该方程组有非零解,并求其通解.

解法一 对系数矩阵作初等行变换

$$\boldsymbol{A}=\begin{bmatrix}1+a&1&1&\cdots&1\\2&2+a&2&\cdots&2\\3&3&3+a&\cdots&3\\\vdots&\vdots&\vdots&\vdots&\vdots\\n&n&n&\cdots&n+a\end{bmatrix}\to\begin{bmatrix}1+a&1&1&\cdots&1\\-2a&a&0&\cdots&0\\-3a&0&a&\cdots&0\\\vdots&\vdots&\vdots&&\vdots\\-na&0&0&\cdots&a\end{bmatrix}=\boldsymbol{B}$$

(1) 若 $a=0$,秩 $r(\boldsymbol{A})=1$,方程组有非零解,其同解方程组为

$$x_1+x_2+\cdots+x_n=0$$

由此得基础解系为

$\boldsymbol{\eta}_1=[-1,1,0,\cdots,0]^{\mathrm{T}},\boldsymbol{\eta}_2=[-1,0,1,\cdots,0]^{\mathrm{T}},\cdots,\boldsymbol{\eta}_{n-1}=[-1,0,0,\cdots,1]^{\mathrm{T}}$

所以方程组的通解是

$k_1\boldsymbol{\eta}_1+k_2\boldsymbol{\eta}_2+\cdots+k_{n-1}\boldsymbol{\eta}_{n-1}$($k_1,k_2,\cdots,k_{n-1}$ 为任意常数).

(2) 若 $a\neq 0$,对矩阵 $\boldsymbol{B}$ 继续作初等行变换,有

$$B \to \begin{bmatrix} 1+a & 1 & 1 & \cdots & 1 \\ -2a & 1 & 0 & \cdots & 0 \\ -3 & 0 & 1 & \cdots & 0 \\ \vdots & \vdots & \vdots & & \vdots \\ -n & 0 & 0 & \cdots & 1 \end{bmatrix} \to \begin{bmatrix} a+\frac{1}{2}n(n+1) & 0 & 0 & \cdots & 0 \\ -2 & 1 & 0 & \cdots & 0 \\ -3 & 0 & 1 & \cdots & 0 \\ \vdots & \vdots & \vdots & & \vdots \\ -n & 0 & 0 & \cdots & 1 \end{bmatrix}$$

故当 $a=-\frac{1}{2}n(n+1)$ 时，秩 $r(A)=n-1<n$，方程组也有非零解，其同解方程组为

$$\begin{cases} -2x_1+x_2=0 \\ -3x_1+x_3=0 \\ \quad\vdots \qquad \vdots \qquad \vdots \\ -nx_1+x_n=0 \end{cases}$$

得基础解系 $\boldsymbol{\eta}=[1,2,\cdots,n]^{\mathrm{T}}$

于是方程组的通解为 $k\boldsymbol{\eta}$，k 为任意常数.

解法二 由于系数行列式

$$|A|=\begin{vmatrix} 1+a & 1 & \cdots & 1 \\ 2 & 2+a & \cdots & 2 \\ \vdots & \vdots & & \vdots \\ n & n & \cdots & n+a \end{vmatrix}=a^{n-1}\left[a+\frac{1}{2}(n+1)n\right]$$

那么，$Ax=\mathbf{0}$ 有非零解 $\Leftrightarrow |A|=0$

$\Leftrightarrow a=0$ 或 $a=-\frac{1}{2}(n+1)n$

(1) 若 $a=0$，对系数矩阵作初等行变换，有

$$A=\begin{bmatrix} 1 & 1 & 1 & \cdots & 1 \\ 2 & 2 & 2 & \cdots & 2 \\ \vdots & \vdots & \vdots & & \vdots \\ n & n & n & \cdots & n \end{bmatrix} \to \begin{bmatrix} 1 & 1 & 1 & \cdots & 1 \\ 0 & 0 & 0 & \cdots & 0 \\ \vdots & \vdots & \vdots & & \vdots \\ 0 & 0 & 0 & \cdots & 0 \end{bmatrix}$$

故方程组的同解方程组为

$$x_1+x_2+\cdots+x_n=0$$

由此得基础解系为

$\boldsymbol{\eta}_1=[-1,1,0,\cdots,0]^{\mathrm{T}}$，$\boldsymbol{\eta}_2=[-1,0,1,\cdots,0]^{\mathrm{T}}$，$\boldsymbol{\eta}_{n-1}=[-1,0,0,\cdots,1]^{\mathrm{T}}$，

此时方程组的通解为

$k_1\boldsymbol{\eta}_1+k_2\boldsymbol{\eta}_2+\cdots+k_{n-1}\boldsymbol{\eta}_{n-1}$，其中 $k_1,\cdots,k_{n-1}$ 为任意常数.

(2) 若 $a=-\frac{1}{2}(n+1)n$，对系数矩阵作初等行变换，有

$$A=\begin{bmatrix} 1+a & 1 & 1 & \cdots & 1 \\ 2 & 2+a & 2 & \cdots & 2 \\ 3 & 3 & 3+a & \cdots & 3 \\ \vdots & \vdots & \vdots & & \vdots \\ n & n & n & \cdots & n+a \end{bmatrix}$$

$$\rightarrow \begin{bmatrix} 1+a & 1 & 1 & \cdots & 1 \\ -2a & a & 0 & \cdots & 0 \\ -3a & 0 & a & \cdots & 0 \\ \vdots & \vdots & \vdots & & \vdots \\ -na & 0 & 0 & \cdots & a \end{bmatrix}$$

$$\rightarrow \begin{bmatrix} 1+a & 1 & 1 & \cdots & 1 \\ -2 & 1 & 0 & \cdots & 0 \\ -3 & 0 & 1 & \cdots & 0 \\ \vdots & \vdots & \vdots & & \vdots \\ -n & 0 & 0 & \cdots & 1 \end{bmatrix} \rightarrow \begin{bmatrix} 0 & 0 & 0 & \cdots & 0 \\ -2 & 1 & 0 & \cdots & 0 \\ -3 & 0 & 1 & \cdots & 0 \\ \vdots & \vdots & \vdots & & \vdots \\ -n & 0 & 0 & \cdots & 1 \end{bmatrix}$$

故方程组的同解方程组为

$$\begin{cases} -2x_1+x_2=0 \\ -3x_1+x_2=0 \\ \vdots \quad \vdots \quad \vdots \\ -nx_1+x_n=0 \end{cases}$$

因为系数矩阵的秩为$n-1$,可求出基础解系为

$$\boldsymbol{\eta}=[1,2,\cdots,n]^{\mathrm{T}}$$

此时方程组的通解为

$$k\boldsymbol{\eta},k\text{ 为任意常数}.$$

解题要点:本题主要考察线性方程组解的结构及性质.

例 23 判断下列 3 维向量的集合是不是 $\boldsymbol{R}^3$ 的子空间,如是子空间,则求其维数与一组基.

(1)$W_1=\{(x,y,z)\mid x>0\}$; (2)$W_2=\{(x,y,z)\mid x=0\}$;

(3)$W_3=\{(x,y,z)\mid x+y-2z=0\}$; (4)$W_4=\{(x,y,z)\mid 3x-2y+z=1\}$;

(5)$W_5=\left\{(x,y,z)\mid \dfrac{x-1}{2}=\dfrac{y}{-1}=\dfrac{z+2}{1}\right\}$.

分析 要判断 W 是不是子空间,就是要检查 W 对于向量的加法及数乘这两个运算是否封闭. 如 W 是子空间,则 W 中向量的极大线性无关组就是一组基,而向量组的秩就是子空间的维数.

解 (1)W_1 不是子空间,因为 W_1 对数乘向量不封闭. 例如$\boldsymbol{\alpha}=(1,2,3)\in W_1$,但$k<0$时,$k\boldsymbol{\alpha}=(k,2k,3k)\notin W_1$.

(2)W_2 是子空间. 因为 $\boldsymbol{\alpha}=(0,a,b),\boldsymbol{\beta}=(0,c,d)\in W_2$,而

$\boldsymbol{\alpha}+\boldsymbol{\beta}=(0,a+c,b+d)\in W_2,k\boldsymbol{\alpha}=(0,ka,kb)\in W_2$,

即 W_2 对于运算封闭,W_2 是子空间. 又$(0,1,0),(0,0,1)$线性无关且能表示 W_2 中任一向量,因而是 W_2 的一组基,那么 $\dim W_2=2$.

(3)W_3 是子空间,如$\boldsymbol{\alpha},\boldsymbol{\beta}\in W_3$,即$\boldsymbol{\alpha},\boldsymbol{\beta}$是齐次方程$x+y-2z=0$的解. 由于$\boldsymbol{\alpha}+\boldsymbol{\beta},k\boldsymbol{\alpha}$仍是解,故$\boldsymbol{\alpha}+\boldsymbol{\beta}\in W_3,k\boldsymbol{\alpha}\in W_3$,$W_2$ 对运算封闭,是子空间.

$(-1,1,0),(2,0,1)$是基础解系,也就是 W_3 的一组基,那么 $\dim W_3=2$.

(4)W_4 不是子空间. 因为非齐次方程组的解相加不再是此方程组的解,即 W_4 对加法不封闭.

(5)W_5 不是子空间,因为条件等同于$\begin{cases} x+2y=1, \\ y+z=-2, \end{cases}$ 理由同(Ⅳ).

解题要点: 本题主要考察对向量空间及其基的掌握.

例 24 已知 $\boldsymbol{\alpha}_1=(1,1,1,1)^{\mathrm{T}},\boldsymbol{\alpha}_2=(1,1,-1,-1)^{\mathrm{T}},\boldsymbol{\alpha}_3=(1,-1,1,-1)^{\mathrm{T}},\boldsymbol{\alpha}_4=(1,-1,-1,1)^{\mathrm{T}}$ 是 $\mathbf{R}^4$ 的一组基,求 $\boldsymbol{\beta}=(1,2,1,1)$ 在这组基下的坐标.

分析 求 $\boldsymbol{\beta}$ 在基 $\boldsymbol{\alpha}_1,\boldsymbol{\alpha}_2,\boldsymbol{\alpha}_3,\boldsymbol{\alpha}_4$ 下的坐标,也就是求 $\boldsymbol{\beta}$ 用 $\boldsymbol{\alpha}_1,\boldsymbol{\alpha}_2,\boldsymbol{\alpha}_3,\boldsymbol{\alpha}_4$ 线性表出时的组合系数.

解 设 $x_1\boldsymbol{\alpha}_1+x_2\boldsymbol{\alpha}_2+x_3\boldsymbol{\alpha}_3+x_4\boldsymbol{\alpha}_4=\boldsymbol{\beta}$,按分量写出有

$$\begin{cases}x_1+x_2+x_3+x_4=1,\\x_1+x_2-x_3-x_4=2,\\x_1-x_2+x_3-x_4=1,\\x_1-x_2-x_3+x_4=1\end{cases}\Rightarrow x_1=\frac{5}{4},x_2=\frac{1}{4},x_3=-\frac{1}{4},x_4=-\frac{1}{4}.$$

因此,$\boldsymbol{\beta}$ 在基 $\boldsymbol{\alpha}_1,\boldsymbol{\alpha}_2,\boldsymbol{\alpha}_3,\boldsymbol{\alpha}_4$ 下的坐标是 $\left(\frac{5}{4},\frac{1}{4},-\frac{1}{4},-\frac{1}{4}\right)^{\mathrm{T}}$.

解题要点: 本题主要考察在某固定基下坐标的计算,属于基本题型.

例 25 已知 $\boldsymbol{\alpha}_1=\begin{bmatrix}1\\1\\1\end{bmatrix},\boldsymbol{\alpha}_2=\begin{bmatrix}1\\0\\-1\end{bmatrix},\boldsymbol{\alpha}_3=\begin{bmatrix}1\\0\\1\end{bmatrix}$ 是 $\mathbf{R}^3$ 的一组基,证明 $\boldsymbol{\beta}_1=\begin{bmatrix}1\\2\\1\end{bmatrix},\boldsymbol{\beta}_2=\begin{bmatrix}2\\3\\4\end{bmatrix},\boldsymbol{\beta}_3=\begin{bmatrix}3\\4\\3\end{bmatrix}$ 也是 $\mathbf{R}^3$ 的一组基,并求由基 $\boldsymbol{\alpha}_1,\boldsymbol{\alpha}_2,\boldsymbol{\alpha}_3$ 到基 $\boldsymbol{\beta}_1,\boldsymbol{\beta}_2,\boldsymbol{\beta}_3$ 的过渡矩阵.

分析 要证 $\boldsymbol{\beta}_1,\boldsymbol{\beta}_2,\boldsymbol{\beta}_3$ 是 3 维空间的一组基,也就是要证 $\boldsymbol{\beta}_1,\boldsymbol{\beta}_2,\boldsymbol{\beta}_3$ 线性无关.

证明 由于 $|\boldsymbol{\beta}_1,\boldsymbol{\beta}_2,\boldsymbol{\beta}_3|=\begin{vmatrix}1&2&3\\2&3&4\\1&4&3\end{vmatrix}=4\neq0$,所以 $\boldsymbol{\beta}_1,\boldsymbol{\beta}_2,\boldsymbol{\beta}_3$ 线性无关,因此它是 3 维空间 $\mathbf{R}^3$ 的一组基.

设由基 $\boldsymbol{\alpha}_1,\boldsymbol{\alpha}_2,\boldsymbol{\alpha}_3$ 到基 $\boldsymbol{\beta}_1,\boldsymbol{\beta}_2,\boldsymbol{\beta}_3$ 的过渡矩阵为 $\boldsymbol{C}$,则 $(\boldsymbol{\beta}_1,\boldsymbol{\beta}_2,\boldsymbol{\beta}_3)=(\boldsymbol{\alpha}_1,\boldsymbol{\alpha}_2,\boldsymbol{\alpha}_3)\boldsymbol{C}$,故

$$\boldsymbol{C}=(\boldsymbol{\alpha}_1,\boldsymbol{\alpha}_2,\boldsymbol{\alpha}_3)^{-1}(\boldsymbol{\beta}_1,\boldsymbol{\beta}_2,\boldsymbol{\beta}_3)=\begin{bmatrix}1&1&1\\1&0&0\\1&-1&1\end{bmatrix}^{-1}\begin{bmatrix}1&2&3\\2&3&4\\1&4&3\end{bmatrix}=\begin{bmatrix}2&3&4\\0&-1&0\\-1&0&-1\end{bmatrix}$$

解题要点: 本题主要考察对基的定义的掌握和过渡矩阵的计算.

例 26 已知 $\mathbf{R}^3$ 的两组基

$\boldsymbol{\alpha}_1=(1,0,-1)^{\mathrm{T}},\boldsymbol{\alpha}_2=(2,1,1)^{\mathrm{T}},\boldsymbol{\alpha}_3=(1,1,1)^{\mathrm{T}}$

与 $\boldsymbol{\beta}_1=(0,1,1)^{\mathrm{T}},\boldsymbol{\beta}_2=(-1,1,0)^{\mathrm{T}},\boldsymbol{\beta}_3=(1,2,1)^{\mathrm{T}}$.

(1) 求由基 $\boldsymbol{\alpha}_1,\boldsymbol{\alpha}_2,\boldsymbol{\alpha}_3$ 到基 $\boldsymbol{\beta}_1,\boldsymbol{\beta}_2,\boldsymbol{\beta}_3$ 的过渡矩阵;

(2) 求 $\gamma=(9,6,5)^{\mathrm{T}}$ 在这两组基下的坐标;

(3) 求向量 $\boldsymbol{\delta}$,使它在这两组基下有相同的坐标.

解 (1) 设从基 $\boldsymbol{\alpha}_1,\boldsymbol{\alpha}_2,\boldsymbol{\alpha}_3$ 到基 $\boldsymbol{\beta}_1,\boldsymbol{\beta}_2,\boldsymbol{\beta}_3$ 的过渡矩阵为 $\boldsymbol{C}$,则 $(\boldsymbol{\beta}_1,\boldsymbol{\beta}_2,\boldsymbol{\beta}_3)=(\boldsymbol{\alpha}_1,\boldsymbol{\alpha}_2,\boldsymbol{\alpha}_3)\boldsymbol{C}$,故

$$\boldsymbol{C}=(\boldsymbol{\alpha}_1,\boldsymbol{\alpha}_2,\boldsymbol{\alpha}_3)^{-1}(\boldsymbol{\beta}_1,\boldsymbol{\beta}_2,\boldsymbol{\beta}_3)=\begin{bmatrix}1&2&1\\0&1&1\\-1&1&1\end{bmatrix}^{-1}\begin{bmatrix}0&-1&1\\1&1&2\\1&0&1\end{bmatrix}=\begin{bmatrix}0&1&1\\-1&-3&-2\\2&4&4\end{bmatrix}.$$

(2) 设 $\boldsymbol{\gamma}$ 在基 $\boldsymbol{\beta}_1,\boldsymbol{\beta}_2,\boldsymbol{\beta}_3$ 下的坐标是 $(y_1,y_2,y_3)^T$,即 $y_1\boldsymbol{\beta}_1+y_2\boldsymbol{\beta}_2+y_3\boldsymbol{\beta}_3=\boldsymbol{\gamma}$,亦即

$$\begin{cases}-y_2+y_3=9,\\ y_1+y_2+2y_3=6,\\ y_1+y_3=5\end{cases}\Rightarrow y_1=0,y_2=-4,y_3=5.$$

设 $\boldsymbol{\gamma}$ 在基 $\boldsymbol{\alpha}_1,\boldsymbol{\alpha}_2,\boldsymbol{\alpha}_3$ 下坐标是 $(x_1,x_2,x_3)^T$,按坐标变换公式 $\boldsymbol{X}=\boldsymbol{CY}$,有

$$\begin{bmatrix}x_1\\x_2\\x_3\end{bmatrix}=\begin{bmatrix}0&1&1\\-1&-3&-2\\2&4&4\end{bmatrix}\begin{bmatrix}0\\-4\\5\end{bmatrix}=\begin{bmatrix}1\\2\\4\end{bmatrix},$$

可见 $\boldsymbol{\gamma}$ 在这两组基下的坐标分别是 $(1,2,4)^T$ 和 $(0,-4,5)^T$.

(3) 设 $\boldsymbol{\delta}=x_1\boldsymbol{\alpha}_1+x_2\boldsymbol{\alpha}_2+x_3\boldsymbol{\alpha}_3=x_1\boldsymbol{\beta}_1+x_2\boldsymbol{\beta}_2+x_3\boldsymbol{\beta}_3$,即

$x_1(\boldsymbol{\alpha}_1-\boldsymbol{\beta}_1)+x_2(\boldsymbol{\alpha}_2-\boldsymbol{\beta}_2)+x_3(\boldsymbol{\alpha}_3-\boldsymbol{\beta}_3)=\boldsymbol{0}$,

亦即
$$\begin{cases}x_1+3x_2=0,\\ -x_1-x_3=0,\\ -2x_1+x_2=0\end{cases}\Rightarrow x_1=x_2=x_3=0.$$

所以,仅零向量在这两组基下有相同的坐标.

解题要点:本题主要考察过渡矩阵及在特定基下的坐标计算.

真题点睛

1 设 $\boldsymbol{\alpha}_1=\begin{bmatrix}0\\0\\c_1\end{bmatrix},\boldsymbol{\alpha}_2=\begin{bmatrix}1\\1\\c_2\end{bmatrix},\boldsymbol{\alpha}_3=\begin{bmatrix}1\\-1\\c_3\end{bmatrix},\boldsymbol{\alpha}_4=\begin{bmatrix}-1\\1\\c_4\end{bmatrix}$,其中 c_1,c_2,c_3,c_4 为任意常数,则下列向量组线性相关的为

(A) $\boldsymbol{\alpha}_1,\boldsymbol{\alpha}_2,\boldsymbol{\alpha}_3$ (B) $\boldsymbol{\alpha}_1,\boldsymbol{\alpha}_2,\boldsymbol{\alpha}_4$ (C) $\boldsymbol{\alpha}_1,\boldsymbol{\alpha}_3,\boldsymbol{\alpha}_4$ (D) $\boldsymbol{\alpha}_2,\boldsymbol{\alpha}_3,\boldsymbol{\alpha}_4$

分析 n 个 n 维向量相关 $\Leftrightarrow|\boldsymbol{\alpha}_1,\boldsymbol{\alpha}_2,\cdots,\boldsymbol{\alpha}_n|=0$,显然

$$|\boldsymbol{\alpha}_1,\boldsymbol{\alpha}_3,\boldsymbol{\alpha}_4|=\begin{vmatrix}0&1&-1\\0&-1&1\\c_1&c_3&c_4\end{vmatrix}=0.$$

所以 $\boldsymbol{\alpha}_1,\boldsymbol{\alpha}_3,\boldsymbol{\alpha}_4$ 必线性相关. 故选(C).

解题要点:本题主要考察过渡矩阵及在特定基下的坐标计算.

2 设 $\boldsymbol{A}=\begin{bmatrix}1&a&0&0\\0&1&a&0\\0&0&1&a\\a&0&0&1\end{bmatrix},\boldsymbol{\beta}=\begin{bmatrix}1\\-1\\0\\0\end{bmatrix}$

(Ⅰ) 计算行列式 $|\boldsymbol{A}|$;

(Ⅱ) 当实数 a 为何值时,方程组 $\boldsymbol{Ax}=\boldsymbol{\beta}$ 可能有无穷多解,并求其通解.

解 (1) 按第一列展开,即得

$$|A| = 1\cdot\begin{vmatrix}1 & a & 0\\0 & 1 & a\\0 & 0 & 1\end{vmatrix} + a(-1)^{4+1}\begin{vmatrix}a & 0 & 0\\1 & a & 0\\0 & 1 & a\end{vmatrix} = 1-a^4.$$

(2) 因为 $|A| = 0$ 时,方程组 $Ax = \beta$ 可能有无穷多解. 由(Ⅰ)知 $a = 1$ 或 $a = -1$.

① 当 $a = 1$ 时,

$$(A \vdots \beta) = \left[\begin{array}{cccc:c}1 & 1 & 0 & 0 & 1\\0 & 1 & 1 & 0 & -1\\0 & 0 & 1 & 1 & 0\\1 & 0 & 0 & 1 & 0\end{array}\right] \to \left[\begin{array}{cccc:c}1 & 1 & 0 & 0 & 1\\0 & 1 & 1 & 0 & -1\\0 & 0 & 1 & 1 & 0\\0 & 0 & 0 & 0 & -2\end{array}\right],$$

由于 $r(A) = 3, r(\overline{A}) = 4$,故方程组无解. 因此,当 $a = 1$ 时不合题意,应舍去.

② 当 $a = -1$ 时,

$$(A \vdots \beta) = \left[\begin{array}{cccc:c}1 & -1 & 0 & 0 & 1\\0 & 1 & -1 & 0 & -1\\0 & 0 & 1 & -1 & 0\\-1 & 0 & 0 & 1 & 0\end{array}\right] \to \left[\begin{array}{cccc:c}1 & 0 & 0 & -1 & 0\\0 & 1 & 0 & -1 & -1\\0 & 0 & 1 & -1 & 0\\0 & 0 & 0 & 0 & 0\end{array}\right],$$

由于 $r(A) = r(\overline{A}) = 3$,故方程组 $Ax = \beta$ 有无穷多解. 选 x_3 为自由变量,得方程组通解为:$(0,-1,0,0)^T + k(1,1,1,1)^T$($k$ 为任意常数).

解题要点: 本题主要考察线性方程组解得性质.

3 设 A,B,C 均为 n 阶矩阵. 若 $AB = C$,且 B 可逆,则

(A) 矩阵 C 的行向量组与矩阵 A 的行向量组等价

(B) 矩阵 C 的列向量组与矩阵 A 的列向量组等价

(C) 矩阵 C 的行向量组与矩阵 B 的行向量组等价

(D) 矩阵 C 的列向量组与矩阵 B 的列向量组等价

分析 由于 $AB = C$,那么对矩阵 A、C 按列分块,有

$$(\alpha_1,\alpha_2,\cdots,\alpha_n)\begin{bmatrix}b_{11} & b_{12} & \cdots & b_{1n}\\b_{21} & b_{22} & \cdots & b_{2n}\\\vdots & \vdots & & \vdots\\b_{n1} & b_{2n} & \cdots & b_{nn}\end{bmatrix} = (\gamma_1,\gamma_2,\cdots,\gamma_n).$$

$$\text{即}\begin{cases}\gamma_1 = b_{11}\alpha_1 + b_{21}\alpha_2 + \cdots + b_{n1}\alpha_n,\\\gamma_2 = b_{12}\alpha_1 + b_{22}\alpha_2 + \cdots + b_{n2}\alpha_n,\\\cdots\cdots\cdots\cdots\\\gamma_n = b_{1n}\alpha_1 + b_{2n}\alpha_2 + \cdots + b_{nn}\alpha_n\end{cases}$$

这说明矩阵 C 的列向量组 $\gamma_1,\gamma_2,\cdots,\gamma_n$ 可由矩阵 A 的列向量组 $\alpha_1,\alpha_2,\cdots,\alpha_n$ 线性表出.

又矩阵 B 可逆,从而 $A = CB^{-1}$,那么矩阵 A 的列向量组也由矩阵 C 的列向量组线性表出.

由向量组等价的定义可知,应选(B).

或者,可逆矩阵可表示成若干个初等矩阵的乘积,于是 A 经过有限次初等列变换化为 C,而初等列变换保持矩阵列向量组的等价关系. 故选(B).

解题要点: 本题主要考察矩阵列、行等价的判定,属常考题型.

4 $\boldsymbol{\alpha}_1,\boldsymbol{\alpha}_2,\boldsymbol{\alpha}_3$ 均为 3 维向量,则对任意常数 k,l,向量 $\boldsymbol{\alpha}_1+k\boldsymbol{\alpha}_3,\boldsymbol{\alpha}_2+l\boldsymbol{\alpha}_3$ 都线性无关,向量 $\boldsymbol{\alpha}_1,\boldsymbol{\alpha}_2,\boldsymbol{\alpha}_3$ 线性无关的

(A) 必要非充分条件　　(B) 充分非必要条件

(C) 充分必要条件　　(D) 即非充分又非必要条件

分析　是必要条件,即如果 $\boldsymbol{\alpha}_1,\boldsymbol{\alpha}_2,\boldsymbol{\alpha}_3$ 线性无关,则 $\boldsymbol{\alpha}_1+k\boldsymbol{\alpha}_3,\boldsymbol{\alpha}_2+l\boldsymbol{\alpha}_3$ 一定线性无关.

解法一　用秩.(用 $\boldsymbol{C}$ 矩阵法求 $r(\boldsymbol{\alpha}_1+k\boldsymbol{\alpha}_3,\boldsymbol{\alpha}_2+l\boldsymbol{\alpha}_3)$)

$$(\boldsymbol{\alpha}_1+k\boldsymbol{\alpha}_3,\boldsymbol{\alpha}_2+l\boldsymbol{\alpha}_3)=(\boldsymbol{\alpha}_1,\boldsymbol{\alpha}_2,\boldsymbol{\alpha}_3)\begin{bmatrix}1&0\\0&1\\k&l\end{bmatrix}.$$

则 $r(\boldsymbol{\alpha}_1+k\boldsymbol{\alpha}_3,\boldsymbol{\alpha}_2+l\boldsymbol{\alpha}_3)=r\begin{bmatrix}1&0\\0&1\\k&l\end{bmatrix}=2.$

因此 $\boldsymbol{\alpha}_1+k\boldsymbol{\alpha}_3,\boldsymbol{\alpha}_2+l\boldsymbol{\alpha}_3$ 线性无关.

解法二　用定义法.设 $c_1(\boldsymbol{\alpha}_1+k\boldsymbol{\alpha}_3)+c_2(\boldsymbol{\alpha}_2+l\boldsymbol{\alpha}_3)=\boldsymbol{0}$

则 $c_1\boldsymbol{\alpha}_1+c_2\boldsymbol{\alpha}_2+(c_1k+c_2l)\boldsymbol{\alpha}_3=\boldsymbol{0}.$

再由 $\boldsymbol{\alpha}_1,\boldsymbol{\alpha}_2,\boldsymbol{\alpha}_3$ 线性无关.得 $c_1=c_2=0.$

不是充分条件.举一反例说明.设 $\boldsymbol{\alpha}_1,\boldsymbol{\alpha}_2$ 线性无关,$\boldsymbol{\alpha}_1=\boldsymbol{0}$,此时 $\boldsymbol{\alpha}_1+k\boldsymbol{\alpha}_3,\boldsymbol{\alpha}_2+l\boldsymbol{\alpha}_3$(就是 $\boldsymbol{\alpha}_1,\boldsymbol{\alpha}_2$)无关.但 $\boldsymbol{\alpha}_1,\boldsymbol{\alpha}_2,\boldsymbol{\alpha}_3$ 相关.

选(A).

解题要点: 本题主要考察线性相关与线性无关的判断.

5 (2014) 设 $\boldsymbol{A}=\begin{bmatrix}1&-2&3&-4\\0&1&-1&1\\1&2&0&-3\end{bmatrix}$.$\boldsymbol{E}$ 为 3 阶单位矩阵.

(1) 求 $\boldsymbol{Ax}=\boldsymbol{0}$ 的一个基础解系;(2) 求满足 $\boldsymbol{AB}=\boldsymbol{E}$ 的所有矩阵 $\boldsymbol{B}$.

解　(1) 用矩阵消元法:

$$\boldsymbol{A}=\begin{bmatrix}1&-2&3&-4\\0&1&-1&1\\1&2&0&-3\end{bmatrix}\to\begin{bmatrix}1&-2&3&-4\\0&1&-1&1\\0&4&-3&1\end{bmatrix}\to\begin{bmatrix}1&-2&3&-4\\0&1&-1&1\\0&0&1&-3\end{bmatrix}$$

$$\to\begin{bmatrix}1&-2&0&5\\0&1&0&-2\\0&0&1&-3\end{bmatrix}\to\begin{bmatrix}1&0&0&1\\0&1&0&-2\\0&0&-1&-3\end{bmatrix}$$

得 $\boldsymbol{Ax}=\boldsymbol{0}$ 的同解方程组

$$\begin{cases}x_1=-x_4\\x_2=2x_4\\x_3=3x_4\end{cases}$$

得一个非零解 $\boldsymbol{\alpha}=(-1,2,3,1)^{\mathrm{T}}$,它构成 $\boldsymbol{Ax}=\boldsymbol{0}$ 的基础解系.

(2) 所求 $\boldsymbol{B}$ 应是 4×3 矩阵,它的 3 个列向量依次是线性方程组 $\boldsymbol{Ax}=(1,0,0)^{\mathrm{T}}$,$\boldsymbol{Ax}=(0,1,0)^{\mathrm{T}}$ 和 $\boldsymbol{Ax}=(0,0,1)^{\mathrm{T}}$ 的解.因此解这 3 个方程组可得到 $\boldsymbol{B}$.这三个方程组的导出组都是 $\boldsymbol{Ax}=\boldsymbol{0}$.已求了基础解系,只需再对它们各求一个特解.就可写出通解了.这三个方程组的系数矩

阵都是 $\boldsymbol{A}$. 因此可以一起用矩阵消元法求解

$$(\boldsymbol{A} \vdots \boldsymbol{E})=\left[\begin{array}{cccc:ccc}1 & -2 & 3 & -4 & 1 & 0 & 0 \\ 0 & 1 & -1 & 1 & 0 & 1 & 0 \\ 1 & 2 & 0 & -3 & 0 & 0 & 1\end{array}\right] \rightarrow\left[\begin{array}{cccc:ccc}1 & 0 & 0 & 1 & 2 & 6 & -1 \\ 0 & 1 & 0 & -2 & -1 & -3 & 1 \\ 0 & 0 & 1 & -3 & -1 & -4 & 1\end{array}\right]$$

于是 $(2,-1,-1,9)^{\mathrm{T}}$, $(6,-3,-4,0)^{\mathrm{T}}$, $(-1,1,1,0)^{\mathrm{T}}$ 依次是这三个方程组的解，即 $\boldsymbol{B}$ 的

通解为 $\begin{bmatrix}2 & 6 & -1 \\ -1 & -3 & 1 \\ -1 & -4 & 1 \\ 0 & 0 & 0\end{bmatrix}+(c_1\boldsymbol{\alpha}, c_2\boldsymbol{\alpha}, c_3\boldsymbol{\alpha})$, c_1, c_2, c_3 任意.

解题要点: 解本题的另一种思路：类似于非齐次方程组解的性质，易看出：① $\boldsymbol{AB}=\boldsymbol{E}$ 的任何两个解之差都是 $\boldsymbol{AB}=\boldsymbol{0}$（$\boldsymbol{0}$ 是 3 阶零矩阵）的解. ② $\boldsymbol{AB}=\boldsymbol{E}$ 的一个解与 $\boldsymbol{AB}=\boldsymbol{0}$ 的一个解之和是 $\boldsymbol{AB}=\boldsymbol{E}$ 的解. 于是求出 $\boldsymbol{AB}=\boldsymbol{E}$ 的一个特解，加上 $\boldsymbol{AB}=\boldsymbol{0}$ 的通解就是 $\boldsymbol{AB}=\boldsymbol{E}$ 的通解. $\boldsymbol{AB}=\boldsymbol{0}$ 的通解为 $(c_1\boldsymbol{\alpha}, c_2\boldsymbol{\alpha}, c_3\boldsymbol{\alpha})$. $\boldsymbol{AB}=\boldsymbol{E}$ 的特解为

$$\boldsymbol{B}_0=\begin{bmatrix}2 & 6 & -1 \\ -1 & -3 & 1 \\ -1 & -4 & 1 \\ 0 & 0 & 0\end{bmatrix}.$$

得本题的答案：$\boldsymbol{B}_0+(c_1\boldsymbol{\alpha}, c_2, \boldsymbol{\alpha}, c_3\boldsymbol{\alpha})$, c_1, c_2, c_3 为任意常数.

6 (2011) 设向组量 $\boldsymbol{\alpha}_1=(1,0,1)^{\mathrm{T}}$, $\boldsymbol{\alpha}_2=(0,1,1)^{\mathrm{T}}$, $\boldsymbol{\alpha}_3=(1,3,5)^{\mathrm{T}}$ 不能由向量组 $\boldsymbol{\beta}_1=(1,1,1)^{\mathrm{T}}$, $\boldsymbol{\beta}_2=(1,2,3)^{\mathrm{T}}$, $\boldsymbol{\beta}_3=(3,4,a)^{\mathrm{T}}$ 线性表示

(1) 求 $\boldsymbol{\alpha}$ 的值；

(2) 将 $\boldsymbol{\beta}_1, \boldsymbol{\beta}_2, \boldsymbol{\beta}_3$ 用 $\boldsymbol{\alpha}_1, \boldsymbol{\alpha}_2, \boldsymbol{\alpha}_3$ 线性表示.

解 (1) 因为 $|\boldsymbol{\alpha}_1, \boldsymbol{\alpha}_2, \boldsymbol{\alpha}_3|=\begin{vmatrix}1 & 0 & 1 \\ 0 & 1 & 3 \\ 1 & 1 & 5\end{vmatrix}=1 \neq 0$，所以 $\boldsymbol{\alpha}_1, \boldsymbol{\alpha}_2, \boldsymbol{\alpha}_3$ 线性无关. 那么 $\boldsymbol{\alpha}_1, \boldsymbol{\alpha}_2, \boldsymbol{\alpha}_3$ 不能由 $\boldsymbol{\beta}_1$, $\boldsymbol{\beta}_2, \boldsymbol{\beta}_3$ 线性表示 $\Leftrightarrow \boldsymbol{\beta}_1, \boldsymbol{\beta}_2, \boldsymbol{\beta}_3$ 线性相关，即

$$|\boldsymbol{\beta}_1, \boldsymbol{\beta}_2, \boldsymbol{\beta}_3|=\begin{vmatrix}1 & 1 & 3 \\ 1 & 2 & 4 \\ 1 & 3 & a\end{vmatrix}=\begin{vmatrix}1 & 1 & 3 \\ 0 & 1 & 1 \\ 0 & 2 & a-3\end{vmatrix}=a-5=0,$$

所以 $a=5$.

(2) 如果方程组 $x_1\boldsymbol{\alpha}_1+x_2\boldsymbol{\alpha}_2+x_3\boldsymbol{\alpha}_3=\boldsymbol{\beta}_j\ (j=1,2,3)$ 都有解，即 $\boldsymbol{\beta}_1, \boldsymbol{\beta}_2, \boldsymbol{\beta}_3$ 可由 $\boldsymbol{\alpha}_1, \boldsymbol{\alpha}_2, \boldsymbol{\alpha}_3$ 线性表示，对 $(\boldsymbol{\alpha}_1, \boldsymbol{\alpha}_2, \boldsymbol{\alpha}_3 \vdots \boldsymbol{\beta}_1, \boldsymbol{\beta}_2, \boldsymbol{\beta}_3)$ 作初等行变换，有

$$\left[\begin{array}{ccc:ccc}1 & 0 & 1 & 1 & 1 & 3 \\ 0 & 1 & 3 & 1 & 2 & 4 \\ 1 & 1 & 5 & 1 & 3 & 5\end{array}\right] \rightarrow\left[\begin{array}{ccc:ccc}1 & 0 & 1 & 1 & 1 & 3 \\ 0 & 1 & 3 & 1 & 2 & 4 \\ 0 & 1 & 4 & 0 & 2 & 2\end{array}\right] \rightarrow\left[\begin{array}{ccc:ccc}1 & 0 & 1 & 1 & 1 & 3 \\ 0 & 1 & 3 & 1 & 2 & 4 \\ 0 & 0 & 1 & -1 & 0 & -2\end{array}\right]$$

$$\rightarrow\left[\begin{array}{ccc:ccc}1 & & & 2 & 1 & 5 \\ & 1 & & 4 & 2 & 10 \\ & & 1 & -1 & 0 & -2\end{array}\right],$$

所以 $\boldsymbol{\beta}_1=2\boldsymbol{\alpha}_1+4\boldsymbol{\alpha}_2-\boldsymbol{\alpha}_3$, $\boldsymbol{\beta}_2=\boldsymbol{\alpha}_1+2\boldsymbol{\alpha}_2$, $\boldsymbol{\beta}_3=5\boldsymbol{\alpha}_1+10\boldsymbol{\alpha}_2-2\boldsymbol{\alpha}_3$.

解题要点：本题主要考察线性表出的运算.

课后习题全解

1. 解题过程 $\boldsymbol{A}=\begin{pmatrix}0&3&2\\1&0&3\\2&1&0\\3&2&1\end{pmatrix}\to\begin{pmatrix}1&0&3\\0&3&2\\0&1&-6\\0&2&-8\end{pmatrix}\to\begin{pmatrix}1&0&3\\0&1&-6\\0&0&20\\0&0&0\end{pmatrix}\to\begin{pmatrix}1&0&0\\0&1&0\\0&0&1\\0&0&0\end{pmatrix}$,

$\boldsymbol{B}=\begin{pmatrix}2&0&4\\1&-2&4\\1&1&1\\2&1&3\end{pmatrix}\to\begin{pmatrix}1&-2&4\\0&4&-4\\0&3&-3\\0&1&-1\end{pmatrix}\to\begin{pmatrix}1&-2&4\\0&1&-1\\0&0&0\\0&0&0\end{pmatrix}$

$R(\boldsymbol{A})>R(\boldsymbol{B})$,则 $\boldsymbol{B}$ 组可由 $\boldsymbol{A}$ 组表出,反设 $\boldsymbol{A}$ 组能由 $\boldsymbol{B}$ 组表出,则 $\boldsymbol{A},\boldsymbol{B}$ 等价,

$R(\boldsymbol{A})=R(\boldsymbol{B})=1$,矛盾.

故 $\boldsymbol{A}$ 不能由 $\boldsymbol{B}$ 表出.

2. 分析 欲证向量组 $\boldsymbol{A},\boldsymbol{B}$ 等价只须证 $R(\boldsymbol{A})=R(\boldsymbol{B})=R(\boldsymbol{A},\boldsymbol{B})$ 即可. 熟记公式可简化计算.

解题过程 根据定理 2 的推论,只要证 $R(\boldsymbol{A})=R(\boldsymbol{B})=R(\boldsymbol{A},\boldsymbol{B})$,为此把矩阵 $(\boldsymbol{A},\boldsymbol{B})$ 化成行阶梯形矩阵:

$$(\boldsymbol{A},\boldsymbol{B})=\begin{pmatrix}0&1&-1&1&3\\1&1&0&2&2\\1&0&1&1&-1\end{pmatrix}\xrightarrow[r_3\leftrightarrow r_1]{r_2\leftrightarrow 2r_1}\begin{pmatrix}1&0&1&1&-1\\1&1&0&2&2\\0&1&-1&1&3\end{pmatrix}$$

$$\xrightarrow{r_2-r_1}\begin{pmatrix}1&0&1&1&-1\\0&1&-1&1&3\\0&1&-1&1&3\end{pmatrix}\xrightarrow{r_3-r_2}\begin{pmatrix}1&0&1&1&-1\\0&1&-1&1&3\\0&0&0&0&0\end{pmatrix},$$

可见,$R(\boldsymbol{A})=2,R(\boldsymbol{A},\boldsymbol{B})=2$.

另外,容易看出矩阵 $\boldsymbol{B}$ 中有不等于 0 的 2 阶子式 $\begin{vmatrix}-1&1\\0&2\end{vmatrix}=-2\neq0$,

故 $R(\boldsymbol{B})\geqslant2$,

又 $R(\boldsymbol{B})\leqslant R(\boldsymbol{A},\boldsymbol{B})=2$,于是知 $R(\boldsymbol{B})=2$.

因此,$R(\boldsymbol{A})=R(\boldsymbol{B})=R(\boldsymbol{A},\boldsymbol{B})$,即向量组 $\boldsymbol{A}$ 与向量组 $\boldsymbol{B}$ 等价.

3. 分析 将向量组作为列向量构造矩阵,然后利用矩阵的秩判断线性相关性.

解题过程 (1) 对下述矩阵施以初等行变换化成行阶梯形矩阵:

$$\begin{pmatrix}-1&2&1\\3&1&4\\1&0&1\end{pmatrix}\sim\begin{pmatrix}-1&2&1\\0&7&7\\0&2&2\end{pmatrix}\sim\begin{pmatrix}-1&2&1\\0&1&1\\0&0&0\end{pmatrix},$$

可以看出该矩阵的秩为 2,因此,根据教材定理 4 知,题中所给向量组线性相关.

(2) 对下述矩阵施以初等行变换化成行阶梯形矩阵:

$$\begin{pmatrix}2&-1&0\\3&4&0\\0&0&2\end{pmatrix}\sim\begin{pmatrix}-1&-5&0\\3&4&0\\0&0&2\end{pmatrix}\sim\begin{pmatrix}-1&-5&0\\0&-11&0\\0&0&2\end{pmatrix},$$

可以看出该矩阵的秩为 3,因此,根据教材定理 4 知,题中所给向量组线性无关.

4. 解题过程 因矩阵 $\boldsymbol{A}=(\boldsymbol{a}_1,\boldsymbol{a}_2,\boldsymbol{a}_3)$ 的行列式

$$\begin{vmatrix}a&1&1\\1&a&-1\\1&-1&a\end{vmatrix}=a^3-3a-2=(a+1)^2(a-2),$$

令其为 0,得 $a=-1$ 或 $a=2$. 由此可知当 $a=-1$ 或 $a=2$ 时,$R(\boldsymbol{A})<3$,即题给向量组线性相关.

5. 解题过程 (1) 由矩阵秩的性质

$R(\boldsymbol{A})=R(\boldsymbol{a}\boldsymbol{a}^{\mathrm{T}}+\boldsymbol{b}\boldsymbol{b}^{\mathrm{T}})\leqslant R(\boldsymbol{a}\boldsymbol{a}^{\mathrm{T}})+R(\boldsymbol{b}\boldsymbol{b}^{\mathrm{T}})\leqslant R(\boldsymbol{a})+R(\boldsymbol{b})\leqslant 1+1=2$;

(2) 当 $\boldsymbol{a},\boldsymbol{b}$ 线性相关时,若 $\boldsymbol{a},\boldsymbol{b}$ 均为零向量,则 $\boldsymbol{A}=\boldsymbol{O}$,结论成立;若 $\boldsymbol{a},\boldsymbol{b}$ 不全为零向量,不妨设 $\boldsymbol{a}\neq\boldsymbol{0}$,因此时 $\boldsymbol{a}$ 与 $\boldsymbol{b}$ 成比例,有 $\boldsymbol{b}=\lambda\boldsymbol{a}$($\lambda$ 可能为 0),于是 $\boldsymbol{a}\boldsymbol{a}^{\mathrm{T}}+\boldsymbol{b}\boldsymbol{b}^{\mathrm{T}}=(1+\lambda^2)\boldsymbol{a}\boldsymbol{a}^{\mathrm{T}}$,从而有

$$R(\boldsymbol{A})=R((1+\lambda^2)\boldsymbol{a}\boldsymbol{a}^{\mathrm{T}})=R(\boldsymbol{a}\boldsymbol{a}^{\mathrm{T}})\leqslant R(\boldsymbol{a})=1.$$

6. 解题过程 因 $\boldsymbol{a}_1+\boldsymbol{b},\boldsymbol{a}_2+\boldsymbol{b}$ 线性相关,

故$(\boldsymbol{a}_1+\boldsymbol{b})-(\boldsymbol{a}_2+\boldsymbol{b}),\boldsymbol{a}_2+\boldsymbol{b}$ 线性相关,即 $\boldsymbol{a}_1-\boldsymbol{a}_2,\boldsymbol{a}_2+\boldsymbol{b}$ 线性相关.

又因 $\boldsymbol{a}_1$、$\boldsymbol{a}_2$ 线性无关,

故 $\boldsymbol{a}_1-\boldsymbol{a}_2\neq 0$,于是存在 λ,使

$$\boldsymbol{a}_2+\boldsymbol{b}=\lambda(\boldsymbol{a}_1-\boldsymbol{a}_2)\Rightarrow\boldsymbol{b}=\lambda\boldsymbol{a}_1-(\lambda+1)\boldsymbol{a}_2,\lambda\in\mathbf{R}.$$

7. 解题过程 不一定,例如 $\boldsymbol{a}_1=(1,0)^{\mathrm{T}},\boldsymbol{a}_2=(2,0)^{\mathrm{T}}$ 线性相关,$\boldsymbol{b}_1=(0,1)^{\mathrm{T}},\boldsymbol{b}_2=(0,-1)^{\mathrm{T}}$ 也线性相关,而 $\boldsymbol{a}_1+\boldsymbol{b}_1=(1,1)^{\mathrm{T}},\boldsymbol{a}_2+\boldsymbol{b}_2=(2,-1)^{\mathrm{T}}$ 却线性无关;如果将 $\boldsymbol{b}_2$ 改为 $\boldsymbol{b}_2=(0,2)^{\mathrm{T}}$ 使 $\boldsymbol{b}_1,\boldsymbol{b}_2$ 仍线性相关,此时 $\boldsymbol{a}_1+\boldsymbol{b}_1=(1,1)^{\mathrm{T}},\boldsymbol{a}_2+\boldsymbol{b}_2=(2,2)^{\mathrm{T}}$ 就线性相关了.

8. 解题过程 命题(1) 是错误的,反例:取向量 $\boldsymbol{a}_1=\begin{pmatrix}1\\0\end{pmatrix},\boldsymbol{a}_2=\begin{pmatrix}0\\1\end{pmatrix},\boldsymbol{a}_3=\begin{pmatrix}0\\0\end{pmatrix}$,则向量组 $\boldsymbol{a}_1,\boldsymbol{a}_2,\boldsymbol{a}_3$ 线性相关,因它含有零向量. 但 $\boldsymbol{a}_1$ 并不能由 $\boldsymbol{a}_2,\boldsymbol{a}_3$ 线性表示,因为 $\boldsymbol{a}_2,\boldsymbol{a}_3$ 的任何的线性组合所得向量的第一个分量是零.

命题(2) 是错误的,反例:取 $\boldsymbol{a}_1=\begin{pmatrix}1\\0\end{pmatrix},\boldsymbol{a}_2=\begin{pmatrix}0\\1\end{pmatrix};\boldsymbol{b}_1=\begin{pmatrix}-1\\0\end{pmatrix},\boldsymbol{b}_2=\begin{pmatrix}0\\-1\end{pmatrix}$;再取 $\lambda_1=\lambda_2=1$,则有 $\lambda_1\boldsymbol{a}_1+\lambda_2\boldsymbol{a}_2+\lambda_1\boldsymbol{b}_1+\lambda_2\boldsymbol{b}_2=\boldsymbol{0}$ 成立,但 $\boldsymbol{a}_1,\boldsymbol{a}_2$ 线性无关;$\boldsymbol{b}_1,\boldsymbol{b}_2$ 也线性无关.

命题(3) 是错误的,反例:取 $\boldsymbol{a}_1=\begin{pmatrix}0\\0\end{pmatrix},\boldsymbol{a}_2=\begin{pmatrix}1\\0\end{pmatrix};\boldsymbol{b}_1=\begin{pmatrix}0\\1\end{pmatrix},\boldsymbol{b}_2=\begin{pmatrix}0\\0\end{pmatrix}$,此时若有 $\lambda_1\boldsymbol{a}_1+\lambda_2\boldsymbol{a}_2+\lambda_1\boldsymbol{b}_1+\lambda_2\boldsymbol{b}_2=\lambda_1\begin{pmatrix}0\\1\end{pmatrix}+\lambda_2\begin{pmatrix}1\\0\end{pmatrix}=\begin{pmatrix}\lambda_2\\\lambda_1\end{pmatrix}=\boldsymbol{0}$ 成立,只有 $\lambda_1=\lambda_2=0$,但向量组 $\boldsymbol{a}_1,\boldsymbol{a}_2$ 和向量组 $\boldsymbol{b}_1,\boldsymbol{b}_2$ 都线性相关.

命题(4) 是错误的,反例:取 $\boldsymbol{a}_1=\begin{pmatrix}0\\0\end{pmatrix}\boldsymbol{a}_2=\begin{pmatrix}1\\0\end{pmatrix};\boldsymbol{b}_1=\begin{pmatrix}0\\1\end{pmatrix},\boldsymbol{b}_2=\begin{pmatrix}0\\0\end{pmatrix}$,则向量组 $\boldsymbol{a}_1,\boldsymbol{a}_2$ 和向量组 $\boldsymbol{b}_1,\boldsymbol{b}_2$ 均线性相关. 但对此两向量组不存在不全为零的数 λ_1,λ_2 使 $\lambda_1\boldsymbol{a}_1+\lambda_2\boldsymbol{a}_2$

$=\mathbf{0}$ 和 $\lambda_1\boldsymbol{b}_1+\lambda_2\boldsymbol{b}_2=\mathbf{0}$ 同时成立,因由上面第一式可得

$$\begin{pmatrix}0\\0\end{pmatrix}=\lambda_1\boldsymbol{a}_1+\lambda_2\boldsymbol{a}_2=\begin{pmatrix}\lambda_2\\0\end{pmatrix},$$

于是 $\lambda_2=0$,同理由第二式得 $\lambda_1=0$.

9. 解题过程 作等式 $x_1\boldsymbol{b}_1+x_2\boldsymbol{b}_2+x_3\boldsymbol{b}_3+x_4\boldsymbol{b}_4=\mathbf{0}$,

即 $x_1(\boldsymbol{a}_1+\boldsymbol{a}_2)+x_2(\boldsymbol{a}_2+\boldsymbol{a}_3)+x_3(\boldsymbol{a}_3+\boldsymbol{a}_4)+x_4(\boldsymbol{a}_4+\boldsymbol{a}_1)=\mathbf{0}$.

亦即 $(x_1+x_4)\boldsymbol{a}_1+(x_1+x_2)\boldsymbol{a}_2+(x_2+x_3)\boldsymbol{a}_3+(x_3+x_4)\boldsymbol{a}_4=\mathbf{0}$. ①

为了找不全为零的数 x_1,x_2,x_3,x_4 使式①成立,令式①左端诸系数为零,得齐次线性方程组

$$\begin{cases}x_1+x_4=0,\\x_1+x_2=0,\\x_2+x_3=0,\\x_3+x_4=0.\end{cases}\qquad ②$$

它的系数行列式

$$\boldsymbol{D}=\begin{vmatrix}1&0&0&1\\1&1&0&0\\0&1&1&0\\0&0&1&1\end{vmatrix}\xlongequal{\text{按第 1 行展开}}1-1=0,$$

方程组②有非零解,故 $\boldsymbol{b}_1,\boldsymbol{b}_2,\boldsymbol{b}_3,\boldsymbol{b}_4$ 线性相关.

10. 分析 观察已知写成矩阵形式,由矩阵秩的性质判定线性相关性.

解题过程 把已知的 r 个向量等式写成一个矩阵等式

$$(\boldsymbol{b}_1,\boldsymbol{b}_2,\cdots,\boldsymbol{b}_r)=(\boldsymbol{a}_1,\boldsymbol{a}_2,\cdots,\boldsymbol{a}_r)\begin{pmatrix}1&1&\cdots&1\\0&1&\cdots&1\\\vdots&\vdots&\ddots&\vdots\\0&0&\cdots&1\end{pmatrix},$$

记作 $\boldsymbol{B}=\boldsymbol{A}\boldsymbol{M}$,由 $|\boldsymbol{M}|=1\neq0$ 知 $\boldsymbol{M}$ 可逆,由矩阵秩的性质知,$R(\boldsymbol{B})=R(\boldsymbol{A})$,据教材定理 4 知 $\boldsymbol{B}$ 的 r 个列向量线性无关,即 $\boldsymbol{b}_1,\boldsymbol{b}_2,\cdots,\boldsymbol{b}_r$ 线性无关.

11. 解题过程 (1) $(\boldsymbol{b}_1,\boldsymbol{b}_2,\boldsymbol{b}_3)=(\boldsymbol{a}_1,\boldsymbol{a}_2,\boldsymbol{a}_3)\begin{pmatrix}1&0&5\\1&2&3\\0&3&0\end{pmatrix}$,而 $\begin{vmatrix}1&0&5\\1&2&3\\0&3&0\end{vmatrix}=6\neq0$,于是 $R(\boldsymbol{b}_1,\boldsymbol{b}_2,\boldsymbol{b}_3)=R(\boldsymbol{a}_1,\boldsymbol{a}_2,\boldsymbol{a}_3)=3$,$\boldsymbol{b}_1,\boldsymbol{b}_2,\boldsymbol{b}_3$ 线性无关;

(2) $(\boldsymbol{b}_1,\boldsymbol{b}_2,\boldsymbol{b}_3)=(\boldsymbol{a}_1,\boldsymbol{a}_2,\boldsymbol{a}_3)\begin{pmatrix}1&2&3\\2&2&1\\3&4&3\end{pmatrix}$,而 $\begin{vmatrix}1&2&3\\2&2&1\\3&4&3\end{vmatrix}=2\neq0$,

于是,与(1)同理,$\boldsymbol{b}_1,\boldsymbol{b}_2,\boldsymbol{b}_3$ 线性无关;

(3) $(\boldsymbol{b}_1,\boldsymbol{b}_2,\boldsymbol{b}_3)=(\boldsymbol{a}_1,\boldsymbol{a}_2,\boldsymbol{a}_3)\begin{pmatrix}1&0&1\\-1&2&1\\0&1&1\end{pmatrix}$,而 $\begin{vmatrix}1&0&1\\-1&2&1\\0&1&1\end{vmatrix}=0$,

于是,$R(\boldsymbol{b}_1,\boldsymbol{b}_2,\boldsymbol{b}_3)\leqslant2$,$\boldsymbol{b}_1,\boldsymbol{b}_2,\boldsymbol{b}_3$ 线性相关.

12. 解题过程 记 $\boldsymbol{A}=(\boldsymbol{a}_1,\boldsymbol{a}_2,\cdots,\boldsymbol{a}_s)$,$\boldsymbol{B}=(\boldsymbol{b}_1,\boldsymbol{b}_2,\cdots,\boldsymbol{b}_r)$,则有 $\boldsymbol{B}=\boldsymbol{AK}$.

必要性:设向量组 $\boldsymbol{B}$ 线性无关,知 $R(\boldsymbol{B})=r$.

又由 $\boldsymbol{B}=\boldsymbol{AK}$,知 $R(\boldsymbol{K})\geqslant R(\boldsymbol{B})$.

但 $\boldsymbol{K}$ 含 r 列,有 $R(\boldsymbol{K})\leqslant r$,

于是 $r=R(\boldsymbol{B})\leqslant R(\boldsymbol{K})\leqslant r$,即 $R(\boldsymbol{K})=r$.

充分性:设 $R(\boldsymbol{K})=r$.要证 $\boldsymbol{B}$ 组线性无关.由于

$\boldsymbol{Bx}=\boldsymbol{0}\Leftrightarrow\boldsymbol{AKx}=\boldsymbol{0}$(因 $R(\boldsymbol{A})=s$,根据上章定理 6)

$\Rightarrow\boldsymbol{Kx}=\boldsymbol{0}$(因 $R(\boldsymbol{K})=r$,根据上章定理 6)

$\Rightarrow x=0$,因此,向量组 $\boldsymbol{B}$ 线性无关.

13. 分析 求最大无关组关键在于将向量组化为行阶梯形矩阵,非零行向量首元所在的列为最大无关组.

解题过程 (1) 将向量组 $\boldsymbol{a}_1,\boldsymbol{a}_2,\boldsymbol{a}_3$ 构成矩阵 $\boldsymbol{A}=(\boldsymbol{a}_1,\boldsymbol{a}_2,\boldsymbol{a}_3)$,对它施以初等行变换,使之成为行阶梯形矩阵:

$$\boldsymbol{A}=\begin{pmatrix}1&9&-2\\2&100&-4\\-1&10&2\\4&4&-8\end{pmatrix}\sim\begin{pmatrix}1&9&-2\\0&82&0\\0&19&0\\0&-32&0\end{pmatrix}\sim\begin{pmatrix}1&9&-2\\0&1&0\\0&0&0\\0&0&0\end{pmatrix},$$

可见 $R(\boldsymbol{A})=2$,即 $R(\boldsymbol{a}_1,\boldsymbol{a}_2,\boldsymbol{a}_3)=2$,故列向量组的最大无关组含两个向量.而两个非零行的非零首元在第 1、2 两列,故 $\boldsymbol{a}_1,\boldsymbol{a}_2$ 为列向量组的一个最大无关组.这是因为

$$(\boldsymbol{a}_1,\boldsymbol{a}_2)\xrightarrow{r}\begin{pmatrix}1&9\\0&1\\0&0\\0&0\end{pmatrix},$$

而知 $R(\boldsymbol{a}_1,\boldsymbol{a}_2)=2$,故 $\boldsymbol{a}_1,\boldsymbol{a}_2$ 线性无关.因此 $\boldsymbol{a}_1,\boldsymbol{a}_2$ 为原向量组的一个最大无关组.

(2) 将向量 $\boldsymbol{a}_1,\boldsymbol{a}_2,\boldsymbol{a}_3$ 作为列构成矩阵,即 $\boldsymbol{A}=(\boldsymbol{a}_1,\boldsymbol{a}_2,\boldsymbol{a}_3)$,对它施以初等行变换,使之成为行阶梯形矩阵:

$$\boldsymbol{A}=\begin{pmatrix}1&4&1\\2&-1&-3\\1&-5&-4\\3&-6&-7\end{pmatrix}\sim\begin{pmatrix}1&4&1\\0&-9&-5\\0&-9&-5\\0&-18&-10\end{pmatrix}\sim\begin{pmatrix}1&4&1\\0&9&5\\0&0&0\\0&0&0\end{pmatrix},$$

可见 $R(\boldsymbol{A})=2$,即 $R(\boldsymbol{a}_1^{\mathrm{T}},\boldsymbol{a}_2^{\mathrm{T}},\boldsymbol{a}_3^{\mathrm{T}})=2$,且 $\boldsymbol{a}_1^{\mathrm{T}},\boldsymbol{a}_2^{\mathrm{T}}$ 为其一个最大无关组.

14. 分析 利用初等行变换找列向量组的秩 r,即为矩阵中各列的向量组的秩,从而可以找到最大无关组.

解题过程 将题给矩阵记为 $\boldsymbol{A}$,并记第 i 列的列向量为 $\boldsymbol{a}_i$.

(1) 对 $\boldsymbol{A}$ 施以初等行变换变为行最简形矩阵:

$$\boldsymbol{A}=\begin{pmatrix}25&31&17&43\\75&94&53&132\\75&94&54&134\\25&32&20&48\end{pmatrix}$$

$$\xrightarrow[\substack{\text{后 } r_2-3r_1 \\ r_4-r_2-r_3}]{\substack{\text{先 } r_3-r_2 \\ r_4-r_1}} \begin{pmatrix} 25 & 31 & 17 & 43 \\ 0 & 1 & 2 & 3 \\ 0 & 0 & 1 & 2 \\ 0 & 0 & 0 & 0 \end{pmatrix}$$

$$\xrightarrow[\text{后 } r_1-31r_2]{\substack{\text{先 } r_2-2r_3 \\ r_1-17r_3}} \begin{pmatrix} 25 & 0 & 0 & 40 \\ 0 & 1 & 0 & -1 \\ 0 & 0 & 1 & 2 \\ 0 & 0 & 0 & 0 \end{pmatrix}$$

$$\sim \begin{pmatrix} 1 & 0 & 0 & 8/5 \\ 0 & 1 & 0 & -1 \\ 0 & 0 & 1 & 2 \\ 0 & 0 & 0 & 0 \end{pmatrix},$$

可见 $R(\boldsymbol{A})=3$,而 $\boldsymbol{a}_1,\boldsymbol{a}_2,\boldsymbol{a}_3$ 为其一个最大无关组,且

$$\boldsymbol{a}_4=\frac{8}{5}\boldsymbol{a}_1-\boldsymbol{a}_2+2\boldsymbol{a}_3.$$

(2) 对 $\boldsymbol{A}$ 施以初等行变换变为行阶梯形矩阵:

$$\boldsymbol{A}=\begin{pmatrix} 1 & 1 & 2 & 2 & 1 \\ 0 & 2 & 1 & 5 & -1 \\ 2 & 0 & 3 & -1 & 3 \\ 1 & 1 & 0 & 4 & -1 \end{pmatrix}$$

$$\sim \begin{pmatrix} 1 & 1 & 2 & 2 & 1 \\ 0 & 2 & 1 & 5 & -1 \\ 0 & -2 & -1 & -5 & 1 \\ 0 & 0 & -2 & 2 & -2 \end{pmatrix}$$

$$\sim \begin{pmatrix} 1 & 1 & 2 & 2 & 1 \\ 0 & 2 & 1 & 5 & -1 \\ 0 & 0 & 1 & -1 & 1 \\ 0 & 0 & 0 & 0 & 0 \end{pmatrix}$$

可见 $R(\boldsymbol{A})=3$,且 $\boldsymbol{a}_1,\boldsymbol{a}_2,\boldsymbol{a}_3$ 为其一个最大无关组.

为把 $\boldsymbol{a}_4,\boldsymbol{a}_5$ 用 $\boldsymbol{a}_1,\boldsymbol{a}_2,\boldsymbol{a}_3$ 线性表示,把 $\boldsymbol{A}$ 再变成行最简形矩阵:

$$\boldsymbol{A}\sim \begin{pmatrix} 1 & 1 & 0 & 4 & -1 \\ 0 & 2 & 0 & 6 & -2 \\ 0 & 0 & 1 & -1 & 1 \\ 0 & 0 & 0 & 0 & 0 \end{pmatrix}$$

$$\sim \begin{pmatrix} 1 & 1 & 0 & 4 & -1 \\ 0 & 1 & 0 & 3 & -1 \\ 0 & 0 & 1 & -1 & 1 \\ 0 & 0 & 0 & 0 & 0 \end{pmatrix}$$

$$\sim\begin{pmatrix}1&0&0&1&0\\0&1&0&3&-1\\0&0&1&-1&1\\0&0&0&0&0\end{pmatrix},$$

把上面的行最简矩阵记作 $\boldsymbol{A}=(\boldsymbol{b}_1,\boldsymbol{b}_2,\boldsymbol{b}_3,\boldsymbol{b}_4,\boldsymbol{b}_5)$，由于方程 $\boldsymbol{Ax}=\boldsymbol{0}$ 与 $\boldsymbol{Ax}=\boldsymbol{0}$ 同解，即方程

$$x_1\boldsymbol{a}_1+x_2\boldsymbol{a}_2+x_3\boldsymbol{a}_3+x_4\boldsymbol{a}_4+x_5\boldsymbol{a}_5=\boldsymbol{0}$$

与

$$x_1\boldsymbol{b}_1+x_2\boldsymbol{b}_2+x_3\boldsymbol{b}_3+x_4\boldsymbol{b}_4+x_5\boldsymbol{b}_5=\boldsymbol{0}$$

同解，因此向量 $\boldsymbol{a}_1,\boldsymbol{a}_2,\boldsymbol{a}_3,\boldsymbol{a}_4,\boldsymbol{a}_5$ 之间与向量 $\boldsymbol{b}_1,\boldsymbol{b}_2,\boldsymbol{b}_3,\boldsymbol{b}_4,\boldsymbol{b}_5$ 之间有相同的线性关系（注意，$\boldsymbol{A}$ 与 $\widetilde{\boldsymbol{A}}$ 的行向量组等价，但列向量组可能不等价）. 于是由

$$\boldsymbol{b}_4=\begin{pmatrix}1\\3\\-1\\0\end{pmatrix}=\begin{pmatrix}1\\0\\0\\0\end{pmatrix}+3\begin{pmatrix}0\\1\\0\\0\end{pmatrix}-\begin{pmatrix}0\\0\\1\\0\end{pmatrix}=\boldsymbol{b}_1+3\boldsymbol{b}_2-\boldsymbol{b}_3,$$

$$\boldsymbol{b}_5=\begin{pmatrix}0\\-1\\1\\0\end{pmatrix}=-\begin{pmatrix}0\\1\\0\\0\end{pmatrix}+\begin{pmatrix}0\\0\\1\\0\end{pmatrix}=-\boldsymbol{b}_2+\boldsymbol{b}_3,$$

即 $\boldsymbol{a}_4=\boldsymbol{a}_1+3\boldsymbol{a}_2-\boldsymbol{a}_3,\quad \boldsymbol{a}_5=-\boldsymbol{a}_2+\boldsymbol{a}_3$.

小结 在题解中所说的“相同的线性关系”，包含两个意思：一是某几个列向量之间的线性相关性不变，即原来线性无关的某几个列变换后对应的那几个列仍线性无关（根据是由行阶梯形矩阵去找原矩阵的最大无关列），线性相关的列仍变为线性相关；二是若原来的某几个列线性相关，其中某个向量是其余向量的线性组合，变换后所对应的列仍是相应的其余列的线性组合，且组合系数均对应相等. 例如，本题(1)的矩阵 $\boldsymbol{A}$ 中，$\boldsymbol{a}_1,\boldsymbol{a}_2,\boldsymbol{a}_3,\boldsymbol{a}_4$ 本来就是线性相关的，且有具体的线性关系 $\boldsymbol{a}_4=\boldsymbol{a}_1+3\boldsymbol{a}_2-\boldsymbol{a}_3$，只是事先还不容易看出来罢了，经初等行变换（注意，是行变换）后所得的行最简形矩阵 $\boldsymbol{A}$ 中的 $\boldsymbol{b}_1,\boldsymbol{b}_2,\boldsymbol{b}_3,\boldsymbol{b}_4$ 仍线性相关，且具体的线性关系也一致，即 $\boldsymbol{b}_4=\boldsymbol{b}_1+3\boldsymbol{b}_2-\boldsymbol{b}_3$，而这很容易看出来. 因此就有了题解中的方法. 求其余列向量用最大无关组表示的表示式的问题也可以从求解线性方程组的角度来理解，例如利用已有的行最简形矩阵得方程组 $x_1\boldsymbol{a}_1+x_2\boldsymbol{a}_2+x_3\boldsymbol{a}_3=\boldsymbol{a}_4$ 的解 $(x_1,x_2,x_3)^{\mathrm{T}}=(1,3,-1)^{\mathrm{T}}$，再将该解改写为线性表示式.

15. **解题过程** 对 $\boldsymbol{A}$ 施行初等行变换变为行阶梯形矩阵：

$$\boldsymbol{A}=\begin{pmatrix}1&2&a&2\\2&3&3&b\\1&1&1&3\end{pmatrix}$$

$$\underset{r_3-r_1}{\overset{r_2-2r_1}{\sim}}\begin{pmatrix}1&2&a&2\\0&-1&3-2a&b-4\\0&-1&1-a&1\end{pmatrix}$$

$$\xrightarrow{r_3 - r_2}\begin{pmatrix}1 & 2 & a & 2\\ 0 & -1 & 3-2a & b-4\\ 0 & 0 & a-2 & 5-b\end{pmatrix}$$

可见,当 $a=2,b=5$ 时,已知的向量组的秩为 2.

16. 解题过程 $\left.\begin{aligned}R_A=2\Rightarrow \boldsymbol{a}_1,\boldsymbol{a}_2 \text{ 线性无关}\\ R_B=2\Rightarrow \boldsymbol{a}_1,\boldsymbol{a}_2,\boldsymbol{a}_3 \text{ 线性相关}\end{aligned}\right\}$

$\xlongequal{\text{由定理 5(3)}}$ $\boldsymbol{a}_3$ 可由 $\boldsymbol{a}_1,\boldsymbol{a}_2$(唯一地)线性表示为 $\boldsymbol{a}_3=k_1\boldsymbol{a}_1+k_2\boldsymbol{a}_2$;将此结果代入向量组 D 得

$$(\boldsymbol{a}_1,\boldsymbol{a}_2,2\boldsymbol{a}_3-3\boldsymbol{a}_4)=(\boldsymbol{a}_1,\boldsymbol{a}_2,2k_1\boldsymbol{a}_1+2k_2\boldsymbol{a}_2-3\boldsymbol{a}_4)=(\boldsymbol{a}_1,\boldsymbol{a}_2,\boldsymbol{a}_3)\begin{pmatrix}1 & 0 & 2k_1\\ 0 & 1 & 2k_2\\ 0 & 0 & -3\end{pmatrix}.$$

因 $\begin{vmatrix}1 & 0 & 2k_1\\ 0 & 1 & 2k_2\\ 0 & 0 & -3\end{vmatrix}=-3\neq 0$,故 $R_D=R_C=3$.

17. 解题过程 **证法一** 必要性:任给 n 维向量 $\boldsymbol{b}$,则 $n+1$ 个向量 $\boldsymbol{a}_1,\boldsymbol{a}_2,\cdots,\boldsymbol{a}_n,\boldsymbol{b}$ 线性相关(因它所含向量个数大于向量的维数). 又因 $\boldsymbol{A}$ 组线性无关,由定理 5(3),可知向量 $\boldsymbol{b}$ 必可由 $\boldsymbol{A}$ 组(唯一地)线性表示.

充分性:设任一 n 维向量能由 A 组线性表示,特别,n 维单位坐标向量 $\boldsymbol{e}_1,\boldsymbol{e}_2,\cdots,\boldsymbol{e}_n$ 能由 A 组线性表示.

于是有 $$n=R(\boldsymbol{E})\leqslant R(\boldsymbol{A})\leqslant n$$

$\Rightarrow R(\boldsymbol{A})=n \xlongequal{\text{由定理 4}} A$ 组线性无关.

证法二 设 A_0 是 A 的一个最大无关组,则有

A 组线性无关 $\Leftrightarrow A_0$ 组即为 A 组 $\Leftrightarrow A_0$ 组含 n 个向量

$\Leftrightarrow A_0$ 组为 $\mathbb{R}^n$ 的一个最大无关组

$\Leftrightarrow$ 任一 n 维向量可由 A_0 组线性表示

$\Leftrightarrow$ 任一 n 维向量可由 A 组线性表示(因 A_0 组与 A 组等价).

18. 分析 正面论证不易求解时,反证可以简化过程,由线性相关性定义证明.

解题过程 反证法:即证若不存在满足题中所要求的向量,则向量组 $\boldsymbol{a}_1,\cdots,\boldsymbol{a}_m$ 必线性无关.

设有 $k_1\boldsymbol{a}_1+k_2\boldsymbol{a}_2+\cdots+k_m\boldsymbol{a}_m=\boldsymbol{0}$, ①

由于向量 $\boldsymbol{a}_m$ 不能由其前面的 $m-1$ 个向量线性表示,

故 $k_m=0$;

由于向量 $\boldsymbol{a}_{m-1}$ 不能由其前面的 $m-2$ 个向量线性表示,故 $k_{m-1}=0$,

同理,$k_{m-2}=k_{m-3}=\cdots=k_2=0$.

于是式 ① 成为 $k_1\boldsymbol{a}_1=\boldsymbol{0}$.

但由题设 $\boldsymbol{a}_1\neq\boldsymbol{0}$,于是 $k_1=0$. 这样,若式 ① 成立,必有所有系数 $k_1,k_2,\cdots,k_m$ 均为零,由定义知向量组 $\boldsymbol{a}_1,\boldsymbol{a}_2,\cdots,\boldsymbol{a}_m$ 线性无关,此与题设该向量组线性相关矛盾. 因此,命题成立.

19. 分析 欲证向量组 $\boldsymbol{A}$ 与 $\boldsymbol{B}$ 等价,用等价向量组的定义证明,即向量组 $\boldsymbol{A}$ 与 $\boldsymbol{B}$ 互相线性表示.

解题过程 证列向量组 A 和 B 依次构成矩阵 A 和 B，于是有 $B=AK$，

其中系数矩阵 K 为 $\begin{pmatrix} 0 & 1 & \cdots & 1 \\ 1 & 0 & 1 & \\ \vdots & \vdots & \ddots & \vdots \\ 1 & \cdots & 1 & 0 \end{pmatrix}$

① 当其行列式 $|K|=(n-1)(-1)^{n-1}\neq 0(n\geqslant 2)$，故 K 可逆. 由 ① 式即得 $A=BK^{-1}$，此表明 A 组能由 B 组线性表示(其表示的系数矩阵为 K^{-1})，从而 A 组与 B 组等价.

② 当 $|K|=0$ 时，不能得出 A 组与 B 组等价的结论.

20. 分析 (1)$AP=PB$ 化简得 B，$B=P^{-1}AP$；(2) 求 $|A|$，即求 $|B|=|P^{-1}AP|=|A|$.

解题过程 (1) 因方阵 P 的列向量组线性无关，故 P 可逆，从而 $B=P^{-1}AP$. 本题的困难在于没有具体给出 A 和 P 的元素，而是它们之间的一些关系式. 下面就利用这些关系式来计算 B.

记向量 $y=Ax$，$z=A^2x$，则所给矩阵 P 可写为 $P=(x,y,z)$，

并且由分块矩阵乘法法则，有 $AP=A(x,y,z)=(Ax,Ay,Az)$，

因 $Ax=y$，$Ay=z$，$Az=A^3x=3Ax-A^2x=3y-z$，

故

$$AP=(y,z,3y-z)$$

$$=(x,y,z)\begin{pmatrix} 0 & 0 & 0 \\ 1 & 0 & 3 \\ 0 & 1 & -1 \end{pmatrix}$$

$$=P\begin{pmatrix} 0 & 0 & 0 \\ 1 & 0 & 3 \\ 0 & 1 & -1 \end{pmatrix},$$

于是

$$B=P^{-1}AP=\begin{pmatrix} 0 & 0 & 0 \\ 1 & 0 & 3 \\ 0 & 1 & -1 \end{pmatrix}.$$

(其实，矩阵 B 就是向量组 Ax,Ay,Az 由向量组 x,y,z 线性表示的系数矩阵.)

(2) 由 $B=P^{-1}AP$，两边取行列式，便有 $|A|=|B|=0$.

21. 分析 求基础解系的关键是对系数矩阵进行初等行变换，化为最简形矩阵.

解题过程 (1) 对系数矩阵作初等行变换，变为行最简形矩阵，有

$$A=\begin{pmatrix} 1 & -8 & 10 & 2 \\ 2 & 4 & 5 & -1 \\ 3 & 8 & 6 & -2 \end{pmatrix}$$

$$\xrightarrow[r_3-3r_1]{r_2-2r_1}\begin{pmatrix} 1 & -8 & 10 & 2 \\ 0 & 20 & -15 & -5 \\ 0 & 32 & -24 & -8 \end{pmatrix}$$

$$\xrightarrow[r_2/5]{r_3-\frac{32}{20}r_2}\begin{pmatrix} 1 & -8 & 10 & 2 \\ 0 & 4 & -3 & -1 \\ 0 & 0 & 0 & 0 \end{pmatrix}$$

$$\xrightarrow{r_1+2r_2}\begin{pmatrix}1&0&4&0\\0&4&-3&-1\\0&0&0&0\end{pmatrix},$$

得
$$\begin{cases}x_1=-4x_3+0x_4,\\x_2=\dfrac{3}{4}x_3+\dfrac{1}{4}x_4.\end{cases}$$

令
$$\begin{pmatrix}x_3\\x_4\end{pmatrix}=\begin{pmatrix}1\\0\end{pmatrix}及\begin{pmatrix}0\\1\end{pmatrix},$$

则对应有
$$\begin{pmatrix}x_1\\x_2\end{pmatrix}=\begin{pmatrix}-4\\\dfrac{3}{4}\end{pmatrix}及\begin{pmatrix}0\\\dfrac{1}{4}\end{pmatrix},$$

即得一个基础解系：

$$\boldsymbol{\xi}_1=\begin{pmatrix}-4\\\dfrac{3}{4}\\1\\0\end{pmatrix},\quad\boldsymbol{\xi}_2=\begin{pmatrix}0\\\dfrac{1}{4}\\0\\1\end{pmatrix}.$$

(2) 施以初等行变换化简系数矩阵 $\boldsymbol{A}$ 为行最简形矩阵：

$$\boldsymbol{A}=\begin{pmatrix}2&-3&-2&1\\3&5&4&-2\\8&7&6&-3\end{pmatrix}$$

$$\xrightarrow[\substack{又\ r_2+3r_1\\再(-1)r_1}]{\substack{先\ r_3-4r_1\\次\ r_1-r_2}}\begin{pmatrix}1&8&6&-3\\0&-19&-14&7\\0&19&14&-7\end{pmatrix}$$

$$\sim\begin{pmatrix}1&-\dfrac{1}{7}&0&0\\0&-\dfrac{19}{7}&-2&1\\0&0&0&0\end{pmatrix},$$

得
$$\begin{cases}x_1=\dfrac{1}{7}x_2+0x_3,\\x_4=\dfrac{19}{7}x_2+2x_3.\end{cases}$$

令
$$\begin{pmatrix}x_2\\x_3\end{pmatrix}=\begin{pmatrix}7\\0\end{pmatrix}及\begin{pmatrix}0\\2\end{pmatrix},$$

则对应有
$$\begin{pmatrix}x_1\\x_4\end{pmatrix}=\begin{pmatrix}1\\19\end{pmatrix}及\begin{pmatrix}0\\4\end{pmatrix}.$$

即得一个基础解系：

$$\boldsymbol{\xi}_1=\begin{pmatrix}1\\7\\0\\19\end{pmatrix},\quad\boldsymbol{\xi}_2=\begin{pmatrix}0\\0\\2\\4\end{pmatrix}.$$

(3) 系数矩阵为$(n,n-1,\cdots,2,1)$，因系数矩阵的秩为1，未知量的个数为n，因此基础解系应含有$n-1$个解向量，取$x_1,x_2,\cdots,x_{n-1}$为自由未知量，令

$$\begin{pmatrix}x_1\\x_2\\\vdots\\x_{n-1}\end{pmatrix}=\begin{pmatrix}1\\0\\\vdots\\0\end{pmatrix},\begin{pmatrix}0\\1\\\vdots\\0\end{pmatrix},\cdots,\begin{pmatrix}0\\0\\\vdots\\1\end{pmatrix},$$

则对应有$x_n=-n,-(n+1),\cdots,-2$，即得基础解系(表示为一个矩阵)：

$$(\boldsymbol{\xi}_1,\boldsymbol{\xi}_2,\boldsymbol{\xi}_{n-1})=\begin{pmatrix}1&&&\\&1&&\\&&\ddots&\\&&&1\\-n&-n+1&\cdots&-2\end{pmatrix}.$$

小结 注意基础解系的个数$N(\boldsymbol{A})=n-R(\boldsymbol{A})$可用于核实最后解的个数.

22. **解题过程** 显然，矩阵$\boldsymbol{A}$有二阶非零子式，故$R(\boldsymbol{A})=2$，从而，齐次线性方程组$\boldsymbol{Ax}=\boldsymbol{0}$的基础解系中的向量个数是2.

于是，若设$\boldsymbol{B}=(\boldsymbol{\xi}_1,\boldsymbol{\xi}_2)$，则有$4\times2$矩阵$\boldsymbol{B}$使$\boldsymbol{AB}=\boldsymbol{O}$，且$R(\boldsymbol{B})=2$.

$\Leftrightarrow\boldsymbol{A\xi}_1=\boldsymbol{0},\boldsymbol{A\xi}_2=\boldsymbol{0}$，且$\boldsymbol{\xi}_1,\boldsymbol{\xi}_2$线性无关.

$\Leftrightarrow\boldsymbol{\xi}_1,\boldsymbol{\xi}_2$应为齐次线性方程组$\boldsymbol{Ax}=\boldsymbol{0}$的基础解系.

故施以初等行变换化简系数矩阵$\boldsymbol{A}$为行最简形：

$$\boldsymbol{A}=\begin{pmatrix}2&-2&1&3\\9&-5&2&8\end{pmatrix}$$

$$\xrightarrow[\text{后}(-1)r_2]{\text{先}r_2-2r_1}\begin{pmatrix}2&-2&1&3\\-5&1&0&-2\end{pmatrix}$$

$$\xrightarrow{r_1+2r_2}\begin{pmatrix}-8&0&1&-1\\-5&1&0&-2\end{pmatrix}$$

$$\xrightarrow{r_1\leftrightarrow r_2}\begin{pmatrix}-5&1&0&-2\\-8&0&1&-1\end{pmatrix}.$$

令
$$\begin{pmatrix}x_1\\x_4\end{pmatrix}=\begin{pmatrix}1\\0\end{pmatrix}\text{及}\begin{pmatrix}0\\1\end{pmatrix},$$

则对应有$\begin{pmatrix}x_2\\x_3\end{pmatrix}=\begin{pmatrix}5\\8\end{pmatrix}$及$\begin{pmatrix}2\\1\end{pmatrix}$，得$\boldsymbol{Ax}=\boldsymbol{0}$的基础解系，

即得所求矩阵
$$\boldsymbol{B}=\begin{pmatrix}1&0\\5&2\\8&1\\0&1\end{pmatrix}.$$

23. **分析** 设所求齐次线性方程为 $\boldsymbol{Ax}=\boldsymbol{0}$. 首先考虑此方程有多少个未知元?有多少个方程?因$\boldsymbol{\xi}_1$是四维的，故方程有4个未知元，即矩阵$\boldsymbol{A}$的列数等于4. 另一方面，因基础解系含两个向量，故$R(\boldsymbol{A})=4-2=2$，因此方程的个数可以是任意$m(\geqslant2)$个. 这样，我们只须构造一

个满足题设要求而行数最少的矩阵 $\boldsymbol{A}$,亦即 $\boldsymbol{A}$ 是 2×4 矩阵,且 $R(\boldsymbol{A})=2$. 于是有 $\boldsymbol{\xi}_1,\boldsymbol{\xi}_2$ 是方程的基础解系.

$\Leftrightarrow \boldsymbol{A}(\boldsymbol{\xi}_1,\boldsymbol{\xi}_2)=\boldsymbol{O}$,且 $R(\boldsymbol{A})=2$(因 $\boldsymbol{\xi}_1,\boldsymbol{\xi}_2$ 线性无关)

$\Leftrightarrow \boldsymbol{AB}=\boldsymbol{O}$,且 $R(\boldsymbol{A})=2$,这里,$\boldsymbol{B}=(\boldsymbol{\xi}_1,\boldsymbol{\xi}_2)$

$\Leftrightarrow \boldsymbol{B}^{\mathrm{T}}\boldsymbol{A}^{\mathrm{T}}=\boldsymbol{O}$,且 $R(\boldsymbol{A}^{\mathrm{T}})=2$

$\Leftrightarrow \boldsymbol{A}^{\mathrm{T}}$ 的两个列向量是方程组 $\boldsymbol{B}^{\mathrm{T}}\boldsymbol{x}=\boldsymbol{0}$ 的解(向量),且线性无关

$\Leftrightarrow \boldsymbol{A}^{\mathrm{T}}$ 的两个列向量是 $\boldsymbol{B}^{\mathrm{T}}\boldsymbol{x}=\boldsymbol{0}$ 的一个基础解系(因 $R(\boldsymbol{B})=2$).

解题过程 具体计算如下:

$$\boldsymbol{B}^{\mathrm{T}}=\begin{pmatrix}0&1&2&3\\3&2&1&0\end{pmatrix}\sim\begin{pmatrix}0&1&2&3\\1&0&-1&-2\end{pmatrix},$$

取基础解系为 $\boldsymbol{\eta}_1^{\mathrm{T}}=(1,-2,1,0)$, $\boldsymbol{\eta}_2^{\mathrm{T}}=(2,-3,0,1)$.

故 $\boldsymbol{A}$ 可取为

$$\boldsymbol{A}=\begin{pmatrix}\boldsymbol{\eta}_1^{\mathrm{T}}\\\boldsymbol{\eta}_2^{\mathrm{T}}\end{pmatrix}=\begin{pmatrix}1&-2&1&0\\2&-3&0&1\end{pmatrix}.$$

对应方程组为

$$\begin{cases}x_1-2x_2+x_3=0,\\2x_1-3x_2+x_4=0.\end{cases}$$

24. **分析** (1) 求解基础解系的步骤同上题,(2) 求两方程公共解时需要构造一个方程组包含两个已知方程组.

解题过程 (1) 求方程组 Ⅰ 的基础解系:系数矩阵为

$$\begin{pmatrix}1&1&0&0\\0&1&0&-1\end{pmatrix}\xrightarrow{r}\begin{pmatrix}1&1&0&0\\0&-1&0&1\end{pmatrix},$$

其基础解系可取为

$$\boldsymbol{\xi}_1=\begin{pmatrix}-1\\1\\0\\1\end{pmatrix},\quad \boldsymbol{\xi}_2=\begin{pmatrix}0\\0\\1\\0\end{pmatrix}.$$

方程组 Ⅱ 的基础解系:系数矩阵为

$$\begin{pmatrix}1&-1&1&0\\0&1&-1&1\end{pmatrix},$$

故可取其基础解系为

$$\boldsymbol{\xi}_1=\begin{pmatrix}1\\1\\0\\-1\end{pmatrix},\quad \boldsymbol{\xi}_2=\begin{pmatrix}-1\\0\\1\\1\end{pmatrix}.$$

(2) 设 $\boldsymbol{x}=(x_1,x_2,x_3,x_4)^{\mathrm{T}}$ 为 Ⅰ 与 Ⅱ 的公共解,下面求 $\boldsymbol{x}$ 的一般表达式.

$\boldsymbol{x}$ 是 Ⅰ 与 Ⅱ 的公共解 $\Leftrightarrow \boldsymbol{x}$ 是方程组 Ⅲ 的解,这里方程组 Ⅲ 为 Ⅰ 与 Ⅱ 合起来的方程组,即

$$\text{Ⅲ}:\begin{cases}x_1+x_2=0,\\x_2-x_4=0,\\x_1-x_2+x_3=0,\\x_2-x_3+x_4=0.\end{cases}$$

其系数矩阵

$$\begin{pmatrix}1&1&0&0\\0&1&0&-1\\1&-1&1&0\\0&1&-1&1\end{pmatrix}\xrightarrow{r}\begin{pmatrix}1&0&0&1\\0&1&0&-1\\0&0&1&-2\\0&0&0&0\end{pmatrix}.$$

取其基础解系为$(-1,1,2,1)^{\mathrm{T}}$,于是 Ⅰ 与 Ⅱ 的公共解为

$$\begin{pmatrix}x_1\\x_2\\x_3\\x_4\end{pmatrix}=k\begin{pmatrix}-1\\1\\2\\1\end{pmatrix},k\in R.$$

25. 解题过程 称满足关系式 $\boldsymbol{A}^2=\boldsymbol{A}$ 的矩阵为幂等矩阵.

$$\boldsymbol{A}^2=\boldsymbol{A}$$
$$\Leftrightarrow\boldsymbol{A}(\boldsymbol{A}-\boldsymbol{E})=\boldsymbol{O}$$
$$\Leftrightarrow R(\boldsymbol{A})+R(\boldsymbol{A}-\boldsymbol{E})\leqslant n$$
$$\Leftrightarrow R(\boldsymbol{A})+R(\boldsymbol{E}-\boldsymbol{A})\leqslant n\quad(\text{因 }R(\boldsymbol{A}-\boldsymbol{E})=R(\boldsymbol{E}-\boldsymbol{A})).$$

另一方面,由矩阵秩的性质⑥,知

$$R(\boldsymbol{A})+R(\boldsymbol{E}-\boldsymbol{A})\geqslant R(\boldsymbol{A}+(\boldsymbol{E}-\boldsymbol{A}))=R(\boldsymbol{E})=n.$$

综合以上两个不等式知,$R(\boldsymbol{A})+R(\boldsymbol{E}-\boldsymbol{A})=n$.

26. 分析 灵活运用公式 $\boldsymbol{A}\boldsymbol{A}^*=|\boldsymbol{A}|\boldsymbol{E},|\boldsymbol{A}^*|=|\boldsymbol{A}|^{n-1}$.

解题过程 (1) 当 $R(\boldsymbol{A})=n$ 时,$R(\boldsymbol{A}^*)=n$.

由于 $|\boldsymbol{A}^*|=|\boldsymbol{A}|^{n-1}$

于是 $R(\boldsymbol{A})=n\Leftrightarrow|\boldsymbol{A}|\neq0\Leftrightarrow\boldsymbol{A}^*$ 是 n 阶满秩矩阵,

即 $R(\boldsymbol{A}^*)=n$.

(2) 当 $R(\boldsymbol{A})<n-1$ 时,$R(\boldsymbol{A}^*)=0$.

事实上,由矩阵秩的定义知,此时,$\boldsymbol{A}$ 的所有 $n-1$ 阶子式即 $\boldsymbol{A}^*$ 的任一元素均为零,于是 $\boldsymbol{A}^*=\boldsymbol{O}$,从而 $R(\boldsymbol{A}^*)=0$.

(3) 当 $R(\boldsymbol{A})=n-1$ 时,$R(\boldsymbol{A}^*)=1$.

此时,由矩阵秩的定义,$\boldsymbol{A}$ 中至少有一个 $n-1$ 阶子式不为零,亦即 $\boldsymbol{A}^*$ 中至少有一个元素不为零,故 $R(\boldsymbol{A}^*)\geqslant1$.

反过来,因 $R(\boldsymbol{A})=n-1$,$\boldsymbol{A}$ 不是满秩矩阵,于是,$|\boldsymbol{A}|=0$. 由 $\boldsymbol{A}\boldsymbol{A}^*=|\boldsymbol{A}|E$ 知,$\boldsymbol{A}\boldsymbol{A}^*=\boldsymbol{O}$.

于是可得 $R(\boldsymbol{A})+R(\boldsymbol{A}^*)\leqslant n$,

把 $R(\boldsymbol{A})=n-1$ 代入,上式成为 $R(\boldsymbol{A}^*)\leqslant1$,

综合以上两个关于 $R(\boldsymbol{A}^*)$ 的不等式,便有 $R(\boldsymbol{A}^*)=1$.

27. 分析 注意通解包含非齐次线性方程组的一个特解和对应齐次线性方程组的基础解系并注意

基础解系的个数.

解题过程 (1) 对增广矩阵 $\boldsymbol{B}$ 施以初等行变换:

$$\boldsymbol{B}=\begin{pmatrix}1&1&0&0&5\\2&1&1&2&1\\5&3&2&2&3\end{pmatrix}\sim\begin{pmatrix}1&1&0&0&5\\0&-1&1&2&-9\\0&-2&2&2&-22\end{pmatrix}\sim\begin{pmatrix}1&1&0&0&5\\0&1&-1&-2&9\\0&0&0&-2&-4\end{pmatrix}.$$

可见 $R(\boldsymbol{A})=R(\boldsymbol{B})=3$,故方程组有解.继续将上式化简为

$$\boldsymbol{B}\sim\begin{pmatrix}1&0&1&0&-8\\0&1&-1&0&13\\0&0&0&1&2\end{pmatrix}\triangleq\widetilde{\boldsymbol{B}}.$$

由此行最简形矩阵得原方程组的同解方程组

$$\begin{cases}x_1=-x_3-8,\\x_2=\ \ x_3+13,\\x_4=\qquad 2.\end{cases}$$

令 $x_3=0$,得原非齐次线性方程组的一个特解 $\boldsymbol{\eta}^*=(-8,13,0,2)^{\mathrm{T}}$,

在对应的齐次线性方程组$\begin{cases}x_1=-x_3\\x_2=x_3\\x_4=0\end{cases}$中,取 $x_3=1$,则 $\begin{pmatrix}x_1\\x_2\\x_4\end{pmatrix}=\begin{pmatrix}-1\\1\\0\end{pmatrix}$,

即得对应的齐次线性方程组的基础解系 $\boldsymbol{\xi}=(-1,1,1,1,0)^{\mathrm{T}}$.

于是,所求通解为

$$\begin{pmatrix}x_1\\x_2\\x_3\\x_4\end{pmatrix}=c\begin{pmatrix}-1\\1\\1\\0\end{pmatrix}+\begin{pmatrix}-8\\13\\0\\2\end{pmatrix},\text{其中 } c \text{ 为任意实数.}$$

(2) 对增广矩阵 $\boldsymbol{B}$ 施以初等行变换:

$$\boldsymbol{B}=\begin{pmatrix}1&-5&2&-3&11\\5&3&6&-1&-1\\2&4&2&1&-6\end{pmatrix}\sim\begin{pmatrix}1&-5&2&-3&11\\0&28&-4&14&-56\\0&14&-2&7&-28\end{pmatrix}\sim\begin{pmatrix}1&-5&2&-3&11\\0&14&-2&7&-28\\0&0&0&0&0\end{pmatrix}$$

$$\sim\begin{pmatrix}1 & -5 & 2 & -3 & 11\\ 0 & -7 & 1 & -\frac{7}{2} & 14\\ 0 & 0 & 0 & 0 & 0\end{pmatrix}$$

$$\sim\begin{pmatrix}1 & 9 & 0 & 4 & -17\\ 0 & -7 & 1 & -\frac{7}{2} & 14\\ 0 & 0 & 0 & 0 & 0\end{pmatrix}\triangleq\widetilde{\boldsymbol{B}}.$$

根据最后的行最简形矩阵 $\widetilde{\boldsymbol{B}}$,直接得原非齐次线性方程组的一个特解

$$\boldsymbol{\eta}^{*}=\begin{pmatrix}-17\\ 0\\ 14\\ 0\end{pmatrix}$$

以及对应的齐次线性方程组的基础解系

$$\boldsymbol{\xi}_1=\begin{pmatrix}-9\\ 1\\ 7\\ 0\end{pmatrix},\quad \boldsymbol{\xi}_2=\begin{pmatrix}-4\\ 0\\ \frac{7}{2}\\ 1\end{pmatrix}.$$

从而得非齐次线性方程组的通解

$$\begin{pmatrix}x_1\\ x_2\\ x_3\\ x_4\end{pmatrix}=c_1\begin{pmatrix}-9\\ 1\\ 7\\ 0\end{pmatrix}+c_2\begin{pmatrix}-8\\ 0\\ 7\\ 2\end{pmatrix}+\begin{pmatrix}-17\\ 0\\ 14\\ 0\end{pmatrix},\text{其中 } c_1,c_2 \text{ 为任意实数}.$$

28. 解题过程 记该非齐次线性方程组为 $\boldsymbol{Ax}=\boldsymbol{b}$,它的导出组为

$$\boldsymbol{Ax}=\boldsymbol{0}. \qquad ①$$

根据齐次线性方程组的性质知,方程①的解空间的维数 $=4-3=1$,亦即它的任一非零解都是它的一个基础解系.

另一方面,记向量 $\boldsymbol{\xi}=2\boldsymbol{\eta}_1-(\boldsymbol{\eta}_2+\boldsymbol{\eta}_3)$,则

$$\boldsymbol{A\xi}=\boldsymbol{A}(2\boldsymbol{\eta}_1-\boldsymbol{\eta}_2-\boldsymbol{\eta}_3)=2\boldsymbol{A\eta}_1-\boldsymbol{A\eta}_2-\boldsymbol{A\eta}_3=2\boldsymbol{b}-\boldsymbol{b}-\boldsymbol{b}=\boldsymbol{0},$$

且直接计算得 $\boldsymbol{\xi}=(3,4,5,6)^{\mathrm{T}}\neq\boldsymbol{0}$. 这样,$\boldsymbol{\xi}$ 就是方程①的一个基础解系. 根据非齐次方程组解的结构知,原方程组的通解为

$$\boldsymbol{x}=k\boldsymbol{\xi}+\boldsymbol{\eta}_1=k\begin{pmatrix}3\\ 4\\ 5\\ 6\end{pmatrix}+\begin{pmatrix}2\\ 3\\ 4\\ 5\end{pmatrix},k\in\mathbf{R}.$$

29. 分析 解题关键在于对增广矩阵 $\boldsymbol{B}$ 的讨论分 3 种情况:

① 无解;② 有唯一解;③ 有无穷多解.

解题过程 设 $x_1\boldsymbol{a}_1+x_2\boldsymbol{a}_2+x_3\boldsymbol{a}_3=\boldsymbol{b}$,并令 $\boldsymbol{A}=(\boldsymbol{a}_3,\boldsymbol{a}_2,\boldsymbol{a}_1)$,$\boldsymbol{x}=(x_3,x_2,x_1)^{\mathrm{T}}$,则方程组的矩阵

形式为 $\boldsymbol{Ax}=\boldsymbol{b}$. 对增广矩阵施以初等行变换化为行阶梯形矩阵：

$$\boldsymbol{B}=\begin{pmatrix}-1&-2&\alpha&1\\1&1&2&\beta\\4&5&10&-1\end{pmatrix}$$

$$\sim\begin{pmatrix}1&2&-\alpha&-1\\0&-1&\alpha+2&\beta+1\\0&-3&4\alpha+10&3\end{pmatrix}$$

$$\sim\begin{pmatrix}1&2&-\alpha&-1\\0&1&-\alpha-2&-\beta-1\\0&0&\alpha+4&-3\beta\end{pmatrix}.$$

由上可知：

(1) 当 $\alpha=-4$ 且 $\beta\neq 0$ 时, $R(\boldsymbol{A})=2\neq R(\boldsymbol{B})=3$, 方程组 $\boldsymbol{Ax}=\boldsymbol{b}$ 无解, 即向量 $\boldsymbol{b}$ 不能由向量组 $\boldsymbol{A}$ 线性表示.

(2) 当 $\alpha\neq-4$ 时, $R(\boldsymbol{A})=R(\boldsymbol{B})=3$, 方程组 $\boldsymbol{Ax}=\boldsymbol{b}$ 有唯一的解, 即向量 $\boldsymbol{b}$ 能由向量组 $\boldsymbol{A}$ 线性表示, 且表示式唯一.

(3) 当 $\alpha=-4$ 且 $\beta=0$ 时, $R(\boldsymbol{A})=R(\boldsymbol{B})=2$, 方程组 $\boldsymbol{Ax}=\boldsymbol{b}$ 有无穷多解, 即向量 $\boldsymbol{b}$ 能由向量组 $\boldsymbol{A}$ 线性表示, 且表示式不唯一. 为了求出一般表示式, 在 $\alpha=-4,\beta=0$ 时, 继续对前面的行阶梯形矩阵施以初等行变换化为行最简形：

$$\boldsymbol{B}\sim\begin{pmatrix}1&2&4&-1\\0&1&2&-1\\0&0&0&0\end{pmatrix}\sim\begin{pmatrix}1&0&0&1\\0&1&2&-1\\0&0&0&0\end{pmatrix}.$$

由此得方程组的通解

$$\begin{pmatrix}x_3\\x_2\\x_1\end{pmatrix}=c\begin{pmatrix}0\\-2\\1\end{pmatrix}+\begin{pmatrix}1\\-1\\0\end{pmatrix}=\begin{pmatrix}1\\-2c-1\\c\end{pmatrix}, \text{其中 } c \text{ 为任意实数.}$$

由此即得所求的一般表示式为

$\boldsymbol{b}=c\boldsymbol{a}_1-(2c+1)\boldsymbol{a}_2+c\boldsymbol{a}_3$, 其中 c 为任意实数.

30. 分析 关键在于把求解直线位置关系转化为求解方程组秩与相关性关系上来.

解题过程 记 3×2 矩阵 $\boldsymbol{A}=(\boldsymbol{a},\boldsymbol{b})$, 则三直线 l_1,l_2,l_3 相交于一点

$\Leftrightarrow$ 非齐次方程 $\boldsymbol{A}\begin{pmatrix}x\\y\end{pmatrix}=-\boldsymbol{c}$ 有唯一解

$\Leftrightarrow R(\boldsymbol{A})=R(\boldsymbol{A},-\boldsymbol{c})=2$

$\Leftrightarrow R(\boldsymbol{A})=R(\boldsymbol{A},\boldsymbol{c})=2$ (因 $R(\boldsymbol{A},-\boldsymbol{c})=R(\boldsymbol{A},\boldsymbol{c})$)

$\Leftrightarrow$ 向量组 $\boldsymbol{a},\boldsymbol{b},\boldsymbol{c}$ 线性相关而向量组 $\boldsymbol{a},\boldsymbol{b}$ 线性无关.

31. 解题过程 显然, 这是一个四元方程. 先决定系数矩阵 $\boldsymbol{A}$ 的秩.

因 $\boldsymbol{a}_2,\boldsymbol{a}_3,\boldsymbol{a}_4$ 线性无关, 故 $R(\boldsymbol{A})\geqslant 3$; 又因 $\boldsymbol{a}_1$ 能由 $\boldsymbol{a}_2,\boldsymbol{a}_3$ 线性表示

$\Rightarrow\boldsymbol{a}_1,\boldsymbol{a}_2,\boldsymbol{a}_3$ 线性相关

$\Rightarrow\boldsymbol{a}_1,\boldsymbol{a}_2,\boldsymbol{a}_3,\boldsymbol{a}_4$ 线性相关(部分相关则整体相关)

$\Rightarrow R(\boldsymbol{A}) \leqslant 3.$

综合上面两个不等式，有 $R(\boldsymbol{A}) = 3$，

从而原方程的基础解系所含向量个数为 $4-3=1$.

进一步，

$\boldsymbol{a}_1 = 2\boldsymbol{a}_2 - \boldsymbol{a}_3 \Leftrightarrow \boldsymbol{a}_1 - 2\boldsymbol{a}_2 + \boldsymbol{a}_3 = \boldsymbol{0}$

$\Leftrightarrow x = (1, -2, 1, 0)^{\mathrm{T}}$ 是导出组 $\boldsymbol{A}x = \boldsymbol{0}$ 的解

$\Leftrightarrow x = (1, -2, 1, 0)^{\mathrm{T}}$ 是导出组的基础解系；

又 $\boldsymbol{b} = \boldsymbol{a}_1 + \boldsymbol{a}_2 + \boldsymbol{a}_3 + \boldsymbol{a}_4$，

$\Leftrightarrow \boldsymbol{x} = (1,1,1,1)^{\mathrm{T}}$ 方程 $\boldsymbol{A}x = \boldsymbol{b}$ 的解，

于是由非齐次线性方程解的结构定理得，原方程的通解为

$$\boldsymbol{x} = c\begin{pmatrix}1\\-2\\1\\0\end{pmatrix} + \begin{pmatrix}1\\1\\1\\1\end{pmatrix}, c \in R.$$

32. 分析 在证明多个元素线性相关性时应用定义证明较易.

解题过程 (1) 设有关系式 $k_0\boldsymbol{\eta}^* + k_1\boldsymbol{\xi}_1 + \cdots + k_{n-r}\boldsymbol{\xi}_{n-r} = \boldsymbol{0}$ ①

用矩阵 $\boldsymbol{A}$ 左乘上式两边，并注意题设条件，得

$$\begin{aligned}\boldsymbol{0} &= \boldsymbol{A}(k_0\boldsymbol{\eta}^* + k_1\boldsymbol{\xi}_1 + \cdots + k_{n-r}\boldsymbol{\xi}_{n-r}) \\ &= k_0 A\boldsymbol{\eta}^* + k_1\boldsymbol{A}\boldsymbol{\xi}_1 + \cdots + k_{n-r}\boldsymbol{A}\boldsymbol{\xi}_{n-r} = k_0\boldsymbol{b}.\end{aligned}$$

但 $\boldsymbol{b} \neq \boldsymbol{0}$，由上式知 $k_0 = 0$，于是，式 ① 成为

$k_1\boldsymbol{\xi}_1 + k_2\boldsymbol{\xi}_2 + \cdots + k_{n-r}\boldsymbol{\xi}_{n-r} = \boldsymbol{0}.$

因向量组 $\boldsymbol{\xi}_1, \boldsymbol{\xi}_2, \cdots, \boldsymbol{\xi}_{n-r}$ 是对应齐次方程组的基础解系，从而线性无关，

于是 $k_1 = k_2 = \cdots = k_{n-r} = 0$，由定义知 $\boldsymbol{\eta}^*, \boldsymbol{\xi}_1, \cdots, \boldsymbol{\xi}_{n-r}$ 线性无关.

(2) 设有关系式

$$\lambda_0\boldsymbol{\eta}^* + \lambda_1(\boldsymbol{\eta}^* + \boldsymbol{\xi}_1) + \cdots + \lambda_{n-r}(\boldsymbol{\eta}^* + \boldsymbol{\xi}_{n-r}) = \boldsymbol{0},$$

亦即 $(\lambda_0 + \lambda_1 + \cdots + \lambda_{n-1})\boldsymbol{\eta}^* + \lambda_1\boldsymbol{\xi}_1 + \cdots + \lambda_{n-r}\boldsymbol{\xi}_{n-r} = \boldsymbol{0}.$

由(1)，向量组 $\boldsymbol{\eta}^*, \boldsymbol{\xi}_1, \cdots, \boldsymbol{\xi}_{n-r}$ 线性无关，

故 $\lambda_1 = \lambda_2 = \cdots = \lambda_{n-r} = 0$ 并且 $\lambda_0 + \lambda_1 + \cdots + \lambda_{n-r} = 0$，

于是 λ_0 也等于 0，故所给向量组线性无关.

33. 解题过程 因

$$\begin{aligned}\boldsymbol{A}\boldsymbol{x} &= \boldsymbol{A}(k_1\boldsymbol{\eta}_1 + k_2\boldsymbol{\eta}_2 + \cdots + k_s\boldsymbol{\eta}_s) \\ &= k_1(\boldsymbol{A}\boldsymbol{\eta}_1) + k_2(A\boldsymbol{\eta}_2) + \cdots + k_2(\boldsymbol{A}\boldsymbol{\eta}_s) \\ &= k_1\boldsymbol{b} + k_2\boldsymbol{b} + \cdots + k_s\boldsymbol{b} = (k_1 + k_2 + \cdots k_s)\boldsymbol{b} = \boldsymbol{b},\end{aligned}$$

故 $\boldsymbol{x} = k_1\boldsymbol{\eta}_1 + k_2\boldsymbol{\eta}_2 + \cdots + k_s\boldsymbol{\eta}_s$ 也是方程组 $\boldsymbol{A}\boldsymbol{x} = \boldsymbol{b}$ 的解.

34. 解题过程 首先，对于任意的 $k_1, \cdots, k_{n-r+1}$ 且满足 $k_1 + \cdots + k_{n-r+1} = 1$，

上式向量 $\boldsymbol{x}$ 必满足 $\boldsymbol{A}\boldsymbol{x} = \boldsymbol{A}(k_1\boldsymbol{\eta}_1 + \cdots + k_{n-r+1}\boldsymbol{\eta}_{n-r+1})$

$= k_1\boldsymbol{A}\boldsymbol{\eta}_1 + \cdots + k_{n-r+1}\boldsymbol{A}\boldsymbol{\eta}_{n-r+1} = (k_1 + k_2 + \cdots + k_{n-r+1})\boldsymbol{b} = \boldsymbol{b}$，

即向量 $\boldsymbol{x}$ 是原方程组的一个解.

其次，反过来，设向量 $\boldsymbol{\beta}$ 是原方程组的任一解，记向量 $\boldsymbol{\xi}_i = \boldsymbol{\eta}_i - \boldsymbol{\eta}_{n-r+1}, i = 1, 2, \cdots, n-r$，则 $\boldsymbol{\xi}_i$ 是原方程组的导出组的解，且向量组 $\boldsymbol{\xi}_1, \boldsymbol{\xi}_2, \cdots, \boldsymbol{\xi}_{n-r}$ 线性无关，于是，它就是导

出组的一个基础解系.这样,向量 $\boldsymbol{\beta}$ 就可由此基础解系和原方程组的特解 $\boldsymbol{\eta}_{n-r+1}$ 表示,即存在数 $\lambda_1,\lambda_2,\cdots,\lambda_{n-r}$,使

$$\begin{aligned}\boldsymbol{\beta}&=\lambda_1\boldsymbol{\xi}_1+\cdots+\lambda_{n-r}\boldsymbol{\xi}_{n-r}+\boldsymbol{\eta}_{n-r+1}\\&=\lambda_1(\boldsymbol{\eta}_1-\boldsymbol{\eta}_{n-r+1})+\cdots+\lambda_{n-r}(\boldsymbol{\eta}_{n-r}-\boldsymbol{\eta}_{n-r+1})+\boldsymbol{\eta}_{n-r+1}\\&=\lambda_1\boldsymbol{\eta}_1+\cdots+\lambda_{n-r}\boldsymbol{\eta}_{n-r}+(1-\lambda_1-\lambda_2\cdots-\lambda_{n-r})\boldsymbol{\eta}_{n-r+1}\\&=\lambda_1\boldsymbol{\eta}_1+\cdots+\lambda_{n-r}\boldsymbol{\eta}_{n-r}+\lambda_{n-r+1}\boldsymbol{\eta}_{n-r+1}.\end{aligned}$$

上式中,$\lambda_{n-r+1}=1-\lambda_1-\lambda_2\cdots-\lambda_{n-r}$,即 $\lambda_1+\lambda_2+\cdots+\lambda_{n-r+1}=1$.

35. 分析 集合 $\boldsymbol{V}$ 成为向量空间只需满足以下条件 $\boldsymbol{V}\neq\varnothing$,若 $a\in\boldsymbol{V},b\in\boldsymbol{V},a+b\in\boldsymbol{V}$;若 $a\in\boldsymbol{V},\lambda\in\boldsymbol{R}$,则 $\lambda a\in\boldsymbol{V}$.

解题过程 (1)$\boldsymbol{V}_1$ 是向量空间.由 $(0,0,\cdots,0)\in\boldsymbol{V}_1$ 知 $\boldsymbol{V}_1$ 非空.

设 $\boldsymbol{\alpha}=(x_1,x_2,\cdots,x_n)\in\boldsymbol{V}_1,\boldsymbol{\beta}=(y_1,y_2,\cdots,y_n)\in\boldsymbol{V}_1,\lambda\in\boldsymbol{R}$,

则有 $$x_1+x_2+\cdots+x_n=0,\quad y_1+y_2+\cdots+y_n=0.$$

因为 $$\begin{aligned}&(x_1+y_1)+(x_2+y_2)+\cdots+(x_n+y_n)\\&=(x_1+x_2+\cdots+x_n)+(y_1+y_2+\cdots+y_n)=0.\\&\lambda x_1+\lambda x_2+\cdots+\lambda x_n=\lambda(x_1+x_2+\cdots+x_n)=0,\end{aligned}$$

所以 $$\boldsymbol{\alpha}+\boldsymbol{\beta}=(x_1+y_1,x_2+y_2,\cdots,x_n+y_n)\in\boldsymbol{V}_1,$$
$$\lambda\boldsymbol{\alpha}=(\lambda x_1,\lambda x_2,\cdots,\lambda x_n)\in\boldsymbol{V}_1,$$

即 $\boldsymbol{V}_1$ 对向量的加法与乘数运算封闭,故 $\boldsymbol{V}_1$ 是向量空间.

(2)$\boldsymbol{V}_2$ 不是向量空间.其理由是:若

$$\boldsymbol{\alpha}=(x_1,x_2,\cdots,x_n)\in\boldsymbol{V}_2,\boldsymbol{\beta}=(y_1,y_2,\cdots,y_n)\in\boldsymbol{V}_2,$$

则有 $$x_1+x_2+\cdots+x_n=1,y_1+y_2+\cdots+y_n=1.$$

因为 $$\begin{aligned}\boldsymbol{\alpha}+\boldsymbol{\beta}&=(x_1+y_1)+(x_2+y_2)+\cdots+(x_n+y_n)\\&=(x_1+x_2+\cdots+x_n)+(y_1+y_2+\cdots+y_n)\\&=1+1=2,\end{aligned}$$

所以 $\boldsymbol{\alpha}+\boldsymbol{\beta}\in\boldsymbol{V}_2$,即 $\boldsymbol{V}_2$ 对加法运算不封闭.

36. 解题过程 由 $\boldsymbol{a}_1=(1,1,0,0)^{\mathrm{T}},\boldsymbol{a}_2=(1,0,1,1)^{\mathrm{T}}$ 所生成的向量空间记作 L_1,由 $\boldsymbol{b}_1=(2,-1,3,3)^{\mathrm{T}},\boldsymbol{b}_2=(0,1,-1,-1)^{\mathrm{T}}$ 所生成的向量空间记作 L_2,试证 $L_1=L_2$.

证 因对应分量不成比例,故 $\boldsymbol{a}_1,\boldsymbol{a}_2$ 线性无关,$\boldsymbol{b}_1,\boldsymbol{b}_2$ 也线性无关,又因

$$(\boldsymbol{a}_1,\boldsymbol{a}_2,\boldsymbol{b}_1,\boldsymbol{b}_2)=\begin{pmatrix}1&1&2&0\\1&0&-1&1\\0&1&3&-1\\0&1&3&-1\end{pmatrix}\xrightarrow[\substack{r_3+r_2\\r_4+r_2}]{r_1-r_2}\begin{pmatrix}1&1&2&0\\0&-1&-3&1\\0&0&0&0\\0&0&0&0\end{pmatrix}.$$

于是 $R(\boldsymbol{a}_1,\boldsymbol{a}_2)=R(\boldsymbol{b}_1,\boldsymbol{b}_2)=R(\boldsymbol{a}_1,\boldsymbol{a}_2,\boldsymbol{b}_1,\boldsymbol{b}_2)=2$,由定理2的推论,知向量组 $\boldsymbol{a}_1,\boldsymbol{a}_2$ 与 $\boldsymbol{b}_1,\boldsymbol{b}_2$ 等价,从而.

37. 解题过程 记 $\boldsymbol{A}=(\boldsymbol{a}_1,\boldsymbol{a}_2,\boldsymbol{a}_3)$ 及 $\boldsymbol{V}=(\boldsymbol{v}_1,\boldsymbol{v}_2)$,对矩阵 $(\boldsymbol{A},\boldsymbol{V})$ 施以初等行变换,若 $\boldsymbol{A}$ 能变为 $\boldsymbol{E}$,则 $\boldsymbol{A}\sim\boldsymbol{E}$,即 $\boldsymbol{a}_1,\boldsymbol{a}_2,\boldsymbol{a}_3$ 为 $\boldsymbol{R}^3$ 的一个基,且当 $\boldsymbol{A}$ 变成 $\boldsymbol{E}$ 时,$\boldsymbol{V}$ 就变为 $\boldsymbol{A}^{-1}\boldsymbol{V}$ 了,这就求得了 $\boldsymbol{v}_1,\boldsymbol{v}_2$ 在基 $\boldsymbol{a}_1,\boldsymbol{a}_2,\boldsymbol{a}_3$ 下的坐标了.由于

$$(\boldsymbol{A},\boldsymbol{V})=\begin{pmatrix}1&2&3&5&-9\\-1&1&1&0&-8\\0&3&2&7&-13\end{pmatrix}$$

$$\xrightarrow[\text{后 } r_3-r_2]{\text{先 } r_2+r_1}\begin{pmatrix}1&2&3&5&-9\\0&3&4&5&-17\\0&0&-2&2&4\end{pmatrix}$$

$$\xrightarrow[\substack{\text{后 } r_1-3r_3\\ r_2-4r_3}]{\text{先 } r_3/(-2)}\begin{pmatrix}1&2&0&8&-3\\0&3&0&9&-9\\0&0&1&-1&-2\end{pmatrix}$$

$$\xrightarrow[\text{后 } r_1-2r_2]{\text{先 } r_2/3}\begin{pmatrix}1&0&0&2&3\\0&1&0&3&-3\\0&0&1&-1&-2\end{pmatrix}.$$

因有 $\boldsymbol{A}\sim\boldsymbol{E}$，故 $\boldsymbol{a}_1,\boldsymbol{a}_2,\boldsymbol{a}_3$ 为 $\boldsymbol{R}^3$ 的一个基，且由上式可知

$$\boldsymbol{v}_1=2\boldsymbol{a}_1+3\boldsymbol{a}_2-\boldsymbol{a}_3,\quad \boldsymbol{v}_2=3\boldsymbol{a}_1-3\boldsymbol{a}_2-2\boldsymbol{a}_3.$$

38. 解题过程 (1) 记矩阵 $\boldsymbol{A}=(\boldsymbol{a}_1,\boldsymbol{a}_2,\boldsymbol{a}_3)$，$\boldsymbol{B}=(\boldsymbol{b}_1,\boldsymbol{b}_2,\boldsymbol{b}_3)$. 因 $\boldsymbol{a}_1,\boldsymbol{a}_2,\boldsymbol{a}_3$ 与 $\boldsymbol{b}_1,\boldsymbol{b}_2,\boldsymbol{b}_3$ 均为 $\mathbb{R}^3$ 的基，故 $\boldsymbol{A}$ 和 $\boldsymbol{B}$ 均为 3 阶可逆矩阵. 由过渡矩阵定义，

$(\boldsymbol{b}_1,\boldsymbol{b}_2,\boldsymbol{b}_3)=(\boldsymbol{a}_1,\boldsymbol{a}_2,\boldsymbol{a}_3)\boldsymbol{P}$ 或 $\boldsymbol{B}=\boldsymbol{AP}$

$\Rightarrow\boldsymbol{P}=\boldsymbol{A}^{-1}\boldsymbol{B}$

利用第 3 章介绍的方法可求 $\boldsymbol{P}$ 如下：

$$(\boldsymbol{A},\boldsymbol{B})=\begin{pmatrix}1&1&1&1&2&3\\1&0&0&2&3&4\\1&-1&1&1&4&3\end{pmatrix}\overset{r}{\sim}\begin{pmatrix}1&0&0&2&3&4\\0&1&0&0&-1&0\\0&0&1&-1&0&-1\end{pmatrix},$$

从而 $\boldsymbol{P}=\boldsymbol{A}^{-1}\boldsymbol{B}=\begin{pmatrix}2&3&4\\0&-1&0\\-1&0&-1\end{pmatrix}$；

(2) 由 $(\boldsymbol{a}_1,\boldsymbol{a}_2,\boldsymbol{a}_3)\begin{pmatrix}1\\1\\3\end{pmatrix}=(\boldsymbol{b}_1,\boldsymbol{b}_2,\boldsymbol{b}_3)\begin{pmatrix}y_1\\y_2\\y_3\end{pmatrix}$，这里 y_1,y_2,y_3 是 $\boldsymbol{x}$ 在后一基中的坐标，得

$$\begin{pmatrix}y_1\\y_2\\y_3\end{pmatrix}=(\boldsymbol{b}_1,\boldsymbol{b}_2,\boldsymbol{b}_3)^{-1}(\boldsymbol{a}_1,\boldsymbol{a}_2,\boldsymbol{a}_3)=\boldsymbol{B}^{-1}\boldsymbol{A}\begin{pmatrix}1\\1\\3\end{pmatrix}=\boldsymbol{P}^{-1}\begin{pmatrix}1\\1\\3\end{pmatrix}.$$

因 $\boldsymbol{P}^{-1}=-\dfrac{1}{2}\begin{pmatrix}1&3&4\\0&2&0\\-1&-3&-2\end{pmatrix}$，故 $\begin{pmatrix}y_1\\y_2\\y_3\end{pmatrix}=-\dfrac{1}{2}\begin{pmatrix}1&3&4\\0&2&0\\-1&-3&-2\end{pmatrix}\begin{pmatrix}1\\1\\3\end{pmatrix}=\begin{pmatrix}-8\\-1\\5\end{pmatrix}$.

第五章 相似矩阵及二次型

本章知识结构网络

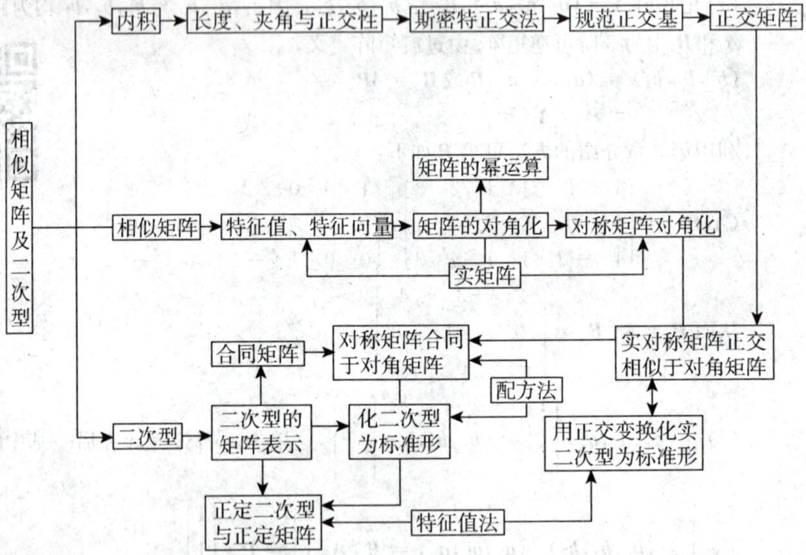

本章知识要点

(1) 讨论矩阵间的关系:合同关系、相似关系以及它们的判定与证明.

(2) 讨论矩阵的性质:矩阵的正交性、正定性以及它们的判定与证明.

(3) 求具体矩阵的特征值与特征向量,求抽象矩阵的特征值.

(4) 方阵可对角化的判定、计算及应用.

(5) 对称矩阵的特征值与特征向量的性质.

(6) 实对称矩阵正交相似于角对矩阵的计算.

(7) 由特征值和特征向量反求矩阵,由特征值或特征向量反求矩阵中的参数.

(8) 有关特征值与特征向量的证明.

(9) 化二次型为标准形、规范形;用正交化方法和配方法.

知识点归纳

一、向量的内积、长度及正交性

1. 内积的概念及其性质

(1) 定义

设 n 维向量 $\boldsymbol{x}=\begin{pmatrix}x_1\\x_2\\\vdots\\x_n\end{pmatrix}$,$\boldsymbol{y}=\begin{pmatrix}y_1\\y_2\\\vdots\\y_n\end{pmatrix}$,称$[x,y]=x_1y_1+x_2y_2+\cdots+x_ny_n$ 为向量 $\boldsymbol{x}$ 与 $\boldsymbol{y}$ 的内积. 用矩阵记号表示为$[\boldsymbol{x},\boldsymbol{y}]=\boldsymbol{x}^T\boldsymbol{y}$.

(2) 性质

设 $\boldsymbol{x},\boldsymbol{y},\boldsymbol{z}$ 为 n 维向量,λ 为实数.

① 对称性:$[\boldsymbol{x},\boldsymbol{y}]=[\boldsymbol{y},\boldsymbol{x}]$;

② 线性性质:$[\lambda\boldsymbol{x},\boldsymbol{y}]=\lambda[\boldsymbol{x},\boldsymbol{y}]$,$[\boldsymbol{x}+\boldsymbol{y},\boldsymbol{z}]=[\boldsymbol{x},\boldsymbol{z}]+[\boldsymbol{y},\boldsymbol{z}]$;

③ 非负性:当 $x=\mathbf{0}$ 时,$[\boldsymbol{x},\boldsymbol{x}]=0$,当 $\boldsymbol{x}\neq\mathbf{0}$ 时,$[\boldsymbol{x},\boldsymbol{x}]>0$;

④ 施瓦茨不等式$[\boldsymbol{x},\boldsymbol{y}]^2\leqslant[\boldsymbol{x},\boldsymbol{x}][\boldsymbol{y},\boldsymbol{y}]$

2. 长度、夹角与正交

(1) 设 $\boldsymbol{x}=\begin{pmatrix}x_1\\x_2\\\vdots\\x_n\end{pmatrix}$ 为n 维向量,称 $\|\boldsymbol{x}\|=\sqrt{[\boldsymbol{x},\boldsymbol{x}]}=\sqrt{x_1^2+x_2^2+\cdots x_n^2}$ 为$\boldsymbol{x}$ 的长度(或范数),当 $\|\boldsymbol{x}\|=1$ 时,称 $\boldsymbol{x}$ 为单位向量,若 $\boldsymbol{x}\neq\mathbf{0}$,则$\dfrac{1}{\|\boldsymbol{x}\|}\boldsymbol{x}$ 是单位微量,称为 $\boldsymbol{x}$ 单位化.

(2) 当 $\boldsymbol{x}\neq\mathbf{0},\boldsymbol{y}\neq\mathbf{0}$ 时,称 $\theta=\arccos\dfrac{[\boldsymbol{x},\boldsymbol{y}]}{\|\boldsymbol{x}\|\cdot\|\boldsymbol{y}\|}(0\leqslant\theta\leqslant\pi)$ 为向量 $\boldsymbol{x}$ 与 $\boldsymbol{y}$ 的夹角.

(3) 当$[x,y]=0$ 时,称向量 $\boldsymbol{x}$ 与 $\boldsymbol{y}$ 正交,若 $\boldsymbol{x}=\mathbf{0}$,则 $\boldsymbol{x}$ 与任何向量都正交.

(4) 设 n 维向量 $\boldsymbol{e}_1,\boldsymbol{e}_2,\cdots\boldsymbol{e}_r$ 是向量空间 $V(V\subset\mathbf{R}^n)$ 的一个基,如果 $\boldsymbol{e}_1,\boldsymbol{e}_2,\cdots,\boldsymbol{e}_r$ 两两正交,且都是单位向量,则称 $e_1,e_2,\cdots e_r$ 是 V 的一个夫范正交基.

3. 长度的性质

设 $\boldsymbol{x},\boldsymbol{y}$ 为 n 维向量,λ 为实数.

① 非负性:当 $\boldsymbol{x}=\mathbf{0}$ 时 $\|\boldsymbol{x}\|=0$,当 $\boldsymbol{x}=\mathbf{0}$ 时,$\|\boldsymbol{x}\|>0$;

② 齐次性:$\|\lambda\boldsymbol{x}\|=|\lambda|\cdot\|\boldsymbol{x}\|$;

③ 三角不等式:$\|\boldsymbol{x}+\boldsymbol{y}\|\leqslant\|\boldsymbol{x}\|+\|\boldsymbol{y}\|$.

4. **正交向量组的性质**

定理　若 n 维向量是 $\boldsymbol{a}_1,\boldsymbol{a}_2,\cdots,\boldsymbol{a}_r$ 是一组两两正交的非零向量，则 $\boldsymbol{a}_1,\boldsymbol{a}_2,\cdots,\boldsymbol{a}_r$ 线性无关.

5. **施密特正交化方法**

设向量组 $\boldsymbol{a}_1,\boldsymbol{a}_2,\cdots,\boldsymbol{a}_r$ 线性无关，经过施密特正交化过程将其化为两两正交的向量组 $\boldsymbol{b}_1,\boldsymbol{b}_2,\cdots,\boldsymbol{b}_r$，且向量组 $\boldsymbol{a}_1,\boldsymbol{a}_2,\cdots,\boldsymbol{a}_r$ 与 $\boldsymbol{b}_1,\boldsymbol{b}_2,\cdots,\boldsymbol{b}_r$ 等价，施密特正交化过程如下：

$\boldsymbol{b}_1=\boldsymbol{a}_1$；

$$\boldsymbol{b}_2=\boldsymbol{a}_2-\frac{[\boldsymbol{b}_1,\boldsymbol{a}_2]}{[\boldsymbol{b}_1,\boldsymbol{b}_1]}\boldsymbol{b}_1;$$

…………

$$\boldsymbol{b}_r=\boldsymbol{a}_r-\frac{[\boldsymbol{b}_1,\boldsymbol{ar}]}{[\boldsymbol{b}_1,\boldsymbol{b}_1]}\boldsymbol{b}_1-\frac{[\boldsymbol{b}_2,\boldsymbol{a}_r]}{[\boldsymbol{b}_2,\boldsymbol{b}_2]}\boldsymbol{b}_2-\cdots-\frac{[\boldsymbol{b}_{r-1},\boldsymbol{a}_r]}{[\boldsymbol{b}_{r-1},\boldsymbol{b}_{r-1}]}\boldsymbol{b}_{r-1}.$$

6. **正交矩阵及其性质**

(1) 定义

设 $\boldsymbol{A}$ 为 n 阶矩阵，如果 $\boldsymbol{A}^T\boldsymbol{A}=\boldsymbol{E}$（即 $\boldsymbol{A}^{-1}=\boldsymbol{A}^T$），称 $\boldsymbol{A}$ 为正交矩阵，简称正交阵，若 $\boldsymbol{P}$ 为正交矩阵，则线性变换 $\boldsymbol{y}=\boldsymbol{Px}$ 称为正交变换.

(2) 性质

① 方阵 $\boldsymbol{A}$ 正交的充分必要条件是 $\boldsymbol{A}$ 的向量都是单位向量，且两两正交；

② 方阵 $\boldsymbol{A}$ 正交的充分必要条件是 $\boldsymbol{A}$ 的行向量都是单位向量，且两两正交；

③ 若 $\boldsymbol{A}$ 为正交矩阵，则 $\boldsymbol{A}^{-1}=\boldsymbol{A}^T$ 也是正交矩阵，且 $|\boldsymbol{A}|=1$（或 $|\boldsymbol{A}|=-1$）；

④ 若 $\boldsymbol{A},\boldsymbol{B}$ 都是正交矩阵，则 $\boldsymbol{AB}$ 也是正交矩阵；

⑤ 若 $\boldsymbol{y}=\boldsymbol{Px}$ 为正交变换，则 $\|\boldsymbol{y}\|=\|\boldsymbol{x}\|$，即正交变换保持向量长度不变.

二、方阵的特征值与特征向量

1. **特征值与特征向量**

设 $\boldsymbol{A}$ 是 n 阶矩阵，如果存在数 λ 和非零的 n 维向量 x，使得 $\boldsymbol{Ax}=\lambda\boldsymbol{x}$，就称 λ 是矩阵 $\boldsymbol{A}$ 的特征值，$\boldsymbol{x}$ 是 $\boldsymbol{A}$ 的属于（或对应于）特征值 λ 的特征向量，称 $|\boldsymbol{A}-\lambda\boldsymbol{E}|=0$ 为矩阵 $\boldsymbol{A}$ 的特征方程，$f(\lambda)=|\boldsymbol{A}-\lambda\boldsymbol{E}|$ 为 $\boldsymbol{A}$ 的特征多项式.

温馨提示　① 特征向量 $x\neq\boldsymbol{0}$；特征值问题是对方阵而言的，在这里不是方阵不讨论特征值问题. ② 矩阵 A 的特征方程 $|\boldsymbol{A}-\lambda\boldsymbol{E}|=0$ 的根，就是 $\boldsymbol{A}$ 的特征值；齐次线性方程 $(\boldsymbol{A}-\lambda\boldsymbol{E})\boldsymbol{x}=\boldsymbol{0}$ 的非零解就是矩阵 $\boldsymbol{A}$ 的对应于特征值 λ 的特征向量.

2. **特征值的重要性质**

设 n 阶矩阵 $\boldsymbol{A}=(a_{ij})$ 的特征值为 $\lambda_1,\lambda_2,\cdots,\lambda_n$，有

(1) $\lambda_1+\lambda_2+\cdots+\lambda_n=a_{11}+a_{22}+\cdots+a_{nn}$；

(2) $\lambda_1\lambda_2\cdots\lambda_n=|A|$.

温馨提示：　设 n 阶矩阵 $\boldsymbol{A}=(a_{ij})$，称 $\sum\limits_{i=1}^{n}a_{ij}=a_{11}+a_{22}+\cdots+a_{nn}$ 为 $\boldsymbol{A}$ 的迹，记作 rt$\boldsymbol{A}$，由上可知，矩阵的迹等于其特征值之和.

3. **特征值与特征向量的性质**

(1) 若 x_1 和 x_2 都是矩阵 A 的对应于特征值 λ_0 的特征向量，则 $k_1x_1+k_2x_2$ 也是 $\boldsymbol{A}$ 的对应特征值

λ_0 的特征向量(其中 k_1,k_2 是任意常数,但 $k_1x_1+k_2x_2\neq\mathbf{0}$).

温馨提示 由此可知,一个特征值有无数个特征向量与之对应,但一个特征向量只属于一个特征值.

(2) 若 λ 是矩阵 $\boldsymbol{A}$ 的性征值,x 是 A 的属于特征值 λ 的特征向量,则

①$k\lambda$ 是 $k\boldsymbol{A}$ 的特征值(k 是任意常数);

②λ^m 是 $\boldsymbol{A}^m$ 的特征值(m 是正整数);

③ 当 $\boldsymbol{A}$ 可逆时,λ^{-1} 是 $\boldsymbol{A}^{-1}$ 的特征值;

④$\varphi(\lambda)$ 是 $\varphi(A)$ 的特征值(其中 $\varphi(\lambda)=a_0+a_1\lambda\cdots+a_m\lambda^m$ 是 λ 的多项式),$\varphi(\boldsymbol{A})=a_0\boldsymbol{E}+a_1\boldsymbol{A}+\cdots+a_m\boldsymbol{A}^m$ 是矩阵 $\boldsymbol{A}$ 的多项式;

温馨提示 在以上四种情况中,x 仍分别是 $kA,A^m,\boldsymbol{A}^{-1},\varphi(\boldsymbol{A})$ 的属于特征值 $k\lambda,\lambda^m,\lambda^{-1},\varphi(\lambda)$ 的特征向量.

⑤ 设 $\lambda_1,\lambda_2,\cdots,\lambda_m$ 是方阵 $\boldsymbol{A}$ 的 m 个特征值,$\boldsymbol{p}_1,\boldsymbol{p}_2,\cdots,p_m$ 依次是与之对应的特征向量,如果 $\lambda_1,\lambda_2,\cdots,\lambda_m$ 各不相等,则 $p_1,p_2,\cdots,p_m$ 线性无关.

三、相似矩阵

1. 相似矩阵的定义

设 $\boldsymbol{A},\boldsymbol{B}$ 都是 n 阶矩阵,若存在可逆阵 $\boldsymbol{P}$,使 $\boldsymbol{P}^{-1}\boldsymbol{AP}=\boldsymbol{B}$,则称 $\boldsymbol{B}$ 是 $\boldsymbol{A}$ 的相似矩阵,或说矩阵 $\boldsymbol{A}$ 与 $\boldsymbol{B}$ 相似,$\boldsymbol{P}^{-1}\boldsymbol{AP}$ 称为对 $\boldsymbol{A}$ 进行相似变换,$\boldsymbol{P}$ 称为把 $\boldsymbol{A}$ 变成 $\boldsymbol{B}$ 的相似变换矩阵.

2. 相似矩阵的性质

(1) 定理

若 n 阶矩阵 $\boldsymbol{A}$ 与 $\boldsymbol{B}$ 相似,则 $\boldsymbol{A}$ 与 $\boldsymbol{B}$ 的特征多项式相同,从而 $\boldsymbol{A}$ 与 $\boldsymbol{B}$ 的特征值亦相同.

(2) 推论

若 n 阶矩阵 $\boldsymbol{A}$ 与对角矩阵 $\begin{pmatrix}\lambda_1 & & & \\ & \lambda_2 & & \\ & & \ddots & \\ & & & \lambda_n\end{pmatrix}$ 相似,则 $\lambda_1,\lambda_2,\cdots,\lambda_n$ 即是 $\boldsymbol{A}$ 的 n 个特征值.

温馨提示　若存在可逆矩阵 P，使得 $P^{-1}AP=\begin{pmatrix}\lambda_1 & & & \\ & \lambda_2 & & \\ & & \ddots & \\ & & & \lambda_n\end{pmatrix}=\Lambda$，$\varphi(x)$ 是 m 次多项式，

则 $A^k=P\Lambda^kP^{-1}=P\begin{pmatrix}\lambda_1^k & & & \\ & \lambda_2^k & & \\ & & \ddots & \\ & & & \lambda_n^k\end{pmatrix}P^{-1}$（$k$ 为正整数）.

$\varphi(A)=P\varphi(\Lambda)P^{-1}=P\begin{pmatrix}\varphi(\lambda_1) & & & \\ & \varphi(\lambda_2) & & \\ & & \ddots & \\ & & & \varphi(\lambda_n)\end{pmatrix}P^{-1}$.

由此可方便地计算 A^k 及 A 的多项式 $\varphi(A)$.

3. 矩阵可对角化的条件

(1) 定理

n 阶矩阵 A 与对角矩阵相似（即 A 能对角化）的充分必要条件是 A 有 n 个线性无关的特征向量.

(2) 推论

如果 n 阶矩阵 A 的 n 个特征值互不相等，则 A 与对角矩阵相似.

四、对称矩阵的对角化

1. 实对称矩阵的特征值与特征向量

定理 1　实对称矩阵 A 的特征值都是实数.

定理 2　设 λ_1,λ_2 是实数对称矩阵 A 的两个特征值，p_1,p_2 是对应的特征向量，若 $\lambda_1\neq\lambda_2$，则 p_1 与 p_2 正交.

温馨提示　实对称矩阵 A 对应于不同特征值的特征向量是正交的.

2. 实对称矩阵的对角化

定理 3　设 A 为 n 阶实对称矩阵则必存在正交矩阵 P，使 $P^{-1}AP=P^TAP=\Lambda$，其中 Λ 是以 A 的 n 个特征值为对角线元素的对角矩阵，

推论　设 A 为 n 阶实对称矩阵，$A-\lambda E$ 的秩 $R(A-\lambda E)=n-k$，从而对应于特征值 λ 恰好有 k 个线性无关的特征向量.

3. 对称矩阵 A 正交相似于对角矩阵的步骤

(1) 求出 A 的全部互不相等的特征值 $\lambda_1,\lambda_2,\cdots,\lambda_s$，它们的重数依次为 $k_1,k_2,\cdots,k_s$ $(k_1+k_2+\cdots+k_s=n)$.

(2) 对每个 k_i 重特征值 λ_i，求方程 $(A-\lambda_iE)x=0$ 的基础解系，得 k_i 个线性无关的特征向量. 再把它们用施密特方法正交化、再单位化，得 k_i 个两两正交的单位特征向量. 因 $k_1+k_2+\cdots+k_s=n$，故总共可得 n 个两两正交的单位特征向量.

(3) 把这 n 个两两正交的单位特征向量作为列向量构成矩阵 $\boldsymbol{P}$，则 $\boldsymbol{P}$ 为正交矩阵，且有 $\boldsymbol{P}^{-1}\boldsymbol{AP}=\boldsymbol{P}^T\boldsymbol{AP}=\boldsymbol{\Lambda}$. 注意：$\boldsymbol{\Lambda}$ 中对角线上的元素的排列次序与 $\boldsymbol{P}$ 中列向量的排列次序相对应.

五、二次型及其标准形

1. 二次型

含有 n 个变量 $x_1,x_2,\cdots,x_n$ 的二次型多项式（即每项都是二次的多项式）

$$f(x_1,x_2,\cdots x_n)=\sum_{i=1}^{n}\sum_{j=1}^{n}a_{ij}x_ix_j, \tag{6.1}$$

称为 n 元**二次型**. 令 $\boldsymbol{x}=(x_1,x_2,\cdots,x_n)^T,\boldsymbol{A}=(a_{ij})$，则二次型可用矩阵乘法表示为

$$f(x_1,x_2,\cdots,x_n)=\boldsymbol{x}^T\boldsymbol{Ax},$$

其中 $\boldsymbol{A}$ 是 n 阶实对称矩阵（$\boldsymbol{A}^T=\boldsymbol{A}$），称 $\boldsymbol{A}$ 为二次型 $f(x_1,x_2,\cdots,x_n)$ 的矩阵，矩阵 $\boldsymbol{A}$ 的秩 $\mathrm{r}(\boldsymbol{A})$ 称为二次型 f 的**秩**，记作 $\mathrm{r}(f)$.

2. 二次型的标准形

如果二次型中含有变量的平方项，所有混合项 $x_ix_j\ (i\neq j)$ 的**系数全是零**，即

$$f(x_1,x_2,\cdots,x_n)=\boldsymbol{x}^T\boldsymbol{Ax}=d_1x_1^2+d_2x_2^2+\cdots+d_nx_n^2, \tag{6.2}$$

其中 $d_i(i=1,2,\cdots,n)$ 为实数，则称这样的二次型为**标准形**.

在标准形中，正平方项的个数 p 称为二次型的**正惯性指数**，负平方项的个数 q 称为二次型的**负惯性指数**. 注意 $\boldsymbol{r}(f)+\boldsymbol{r}(\boldsymbol{A})=p+q$.

定理　任意 n 元二次型 $\boldsymbol{x}^T\boldsymbol{Ax}$ 都可以通过坐标变换 $\boldsymbol{x}=\boldsymbol{Cy}$（注意 $\boldsymbol{C}$ 是可逆矩阵）化成标准形，即

$$\boldsymbol{x}^T\boldsymbol{Ax}\xlongequal{\boldsymbol{x}=\boldsymbol{Cy}}\boldsymbol{y}^T\boldsymbol{Ay}=d_1y_1^2+d_2y_2^2+\cdots+d_ny_n^2,$$

其中 $\boldsymbol{A}=\boldsymbol{C}^T\boldsymbol{AC}$，特别地，存在正交变换 $\boldsymbol{x}=\boldsymbol{Cy}$（$\boldsymbol{C}$ 是正交矩阵）化 $\boldsymbol{x}^T\boldsymbol{Ax}$ 为标准形，即

$$\boldsymbol{x}^T\boldsymbol{Ax}=\lambda_1y_1^2+\lambda_2y_2^2+\cdots+\lambda_ny_n^2,\quad \boldsymbol{A}=C^T\boldsymbol{AC}=C^{-1}\boldsymbol{AC},$$

这里 $\lambda_1,\lambda_2,\cdots,\lambda_n$ 是二次型矩阵 A 的 n 个特征值.

若二次型 $\boldsymbol{x}^T\boldsymbol{Ax}$ 经坐标变换 $\boldsymbol{x}=\boldsymbol{Cy}$ 化成标准形

$$x^T=\boldsymbol{Ax}=d_1y_1^2+\cdots+d_py_p^2-d_{p+1}y_{p+1}^2-\cdots-d_{p+q}y_{p+q}^2,$$

其中 $d_i>0(i=1,2,\cdots,p+q)$，如果再作坐标变换

$$\begin{cases}y_1=\dfrac{1}{\sqrt{d_1}}z_1\\ y_2=\dfrac{1}{\sqrt{d_2}}z_2,\\ \cdots\cdots\cdots\cdots\\ y_{p+q}=\dfrac{1}{\sqrt{d_{p+q}}}z_{p+q},\\ y_{p+q+1}=z_{p+q+1},\\ \cdots\cdots\cdots\cdots\\ y_n=z_n.\end{cases}$$

于是二次型化作 $\boldsymbol{x}^T\boldsymbol{Ax}=z_1^2+\cdots+z_p^2-z_{p+1}^2-\cdots-z_{p+q}^2$，它称为二次型的**规范形**.

温馨提示 只知道二次型的正、负惯性指数也就知道其规范形，二次型的标准形是不唯一的，但它的规范形唯一.

六、用配方法化二次型成标准形

用配方法化二次型成标准形的关键是消去交叉项，其要点是利用两数和的平方公式与两数平方差公式逐步消去非平方项，并构造新平方项，分如下两种情形来处理：

情况 1　二次型中含某变量 x_i 的平方项和交叉项

先集中含 x_i 的交叉项，然后与 x_i^2 配方，化成完全平方. 令新变量代替各个平方项中的变量，即可做出可逆的线性变换，同时立即写出它的逆变换(即用新变量表示旧变量)，这样后面求总的线性变换比较方便.

每次只对一个变量配方，余下的项中不应再出现这个变量，再对剩下的 $n-1$ 个变量同样进行，直到各项全部化成平方项为止.

情况 2　二次型中没有平方项，只有交叉项

先利用平方差公式构造可逆线性变换，化二次型为含平方项的二次型，如当 x_ix_j 的系数 $a_{ij}\neq 0$ 时，进行可逆线性变换

$$x_i=y_i-y_j,x_j=y_i+y_j,x_k=y_k(k\neq i,j)$$

代入二次型后出现平方项 $a_{ij}y_i^2-a_{ij}y_j^2$，再按情况 1 来处理.

七、正定二次型

1. 正定二次型与正定矩阵的概念

设二次型 $\boldsymbol{x}^T\boldsymbol{A}\boldsymbol{x}$，如果对任何 $\boldsymbol{x}\neq\boldsymbol{0}$，恒有 $\boldsymbol{x}^T\boldsymbol{A}\boldsymbol{x}>0$，则称二次型 $\boldsymbol{x}^T\boldsymbol{A}\boldsymbol{x}$ 是**正定二次型**. 正定二次型的矩阵 $\boldsymbol{A}$ 称为**正定矩阵**.

2. 二次型正定的充分必要条件

定理　n 元二次型 $\boldsymbol{x}^T\boldsymbol{A}\boldsymbol{x}$ 正定

$\Leftrightarrow$ $\boldsymbol{x}^T\boldsymbol{A}\boldsymbol{x}$ 的正惯性指数 $p=n$；

$\Leftrightarrow$ $\boldsymbol{A}$ 与 $\boldsymbol{E}$ 合同，即有可逆矩阵 $\boldsymbol{C}$，使 $\boldsymbol{C}^T\boldsymbol{A}\boldsymbol{C}=\boldsymbol{E}$；

$\Leftrightarrow$ $\boldsymbol{A}$ 的所有特征值全大于零；

$\Leftrightarrow$ $\boldsymbol{A}$ 的顺序主子式全大于零；

$\Leftrightarrow$ 存在可逆矩阵 $\boldsymbol{C}$，使得 $\boldsymbol{A}=\boldsymbol{C}^T\boldsymbol{C}$.

注：　正定的必要条件：$a_{ii}>0(i=1,2,\cdots,n)$；$|\boldsymbol{A}|>0$.

典型例题解析

Ⅰ 向量的内积、长度及正交性

例1 是非题,在每个小题后的括号内填"是"或"非".

(1) 设 $\boldsymbol{\alpha},\boldsymbol{\beta}_1,\boldsymbol{\beta}_2$ 都是 n 维实向量,且 $\boldsymbol{\alpha}$ 与 $\boldsymbol{\beta}_1,\boldsymbol{\beta}_2$ 都是正交,则对任意实数 $\lambda k,l,\lambda\boldsymbol{\alpha}$ 与 $k\boldsymbol{\beta}_1+l\boldsymbol{\beta}_2$ 都是正交.(　　)

(2) n 维向量组中不存在含有 $n+1$ 个向量的正交向量组.(　　)

(3) 若 $\boldsymbol{A}$ 为正交矩阵,则 $-(\boldsymbol{A}^{-1})^T$ 也是正交矩阵.(　　)

(4) 设 $\boldsymbol{A}$ 为 n 维阶方阵,且 $|\boldsymbol{A}|=1$ 或 -1,则 $\boldsymbol{A}$ 为正交矩阵.(　　)

(5) 矩阵 $\boldsymbol{A}=\begin{pmatrix}\frac{1}{3} & -\frac{2}{3} & -\frac{2}{3}\\ -\frac{2}{3} & \frac{1}{3} & -\frac{2}{3}\\ -\frac{2}{3} & -\frac{2}{3} & \frac{1}{3}\end{pmatrix}$ 是正交矩阵.(　　)

(6) 正交变换保持向量的夹角不变(　　).

解 (1) 是　(2) 是　(3) 是　(4) 非　(5) 是　(6) 是

详细分析如下:

利用内积的线性性质

(1) 因为 $\boldsymbol{\alpha}$ 与 $\boldsymbol{\beta}_1,\boldsymbol{\beta}_2$ 都是正交,$[\boldsymbol{\alpha},\boldsymbol{\beta}_1]=0,[\boldsymbol{\alpha},\boldsymbol{\beta}_2]=0$.

因 $[\lambda\boldsymbol{\alpha},k\boldsymbol{\beta}_1+\boldsymbol{\beta}_2]=\lambda k[\boldsymbol{\alpha},\beta_1]+\lambda[\boldsymbol{\alpha},\boldsymbol{\beta}_2]=0$,

所以 $\lambda\boldsymbol{\alpha}$ 与 $k\boldsymbol{\beta}_1+l\boldsymbol{\beta}_2$ 都正交.

正交向量组的性质

(2) 因为正交向量组一定是线性相关的,而任意 $n+1$ 个 n 维向量组成的向量组一定是线性相关的.

利用矩阵转置的性质

(3) 因 $\boldsymbol{A}$ 为正交矩阵,则有 $\boldsymbol{A}^{-1}=\boldsymbol{A}^T$,又因为

$[-(\boldsymbol{A}^{-1})^T]^T[-(\boldsymbol{A}-1)^T]=(-\boldsymbol{A}^{-1})[-\boldsymbol{A}^{-1}][-(\boldsymbol{A}^{-1})^T]$

$=(\boldsymbol{A}^{-1})(\boldsymbol{A}^T)^{-1}=(\boldsymbol{A}^T\boldsymbol{A})^{-1}=\boldsymbol{E}^{-1}=\boldsymbol{E}$,

所以 $-(\boldsymbol{A}^{-1})^T$ 是正交矩阵.

(4) 例如矩阵 $A=\begin{pmatrix}1 & 0 & 0\\ 0 & 1 & 1\\ 0 & 0 & 1\end{pmatrix}$,其行列式 $|\boldsymbol{A}|=1$,但它的第二列 $\boldsymbol{\alpha}_2=\begin{pmatrix}0\\1\\0\end{pmatrix}$ 与第三列 $\boldsymbol{a}_3=\begin{pmatrix}0\\1\\1\end{pmatrix}$ 的内积 $[\boldsymbol{\alpha}_2,\boldsymbol{\alpha}_3]=1\neq 0$,所以 $\boldsymbol{A}$ 不是正交矩阵.

(5) **方法一**:利用矩阵列(或行)向量的性质进行判断.

设矩阵 A 的列向量分别为 $\boldsymbol{\alpha}_1=\begin{pmatrix}\frac{1}{3}\\-\frac{2}{3}\\-\frac{2}{3}\end{pmatrix}$，$\boldsymbol{\alpha}_2=\begin{pmatrix}-\frac{2}{3}\\\frac{1}{3}\\-\frac{2}{3}\end{pmatrix}$，$\alpha_3=\begin{pmatrix}-\frac{2}{3}\\-\frac{2}{3}\\\frac{1}{3}\end{pmatrix}$，因为 $\|\boldsymbol{\alpha}_1\|=1$，$\|\boldsymbol{\alpha}_2\|=1$，$\|\alpha_3\|=1$，所以 $\boldsymbol{A}$ 的列向量 $\boldsymbol{\alpha}_1,\boldsymbol{\alpha}_2,\boldsymbol{\alpha}_3$ 为单位向量；又因为 $[\boldsymbol{\alpha}_1,\boldsymbol{\alpha}_2]=0$，$[\boldsymbol{\alpha}_1,\boldsymbol{\alpha}_3]=0$，$[\boldsymbol{\alpha}_2,\boldsymbol{\alpha}_3]=0$，所以 $\boldsymbol{A}$ 的列向量 $\boldsymbol{\alpha}_1,\boldsymbol{\alpha}_2,\boldsymbol{\alpha}_3$ 两两正交，故 $\boldsymbol{A}$ 为正交矩阵.

方法二：利用正交矩阵的定义.

因为

$$\boldsymbol{A}^T\boldsymbol{A}=\begin{pmatrix}\frac{1}{3}&-\frac{2}{3}&-\frac{2}{3}\\-\frac{2}{3}&\frac{1}{3}&-\frac{2}{3}\\-\frac{2}{3}&-\frac{2}{3}&\frac{1}{3}\end{pmatrix}^T\begin{pmatrix}\frac{1}{3}&-\frac{2}{3}&-\frac{2}{3}\\-\frac{2}{3}&\frac{1}{3}&-\frac{2}{3}\\-\frac{2}{3}&-\frac{2}{3}&\frac{1}{3}\end{pmatrix}=\boldsymbol{E},$$

所以 $\boldsymbol{A}$ 为正交矩阵.

方法技巧 判断方阵 $\boldsymbol{A}$ 为正交矩阵的方法：① 利用正交矩阵的定义：$\boldsymbol{A}$ 是正交矩阵的充分必要条件为 $\boldsymbol{A}^T\boldsymbol{A}=\boldsymbol{E}$ 或者 $\boldsymbol{A}\boldsymbol{A}^T=\boldsymbol{E}$；② 利用矩阵列（或行）向量的性质，$A$ 是正交矩阵的充分必要条件为 A 的列（或行）向量都是单位向量，且两两正交.

(6) 设列向量 $\boldsymbol{x},\boldsymbol{y}\in\mathbf{R}^n$ 在 n 阶正交矩阵 $\boldsymbol{A}$ 作用下变换为 $\boldsymbol{Ax},\boldsymbol{Ay}\in\mathbf{R}^n$，则有

利用A是正交矩阵

$[\boldsymbol{Ax},\boldsymbol{Ay}]=(\boldsymbol{Ax})^T(\boldsymbol{Ay})=\boldsymbol{x}^T(\boldsymbol{A}^T\boldsymbol{A})\boldsymbol{y}=\boldsymbol{x}^T\boldsymbol{y}=\boldsymbol{x}^T\boldsymbol{y}=[\boldsymbol{x},\boldsymbol{y}]$，

$\|\boldsymbol{Ax}\|=\|\boldsymbol{x}\|$，$\|\boldsymbol{Ay}\|=\|\boldsymbol{y}\|$，

正交变换保持向量长度不变

所以，$\arccos\dfrac{[\boldsymbol{Ax},\boldsymbol{Ay}]}{\|\boldsymbol{Ax}\|\cdot\|\boldsymbol{Ay}\|}=\arccos\dfrac{[\boldsymbol{x},\boldsymbol{y}]}{\|\boldsymbol{x}\|\cdot\|\boldsymbol{y}\|}$.

解题要点：本题主要考察对正交性定义的掌握，属于基本问题

Ⅱ 方阵的特征值和特征向量

例 2 求 $\boldsymbol{A}\begin{pmatrix}3&-2&-4\\-2&6&-2\\-4&-2&3\end{pmatrix}$ 的特征值与特征向量.

解 $|\lambda\boldsymbol{E}-\boldsymbol{A}|=\begin{vmatrix}\lambda-3&2&4\\2&\lambda-6&2\\4&2&\lambda-3\end{vmatrix}=\begin{vmatrix}\lambda-7&2&4\\0&\lambda-6&2\\7-\lambda&2&\lambda-3\end{vmatrix}$

$=(\lambda-7)(\lambda^2-5\lambda-14)=(\lambda-7)^2(\lambda+2)$，

① 当 $\lambda=7$ 时，$7\boldsymbol{E}-\boldsymbol{A}=\begin{bmatrix}4&2&4\\2&1&2\\4&2&4\end{bmatrix}\to\begin{bmatrix}2&1&2\\0&0&0\\0&0&0\end{bmatrix}$，得 $\boldsymbol{\alpha}_1=\begin{bmatrix}-1\\2\\0\end{bmatrix}$，$\boldsymbol{\alpha}_2=\begin{bmatrix}-1\\0\\1\end{bmatrix}$；

② 当 $\lambda=-2$ 时，$-2\boldsymbol{E}-\boldsymbol{A}=\begin{bmatrix}-5&2&4\\2&-8&2\\4&2&-5\end{bmatrix}\to\begin{bmatrix}1&-4&1\\0&2&-1\\0&0&0\end{bmatrix}$，得 $\boldsymbol{\alpha}_3=\begin{bmatrix}2\\1\\2\end{bmatrix}$.

所以 $\boldsymbol{A}$ 的特征值是 $\lambda_1=\lambda_2=7$，$\lambda_3=-2$，相应的特征向量分别是

$k_1\boldsymbol{\alpha}_1+k_2\boldsymbol{\alpha}_2$，$k_3\boldsymbol{\alpha}_3$，其中 $(k_1,k_2)\neq(0,0)$，$k_3\neq 0$.

解题要点：本题考察特征值与特征向量的计算，属于基本题型。

例 3 求 $\boldsymbol{A}=\begin{bmatrix}1&0&2\\0&1&2\\3&-a-2&2a\end{bmatrix}$ 的特征值与特征向量.

解 $|\lambda\boldsymbol{E}-\boldsymbol{A}|=\begin{vmatrix}\lambda-1&0&-2\\0&\lambda-1&-2\\-3&a+2&\lambda-2a\end{vmatrix}=\begin{vmatrix}\lambda-1&1-\lambda&0\\0&\lambda-1&-2\\-3&a+2&\lambda-2a\end{vmatrix}$

$=(\lambda-1)[\lambda^2-(2a+1)\lambda+4a-2]=(\lambda-1)(\lambda-2)[\lambda-(2a-1)]$.

① 当 $\lambda=1$ 时，$\boldsymbol{E}-\boldsymbol{A}=\begin{bmatrix}0&0&-2\\0&0&-2\\-3&a+2&1-2a\end{bmatrix}\to\begin{bmatrix}-3&a+2&1-2a\\0&0&1\\0&0&0\end{bmatrix}$，得 $\boldsymbol{\alpha}_1=\begin{bmatrix}a+2\\3\\0\end{bmatrix}$；

② 当 $\lambda=2$ 时，$2\boldsymbol{E}-\boldsymbol{A}=\begin{bmatrix}1&0&-2\\0&1&-2\\-3&a+2&2-2a\end{bmatrix}\to\begin{bmatrix}1&0&-2\\0&1&-2\\0&0&0\end{bmatrix}$，得 $\boldsymbol{\alpha}_2=\begin{bmatrix}2\\2\\1\end{bmatrix}$；

③ 当 $\lambda=2a-1$ 时，

$(2a-1)\boldsymbol{E}-\boldsymbol{A}=\begin{bmatrix}2a-2&0&-2\\0&2a-2&-2\\-3&a+2&-1\end{bmatrix}\xrightarrow{\text{如 }a\neq1}\begin{bmatrix}a-1&0&-1\\0&a-1&-1\\0&0&0\end{bmatrix}$，得 $\boldsymbol{\alpha}_3=\begin{bmatrix}1\\1\\a-1\end{bmatrix}$.

若 $a=1$，即 $\lambda=1$，显然其特征向量就是 $\boldsymbol{\alpha}_1$，所以，$\boldsymbol{A}$ 的特征值是 $1,2,2a-1$；相应的特征向量依次是 $k_1\boldsymbol{\alpha}_1,k_2\boldsymbol{\alpha}_2,k_3\boldsymbol{\alpha}_3$（$k_1,k_2,k_3$ 不全为 0）.

解题要点：本题的解题思路类似于上题，属于基本题题型.

例 4 已知 $\boldsymbol{A}$ 是 n 阶矩阵，满足 $\boldsymbol{A}^2-2\boldsymbol{A}-3\boldsymbol{E}=0$，求矩阵 $\boldsymbol{A}$ 的特征值.

解 设 λ 是矩阵 $\boldsymbol{A}$ 的任意一个特征值，$\boldsymbol{\alpha}$ 是 λ 所对应的特征向量 $\boldsymbol{A\alpha}=\lambda\boldsymbol{\alpha}$，$\boldsymbol{\alpha}\neq\boldsymbol{0}$. 那么 $(\boldsymbol{A}^2-2\boldsymbol{A}-3\boldsymbol{E})\boldsymbol{\alpha}$ $=\boldsymbol{0}\overset{\boldsymbol{A}^n\boldsymbol{\alpha}=\lambda^n\boldsymbol{\alpha}}{=\!=\!=\!=}(\lambda^2-2\lambda-3)\boldsymbol{\alpha}=0\overset{\boldsymbol{\alpha}\neq\boldsymbol{0}}{=\!=\!=}\boldsymbol{\lambda}^2-2\boldsymbol{\lambda}-3=0$，

所以矩阵 $\boldsymbol{A}$ 的特征值是 3 或 -1.

解题要点：本题主要考查对矩阵特征值定义的掌握，学会适当的变换，用定义求解。

例 5 求矩阵 $\boldsymbol{A}=\begin{bmatrix}1&0&0\\2&3&0\\4&5&6\end{bmatrix}$ 的特征值与特征向量.

解 由矩阵 $\boldsymbol{A}$ 的特征多项式

$$|\lambda \boldsymbol{E}-\boldsymbol{A}|=\begin{vmatrix}\lambda-1 & 0 & 0\\ -2 & \lambda-3 & 0\\ -4 & -5 & \lambda-6\end{vmatrix}=(\lambda-1)(\lambda-3)(\lambda-6)$$

得矩阵 **A** 的特征值是:$\lambda_1=1,\lambda_2=3,\lambda_3=6$.

① 对 $\lambda=1$,由 $(\boldsymbol{E}-\boldsymbol{A})x=\boldsymbol{0}$,即

$$\begin{bmatrix}0 & 0 & 0\\ -2 & -2 & 0\\ -4 & -5 & -5\end{bmatrix}\rightarrow\begin{bmatrix}1 & 1 & 0\\ 0 & 1 & 5\\ 0 & 0 & 0\end{bmatrix}$$

得基础解系 $\boldsymbol{\alpha}_1=[5,-5,1]^T$,

因此属于特征值 $\lambda=1$ 的特征向量是 $k_1\boldsymbol{\alpha}_1(k_1\neq 0)$.

② 对 $\lambda=3$,由 $(3\boldsymbol{E}-\boldsymbol{A})x=\boldsymbol{0}$,即

$$\begin{bmatrix}2 & 0 & 0\\ -2 & 0 & 0\\ -4 & -5 & -3\end{bmatrix}\rightarrow\begin{bmatrix}1 & 0 & 0\\ 0 & 5 & 3\\ 0 & 0 & 0\end{bmatrix}$$

得基础解系 $\boldsymbol{\alpha}_2=[0,3,-5]^T$,

因此属于特征 $\lambda=3$ 的特征向量是 $k_2\boldsymbol{\alpha}_2(k_2\neq 0)$.

③ 对 $\lambda=6$,由 $(6\boldsymbol{E}-\boldsymbol{A})\boldsymbol{x}=\boldsymbol{0}$,即

$$\begin{bmatrix}5 & 0 & 0\\ -2 & 3 & 0\\ -4 & -5 & 0\end{bmatrix}\rightarrow\begin{bmatrix}1 & 0 & 0\\ 0 & 1 & 0\\ 0 & 0 & 0\end{bmatrix}$$

得基础解系 $\boldsymbol{\alpha}_3=[0,0,1]^T$,

因此属于特征值 $\lambda=6$ 的特征向量是 $k_3\boldsymbol{\alpha}_3(k_3\neq 0)$.

解题要点:本题主要考查对矩阵特征值及特征向量的计算,只需掌握基本方法。

例 6 求矩阵 $\boldsymbol{A}=\begin{bmatrix}2 & 1 & 3\\ 4 & 2 & 6\\ 6 & 3 & 9\end{bmatrix}$ 的特征值与特征向量.

解 由矩阵 A 的特征多项式

$$|\lambda \boldsymbol{E}-\boldsymbol{A}|=\begin{vmatrix}\lambda-2 & -1 & -3\\ -4 & \lambda-2 & -6\\ -6 & -3 & \lambda-9\end{vmatrix}=\begin{vmatrix}\lambda-2 & -1 & 0\\ -4 & \lambda-2 & -3\lambda\\ -6 & -3 & \lambda\end{vmatrix}$$

$$=\begin{vmatrix}\lambda-2 & -1 & 0\\ -22 & \lambda-11 & 0\\ -6 & -3 & \lambda\end{vmatrix}=\lambda(\lambda^2-13\lambda)$$

得到矩阵 **A** 的特征值是 $\lambda_1=13,\boldsymbol{\lambda}_2=\boldsymbol{\lambda}_3=0$.

① 对 $\lambda=13$,由 $(13\boldsymbol{E}-\boldsymbol{A})\boldsymbol{x}=\boldsymbol{0}$,即

$$\begin{bmatrix}11 & -1 & -3\\ -4 & 11 & -6\\ -6 & -3 & 4\end{bmatrix}\rightarrow\begin{bmatrix}11 & -1 & -3\\ -26 & 13 & 0\\ 0 & 0 & 0\end{bmatrix}$$

得基础解系 $\boldsymbol{\alpha}_1=[1,2,3]^T$,

因此属于特征值 $\lambda=13$ 的特征向量是 $k_1\boldsymbol{\alpha}_1(k_1\neq 0)$.

② 对 $\lambda=0$,由 $(0\boldsymbol{E}-\boldsymbol{A})\boldsymbol{x}=\boldsymbol{0}$,即

$$\begin{bmatrix}-2&-1&-3\\-4&-2&-6\\-6&-3&-9\end{bmatrix}\to\begin{bmatrix}2&1&3\\0&0&0\\0&0&0\end{bmatrix}$$

得基础解系 $\boldsymbol{\alpha}_2=[-1,2,0]^{\mathrm{T}}$,$\boldsymbol{\alpha}_3=[-3,0,2]^{\mathrm{T}}$,因此属于特征值 $\lambda=0$ 的特征向量是 $k_2\boldsymbol{\alpha}_2+k_3\boldsymbol{\alpha}_3(k_2,k_3$ 不全为 $0)$.

解题要点: 本题主要考查对矩阵特征值向量的计算,只需掌握基本方法。

例 7 设 $\boldsymbol{A}$ 是 3 阶矩阵 $\boldsymbol{\alpha}_1,\boldsymbol{\alpha}_2,\boldsymbol{\alpha}_3$ 是 3 维线性无关的列向量,且

$\boldsymbol{A}\boldsymbol{\alpha}_1=\boldsymbol{\alpha}_1-\boldsymbol{\alpha}_2+3\boldsymbol{\alpha}_3,\boldsymbol{A}\boldsymbol{\alpha}_2=4\boldsymbol{\alpha}_1-3\boldsymbol{\alpha}_2+5\boldsymbol{\alpha}_3,\boldsymbol{A}\boldsymbol{\alpha}_3=\boldsymbol{0}.$

求矩阵 $\boldsymbol{A}$ 的特征值和特征向量.

解 由 $\boldsymbol{A}\boldsymbol{\alpha}_3=\boldsymbol{0}=0\boldsymbol{\alpha}_3$,知 $\lambda=0$ 是 $\boldsymbol{A}$ 的特征值,$\boldsymbol{\alpha}_3$ 是 $\lambda=0$ 的特征向量.由已知条件,有

$$A(\boldsymbol{\alpha}_1,\boldsymbol{\alpha}_2,\boldsymbol{\alpha}_3)=(\boldsymbol{\alpha}_1-\boldsymbol{\alpha}_2+3\boldsymbol{\alpha}_3,4\boldsymbol{\alpha}_1-3\boldsymbol{\alpha}_2+5\boldsymbol{\alpha}_3,0)$$

$$=(\boldsymbol{\alpha}_1,\boldsymbol{\alpha}_2,\boldsymbol{\alpha}_3)\begin{bmatrix}1&4&0\\-1&-3&0\\3&5&0\end{bmatrix}.$$

记 $\boldsymbol{P}=(\boldsymbol{\alpha}_1,\boldsymbol{\alpha}_2,\boldsymbol{\alpha}_3)$,$\boldsymbol{\alpha}_1,\boldsymbol{\alpha}_2,\boldsymbol{\alpha}_3$ 线性无关,知矩阵 $\boldsymbol{P}$ 可逆,进而

$$\boldsymbol{P}^{-1}\boldsymbol{A}\boldsymbol{P}=\boldsymbol{B},\text{其中 }\boldsymbol{B}=\begin{bmatrix}1&4&0\\-1&-3&0\\3&5&0\end{bmatrix}.$$

因为相似矩阵有相同的特征值,而矩阵 $\boldsymbol{B}$ 的特征多项式

$$|\lambda\boldsymbol{E}-\boldsymbol{B}|=\begin{vmatrix}\lambda-1&-4&0\\1&\lambda+3&0\\-3&-5&\lambda\end{vmatrix}=\lambda(\lambda+1)^2,$$

所以矩阵 $\boldsymbol{A}$ 的特征值是:$-1,-1,0$.

对于矩阵 $\boldsymbol{B}$,

$$-\boldsymbol{E}-\boldsymbol{B}\begin{bmatrix}-2&-4&0\\1&2&0\\-3&-5&-1\end{bmatrix}\to\begin{bmatrix}1&2&0\\0&1&-1\\0&0&0\end{bmatrix}.$$

所以矩阵 $\boldsymbol{B}$ 关于特征值 $\lambda=-1$ 的特征向量是 $\boldsymbol{\beta}=(-2,1,1)^T$.

若 $\boldsymbol{B}\boldsymbol{\beta}=\lambda\boldsymbol{\beta}$,即 $(\boldsymbol{P}^{-1}\boldsymbol{A}\boldsymbol{P})\boldsymbol{\beta}=\lambda\boldsymbol{\beta}$,亦即 $\boldsymbol{A}(\boldsymbol{P}\boldsymbol{\beta})=\lambda(\boldsymbol{P}\boldsymbol{\beta})$,那么矩阵 $\boldsymbol{A}$ 关于特征值 $\lambda=-1$ 的特征向量是

$$\boldsymbol{P}\boldsymbol{\beta}=(\boldsymbol{\alpha}_1,\boldsymbol{\alpha}_2,\boldsymbol{\alpha}_3)\begin{bmatrix}-2\\1\\1\end{bmatrix}=-2\boldsymbol{\alpha}_1+\boldsymbol{\alpha}_2+\boldsymbol{\alpha}_3.$$

因此 $k_1(-2\boldsymbol{\alpha}_1+\boldsymbol{\alpha}_2+\boldsymbol{\alpha}_3)$,$k_2\boldsymbol{\alpha}_2$ 分别是矩阵 A 关于特征值 $\lambda=-1$ 和 $\lambda=-0$ 的特征向量 $(k_1,k_2\neq 0)$.

解题要点: 本题主要考查对矩阵特征值及特征向量的计算,先对题中所给的等式进行化简,注意其中

的解题技巧，然后从定义出发去求解。

例 8 设 $\boldsymbol{A}$ 是 n 阶矩阵，$\boldsymbol{A}=\boldsymbol{E}+\boldsymbol{x}\boldsymbol{y}^T$，$\boldsymbol{x}$ 与 $\boldsymbol{y}$ 都是 $n\times 1$ 矩阵，且 $\boldsymbol{x}^T\boldsymbol{y}=2$，求 $\boldsymbol{A}$ 的特征值、特征向量.

分析 令 $\boldsymbol{B}=\boldsymbol{x}\boldsymbol{y}^T$，则 $\boldsymbol{A}=\boldsymbol{E}+\boldsymbol{B}$，如 λ 是 $\boldsymbol{B}$ 的特征值，$\boldsymbol{\alpha}$ 是对应的特征向量，那么

$\boldsymbol{A\alpha}=(\boldsymbol{B}+\boldsymbol{E})\boldsymbol{\alpha}=\lambda\boldsymbol{\alpha}+\boldsymbol{\alpha}=(\lambda+1)=\boldsymbol{\alpha}$.

可见 $\lambda+1$ 就是 $\boldsymbol{A}$ 的特征值，$\boldsymbol{\alpha}$ 是 $\boldsymbol{A}$ 关于 $\lambda+1$ 的特征向量. 反之，若 $\boldsymbol{A\alpha}=\lambda\boldsymbol{\alpha}$，则有 $\boldsymbol{B\alpha}=(\lambda-1)\boldsymbol{\alpha}$. 所以，为求 $\boldsymbol{A}$ 的特征值、特征向量就可以转化为 $\boldsymbol{B}$ 的特征值、特征向量.

解 令 $\boldsymbol{B}=\boldsymbol{x}\boldsymbol{y}^T\begin{bmatrix}x_1\\x_2\\\vdots\\x_n\end{bmatrix}(y_1,y_2,\cdots,y_n)$，则 $\boldsymbol{B}^2=(\boldsymbol{x}\boldsymbol{y}^2)(\boldsymbol{x}\boldsymbol{y}^T)=\boldsymbol{x}(\boldsymbol{x}\boldsymbol{y}^T)=\boldsymbol{x}(\boldsymbol{y}^T\boldsymbol{x})\boldsymbol{y}^T=2\boldsymbol{x}\boldsymbol{y}^T=2\boldsymbol{B}$，

可见 $\boldsymbol{B}$ 的特征值只能是 0 或 2.

因为 $\mathrm{r}(\boldsymbol{B})=1$，故齐次方程 $\boldsymbol{Bx}=\boldsymbol{0}$ 的基础解系由 $n-1$ 个向量组成，则

$$\boldsymbol{B}\begin{bmatrix}x_1y_1 & x_1y_2 & \cdots & x_1y_n\\ x_2y_1 & x_2y_2 & \cdots & x_2y_n\\ \vdots & \vdots & & \vdots\\ x_ny_1 & x_ny_2 & \cdots & x_ny_n\end{bmatrix}\rightarrow\begin{bmatrix}y_1 & y_2 & \cdots & y_n\\ 0 & 0 & \cdots & 0\\ \vdots & \vdots & & \vdots\\ 0 & 0 & \cdots & 0\end{bmatrix}.$$

基础解系是 $\boldsymbol{\alpha}_1(-y_2,y_1,0,\cdots,0)^T$，$\boldsymbol{\alpha}_2=(-y_3,0,y_1,\cdots,0)^T$，$\cdots$，$\boldsymbol{\alpha}_{n-1}=(y_n,0,0,0,\cdots,y_1)^T$.

这正是 $\boldsymbol{B}$ 的关于 $\lambda=0$，也就是 A 关于 $\lambda=1$ 的 $\boldsymbol{n}-1$ 个线性无关的特征向量

由于 $\boldsymbol{B}^2=2\boldsymbol{B}$，对 $\boldsymbol{B}$ 按列分块，记 $\boldsymbol{B}=(\boldsymbol{\beta}_1,\boldsymbol{\beta}_2,\cdots,\boldsymbol{\beta}_n)$，则 $\boldsymbol{B}(\boldsymbol{\beta}_1,\boldsymbol{\beta}_2,\cdots,\boldsymbol{\beta}_n)=2(\boldsymbol{\beta}_1,\boldsymbol{\beta}_2,\cdots,\boldsymbol{\beta}_n)$，即 $\boldsymbol{B\beta}_i=2\boldsymbol{\beta}_i$，可见 $\boldsymbol{\alpha}_n=(x_1,x_2,\cdots,x_n)^T$ 是 $\boldsymbol{B}$ 关于 $\lambda=2$，也就是 $\boldsymbol{A}$ 关于 $\lambda=3$ 的特征向量.

那么，$\boldsymbol{A}$ 的特征值是 $1(n-1$ 重) 和 3，特征向量分别是

$k_1\boldsymbol{\alpha}_1+k_2\boldsymbol{\alpha}_2+\cdots+k_{n-1}\boldsymbol{\alpha}_{n-1}$，$k_n\boldsymbol{\alpha}_n$，其中 $k_1,k_2,\cdots,k_{n-1}$ 不全为 0，$k_n\neq 0$.

解题要点：本题主要考查抽象矩阵的特征值与特征向量的计算，注意解题技巧的运用。

例 9 已知 $\boldsymbol{A}=\begin{bmatrix}2 & 2 & 1\\ 2 & 5 & 2\\ 3 & 6 & 4\end{bmatrix}$，$\boldsymbol{A}^*$ 是 $\boldsymbol{A}$ 的伴随矩阵，求 $\boldsymbol{A}^*$ 的特征值与特征向量.

解法一 矩阵 $\boldsymbol{A}$ 的伴随矩阵

$$\boldsymbol{A}^*=\begin{bmatrix}8 & -2 & -1\\ -2 & 5 & -2\\ -3 & -6 & 6\end{bmatrix}$$

由伴随矩阵 $\boldsymbol{A}^*$ 的特征多项式

$$|\lambda\boldsymbol{E}-\boldsymbol{A}^*|=\begin{vmatrix}\lambda-8 & 2 & 1\\ 2 & \lambda-5 & 2\\ 3 & 6 & \lambda-6\end{vmatrix}$$

$$=\begin{vmatrix}\lambda-8 & 2 & 1\\ 18-2\lambda & 2 & 1\\ 3 & 6 & \lambda-6\end{vmatrix}$$

$$=\begin{vmatrix}\lambda-4 & 2 & 1\\ 0 & \lambda-9 & 0\\ 15 & 6 & \lambda-6\end{vmatrix}$$

$$=(\lambda-9)(\lambda^2-10\lambda+9)=(\lambda-9)^2(\lambda-1)$$

得伴随矩阵 $\boldsymbol{A}^*$ 的特征值 $\lambda_1=\lambda_2=9,\lambda_3=1$.

① 对 $\lambda=9$,由 $(9\boldsymbol{E}-\boldsymbol{A}^*)\boldsymbol{x}=\boldsymbol{0}$,即

$$\begin{bmatrix}1 & 2 & 1\\ 2 & 4 & 2\\ 3 & 6 & 3\end{bmatrix}\to\begin{bmatrix}1 & 2 & 1\\ 0 & 0 & 0\\ 0 & 0 & 0\end{bmatrix}$$

得基础解系 $\boldsymbol{\alpha}_1=[-2,1,0]^T,\boldsymbol{\alpha}_2=[-1,0,1]^T$,

因此 $\boldsymbol{A}^*$ 属于特征值 $\lambda=9$ 的特征向量是 $k_1\boldsymbol{\alpha}_1+k_2\boldsymbol{\alpha}_2$($k_1,k_2$ 不全为 0).

② 对 $\lambda=1$,由 $(\boldsymbol{E}-\boldsymbol{A}^*)\boldsymbol{x}=\boldsymbol{0}$,即

$$\begin{bmatrix}-7 & 2 & 1\\ 2 & -4 & 2\\ 3 & 6 & -5\end{bmatrix}\to\begin{bmatrix}1 & -2 & 1\\ 0 & 12 & -8\\ 0 & 0 & 0\end{bmatrix}$$

得基础 $\boldsymbol{\alpha}_3=[1,2,3]^T$,

因此 $\boldsymbol{A}^*$ 属于特征值 $\lambda=1$ 的特征向量是 $k_3\boldsymbol{\alpha}_3(k_3\neq 0)$.

解法二 因为

$$|\lambda\boldsymbol{E}-\boldsymbol{A}|=\begin{vmatrix}\lambda-2 & -2 & -1\\ -2 & \lambda-5 & -2\\ -3 & -6 & \lambda-4\end{vmatrix}=\begin{vmatrix}\lambda-1 & -2 & -1\\ 0 & \lambda-5 & -2\\ 1-\lambda & -6 & \lambda-4\end{vmatrix}$$

$$=\begin{vmatrix}\lambda-1 & -2 & -1\\ 0 & \lambda-5 & -2\\ 0 & -8 & \lambda-5\end{vmatrix}=(\lambda-1)\begin{vmatrix}\lambda-5 & -2\\ -8 & \lambda-5\end{vmatrix}$$

$$=(\lambda-9)(\lambda-1)^2$$

所以矩阵 $\boldsymbol{A}$ 的特征值为 9,1,1,由 $|\boldsymbol{A}|\prod\lambda_i$ 知 $|\boldsymbol{A}|=9$,故伴随矩阵 $\boldsymbol{A}^*$ 的矩阵特征值为 1,9,9.

由 $(9\boldsymbol{E}-\boldsymbol{A})\boldsymbol{x}=\boldsymbol{0}$,即

$$\begin{bmatrix}7 & -2 & -1\\ -2 & 4 & -2\\ -3 & -6 & 5\end{bmatrix}\to\begin{bmatrix}1 & -2 & 1\\ 0 & -12 & 8\\ 0 & 0 & 0\end{bmatrix}$$

得基础解系 $\boldsymbol{\alpha}_1=[1,2,3]^T$.

因此 $\boldsymbol{A}^*$ 属于 $\lambda=1$ 的特征向量为 $k_1\boldsymbol{\alpha}_1,k_1\neq 0$.

由 $(\boldsymbol{E}-\boldsymbol{A})\boldsymbol{x}=\boldsymbol{0}$,即

$$\begin{bmatrix}-1 & -2 & -1\\ -2 & -4 & -2\\ -3 & -6 & -3\end{bmatrix}\to\begin{bmatrix}1 & 2 & 1\\ 0 & 0 & 0\\ 0 & 0 & 0\end{bmatrix}$$

得基础解系 $\boldsymbol{\alpha}_2=[-2,1,0]^T,\boldsymbol{\alpha}_3[-1,0,1]^T$

因此 $\boldsymbol{A}^*$ 属于 $\lambda=9$ 的特征向量为 $k_2\boldsymbol{\alpha}_2+k_3\boldsymbol{\alpha}_3$($k_2,k_3$ 不全为 0).

解题要点：本题有两种解法，一种是直接求，另一种是通过间接转化求解。注意两者之间的关系，掌握间接求解的技巧。

例 10 设矩阵 $A=\begin{bmatrix}3&2&2\\2&3&2\\2&2&3\end{bmatrix}$，$P=\begin{bmatrix}0&1&0\\1&0&1\\0&0&1\end{bmatrix}$，$B=P^{-1}A^*P$，求 $B+2E$ 的特征值与特征向量，其中 A^* 为 A 的伴随矩阵，E 为 3 阶单位矩阵.

解法一 由于 $A=\begin{bmatrix}3&2&2\\2&3&2\\2&2&3\end{bmatrix}=\begin{bmatrix}1&0&0\\0&1&0\\0&0&1\end{bmatrix}+\begin{bmatrix}2&2&2\\2&2&2\\2&2&2\end{bmatrix}=E+C$，因为秩 $r(C)=1$，有

$$|\lambda E-C|=\lambda^3-6\lambda^2$$

矩阵 C 的特征值是 6,0,0 那么矩阵 A 的特征值是 7,1,1，

因为 $|A|=\prod\lambda_i=7$，若 $A\alpha=\lambda\alpha$，则 $A^*\alpha=\dfrac{|A|}{\lambda}\alpha$，而知 A^* 的特征值是 1,7,7，那么矩阵 $B+2E$ 的特征值是 3,9,9.

由 $A\alpha=\lambda\alpha$ 有 $A^*\alpha=\dfrac{|A|}{\lambda}\alpha$.

那么 $B(P^{-1}\alpha)=(P^{-1}A^*P)(P^{-1}\alpha)=P^{-1}\alpha=\dfrac{|A|}{\lambda}P^{-1}\alpha$

从而 $(B+2E)(P^{-1}\alpha)=\left(\dfrac{|A|}{\lambda}+2\right)(P^{-1}\alpha)$.

因为矩阵 C 属于特征值 $\lambda=6$ 的特征向量为

$$\alpha_1=[1,1,1]^T$$

而属于特征值 $\lambda=0$ 的特征向量可取为

$$\alpha_2=[-1,1,0]^T,\quad \alpha_3=[-1,0,1]^T.$$

它们就是矩阵 A 分别属于特征值 7 与 1 的特征向量.

由 $$P^{-1}=\begin{bmatrix}0&1&-1\\1&0&0\\0&0&1\end{bmatrix}$$，得

$$P^{-1}\alpha_1=\begin{bmatrix}0&1&-1\\1&0&0\\0&0&1\end{bmatrix}\begin{bmatrix}1\\1\\1\end{bmatrix}=\begin{bmatrix}0\\1\\1\end{bmatrix}$$

于是 $B+2E$ 属于特征值 $\lambda=3$ 的特征向量 $k_1\begin{bmatrix}1\\1\\1\end{bmatrix}$，$(k\neq0)$

类似地

$$P^{-1}\alpha_2=\begin{bmatrix}1\\-1\\0\end{bmatrix},P^{-1}\alpha_3=\begin{bmatrix}-1\\-1\\1\end{bmatrix}$$

那么 $B+2E$ 属于特征值 $\lambda=9$ 的特征向量为

$k_2\begin{bmatrix}1\\-1\\0\end{bmatrix}+k_3\begin{bmatrix}-1\\-1\\1\end{bmatrix}$，$k_2,k_3$ 不全为 0.

解法二　先分别求出 A^* 与 P^{-1}，有

$$A^*=\begin{bmatrix}5&-2&-2\\-2&5&-2\\-2&-2&5\end{bmatrix},P^{-1}=\begin{bmatrix}0&1&-1\\1&0&0\\0&0&1\end{bmatrix}$$

故
$$B=P^{-1}A^*P=\begin{bmatrix}7&0&0\\-2&5&-4\\-2&-2&3\end{bmatrix}$$

从而
$$B+2E=\begin{bmatrix}9&0&0\\-2&7&-4\\-2&-2&5\end{bmatrix}$$

有特征多项式

$$|\lambda E-(B+2E)|=\begin{vmatrix}\lambda-9&0&0\\2&\lambda-7&4\\2&2&\lambda-5\end{vmatrix}$$
$$=(\lambda-9)(\lambda^2-12\lambda+27)=(\lambda-9)^2(\lambda-3)$$

得到 $B+2E$ 的特征值为 9,9,3.

① 当 $\lambda=9$ 时，由$[9E-(B+2E,]x=0$，有

$$\begin{bmatrix}0&0&0\\2&2&4\\2&2&4\end{bmatrix}\to\begin{bmatrix}1&1&2\\0&0&0\\0&0&0\end{bmatrix}$$

得基础解系

$\eta_1=\begin{bmatrix}-1\\1\\0\end{bmatrix},\eta_2=\begin{bmatrix}-2\\0\\1\end{bmatrix}$，所以对应于 $\lambda=9$ 的特征向量是

$$k_1\eta_1+k_2\eta_2=k_1\begin{bmatrix}-1\\1\\0\end{bmatrix}+k_2\begin{bmatrix}-2\\0\\1\end{bmatrix},k_1,k_2\text{ 不全为 }0.$$

② 当 $\lambda=3$ 时，由$[3E-(B+2E)]x=0$，即

$$\begin{bmatrix}-6&0&0\\2&-4&4\\2&2&2\end{bmatrix}\to\begin{bmatrix}1&0&0\\0&1&-1\\0&0&0\end{bmatrix}$$

得基础解系

$$\eta_3=\begin{bmatrix}0\\1\\1\end{bmatrix}$$

所以属于 $\lambda=3$ 的特征向量为

$$k_3\boldsymbol{\eta}_3 = k_3\begin{bmatrix}0\\1\\1\end{bmatrix}, k_3 \neq 0.$$

解题要点:本题属于抽象型行列式的特征值与特征向量的计算,注意解题技巧,时常考的类型,需掌握。

Ⅲ 相似矩阵

例 11 若3阶矩阵相似于$\boldsymbol{B}$,矩阵$\boldsymbol{A}$的特征值是1,2,3,那么行列式$|2\boldsymbol{B}-\boldsymbol{E}|=$______.

分析 因为$\boldsymbol{A}\sim\boldsymbol{B}$,故$\boldsymbol{A}$与$\boldsymbol{B}$有相同的特征值,那么,$2\boldsymbol{B}$的特征值是2,4,6,$2\boldsymbol{B}-\boldsymbol{E}$的特征值是1,3,5,从而$|2\boldsymbol{B}-\boldsymbol{E}|=15$.

或者,由$\boldsymbol{P}^{-1}\boldsymbol{A}\boldsymbol{P}=\boldsymbol{B}$,有$\boldsymbol{P}^{-1}(2\boldsymbol{A}-\boldsymbol{E})\boldsymbol{P}=2\boldsymbol{B}-\boldsymbol{E}$,又因为$2\boldsymbol{A}-\boldsymbol{E}$的特征值是1,3,5,从而$|2\boldsymbol{B}-\boldsymbol{E}|=15$.

或者,由$\boldsymbol{P}^{-1}\boldsymbol{A}\boldsymbol{P}=\boldsymbol{B}$,有$\boldsymbol{P}^{-1}(2\boldsymbol{A}-\boldsymbol{E})\boldsymbol{P}=2\boldsymbol{B}-\boldsymbol{E}$,又因为$2\boldsymbol{A}-\boldsymbol{E}$的特征值是1,3,5,故$|2\boldsymbol{B}-\boldsymbol{E}|=|2\boldsymbol{A}-\boldsymbol{E}|=15$.

解题要点:本题主要考查两相似矩阵之间的关系,属于基本题型。

例 12 设矩阵

$$\boldsymbol{B}=\begin{bmatrix}0&0&1\\0&1&0\\1&0&0\end{bmatrix}$$

已知矩阵$\boldsymbol{A}$相似于$\boldsymbol{B}$,则秩$(\boldsymbol{A}-2\boldsymbol{E})$与秩$(\boldsymbol{A}-\boldsymbol{E})$之和等于

(A)2　　(B)3　　(C)4　　(D)5

分析 由$A\sim B$,有$\boldsymbol{P}^{-1}\boldsymbol{A}\boldsymbol{P}=\boldsymbol{B}$,那么

$\boldsymbol{P}^{-1}(\boldsymbol{A}-2\boldsymbol{E})\boldsymbol{P}=\boldsymbol{B}-2\boldsymbol{E}, \boldsymbol{P}^{-1}(\boldsymbol{A}-\boldsymbol{E})\boldsymbol{P}=\boldsymbol{B}-\boldsymbol{E}$

从而$r(\boldsymbol{A}-2\boldsymbol{E})=r(\boldsymbol{B}-2\boldsymbol{E})=r(\boldsymbol{B}-\boldsymbol{E})$

易见 $\boldsymbol{B}-2\boldsymbol{E}=\begin{bmatrix}-2&0&1\\0&-1&0\\1&0&-2\end{bmatrix}, \boldsymbol{B}-\boldsymbol{E}=\begin{bmatrix}-1&0&1\\0&0&0\\1&0&-1\end{bmatrix}$的秩分别为3与1,故应选(C).

解题要点:本题主要考查两相似矩阵之间秩的关系,注意解题技巧与整体换算的技巧。

例 13 n阶矩阵$\boldsymbol{A}\sim\boldsymbol{B}$的充分条件是

(A)$\boldsymbol{A}^2$与$\boldsymbol{B}^2$相似

(B)$\boldsymbol{A}$与$\boldsymbol{B}$有相同的特征值

(C)$\boldsymbol{A}$与$\boldsymbol{B}$有相同的特征向量

(D)$\boldsymbol{A}$与$\boldsymbol{B}$均和对角矩阵$\boldsymbol{\Lambda}$相似

分析 如果$\boldsymbol{A}\sim\boldsymbol{B}$,则有$\boldsymbol{P}^{-1}\boldsymbol{A}\boldsymbol{P}=\boldsymbol{B}$,那么

$$\boldsymbol{P}^{-1}\boldsymbol{A}^2\boldsymbol{P}=(\boldsymbol{P}^{-1}\boldsymbol{A}\boldsymbol{P})(\boldsymbol{P}^{-1}\boldsymbol{A}\boldsymbol{P})=\boldsymbol{B}^2$$

知$\boldsymbol{A}^2\sim\boldsymbol{B}^2$.

但$\boldsymbol{A}^2\sim\boldsymbol{B}^2$时,推不出$\boldsymbol{A}\sim\boldsymbol{B}$,例如

$$A=\begin{bmatrix}0&1\\0&0\end{bmatrix},\quad B=\begin{bmatrix}0&0\\0&0\end{bmatrix}$$

由于 $r(A)\neq r(B)$，显见 A 与 B 不相似，但 $A^2=B^2$，而有 $A^2\sim B^2$，所以(A) 是必要条件不是充分条件.

条件(B) 亦是必要条件不是充分条件，由 $P^{-1}AP=B$，有

$|\lambda E-B|=|\lambda E-P^{-1}AP|=|P^{-1}(\lambda E-A)P|=|\lambda E-A|$

即 A,B 有相同的特征值，但条件(A) 中例子告诉我们虽然 A,B 有相同的特征值 $\lambda_1=\lambda_2=0$，但 A 与 B 是不相似的.

如果 α 是矩阵 A 属于特征值 λ 的特征向量，α 是矩阵 B 属于特征值 μ 的特征向量，虽然 A 与 B 有相同的特征向量，但由于特征值的不同，所以 A 与 B 不可能相似，(C) 不是充分条件.

若 $A\sim A,B\sim A$ 则有 $\qquad P_1^{-1}AP_1=A=P_2^{-1}BP_2$

那么 $\qquad P_2P_1^{-1}AP_1P_2^{-1}=B$

令 $P=P_1P_2^{-1}$，，则有 $P^{-1}AP=B$，即 $A\sim B$，所以(D) 是充分条件.

解题要点：本题主要考查两相似矩阵成立的条件，要准确掌握定义。

例 14 已知矩阵 $A=\begin{bmatrix}1&a&-3\\-1&4&-3\\1&-2&5\end{bmatrix}$ 的特征值有重根，判断矩阵 A 能否相似对角化，并说明理由.

解 由矩阵 A 的特征多项式

$$|\lambda E-A|=\begin{vmatrix}\lambda-1&-a&3\\1&\lambda-4&3\\-1&2&\lambda-5\end{vmatrix}=\begin{vmatrix}\lambda-1&-a&3\\1&\lambda-4&3\\0&\lambda-2&\lambda-2\end{vmatrix}$$
$$=(\lambda-2)(\lambda^2-8\lambda+10+a)$$

如果 $\lambda=2$ 是重根，则 $\lambda^2-8\lambda+10+a$ 中含有 $\lambda-2$ 的因式，于是 $2^2-16+10+a=0$，解出 $a=2$，此时 $\lambda^2-8\lambda+12=(\lambda-2)(\lambda-6)$，矩阵 A 的 3 个特征值是 2,2,6.

① 对于 $\lambda=2$，由于

$$r(2E-A)=r\begin{bmatrix}1&-2&3\\1&-2&3\\-1&2&-3\end{bmatrix}=1$$

故 $\lambda=2$ 有 2 个线性无关的特征向量，A 可以相似对角化.

若 $\lambda=2$ 不是重根，则 $\lambda^2-8\lambda+10+a$ 是完全平方，于是

$$8^2-4(10+a)=0.$$

解出 $a=6$ $\qquad$ 矩阵 A 的特征值是 2,4,4.

② 对于 $\lambda=4$，由于

$$r(4E-A)=r\begin{bmatrix}3&-6&3\\1&0&3\\-1&2&-1\end{bmatrix}=2$$

说明 $\lambda=4$ 只有 1 个线性无关的特征向量，A 不能相似对角化.

解题要点：本题主要考查可相似对角化与特征值之间的关系。

例 15 已知 $A=\begin{bmatrix}1 & 4 & -2\\ 0 & -1 & 0\\ 1 & 2 & -2\end{bmatrix}$,求可逆矩阵 P,化 A 为相似标准形 Λ,并写出对角矩阵 Λ.

解 先求 λ 的特征值、特征向量. 由特征多项式,有

$$|\lambda E-A|=\begin{vmatrix}\lambda-1 & -4 & 2\\ 0 & \lambda+1 & 0\\ -1 & -2 & \lambda+2\end{vmatrix}=(\lambda+1)(\lambda^2+\lambda),$$

于是 A 的特征值是 -1(二重),0.

① 对于 $\lambda=-1$,解齐次方程组 $(-E-A)x=0$, $\begin{bmatrix}-2 & -4 & 2\\ 0 & 0 & 0\\ -1 & -2 & 1\end{bmatrix}\to\begin{bmatrix}1 & 2 & -1\\ 0 & 0 & 0\\ 0 & 0 & 0\end{bmatrix}$.

得到特征向量 $\alpha_1=(-2,1,0)^T$, $\alpha_2=(1,0,1)^T$.

② 对 $\lambda=0$,解方程组 $Ax=0$, $\begin{bmatrix}1 & 4 & -2\\ 0 & -1 & 0\\ 0 & 1 & 1\end{bmatrix}\to\begin{bmatrix}1 & 4 & -2\\ 0 & 1 & 0\\ 0 & 0 & 0\end{bmatrix}$,得特征向量 $\alpha_3=(2,0,1)^T$.

令 $P(\alpha_1,\alpha_2,\alpha_3)=\begin{bmatrix}-2 & 1 & 2\\ 1 & 0 & 0\\ 0 & 1 & 1\end{bmatrix}$,则 $P^{-1}AP=\Lambda=\begin{bmatrix}-1 & & \\ & -1 & \\ & & 0\end{bmatrix}$.

解题要点:本题主要考查将矩阵化为相似矩阵的方法,注意对解题步骤的掌握。

例 16 设矩阵 A 与 B 相似,且 $A=\begin{bmatrix}1 & -1 & 1\\ 2 & 4 & -2\\ -2 & -3 & a\end{bmatrix}$, $B=\begin{bmatrix}2 & 0 & 0\\ 0 & 2 & 0\\ 0 & 0 & b\end{bmatrix}$,求可逆矩阵 P,使 $P^{-1}AP=B$.

分析 A 与对角矩阵 B 相似,求矩阵 P 应当用相似的性质先求出 a,b,然而再求 A 的特征值与特征向量,可逆矩阵 P 即为特征值 2 和 b 对应的线性无关特征向量构成的矩阵.

解 由于 $A\sim B$,有

$$\begin{cases}1+4+a=2+2+b,\\ |A|=6a-6=4b=|B|\end{cases}\Rightarrow a=5,b=6.$$

由 $A\sim B$ 知 A 与 B 有相同的特征值,于是 A 的特征值是 $\lambda_1=\lambda_2=2,\lambda_3=6$.

① 当 $\lambda=2$ 时,解齐次线性方程组 $(2E-A)x=0$ 得到基础解系为 $\alpha_1=(1,-1,0)^T$, $\alpha_2=(1,0,1)^T$,即 $\lambda=2$ 的线性无关的特征向量.

② 当 $\lambda=6$ 时,解齐次线性方程组 $(6E-A)x=0$ 得到基础解系是 $(1,-2,3)^T$,即 $\lambda=6$ 的特征向量.

那么,令 $P(\alpha_1,\alpha_2,\alpha_3)=\begin{bmatrix}1 & 1 & 1\\ -1 & 0 & -2\\ 0 & 1 & 3\end{bmatrix}$,则有 $P^{-1}AP=B$.

解题要点：本题主要考查相似矩阵的计算。

例 17 若矩阵 $\boldsymbol{A}=\begin{bmatrix}2&2&0\\8&2&a\\0&0&6\end{bmatrix}$ 相似于对角矩阵 $\boldsymbol{\Lambda}$，试确定常数 a 的值，并求可逆矩阵 $\boldsymbol{P}$，使 $\boldsymbol{P}^{-1}\boldsymbol{A}\boldsymbol{P}=\boldsymbol{\Lambda}$.

解 矩阵 $\boldsymbol{A}$ 的特征多项式为

$$|\lambda\boldsymbol{E}-\boldsymbol{A}|=\begin{vmatrix}\lambda-2&-2&0\\-8&\lambda-2&-a\\0&0&\lambda-6\end{vmatrix}=(\lambda-6)[(\lambda-2)^2-16]$$

$$=(\lambda-6)^2(\lambda+2)$$

故 $\boldsymbol{A}$ 的特征 $\lambda_1=\lambda_2=6,\lambda_3=2$.

由于 $\boldsymbol{A}$ 相似于对角矩阵 $\boldsymbol{\Lambda}$，故

① 对应于 $\lambda_1=\lambda_2=6$ 应有两个线性无关的特征向量，因此矩阵 $6\boldsymbol{E}-\boldsymbol{A}$ 的秩应为 1，从而有

$$6\boldsymbol{E}-\boldsymbol{A}=\begin{bmatrix}4&-2&0\\-8&4&-a\\0&0&0\end{bmatrix}\rightarrow\begin{bmatrix}2&-1&0\\0&0&a\\0&0&0\end{bmatrix},$$

知 $a=0$.

则对应于 $\lambda_1=\lambda_2=6$ 的两个线性无关的特征向量可取为

$$\xi_1=\begin{pmatrix}0\\0\\1\end{pmatrix},\xi_2=\begin{pmatrix}1\\2\\0\end{pmatrix}.$$

② 当 $\lambda_3=-2$ 时，

$$\lambda\boldsymbol{E}-\boldsymbol{A}=\begin{bmatrix}-4&-2&0\\-8&-4&0\\0&0&-8\end{bmatrix}\rightarrow\begin{bmatrix}2&1&0\\0&0&1\\0&0&0\end{bmatrix},$$

解方程组 $\begin{cases}2x_1+x_2=0,\\x_3=0\end{cases}$ 得对应于 $\lambda=-2$ 的特征向量

$$\xi_3=\begin{pmatrix}1\\-2\\0\end{pmatrix}.$$

令 $\boldsymbol{P}=\begin{bmatrix}0&1&1\\0&2&-2\\1&0&0\end{bmatrix}$，则 $\boldsymbol{P}$ 可逆，且 $\boldsymbol{P}^{-1}\boldsymbol{A}\boldsymbol{P}=\begin{bmatrix}6&&\\&6&\\&&-2\end{bmatrix}$.

解题要点：本题主要考查相似对角化的计算，注意掌握解题步骤。

Ⅳ　对称矩阵的对角化

例 18　已知 $\boldsymbol{A}=\begin{bmatrix} n & 1 & \cdots & 1 \\ 1 & n & \cdots & 1 \\ \vdots & \vdots & & \vdots \\ 1 & 1 & \cdots & n \end{bmatrix}$ 是 n 阶矩阵，求 $\boldsymbol{A}$ 的特征值、特征向量并求可逆矩阵 $\boldsymbol{P}$ 使 $\boldsymbol{P}^{-1}\boldsymbol{AP}=\boldsymbol{\Lambda}$

解法一　由 $\boldsymbol{A}$ 的特征多项式，得

$$|\lambda \boldsymbol{E}-\boldsymbol{A}|=\begin{vmatrix} \lambda-n & -1 & \cdots & -1 \\ -1 & \lambda-n & \cdots & -1 \\ \vdots & \vdots & & \vdots \\ -1 & -1 & \cdots & \lambda-n \end{vmatrix}=\begin{vmatrix} \lambda-2n+1 & \lambda-2n+1 & \cdots & \lambda-2n+1 \\ -1 & \lambda-n & \cdots & -1 \\ \vdots & \vdots & & \vdots \\ -1 & -1 & \cdots & \lambda-n \end{vmatrix}$$

$$=(\lambda-2n+1)\begin{vmatrix} 1 & 1 & \cdots & 1 \\ 1 & \lambda-n & \cdots & 1 \\ \vdots & \vdots & & \vdots \\ 1 & 1 & \cdots & \lambda-n \end{vmatrix}$$

$$=(\lambda-2n+1)\begin{vmatrix} 1 & 1 & \cdots & 1 \\ 0 & \lambda-n+1 & \cdots & 1 \\ \vdots & \vdots & & \vdots \\ 1 & 1 & \cdots & \lambda-n+1 \end{vmatrix}$$

$$=(\lambda-2n+1)(\lambda-n+1)^{n-1},$$

所以 $\boldsymbol{A}$ 的特征值为 $\lambda_1=2n-1,\lambda_2=n-1(n-1$ 重根).

① 对于 $\lambda_1=2n-1$，解齐次方程组 $(\lambda_1\boldsymbol{E}-\boldsymbol{A})\boldsymbol{x}=\boldsymbol{0}$

$$\begin{bmatrix} n & -1 & -1 & \cdots & -1 \\ -1 & n-1 & -1 & \cdots & -1 \\ -1 & -1 & n-1 & \cdots & -1 \\ \vdots & \vdots & \vdots & & \vdots\ -1 \end{bmatrix}\rightarrow\begin{bmatrix} n-1 & -1 & -1 & \cdots & -1 \\ -n & n & 0 & \cdots & 0 \\ -n & 0 & n & \cdots & 0 \\ \vdots & \vdots & \vdots & & \vdots\ -n \end{bmatrix}$$

$$\rightarrow\begin{bmatrix} n-1 & -1 & -1 & \cdots & -1 \\ -1 & 1 & 0 & \cdots & 0 \\ -1 & 0 & 1 & \cdots & 0 \\ \vdots & \vdots & \vdots & & \vdots\ -1 \end{bmatrix}\rightarrow\begin{bmatrix} 0 & 0 & 0 & \cdots & 0 \\ -1 & 1 & 0 & \cdots & 0 \\ -1 & 0 & 1 & \cdots & 0 \\ \vdots & \vdots & \vdots & & \vdots\ -1 \end{bmatrix},$$

得到基础解系 $\boldsymbol{\alpha}_1=(1,1,\cdots,1)^T$.

② 对于 $\lambda_2=n-1$，齐次方程组 $(\lambda_2\boldsymbol{E}-\boldsymbol{A})\boldsymbol{x}=\boldsymbol{0}$ 等价于 $x_1+x_2+\cdots+x_n=0$，得到基础解系

$\boldsymbol{\alpha}_2=(-1,1,0,\cdots,0)^T,\boldsymbol{\alpha}_3=(-1,0,1,\cdots 0)^T,\cdots,\boldsymbol{\alpha}_n(-1,0,0,\cdots,1)^T$.

所以 $\boldsymbol{A}$ 的特征向量是：$k_1\boldsymbol{\alpha}_1(k,\neq 0)$ 及 $k_2\boldsymbol{\alpha}_2+k_3\boldsymbol{\alpha}_3+\cdots+k_n\boldsymbol{\alpha}_n(k_1,k_2,\cdots,k_n$ 不全为 0).

令 $\boldsymbol{P}=\begin{bmatrix} 1 & -1 & -1 & \cdots & -1 \\ 1 & 1 & 0 & \cdots & 0 \\ 1 & 0 & 0 & \cdots & 0 \\ \vdots & \vdots & \vdots & & \vdots\ 1 \end{bmatrix}$，有 $\boldsymbol{P}^{-1}\boldsymbol{AP}=\begin{bmatrix} 2n-2 & & & \\ & n-1 & & \\ & & \ddots & \\ & & & n-1 \end{bmatrix}$.

解法二 由于 $\boldsymbol{A}(n-1)\boldsymbol{E}+\boldsymbol{B}$,其中

$$\begin{bmatrix}1&1&\cdots&1\\1&1&\cdots&1\\\vdots&\vdots&&\vdots\\1&1&\cdots&1\end{bmatrix}=\begin{bmatrix}1\\1\\\vdots\\1\end{bmatrix}(1,1,\cdots,1),$$

而

$$\begin{bmatrix}1\\1\\\vdots\\1\end{bmatrix}(1,1,\cdots,1)\begin{bmatrix}1\\1\\\vdots\\1\end{bmatrix}(1,1,\cdots,1)=n\boldsymbol{B},$$

所以$\boldsymbol{B}$的特征值只能是0或n,由于$\sum_{i=1}^{n}\lambda_i=\sum_{i=1}^{n}b_{ii}=n$,故$\boldsymbol{B}$的特征值必是$0(n-1$重$)$,$n$(单根),那么$\boldsymbol{A}$的特征值是$n-1(n-1$重$)$,$2n-1$(单根).

对矩阵$\boldsymbol{B}$按矩阵分块,记$\boldsymbol{B}=(\gamma_1,\gamma_2,\cdots\gamma_n)$,那么由$\boldsymbol{B}^2=n\boldsymbol{B}$有

$\boldsymbol{B}(\gamma_1,\gamma_2,\gamma_3)=n(\gamma_1,\gamma_2,\gamma_n)$,从而$\boldsymbol{B}\gamma_1=n\gamma_1$,即$(1,1,\cdots,1)^T\boldsymbol{B}$是关于特征值$\lambda=n$的特征向量,亦即矩阵$\boldsymbol{A}$关于$\lambda=2n-1$的特征向量.

由$(0\boldsymbol{E}-\boldsymbol{B})\to\begin{bmatrix}1&1&\cdots&1\\0&0&\cdots&0\\\vdots&\vdots&&\vdots\\0&0&\cdots&0\end{bmatrix}$,可求出$(-1,1,0,\cdots,0)^T$,$(-1,0,1,\cdots,0)^T$,$\cdots$,$(-1,0,0,\cdots,1)^T$是矩阵$\boldsymbol{B}$关于$\lambda=0$的特征向量,亦是矩阵$\boldsymbol{A}$关于$\lambda=n-1$的特征向量,下略.

解题要点:本题属于综合题,需求矩阵的特征值、特征向量及对矩阵进行相似对角化,注意对解题技巧的把握。

例 19 设n阶矩阵

$$\boldsymbol{A}=\begin{bmatrix}1&b&\cdots&b\\b&1&\cdots&b\\\vdots&\vdots&&\vdots\\b&b&\cdots&1\end{bmatrix}$$

(1) 求$\boldsymbol{A}$的特征值和特征向量;

(2) 求可逆矩阵$\boldsymbol{P}$,使得$\boldsymbol{P}^{-1}\boldsymbol{AP}$为对角矩阵.

解法一 (直接计算)

(1)① 当$b\neq0$时,

$$|\lambda\boldsymbol{E}-\boldsymbol{A}|=\begin{vmatrix}\lambda-1&-b&\cdots&-b\\-b&\lambda-1&\cdots&-b\\\vdots&\vdots&&\vdots\\-b&-b&\cdots&\lambda-1\end{vmatrix}$$

$=[\lambda-1-(n-1)b][\lambda-(1-b)]^{n-1}$.

故$\boldsymbol{A}$的特征值为$\lambda_1=1+(n-1)b$,$\lambda_2=\cdots=\lambda_n=1-b$.

对于$\lambda_1=1+(n-1)b$,解齐线性方程组$(\lambda_1\boldsymbol{E}-\boldsymbol{A})x=0$,对于$\lambda\boldsymbol{E}-\boldsymbol{A}$作初等行变换

$$\begin{bmatrix} (n-1)b & -b & \cdots & -b & -b \\ -b & (n-1)b & \cdots & -b & -b \\ \vdots & \vdots & & \vdots & \vdots \\ -b & -b & \cdots & (n-1)b & -b \\ -b & -b & \cdots & -b & (n-1)b \end{bmatrix}$$

$$\to \begin{bmatrix} nb & 0 & \cdots & 0 & -nb \\ 0 & nb & \cdots & 0 & -nb \\ \vdots & \vdots & & \vdots & \vdots \\ 0 & 0 & \cdots & nb & -nb \\ -b & -b & \cdots & -b & (n-1)b \end{bmatrix} \to \begin{bmatrix} 1 & 0 & \cdots & 0 & -1 \\ 0 & 1 & \cdots & 0 & -1 \\ \vdots & \vdots & & \vdots & \vdots \\ 0 & 0 & \cdots & 1 & -1 \\ -1 & -1 & \cdots & -1 & (n-1) \end{bmatrix}$$

$$\to \begin{bmatrix} 1 & 0 & \cdots & 0 & -1 \\ 0 & 1 & \cdots & 0 & -1 \\ \vdots & \vdots & & \vdots & \vdots \\ 0 & 0 & \cdots & 1 & -1 \\ 0 & 0 & \cdots & 0 & 0 \end{bmatrix}$$

解得 $\xi_1[1,1,\cdots,1]^T$,所以全部特征向量为

$$k\xi_1[1,1,\cdots,1]^T \qquad (k\text{ 为任意非零常数}).$$

对于 $\lambda_2 = \cdots = \lambda_n = 1-b$,解齐次线性方程组 $[(1-b)\boldsymbol{E}-\boldsymbol{A}]\boldsymbol{x}=\boldsymbol{0}$,由

$$(1-b)\boldsymbol{E}-\boldsymbol{A} = \begin{bmatrix} -b & -b & \cdots & -b \\ -b & -b & \cdots & -b \\ \vdots & \vdots & & \vdots \\ -b & -b & \cdots & -b \end{bmatrix} \to \begin{bmatrix} 1 & 1 & \cdots & 1 \\ 0 & 0 & \cdots & 0 \\ \vdots & \vdots & & \vdots \\ 0 & 0 & \cdots & 0 \end{bmatrix},$$

解得基础解系

$$\xi_2 = [1,-1,0,\cdots,0]^T,$$
$$\xi_3 = [1,0,-1,\cdots,0]^T,$$
$$\vdots$$
$$\xi_n = [1,0,0,\cdots,-1]^T.$$

故全部特征向量为

$k_2\xi_2 + k_3\xi_3 + \cdots + k_n\xi_n$($k_2,\cdots,k_n$ 是不全为零的常数).

② 当 $b=0$ 时,特征值 $\lambda_1 = \cdots = \lambda_n = 1$,任意非零列向量均为特征向量.

解法二 (用转换)(1) 由于

$$A = \begin{bmatrix} b & b & \cdots & b \\ b & b & \cdots & b \\ \vdots & \vdots & & \vdots \\ b & b & \cdots & b \end{bmatrix} + \begin{bmatrix} 1-b & & & \\ & 1-b & & \\ & & \ddots & \\ & & & 1-b \end{bmatrix} = \boldsymbol{B}+(1-b)\boldsymbol{E}$$

① 若 $b\neq 0$,则由秩 $r(\boldsymbol{B})=1$,有

$$|\lambda\boldsymbol{E}-\boldsymbol{B}| = \lambda^n - nb\lambda^{n-1}$$

知 $\boldsymbol{B}$ 的特征值是 $nb,0,0,0\cdots,0(n-1\text{ 个 }0)$,从而 $\boldsymbol{A}$ 的特征值:

$$\lambda_1 = 1+(n-1)b, \lambda_2 = \cdots = \lambda_n = 1-b$$

对于 $\boldsymbol{B}$,当 $\lambda=0$ 时,由 $(0\boldsymbol{E}-\boldsymbol{B})\boldsymbol{x}=\boldsymbol{0}$ 有

$$0\boldsymbol{E}-\boldsymbol{B}=\begin{bmatrix}-b & -b & \cdots & -b\\ -b & -b & \cdots & -b\\ \vdots & \vdots & & \vdots\\ -b & -b & \cdots & -b\end{bmatrix}\rightarrow\begin{bmatrix}1 & 1 & \cdots & 1\\ 0 & 0 & \cdots & 0\\ \vdots & \vdots & & \vdots\\ 0 & 0 & \cdots & 0\end{bmatrix}$$

解得基础解系

$\boldsymbol{\eta}_1=[1,-1,0,\cdots,0]^T,\eta_2=[1,0,-1,\cdots,0]^T,\cdots,\boldsymbol{\eta}_{n-1}[1,0,0,\cdots,-1]^T$

它们是 $\boldsymbol{B}$ 属于特征值 $\lambda=0$ 的特征向量,也是矩阵 $\boldsymbol{A}$ 属于特征值 $\lambda=1-b$ 的特征向量,故 $\lambda=1-b$ 的全部特征向量为:

$k_1\boldsymbol{\eta}_1+k_2\boldsymbol{\eta}_2+\cdots+k_{n-1}\boldsymbol{\eta}_{n-1}(k_1,k_2,\cdots,k_{n-1}$ 不全为 0)

对于 $\boldsymbol{B}$,由于 $\boldsymbol{B}^2=nb\boldsymbol{B}$,有 $\boldsymbol{B}[\gamma_1,\gamma_2,\cdots,\gamma_n]$

知 γ_i 是 $\boldsymbol{B}$ 属于特征值 $\lambda=nb$ 的特征向量.

所以矩阵 $\boldsymbol{A}$ 属于特征值 $\lambda=1+(n-1)b$ 的特征向量是:

$k[1,1,\cdots,1]^T$(k 为任意非零常数).

② 若 $b=0$,则 $\boldsymbol{A}=\boldsymbol{E}$,此时 $\boldsymbol{A}$ 的特征值是 $\lambda_1=\cdots=\lambda_n=1$,任意非零列向量均匀特征向量.

(2) 当 $b\neq0$,A 有 n 个线性无关的特征向量,令

$$\boldsymbol{P}\begin{bmatrix}1 & 1 & 1 & \cdots & 1\\ 1 & -1 & 0 & \cdots & 0\\ 1 & 0 & -1 & \cdots & 0\\ \vdots & \vdots & \vdots & & \vdots\\ 1 & 0 & 0 & \cdots & -1\end{bmatrix}$$

则有

$$\boldsymbol{P}^{-1}\boldsymbol{AP}=\begin{bmatrix}1+(n-1)b & & & & \\ & 1-b & & & \\ & & \ddots & & \\ & & & 1-b & \\ & & & & 1-b\end{bmatrix}$$

当 $b=0$ 时,因为 $\boldsymbol{A}=\boldsymbol{E}$,那么对任意可逆矩阵 $\boldsymbol{P}$,均有 $\boldsymbol{P}^{-1}\boldsymbol{AP}=E$

解题要点: 本题主要考察含参矩阵特征值及特征向量的求解,并对对角阵进行相似对角化,是常考题型,注意掌握。

例 20 设 $\boldsymbol{A}=\begin{bmatrix}3 & -2 & -4\\ -2 & 6 & -2\\ -4 & -2 & 3\end{bmatrix}$,求正交矩阵 $\boldsymbol{P}$ 使 $\boldsymbol{P}^{-1}\boldsymbol{AP}=\boldsymbol{\Lambda}$.

解 由 $\boldsymbol{A}$ 的特征多项式

$$|\lambda\boldsymbol{E}-\boldsymbol{A}|=\begin{vmatrix}\lambda-3 & 2 & 4\\ 2 & \lambda-6 & 2\\ 4 & 2 & \lambda-3\end{vmatrix}=\begin{vmatrix}\lambda-7 & 0 & 7-\lambda\\ 2 & \lambda-6 & 2\\ 4 & 2 & \lambda-3\end{vmatrix}$$

$$=\begin{vmatrix}\lambda-7 & 0 & 0\\ 2 & \lambda-6 & 4\\ 4 & 2 & \lambda+1\end{vmatrix}=(\lambda-7)(\lambda^2-5\lambda-14)=(\lambda-7)^2(\lambda+2)$$

矩阵 $\boldsymbol{A}$ 的特征向量为 $\lambda_1=\lambda_2=7,\lambda_3=-2$.

① 对 $\lambda=7$,由 $(7\boldsymbol{E}-\boldsymbol{A})x=\boldsymbol{0}$,即

$$\begin{bmatrix}4&2&4\\2&1&2\\4&2&4\end{bmatrix}\rightarrow\begin{bmatrix}2&1&2\\0&0&0\\0&0&0\end{bmatrix}$$

得特征向量 $\boldsymbol{\alpha}_1=[-1,2,0]^T,\boldsymbol{\alpha}_2=[-1,0,1]^T$.

② 对 $\lambda=-2$,由 $(-2\boldsymbol{E}-\boldsymbol{A})\boldsymbol{x}=\boldsymbol{0}$,即 $\begin{bmatrix}-5&2&4\\2&-8&2\\4&2&-5\end{bmatrix}\rightarrow\begin{bmatrix}1&-4&1\\0&2&-1\\0&0&0\end{bmatrix}$

得特征向量 $\boldsymbol{\alpha}_3=[2,1,2]^T$.

由于 $\boldsymbol{\alpha}_1$、$\boldsymbol{\alpha}_2$ 是同一个特征值的特征向量,现在不正交,故应 Schmidt 正交化

$$\boldsymbol{\beta}_1=\boldsymbol{\alpha}_1=\begin{bmatrix}-1\\2\\0\end{bmatrix}$$

$$\boldsymbol{\beta}_2=\boldsymbol{\alpha}_2-\frac{(\boldsymbol{\alpha}_2,\boldsymbol{\beta}_1)}{(\boldsymbol{\beta}_1,\boldsymbol{\beta}_2)}\boldsymbol{\beta}_1=\begin{bmatrix}-1\\1\\1\end{bmatrix}-\frac{1}{5}\begin{bmatrix}-1\\2\\0\end{bmatrix}=\frac{1}{5}\begin{bmatrix}-4\\-2\\5\end{bmatrix}$$

单位化,有 $\boldsymbol{\alpha}_1=\dfrac{1}{\sqrt{5}}\begin{bmatrix}-1\\2\\0\end{bmatrix},\boldsymbol{\alpha}_2=\dfrac{1}{3\sqrt{5}}\begin{bmatrix}-4\\-2\\5\end{bmatrix}$

再对 $\boldsymbol{\alpha}_3$ 单位化,有
$$\boldsymbol{\alpha}_3=\frac{1}{3}\begin{bmatrix}2\\1\\2\end{bmatrix}$$

那么,令
$$P=(\boldsymbol{\alpha}_1,\boldsymbol{\alpha}_2,\boldsymbol{\alpha}_3)=\begin{bmatrix}-\frac{1}{\sqrt{5}}&-\frac{4}{3\sqrt{5}}&\frac{2}{3}\\\frac{2}{\sqrt{5}}&-\frac{2}{3\sqrt{5}}&\frac{1}{3}\\0&\frac{\sqrt{5}}{3}&\frac{2}{3}\end{bmatrix}$$

则有
$$\boldsymbol{P}^{-1}\boldsymbol{AP}=\boldsymbol{\Lambda}=\begin{bmatrix}7&&\\&7&\\&&-2\end{bmatrix}.$$

解题要点:本题属于基本题,考察对称矩阵的对角化,注意对正交化的处理。

V 二次型及其标准形

例 21 二次型 $f(x_1,x_2,x_3)=(x_1+x_2)^2+(x_2-x_3)^2+(x_3+x_1)^2$ 的正、负惯性指数分别为 $p=$ ______ ,$q=$ ______ .

分析 $f=(2x_1^2+2x_1x_2+2x_1x_3)+2x_2^2-2x_2x_3+2x_3^2=2\left(x_1+\frac{1}{2}x_2+\frac{1}{2}x_3\right)^2+\frac{3}{2}(x_2-x_3)^2.$

由于二次型标准形是 $2y_1^2+\frac{3}{2}y_2^2$,所以 $p=2,q=0$.

解题要点:本题属于概念题,注意对二次型各概念的准确掌握。

例 22 已知二次型 $f(x_1,x_2,x_3)=x_1^2+5x_2^2+5x_3^2+2x_1x_2-4x_1x_3$

(1) 写出二次型 f 的矩阵表达式.

(2) 用正交变换把二次型 f 化成标准形,并写出相应的正交矩阵.

(3) 当 $\boldsymbol{x}^T\boldsymbol{x}=2$ 时,$f(x_1,x_2,x_3)$ 的极大值.

解 (1) f 的矩阵表示为

$$f(x_1,x_2,x_3)=\boldsymbol{x}^T\boldsymbol{A}\boldsymbol{x}=[x_1,x_2,x_3]\begin{bmatrix}1&1&-2\\1&5&0\\-2&0&5\end{bmatrix}\begin{bmatrix}x_1\\x_2\\x_3\end{bmatrix}$$

(2) 由矩阵 $\boldsymbol{A}$ 的特征多项式

$$|\lambda\boldsymbol{E}-\boldsymbol{A}|\begin{vmatrix}\lambda-1&-1&2\\-1&\lambda-5&0\\2&0&\lambda-5\end{vmatrix}=\begin{vmatrix}\lambda-1&-1&2\\-1&\lambda-5&0\\0&2(\lambda-5)&\lambda-5\end{vmatrix}$$

$$=\begin{vmatrix}\lambda-1&-5&2\\-1&\lambda-5&0\\0&0&\lambda-5\end{vmatrix}=(\lambda-5)(\lambda^2-6\lambda)$$

得到 $\boldsymbol{A}$ 的特征值是 0,5,6.

① 当 $\lambda=0$ 时,由 $(0\boldsymbol{E}-\boldsymbol{A})\boldsymbol{x}=\boldsymbol{0}$,即 $\begin{bmatrix}-1&-1&2\\-1&-5&0\\0&2&1\end{bmatrix}\to\begin{bmatrix}1&5&0\\0&2&-1\\0&0&0\end{bmatrix}$

得基础解系 $\boldsymbol{\alpha}_1=[5,-1,2]^T$,即 $\lambda=0$ 的特征向量.

② 当 $\lambda=5$ 时,由 $(5E-A)x=0$,即

$$\begin{bmatrix}4&-1&2\\-1&0&0\\2&0&0\end{bmatrix}\to\begin{bmatrix}1&0&0\\0&-1&2\\0&0&0\end{bmatrix}$$

得基础解系,$\boldsymbol{\alpha}_2=[0,2,1]^T$,即 $\lambda=5$ 的特征向量.

③ 当 $\lambda=6$ 时,由 $(6\boldsymbol{E}-\boldsymbol{A})\boldsymbol{x}=0$,即

$$\begin{bmatrix}5&-1&2\\-1&1&0\\2&0&1\end{bmatrix}\to\begin{bmatrix}1&-1&0\\0&2&1\\0&0&0\end{bmatrix}$$

得基础解系 $\boldsymbol{\alpha}_3=[1,1,-2]^T$,即 $\lambda=6$ 的特征向量.

对于实对称矩阵,特征值不同,特征向量已正交,故只需单位化,有

$$\boldsymbol{\gamma}_1=\frac{1}{\sqrt{30}}\begin{bmatrix}5\\-1\\2\end{bmatrix},\boldsymbol{\gamma}_2=\frac{1}{\sqrt{5}}\begin{bmatrix}0\\2\\1\end{bmatrix},\boldsymbol{\gamma}_3=\frac{1}{\sqrt{6}}\begin{bmatrix}1\\1\\-2\end{bmatrix}$$

那么,令

$$\boldsymbol{P}=(\boldsymbol{\gamma}_1,\boldsymbol{\gamma}_2,\boldsymbol{\gamma}_3)=\begin{bmatrix}\frac{5}{\sqrt{30}} & 0 & \frac{1}{\sqrt{6}}\\ -\frac{1}{\sqrt{30}} & \frac{2}{\sqrt{5}} & \frac{1}{\sqrt{6}}\\ \frac{2}{\sqrt{30}} & \frac{1}{\sqrt{5}} & -\frac{2}{\sqrt{6}}\end{bmatrix}$$

经正交变换 $\boldsymbol{x}=\boldsymbol{P}\boldsymbol{y}$,二次型化为标准形

$f(x_1,x_2,x_3)=\boldsymbol{x}^T\boldsymbol{A}\boldsymbol{x}=\boldsymbol{y}^T\boldsymbol{A}\boldsymbol{y}=5y_2^2+6y_3^2$

(3)$\boldsymbol{x}^T\boldsymbol{x}=(\boldsymbol{P}\boldsymbol{y})^T(\boldsymbol{P}\boldsymbol{y})=\boldsymbol{y}^T\boldsymbol{P}^T\boldsymbol{P}\boldsymbol{y}=\boldsymbol{y}^T\boldsymbol{y}=y_1^2+y_2^2+y_3^2=2$

$\boldsymbol{x}^T\boldsymbol{A}\boldsymbol{x}=5y_2^2+6y_3^2\leqslant 6(y_1^2+y_2^2y_3^2)$

所以, $f_{\max}=12.$

解题要点:本题主要考察将一般型化为标准型的方法,属于基本题型。

例 23 将二次型 $2x_3^2-2x_1x_2+2x_1x_3-2x_2x_3$ 通过正交变换化为标准形,并写出所用正交变换.

解 二次型矩阵 $\boldsymbol{A}=\begin{bmatrix}0 & -1 & 1\\-1 & 0 & -1\\1 & -1 & 2\end{bmatrix}$. 由特征多项式

$$|\lambda\boldsymbol{E}-\boldsymbol{A}|\begin{vmatrix}\lambda & 1 & -1\\1 & \lambda & 1\\-1 & 1 & \lambda-2\end{vmatrix}=\begin{vmatrix}\lambda+1 & 0 & 0\\1 & \lambda-1 & 1\\-1 & 2 & \lambda-2\end{vmatrix}=(\lambda+1)(\lambda^2-3\lambda),$$

得到 $\boldsymbol{A}$ 的特征值是 $3,-1,0$.

对 $\lambda=3$,由 $(3\boldsymbol{E}-\boldsymbol{A})\boldsymbol{x}=\boldsymbol{0}$,即 $\begin{bmatrix}3 & 1 & -1\\1 & 3 & 1\\-1 & 1 & 1\end{bmatrix}=\begin{bmatrix}1 & 3 & 1\\ & 2 & 1\\ & & 0\end{bmatrix}$,解得 $\boldsymbol{\alpha}_1=(1,-1,2)^T$.

类似地,对 $\lambda=-1$,$\boldsymbol{\alpha}_2=(1,1,0)^T$;$\lambda=0$ 时,$\boldsymbol{\alpha}_3=(-1,1,1)^T$. 特征值无重根,仅需单位化:

$$\boldsymbol{\gamma}_1=\frac{\boldsymbol{\alpha}}{\|\boldsymbol{\alpha}_1\|}=\frac{1}{\sqrt{6}}\begin{bmatrix}1\\-1\\2\end{bmatrix},\boldsymbol{\gamma}_2=\frac{\boldsymbol{\alpha}_2}{\|\boldsymbol{\alpha}_2\|}=\frac{1}{\sqrt{2}}\begin{bmatrix}1\\1\\0\end{bmatrix},\boldsymbol{\gamma}_3=\frac{\boldsymbol{\alpha}_3}{\|\boldsymbol{\alpha}_3\|}=\frac{1}{\sqrt{3}}\begin{bmatrix}-1\\1\\1\end{bmatrix}.$$

构造正交矩阵 $\boldsymbol{C}=\begin{bmatrix}\frac{1}{\sqrt{6}} & \frac{1}{\sqrt{2}} & -\frac{1}{\sqrt{3}}\\ -\frac{1}{\sqrt{6}} & \frac{1}{\sqrt{2}} & \frac{1}{\sqrt{3}}\\ \frac{2}{\sqrt{6}} & 0 & \frac{1}{\sqrt{3}}\end{bmatrix}$,那么令 $\boldsymbol{x}=\boldsymbol{C}\boldsymbol{y}$,二次型 $\boldsymbol{x}^T\boldsymbol{A}\boldsymbol{x}=3y_1^2-y_2^2$ 为所求标准形.

解题要点：本题主要考察标准形的化法，注意对解题步骤的掌握。

例 24 已知二次型 $f(x_1,x_2,x_3)=(1-a)x_1^2+(1-a)x_2^2+2x_3^3+2(1+a)x_1x_2$ 的秩为 2.

(1) 求 a 的值；

(2) 求正交变换 $\boldsymbol{x}=Q\boldsymbol{y}$，把 $f(x_1,x_2,x_3)$ 化成标准形；

(3) 求方程 $f(x_1,x_2,x_3)=0$ 的解.

解 (1) 二次型矩阵 $\boldsymbol{A}=\begin{bmatrix}1-a & 1+a & 0\\ 1+a & 1-a & 0\\ 0 & 0 & 2\end{bmatrix}$. 二次型的秩为 2，即二次型矩阵 $\boldsymbol{A}$ 的秩为 2.

从而
$$|\boldsymbol{A}|=2\begin{vmatrix}1-a & 1+a\\ 1+a & 1-a\end{vmatrix}=-8a=0\text{，解得 } a=0.$$

(2) 当 $a=0$ 时，$\boldsymbol{A}=\begin{bmatrix}1 & 1 & 0\\ 1 & 1 & 0\\ 0 & 0 & 2\end{bmatrix}$，由特征多项式

$$|\lambda\boldsymbol{E}-\boldsymbol{A}|=\begin{vmatrix}\lambda-1 & -1 & 0\\ -1 & \lambda-1 & 0\\ 0 & 0 & \lambda-2\end{vmatrix}=(\lambda-2)[(\lambda-1)^2-1]=\lambda(\lambda-2)^2,$$

得矩阵 $\boldsymbol{A}$ 的特征值 $\boldsymbol{\lambda}_1=\boldsymbol{\lambda}_2=2,\boldsymbol{\lambda}_3=0$.

① 当 $\boldsymbol{\lambda}=2$ 时，由 $(2\boldsymbol{E}-\boldsymbol{A})\boldsymbol{x}=\boldsymbol{0}$，$\begin{bmatrix}1 & -1 & 0\\ -1 & 1 & 0\\ 0 & 0 & 0\end{bmatrix}\to\begin{bmatrix}1 & -1 & 0\\ 0 & 0 & 0\\ 0 & 0 & 0\end{bmatrix}$，

得特征向量 $\boldsymbol{\alpha}_1=(1,1,0)^T,\boldsymbol{\alpha}_2=(0,0,1)^T$.

② 当 $\lambda=0$ 时，由 $(0\boldsymbol{E}-\boldsymbol{A})\boldsymbol{x}=\boldsymbol{0}$，$\begin{bmatrix}-1 & -1 & 0\\ -1 & -1 & 0\\ 0 & 0 & -2\end{bmatrix}\to\begin{bmatrix}1 & 1 & 0\\ 0 & 0 & 1\\ 0 & 0 & 0\end{bmatrix}$，

得特征向量 $\boldsymbol{\alpha}_3=(1,-1,0)^T$. 容易看出 $\boldsymbol{\alpha}_1,\boldsymbol{\alpha}_2,\boldsymbol{\alpha}_3$ 已两两正交，故只需要将它们单位化：

$\boldsymbol{\gamma}_1=\dfrac{1}{\sqrt{2}}(1,1,0)^T,\boldsymbol{\gamma}_2=(0,0,1)^T,\boldsymbol{\gamma}_3=\dfrac{1}{\sqrt{2}}(1,-1,0)^T$.

那么令 $\boldsymbol{Q}=(\boldsymbol{\gamma}_1,\boldsymbol{\gamma}_2,\boldsymbol{\gamma}_3)=\begin{bmatrix}\frac{1}{\sqrt{2}} & 0 & \frac{1}{\sqrt{2}}\\ \frac{1}{\sqrt{2}} & 0 & -\frac{1}{\sqrt{2}}\\ 0 & 1 & 0\end{bmatrix}$，则在正交变换 $x=\boldsymbol{Qy}$ 下，二次型 $f(x_1,x_2,x_3)$ 化为标准形

$$f(x_1,x_2,x_3)=\boldsymbol{x}^T\boldsymbol{A}\boldsymbol{x}=\boldsymbol{y}^T\boldsymbol{A}\boldsymbol{y}=2y_1^2+2y_2^2$$

(3) 由 $f(x_1,x_2,x_3)=x_1^2+x_2^2+2x_3^2+2x_1x_2=(x_1+x_2)^2+2x_3^2=0$，得 $\begin{cases}x_1+x_2=0,\\ x_3=0.\end{cases}$

所以方程 $f(x_1,x_2,x_3)=0$ 的通解为：$k(1,-1,0)^T$，其中 k 为任意常数.

解题要解：本题主要考察标准二次型的化法以及正交化。

Ⅵ 配方法化二次型为标准形

例 25 用配方法把二次型 $2x_3^2-2x_1x_2+2x_1x_3-2x_2x_3$ 化为标准形，并写出所用坐标变换.

解 $f=2[x_3^2+x_3(x_1-x_2)]-2x_1x_2=2\left(x_3+\frac{1}{2}x_1-\frac{1}{2}x_2\right)^2-\frac{1}{2}(x_1-x_2)^2-2x_1x_2$

$=2\left(x_3+\frac{1}{2}x_1-\frac{1}{2}x_2\right)^2-\frac{1}{2}(x_1+x_2)^2$，

令 $\begin{cases}y_1=x_1,\\ y_2=x_1+x_2,\\ y_3=\frac{1}{2}x_1-\frac{1}{2}x_2+x_3,\end{cases}$ 则 $\boldsymbol{x}\begin{bmatrix}1&0&0\\-1&1&0\\-1&\frac{1}{2}&1\end{bmatrix}=\boldsymbol{y}$，则 $f=-\frac{1}{2}y_2^2+2y_3^2$ 为要求的标准形.

解题要点：本题属于基本题型，考察配方法的应用。

例 26 用配方法化二次型 $f(x_1,x_2,x_3)=x_1^2+5x_2^2+5x_3^2+2x_1x_2-4x_1x_3$ 为标准形，并写出所用坐标变换.

分析 $f(x_1,x_2,x_3)=x_1^2+5x_2^2+5x_3^2+2x_1x_2-4x_1x_3$

$=x_1^2+2x_1(x_2-2x_3)+(x_2-2x_3)^2+5x_2^2+5x_3^2-(x_2-2x_3)^2$

$=(x_1+x_2-2x_3)^2+4x_2^2+4x_2x_3+x_3^2$

$=(x_1+x_2-2x_3)^2+(2x_2+x_3)^2$

令
$$\begin{cases}y_1=x_1+x_2-2x_3\\ y_2=2x_2+x_3\\ y_3=x_3\end{cases}$$

亦即
$$\begin{cases}x_1=y_1-\frac{1}{2}y_2+\frac{5}{2}y_3\\ x_2=\frac{1}{2}y_2-\frac{1}{2}y_3\\ x_3=y_3\end{cases}$$

则有 $f=y_1^2+y_2^2$.

解题要点 本题主要考察配方法的应用，注意解题技巧。

例 27 用配方法化二次型
$$f(x_1,x_2,x_3)=2x_1x_2+4x_1x_3$$
为标准形，并写出所用坐标变换.

解 在 f 中不含平方项，由于含有 x_1,x_2，故可先令
$$\begin{cases}x_1=y_1+y_2\\ x_2=y_1-y_2\\ x_3=y_3\end{cases}$$

作出平方项，然后再配方即

$f=2x_1x_2+4x_1x_3$

$$
\begin{aligned}
&= 2(y_1+y_2)(y_1-y_2)+4(y_1+y_2)y_3 \\
&= 2y_1^2-2y_2^2+4y_1y_3+4y_2y_3 \\
&= 2y_1^2+4y_1y_3+2y_3^2-2y_2^2+4y_2y_3-2y_3^2 \\
&= 2(y_1+y_3)^2-2(y_2-y_3)^2
\end{aligned}
$$

再令

$$
\begin{cases} z_1 = y_1+y_3 \\ z_2 = y_2-y_3 \\ z_3 = y_3 \end{cases} 即 \begin{cases} y_1 = z_1-z_3 \\ y_2 = z_2+z_3 \\ y_3 = z_3 \end{cases}
$$

即经坐标变换

$$
\begin{cases} x_1 = z_2+z_2 \\ x_2 = z_1-z_2-2z_3 \\ x_3 = z_3 \end{cases}
$$

二次型化为标准形 $f = 2z_1^2-2z_2^2$.

解题要点: 本题属于基本题,解题思路类似于上题。

Ⅶ 正定二次型

例 28 二次型 $x_1^2+4x_2^2+4x_3^2+2tx_1x_2-2x_1x_3+4x_2x_3$,正定,则 t ________.

分析 二次型矩阵

$$
\boldsymbol{A} = \begin{bmatrix} 1 & t & -1 \\ t & 4 & 2 \\ -1 & 2 & 4 \end{bmatrix}
$$

的顺序主子式应全大于 0,即

$$
\Delta_1 = 1 > 0
$$

$$
\Delta_2 = \begin{vmatrix} 1 & t \\ t & 4 \end{vmatrix} = 4-t^2 > 0 \quad \Rightarrow t \in (-2,2)
$$

$$
\Delta_3 = |\boldsymbol{A}| = -4t^2-4t+8 > 0 \Rightarrow t \in (-2,1)
$$

可见 $t \in (-2,1)$ 时,二次型正定.

解题要点: 本题主要考察二次型正定的判断,属基本题型。

例 29 判断 3 元二次型 $f = x_1^2+5x_2^2+x_3^2+4x_1x_2-4x_2x_3$ 的正定性.

解法一 用配方法化 f 为标准形 $f = (x_1+2x_2)^2+(x_2-2x_3)^2-3x_3^2$.

由于正惯性指数 $p = 2 < 3$,所以 f 不是正定二次型.

解法二 由于二次型矩阵 $\boldsymbol{A} = \begin{bmatrix} 1 & 2 & 0 \\ 2 & 5 & -2 \\ 0 & -2 & 1 \end{bmatrix}$,其顺序主子式

$$
\Delta_1 = 1, \Delta_2 = \begin{vmatrix} 1 & 2 \\ 2 & 5 \end{vmatrix} = 1, \Delta_3 = |\boldsymbol{A}| = -3 < 0
$$

不是全大于 0,所以 f 不是正定二次型.

解法三 计算 $\boldsymbol{A}$ 的特征值,有

$$|\lambda E-A|\begin{vmatrix}\lambda-1 & -2 & 0\\ -2 & \lambda-5 & 2\\ 0 & 2 & \lambda-1\end{vmatrix}=\begin{vmatrix}\lambda-1 & -2 & 0\\ 0 & \lambda-5 & 0\\ \lambda-1 & 2 & \lambda-1\end{vmatrix}=(\lambda-1)(\lambda^2-6\lambda-3).$$

由于 A 的特征值 $\lambda=3-2\sqrt{3}<0$,所以 f 不是正定二次型.

解题要点: 本题主要考察二次型正定的判断,注意不同方法的解题技巧。

例 30 判断 3 元二次型 $f=x_1^2+5x_2^2+x_3^2+4x_1x_2-4x_2x_3$ 的正定性.

解法一 用配方法化 f 为标准形 $f=(x_1+2x_2)^2+(x_2-2x_3)^2-3x_3^2$.

由于正惯性指数 $p=2<3$,所以 f 不是正定二次型.

解法二 由于二次型矩阵 $A=\begin{bmatrix}1 & 2 & 0\\ 2 & 5 & -2\\ 0 & -2 & 1\end{bmatrix}$,其顺序主子式

$$\Delta_1=1,\Delta_2=\begin{vmatrix}1 & 2\\ 2 & 5\end{vmatrix}=1,\Delta_3=|A|=-3<0$$

不是全大于 0,所以 f 不是正定二次型.

解法三 计算 A 的特征值,有

$$|\lambda E-A|\begin{vmatrix}\lambda-1 & -2 & 0\\ -2 & \lambda-5 & 2\\ 0 & 2 & \lambda-1\end{vmatrix}=\begin{vmatrix}\lambda-1 & -2 & 0\\ 0 & \lambda-5 & 0\\ \lambda-1 & 2 & \lambda-1\end{vmatrix}=(\lambda-1)(\lambda^2-6\lambda-3).$$

由于 A 的特征值 $\lambda=3-2\sqrt{3}<0$,所以 f 不是正定二次型.

解题要点: 本题主要考察二次型正定的判断,注意不同方法的解题技巧。

例 31 判断 n 元二次型 $\sum_{i=1}^{n}x_i^2+\sum_{1\leqslant i<j\leqslant n}x_ix_j$ 的正定性

解 (顺序主子式)二次型矩阵

$$A=\begin{bmatrix}1 & \frac{1}{2} & \frac{1}{2} & \cdots & \frac{1}{2}\\ \frac{1}{2} & 1 & \frac{1}{2} & \cdots & \frac{1}{2}\\ \frac{1}{2} & \frac{1}{2} & 1 & \cdots & \frac{1}{2}\\ \vdots & \vdots & \vdots & & \vdots\\ \frac{1}{2} & \frac{1}{2} & \frac{1}{2} & \cdots & 1\end{bmatrix}$$

其顺序主子式

$$\Delta_k=\begin{vmatrix}1 & \frac{1}{2} & \frac{1}{2} & \cdots & \frac{1}{2}\\ \frac{1}{2} & 1 & \frac{1}{2} & \cdots & \frac{1}{2}\\ \frac{1}{2} & \frac{1}{2} & 1 & \cdots & \frac{1}{2}\\ \vdots & \vdots & \vdots & & \vdots\\ \frac{1}{2} & \frac{1}{2} & \frac{1}{2} & \cdots & 1\end{vmatrix}=\frac{1}{2^k}\begin{vmatrix}2 & 1 & 1 & \cdots & 1\\ 1 & 2 & 1 & \cdots & 1\\ 1 & 1 & 2 & \cdots & 1\\ \vdots & \vdots & \vdots & & \vdots\\ 1 & 1 & 1 & \cdots & 2\end{vmatrix}=\frac{k+1}{2^k}\begin{vmatrix}1 & 1 & 1 & \cdots & 1\\ 1 & 2 & 1 & \cdots & 1\\ 1 & 1 & 2 & \cdots & 1\\ \vdots & \vdots & \vdots & & \vdots\\ 1 & 1 & 1 & \cdots & 2\end{vmatrix}$$

$$=\frac{k+1}{2^k}\begin{vmatrix}1&1&1&\cdots&1\\&1&&&\\&&1&&\\&&&\ddots&\\&&&&1\end{vmatrix}=\frac{k+1}{2^k}$$

由于顺序主子式全大于0,所以二次型正定.

$$A=\frac{1}{2}\begin{bmatrix}2&1&\cdots&1\\1&2&\cdots&1\\\vdots&\vdots&&\vdots\\1&1&\cdots&2\end{bmatrix}=\frac{1}{2}\left(\boldsymbol{B}+\begin{bmatrix}1\\1\\\vdots\\1\end{bmatrix}(1,1,\cdots,1)\right).$$

记 $\boldsymbol{B}=\begin{bmatrix}1\\1\\\vdots\\0\end{bmatrix}(1,1,\cdots,1)$,由于秩 $\mathrm{r}(\boldsymbol{B})=1$,知 $\boldsymbol{B}^2=n\boldsymbol{B}$,那么,$\boldsymbol{B}$ 的特征值是 n 与 $0(n-1$ 重).

于是 $\boldsymbol{A}$ 的特征值是 $\frac{1}{2}(n+1),\frac{1}{2}(n-1$ 重),$\boldsymbol{A}$ 的特征值全大于0,故 $\boldsymbol{A}$ 正定,即二次型是正定二次型.

解题要点:本题主要考察二次型正定的判断,注意顺序主子式和特征值法的应用。

真题点睛

1 (2013) 矩阵 $\begin{bmatrix}1&a&1\\a&b&a\\1&a&1\end{bmatrix}$ 与 $\begin{bmatrix}2&0&0\\0&b&0\\0&0&0\end{bmatrix}$ 相似的充分条件为

(A) $a=0,b=2$　　(B) $a=0,b$ 为任意常数

(C) $a=2,b=0$　　(D) $a=2,b$ 为任意需数

分析 由于 $\boldsymbol{A}$ 是实对称矩阵,可相似对角化,因此可知 $\boldsymbol{A}$ 的特征值是 $2,b,0$.

记 $\boldsymbol{A}=\begin{bmatrix}1&a&1\\a&b&a\\1&a&1\end{bmatrix}$,考察矩阵 $\boldsymbol{A}$ 的特征值为 $2,b,0$ 的条件.

首先,显然 $|\boldsymbol{A}|=0$,因此0是 $\boldsymbol{A}$ 的特征值.

其次,矩阵 $\boldsymbol{A}$ 的迹 $\mathrm{tr}(\boldsymbol{A})=2+b$,因此如果2是矩阵 $\boldsymbol{A}$ 的特征值,则 b 就是矩阵 $\boldsymbol{A}$ 的另一个特征值.于是"充要条件"为2是 $\boldsymbol{A}$ 的特征值,由

$$|2\boldsymbol{E}-\boldsymbol{A}|=\begin{vmatrix}1&-a&-1\\-a&2-b&-a\\-1&-a&1\end{vmatrix}=-4a^2=0\Rightarrow a=0.$$

因此充要条件为 $a=0,b$ 为任意常数,故应选(B).

解题要点:本题主要考察矩阵相似的判断。

2 (2012) 已知 $\boldsymbol{A}=\begin{bmatrix}1&0&1\\0&1&1\\-1&0&a\\0&a&-1\end{bmatrix}$ 二次型 $f(x_1,x_2,x_3)=\boldsymbol{x}^T(\boldsymbol{A}^T\boldsymbol{A})\boldsymbol{x}$ 的秩为 2.

(1) 求实数 a 的值;(2) 求正交变换 $x=\boldsymbol{Q}\boldsymbol{y}$ 将 f 化为标准形.

分析与求解 (1) 二次型 $\boldsymbol{x}^{\mathrm{T}}(\boldsymbol{A}^{\mathrm{T}}\boldsymbol{A})\boldsymbol{x}$ 的秩为 2,即 $\mathrm{r}(\boldsymbol{A}^{\mathrm{T}}\boldsymbol{A})=2$.

因为对于实矩阵 A,$\mathrm{r}(\boldsymbol{A}^{\mathrm{T}}\boldsymbol{A})=\mathrm{r}(\boldsymbol{A})=2$.对 $\boldsymbol{A}$ 作初等变换有

$$\boldsymbol{A}=\begin{bmatrix}1&0&1\\0&1&1\\-1&0&a\\0&a&-1\end{bmatrix}\to\begin{bmatrix}1&0&1\\0&1&1\\0&0&a+1\\0&0&0\end{bmatrix},$$

所以 $\boldsymbol{a}=-1$.

(2) 当 $a=-1$ 时,$\boldsymbol{A}^{\mathrm{T}}\boldsymbol{A}=\begin{bmatrix}2&0&2\\0&2&2\\2&2&4\end{bmatrix}$.由

$$|\lambda\boldsymbol{E}-\boldsymbol{A}^{\mathrm{T}}\boldsymbol{A}|=\begin{vmatrix}\lambda-2&0&-2\\0&\lambda-2&-2\\-2&-2&\lambda-4\end{vmatrix}=\lambda(\lambda-2)(\lambda-6),$$

可知矩阵 $A^{\mathrm{T}}A$ 的特征值为 0,2,6.

对 $\lambda=0$,由 $(0\boldsymbol{E}-\boldsymbol{A}^{\mathrm{T}}\boldsymbol{A})\boldsymbol{x}=\boldsymbol{0}$ 得基础解系 $(-1,-1,1)^{\mathrm{T}}$;

对 $\lambda=2$,由 $(2\boldsymbol{E}-\boldsymbol{A}^{\mathrm{T}}\boldsymbol{A})\boldsymbol{x}=\boldsymbol{0}$ 得基础解系 $(-1,1,0)^{\mathrm{T}}$;

对 $\lambda=6$,由 $(6\boldsymbol{E}-\boldsymbol{A}^{\mathrm{T}}\boldsymbol{A})\boldsymbol{x}=\boldsymbol{0}$ 得基础解系 $(1,1,2)^{\mathrm{T}}$.

对称矩阵特征值不同特征向量相互正交,故只需要单位化.

$$\boldsymbol{\gamma}_1=\frac{1}{\sqrt{3}}(-1,-1,1)^{\mathrm{T}},\boldsymbol{\gamma}_2=\frac{1}{\sqrt{2}}(-1,1,0)^{\mathrm{T}},\boldsymbol{\gamma}_3=\frac{1}{\sqrt{6}}(1,1,2)^{\mathrm{T}}.$$

那么令 $\begin{bmatrix}x_1\\x_2\\x_3\end{bmatrix}=\begin{bmatrix}-\frac{1}{\sqrt{3}}&-\frac{1}{\sqrt{2}}&\frac{1}{\sqrt{6}}\\-\frac{1}{\sqrt{3}}&\frac{1}{\sqrt{2}}&\frac{1}{\sqrt{6}}\\\frac{1}{\sqrt{3}}&0&\frac{2}{\sqrt{6}}\end{bmatrix}\begin{bmatrix}y_1\\y_2\\y_3\end{bmatrix}$,就有

$$\boldsymbol{x}^{\mathrm{T}}(\boldsymbol{A}^{\mathrm{T}}\boldsymbol{A})x=\boldsymbol{y}^{\mathrm{T}}\boldsymbol{A}\boldsymbol{y}=2y_2^2+6y_3^2.$$

解题要点: $\boldsymbol{A}^{\mathrm{T}}\boldsymbol{A}=\begin{bmatrix}1&0&-1&0\\0&1&0&a\\1&1&a&-1\end{bmatrix}\begin{bmatrix}1&0&1\\0&1&1\\-1&0&a\\0&a&-1\end{bmatrix}=\begin{bmatrix}2&0&1-a\\0&1+a^2&1-a\\1-a&1-a&3+a^2\end{bmatrix}$

因为 $\boldsymbol{A}^{\mathrm{T}}\boldsymbol{A}$ 中有 2 阶子式 $\begin{vmatrix}2&0\\0&1+a^2\end{vmatrix}=2(1+a^2)\neq0$,所以二次型 f 的秩为 $2\Rightarrow|\boldsymbol{A}^{\mathrm{T}}\boldsymbol{A}|=0$.

又 $|\boldsymbol{A}^{\mathrm{T}}\boldsymbol{A}|=(a+1)^2(a^2+3)$,所以 $a=-1$,当然这样处理计算量大.

3 (2013) 设二次型 $f(x_1,x_2,x_3)=2(a_1x_1+a_2x_2+a_3x_3)^2(b_1x_1+b_2x_2+b_3x_3)^2$,记

$$\boldsymbol{\alpha}=\begin{bmatrix}a_1\\a_2\\a_3\end{bmatrix},\boldsymbol{\beta}=\begin{bmatrix}b_1\\b_2\\b_3\end{bmatrix}.$$

(1) 证明二次型 f 对应的矩阵为 $2\boldsymbol{\alpha}\boldsymbol{\alpha}^{\mathrm{T}}+\boldsymbol{\beta}\boldsymbol{\beta}^{\mathrm{T}}$;

(2) 若 $\boldsymbol{\alpha},\boldsymbol{\beta}$ 正交且均匀为单位向量,证明 f 在正交变换下可化为标准形 $2y_1^2+y_2^2$.

分析与求解 (1) 记 $\boldsymbol{X}=(x_1,x_2,x_3)^{\mathrm{T}}$,则 $a_1x_1+a_2x_2+a_3x_3=\boldsymbol{X}^{\mathrm{T}}\boldsymbol{\alpha}=\boldsymbol{\alpha}^{\mathrm{T}}\boldsymbol{X}$,$b_1x_1+b_2x_2+b_3x_3=\boldsymbol{X}^{\mathrm{T}}\boldsymbol{\beta}=\boldsymbol{\beta}^{\mathrm{T}}\boldsymbol{X}$,于是

$$\begin{aligned}f(x_1,x_2,x_3)&=2(a_1x_1+a_2x_2+a_3x_3)^2+(b_1x_1+b_2x_2+b_3x_3)^2\\&=2\boldsymbol{X}^{\mathrm{T}}\boldsymbol{\alpha}\boldsymbol{\alpha}^{\mathrm{T}}\boldsymbol{X}+\boldsymbol{X}^{\mathrm{T}}\boldsymbol{\beta}\boldsymbol{\beta}^{\mathrm{T}}=\boldsymbol{X}^{\mathrm{T}}(2\boldsymbol{\alpha}\boldsymbol{\alpha}^{\mathrm{T}}+\boldsymbol{\beta}\boldsymbol{\beta}^{\mathrm{T}})\boldsymbol{X}.\end{aligned}$$

其中 $2\boldsymbol{\alpha}\boldsymbol{\alpha}^{\mathrm{T}}+\boldsymbol{\beta}\boldsymbol{\beta}^{\mathrm{T}}$ 是对称矩阵.

所以二次型 f 对应的矩阵为 $2\boldsymbol{\alpha}\boldsymbol{\alpha}^{\mathrm{T}}+\boldsymbol{\beta}\boldsymbol{\beta}^{\mathrm{T}}$,

(2) 记 $A=2\boldsymbol{\alpha}\boldsymbol{\alpha}^{\mathrm{T}}+\boldsymbol{\beta}\boldsymbol{\beta}^{\mathrm{T}}$,由于 $\boldsymbol{\alpha}$ 和 $\boldsymbol{\beta}$ 正交则有 $\boldsymbol{\alpha}^{\mathrm{T}}\boldsymbol{\beta}=\boldsymbol{\beta}^{\mathrm{T}}\boldsymbol{\alpha}=0$,又 $\boldsymbol{\alpha},\boldsymbol{\beta}$ 为单位向量则 $\|\boldsymbol{\alpha}\|=\sqrt{\boldsymbol{\alpha}^{\mathrm{T}}\boldsymbol{\alpha}}=1$,于是 $\boldsymbol{\alpha}^{\mathrm{T}}\boldsymbol{\alpha}=1$,同理 $\boldsymbol{\beta}^{\mathrm{T}}\boldsymbol{\beta}=1$.

因为 $\mathrm{r}(A)=\mathrm{r}(2\boldsymbol{\alpha}\boldsymbol{\alpha}^{\mathrm{T}}+\boldsymbol{\beta}\boldsymbol{\beta}^{\mathrm{T}})\leqslant\mathrm{r}(2\boldsymbol{\alpha}\boldsymbol{\alpha}^{\mathrm{T}})+\mathrm{r}(\boldsymbol{\beta}\boldsymbol{\beta}^{\mathrm{T}})\leqslant2<3$. 所以 $|\boldsymbol{A}|=0$,故 0 是 $\boldsymbol{A}$ 的特征值.

因为 $\boldsymbol{A}\boldsymbol{\alpha}=(2\boldsymbol{\alpha}\boldsymbol{\alpha}^{\mathrm{T}}+\boldsymbol{\beta}\boldsymbol{\beta}^{\mathrm{T}})\boldsymbol{\alpha}=2\boldsymbol{\alpha}=2\boldsymbol{\alpha}$,所以 2 是 $\boldsymbol{A}$ 的特征值.

因为 $\boldsymbol{A}\boldsymbol{\beta}=(2\boldsymbol{\alpha}\boldsymbol{\alpha}^{\mathrm{T}}+\boldsymbol{\beta}\boldsymbol{\beta}^{\mathrm{T}})\boldsymbol{\alpha}=2\boldsymbol{\alpha}=2\boldsymbol{\beta}$,所以 1 是 $\boldsymbol{A}$ 的特征值.

于是 A 的特征 2 值是 2,1,0. 因此 f 在正交变换下可化为标准形 $2y_1^2+y_2^2$.

解题要点:本题主要考察二次型化为标准型的计算.

4 (2014) 证明 n 阶矩阵 $\begin{bmatrix}1&1&\cdots&1\\1&1&\cdots&1\\\vdots&\vdots&&\vdots\\1&1&\cdots&1\end{bmatrix}$ 与 $\begin{bmatrix}0&\cdots&0&1\\0&\cdots&0&2\\\vdots&\cdots&\vdots&\vdots\\0&\cdots&0&n\end{bmatrix}$ 相似.

证明 记 $\boldsymbol{A},\boldsymbol{B}$ 分别是左,右这两个矩阵.

① 先说明 $\boldsymbol{A}$ 与 $\boldsymbol{B}$ 特征值是相同的.

$\boldsymbol{B}$ 是上三角矩阵,特征值为对角线上的元素 $0,0,\cdots0,0,n$.

$\boldsymbol{A}$ 的秩为 1,特征值为 $0,0,\cdots,\mathrm{r}(A)=n$.

$\boldsymbol{A}$、$\boldsymbol{B}$ 的特征值都是 $0(n-1$ 重) 和 $n(1$ 重).

② 再说明 $\boldsymbol{A}$ 与 $\boldsymbol{B}$ 都相似于对角矩阵.

$\boldsymbol{A}$ 是对称矩阵,可相似对角化,对于 $\boldsymbol{B}$,其中 $n-1$ 重特征值 0 满足重数 $n-1=n-\mathrm{r}(\boldsymbol{B}-0\boldsymbol{E})$,因此 $\boldsymbol{B}$ 也可相似对角化.

于是 $\boldsymbol{A}$ 与 $\boldsymbol{B}$ 都相似于 $\begin{bmatrix}0&0&\cdots&0\\0&0&\cdots&0\\\vdots&\vdots&&\vdots\\0&0&\cdots&0\end{bmatrix}$,由相似关系的传递性,得 $A\sim B$.

解题要点: 本题主要考察相似的证明。

5 (2008) 设 $\boldsymbol{A}$ 为 2 阶矩阵，$\boldsymbol{\alpha}_1,\boldsymbol{\alpha}_2$ 为线性无关的 2 的维列向量，$\boldsymbol{A\alpha}_1=\boldsymbol{0},\boldsymbol{A\alpha}_2=2\boldsymbol{\alpha}_1+\boldsymbol{\alpha}_2$，则 $\boldsymbol{A}$ 的非零特征值为________.

分析 用定义，由 $\boldsymbol{A\alpha}_1=\boldsymbol{0}=0\boldsymbol{\alpha}_1,\boldsymbol{A\alpha}_2=2\boldsymbol{\alpha}_1+\boldsymbol{\alpha}_2$ 知 $\boldsymbol{A}$ 的特征值为 1 和 0，因此 A 的非 0 特征值为 1.

或者，利用相似，有

$$A(\boldsymbol{\alpha}_1,\boldsymbol{\alpha}_2)=(0,2\boldsymbol{\alpha}_1+\boldsymbol{\alpha}_2)=(\boldsymbol{\alpha}_1,\boldsymbol{\alpha}_2)\begin{bmatrix}0&2\\0&1\end{bmatrix},$$

可知 $\boldsymbol{A}\sim\begin{bmatrix}0&2\\0&1\end{bmatrix}$ 亦可得 $\boldsymbol{A}$ 的特征值为 1 和 0，因此 $\boldsymbol{A}$ 的非 0 特征值为 1.

解题要点： 本题主要考察矩阵特征值的计算。

6 (2009) 设 $\boldsymbol{\alpha}=(1,1,1)^{\mathrm{T}},\boldsymbol{\beta}=(1,0,k)^{\mathrm{T}}$，若矩阵 $\boldsymbol{\alpha\beta}^{\mathrm{T}}$ 相似于 $\begin{bmatrix}3&0&0\\0&0&0\\0&0&0\end{bmatrix}$，则 $k=$________.

解法一 由于 $\boldsymbol{\alpha\beta}^{\mathrm{T}}=\begin{bmatrix}1\\1\\1\end{bmatrix}(1,0,k)=\begin{bmatrix}1&0&k\\1&0&k\\1&0&k\end{bmatrix}$，那么由 $\boldsymbol{\alpha\beta}^{\mathrm{T}}\sim\begin{bmatrix}3&&\\&0&\\&&0\end{bmatrix}$ 知它们有相同的迹. 故 $1+0+k=3+0+0$ 所以 $k=2$.

解法二 因为

$$|\boldsymbol{\lambda E}-\boldsymbol{\alpha\beta}^{\mathrm{T}}|=\begin{vmatrix}\lambda-1&0&-k\\-1&\lambda&-k\\-1&0&\lambda-k\end{vmatrix}=\lambda\begin{vmatrix}\lambda-1&-k\\-1&\lambda-k\end{vmatrix}=\lambda^2(\lambda-k-1)$$

故得矩阵 $\boldsymbol{\alpha\beta}^{\mathrm{T}}$ 的特征值为 $k+1,0,0$，所以 $k+1=3$，即 $k=2$.

解题要点 本题主要考察矩阵相似的性质及判定。

课后习题全解

1. **解题过程** 由于 $b=\lambda a+c$，则 $c=b-\lambda a$，

即
$$c=\begin{pmatrix}-4\\2\\3\end{pmatrix}-\lambda\begin{pmatrix}1\\0\\-2\end{pmatrix}=\begin{pmatrix}-4-\lambda\\2\\3+2\lambda\end{pmatrix}$$

由已知 c 与 a 正交，即 $a^{\mathrm{T}}c=0$，

则
$$(1,0,-2)\begin{pmatrix}-4-\lambda\\2\\3+2\lambda\end{pmatrix}=-4-\lambda-6-4\lambda=0$$

$$\Rightarrow -10-5\lambda=0$$

$$\Rightarrow \lambda=-2$$

则
$$c=(-2,2,-1)^{\mathrm{T}}.$$

2. **分析** 用施密特正交化公式进行求解. 熟记公式：

$$b_1=a_1,b_2=a_2-\frac{[b_1,a_2]}{[b_1,b_1]}b_1,b_3=a_3-\frac{[b_1,a_3]}{[b_1,b_1]}b_1-\frac{[b_2,a_3]}{[b_2,b_2]}b_2.$$

解题过程 (1)

$$b_1=a_1=\begin{pmatrix}1\\1\\1\end{pmatrix};$$

$$[b_1,b_1]=3,[b_1,a_2]=1\times1+1\times2+1\times3=6,$$

$$b_2=a_2-\frac{[b_1,a_2]}{[b_1,b_1]}b_1=\begin{pmatrix}1\\2\\3\end{pmatrix}-\frac{6}{3}\begin{pmatrix}1\\1\\1\end{pmatrix}=\begin{pmatrix}1\\2\\3\end{pmatrix}-\begin{pmatrix}2\\2\\2\end{pmatrix}=\begin{pmatrix}-1\\0\\1\end{pmatrix};$$

$$[b_2,b_2]=2,[b_1,a_3]=14,[b_2,a_3]=8,$$

$$b_3=a_3-\frac{[b_1,a_3]}{[b_1,b_1]}b_1-\frac{[b_2,a_3]}{[b_2,b_2]}b_2$$

$$=\begin{pmatrix}1\\4\\9\end{pmatrix}-\frac{14}{3}\begin{pmatrix}1\\1\\1\end{pmatrix}-\frac{8}{2}\begin{pmatrix}-1\\0\\1\end{pmatrix}$$

$$=\frac{1}{3}\begin{pmatrix}1\\-2\\1\end{pmatrix}.$$

(2)

$$b_1=a_1=\begin{pmatrix}1\\0\\-1\\1\end{pmatrix};$$

$$[b_1,b_1]=3,[b_1,a_2]=2,$$

$$b_2=a_2-\frac{[b_1,a_2]}{b_1,b_1}b_1$$

$$=\begin{pmatrix}1\\-1\\0\\1\end{pmatrix}-\frac{2}{3}\begin{pmatrix}1\\0\\-1\\1\end{pmatrix}$$

$$=\frac{1}{3}\begin{pmatrix}1\\-3\\2\\1\end{pmatrix};$$

$$[b_2,b_2]=\frac{5}{3},[b_1,a_3]=-2,[b_2,a_3]=-\frac{2}{3},$$

$$b_3=a_3-\frac{[b_1,a_3]}{[b_1,b_1]}b_1-\frac{[b_2,a_3]}{[b_2,b_2]}b_2$$

$$=\begin{pmatrix}-1\\1\\1\\0\end{pmatrix}+\frac{2}{3}\begin{pmatrix}1\\0\\-1\\1\end{pmatrix}+\frac{2}{15}\begin{pmatrix}1\\-3\\2\\1\end{pmatrix}$$

$$= \frac{1}{5}\begin{pmatrix} -1 \\ 3 \\ 3 \\ 4 \end{pmatrix}.$$

3. 分析 熟记正交矩阵的性质进行判断. 正交矩阵每个列向量都为单位向量, $AA^{\mathrm{T}} = E$.

解题过程 设已知矩阵 A.

(1) 因为 $AA^{\mathrm{T}} = \begin{pmatrix} 1 & -\frac{1}{2} & \frac{1}{3} \\ -\frac{1}{2} & 1 & \frac{1}{2} \\ \frac{1}{3} & \frac{1}{2} & -1 \end{pmatrix}\begin{pmatrix} 1 & -\frac{1}{2} & \frac{1}{3} \\ -\frac{1}{2} & 1 & \frac{1}{2} \\ \frac{1}{3} & \frac{1}{2} & -1 \end{pmatrix}$

$$= \begin{pmatrix} \frac{5}{6} & -\frac{5}{6} & -\frac{1}{4} \\ -\frac{5}{6} & 1 & -\frac{1}{6} \\ -\frac{1}{4} & -\frac{1}{6} & \frac{49}{36} \end{pmatrix} \neq E,$$

所以 A 不是正交矩阵.

(2) 因为 $AA^{\mathrm{T}} = \begin{pmatrix} \frac{1}{9} & -\frac{8}{9} & -\frac{4}{9} \\ -\frac{8}{9} & \frac{1}{9} & -\frac{4}{9} \\ -\frac{4}{9} & -\frac{4}{9} & \frac{7}{9} \end{pmatrix}\begin{pmatrix} \frac{1}{9} & -\frac{8}{9} & -\frac{4}{9} \\ -\frac{8}{9} & \frac{1}{9} & -\frac{4}{9} \\ -\frac{4}{9} & -\frac{4}{9} & \frac{7}{9} \end{pmatrix}$

$$= \begin{pmatrix} 1 & 0 & 0 \\ 0 & 1 & 0 \\ 0 & 0 & 1 \end{pmatrix} = E,$$

所以 A 是正交矩阵.

4. 解题过程 (1) 对称性: $H^{\mathrm{T}} = (E - 2xx^{\mathrm{T}})^{\mathrm{T}} = E - 2xx^{\mathrm{T}} = H$.

正交性: $H^{\mathrm{T}}H = H^2$ (由 H 的对称性)

$$= (E - 2xx)^{\mathrm{T}}(E - 2xx)^{\mathrm{T}}$$
$$= E - 4xx^{\mathrm{T}} + 4(xx)^{\mathrm{T}}(xx^{\mathrm{T}})$$
$$= E - 4xx^{\mathrm{T}} + 4x(x^{T}x)x^{\mathrm{T}} \text{(矩阵乘法结合律)}$$
$$= E(x^{\mathrm{T}}x = 1).$$

(2) **证法一** 因 $(AB)(AB)^{\mathrm{T}} = (AB)(B^{\mathrm{T}}A^{\mathrm{T}}) = A(BB^{\mathrm{T}})A^{\mathrm{T}} = AEA^{\mathrm{T}} = AA^{\mathrm{T}} = E$, 故 AB 也是正交阵.

证法二 利用正交矩阵的逆是其转置矩阵. 因为 A,B 为正交矩阵, 故 A,B 均可逆, 且 $A^{-1} = A^{\mathrm{T}}, B^{-1} = B^{\mathrm{T}}$.

于是 AB 可逆,

且有 $(AB)^{-1} = B^{-1}A^{-1} = (AB)^{\mathrm{T}}$,

所以 AB 是正交矩阵.

5. 解题过程 **证法一** $[\boldsymbol{b}_1,\boldsymbol{b}_2]=\left[-\frac{1}{3}\boldsymbol{a}_1+\frac{2}{3}\boldsymbol{a}_2+\frac{2}{3}\boldsymbol{a}_3,\frac{2}{3}\boldsymbol{a}_1+\frac{2}{3}\boldsymbol{a}_2-\frac{1}{3}\boldsymbol{a}_3\right]$

$$=-\frac{2}{9}[\boldsymbol{a}_1,\boldsymbol{a}_1]+\frac{4}{9}[\boldsymbol{a}_2,\boldsymbol{a}_2]-\frac{2}{9}[\boldsymbol{a}_3,\boldsymbol{a}_3]=-\frac{2}{9}+\frac{4}{9}-\frac{2}{9}=0,$$

故 $\boldsymbol{b}_1$ 与 $\boldsymbol{b}_2$ 正交，类似 $\boldsymbol{b}_1$ 与 $\boldsymbol{b}_3$，$\boldsymbol{b}_2$ 与 $\boldsymbol{b}_3$ 正交；

又因为 $[\boldsymbol{b}_1,\boldsymbol{b}_1]=\left[-\frac{1}{3}\boldsymbol{a}_1+\frac{2}{3}\boldsymbol{a}_2+\frac{2}{3}\boldsymbol{a}_3,-\frac{1}{3}\boldsymbol{a}_1+\frac{2}{3}\boldsymbol{a}_2+\frac{2}{3}\boldsymbol{a}_3\right]$

$$=\frac{1}{9}[\boldsymbol{a}_1,\boldsymbol{a}_1]+\frac{4}{9}[\boldsymbol{a}_2,\boldsymbol{a}_2]+\frac{4}{9}[\boldsymbol{a}_3,\boldsymbol{a}_3]=\frac{1}{9}+\frac{4}{9}+\frac{4}{9}=1.$$

故 $\boldsymbol{b}_1$ 为单位向量，类似可证 $\boldsymbol{b}_2$，$\boldsymbol{b}_3$ 为单位向量.

证法二 把题设条件写成矩阵形式

$$(\boldsymbol{b}_1,\boldsymbol{b}_2,\boldsymbol{b}_3)=(\boldsymbol{a}_1,\boldsymbol{a}_2,\boldsymbol{a}_3)\begin{pmatrix}-\frac{1}{3} & \frac{2}{3} & -\frac{2}{3}\\ \frac{2}{3} & \frac{2}{3} & \frac{1}{3}\\ \frac{2}{3} & -\frac{1}{3} & -\frac{2}{3}\end{pmatrix},$$

上式记为 $\boldsymbol{B}=\boldsymbol{AK}$. 因 $\boldsymbol{A}$ 的列向量组为两两正交单位向量组，故 $\boldsymbol{A}^{\mathrm{T}}\boldsymbol{A}=\boldsymbol{E}_3$；因 $\boldsymbol{K}$ 为正交阵，故 $\boldsymbol{K}^{\mathrm{T}}\boldsymbol{K}=\boldsymbol{E}_3$. 于是

$$\boldsymbol{B}^{\mathrm{T}}\boldsymbol{B}=(\boldsymbol{AK})^{\mathrm{T}}(\boldsymbol{AK})=\boldsymbol{K}^{\mathrm{T}}(\boldsymbol{A}^{\mathrm{T}}\boldsymbol{A})\boldsymbol{K}=\boldsymbol{K}^{\mathrm{T}}\boldsymbol{K}=\boldsymbol{E}_3,$$

这表明 $\boldsymbol{B}$ 的列向量组，即 $\boldsymbol{b}_1$，$\boldsymbol{b}_2$，$\boldsymbol{b}_3$ 是两两正交单位向量组.

注：上面所述矩阵 $\boldsymbol{A}$ 和 $\boldsymbol{B}$ 均不一定是方阵，因而不能当作正交阵.

6. 分析 求特征值与特征向量应用特征多项式 $|\boldsymbol{A}-\lambda\boldsymbol{E}|=0$ 得 λ_i，根据 λ_i 求解对应齐次线性方程组的基础解系.

解题过程 设已给矩阵为 $\boldsymbol{A}$，则 $\boldsymbol{A}$ 的特征多项式是 $|\boldsymbol{A}-\lambda\boldsymbol{E}|$.

$$(1)\ |\boldsymbol{A}-\lambda\boldsymbol{E}|=\begin{vmatrix}2-\lambda & -1 & 2\\ 5 & -3-\lambda & 3\\ -1 & 0 & -2-\lambda\end{vmatrix}=\begin{vmatrix}2-\lambda & -1 & -2+\lambda^2\\ -5 & 3+\lambda & 7+5\lambda\\ 1 & 0 & 0\end{vmatrix}=-(\lambda+1)^3,$$

所以 $\boldsymbol{A}$ 的特征值为 $\lambda_1=\lambda_2=\lambda_3=-1$（三重根）.

对此特征值 $\lambda_1=-1$，解齐次线性方程组 $(\boldsymbol{A}+\boldsymbol{E})\boldsymbol{x}=\boldsymbol{0}$.

$$由\quad \boldsymbol{A}+E=\begin{pmatrix}3 & -1 & 2\\ 5 & -2 & 3\\ -1 & 0 & -1\end{pmatrix}\overset{r}{\sim}\begin{pmatrix}1 & 0 & 1\\ 0 & -1 & -1\\ 0 & -2 & -2\end{pmatrix}\overset{r}{\sim}\begin{pmatrix}1 & 0 & 1\\ 0 & 1 & 1\\ 0 & 0 & 0\end{pmatrix},$$

得基础解系 $$\boldsymbol{p}=\begin{pmatrix}1\\ 1\\ -1\end{pmatrix}.$$

所以对应于 $\lambda_1=-1$ 的全部特征向量为 $k\boldsymbol{p}(k\neq 0)$.

(2) $|\boldsymbol{A}-\lambda\boldsymbol{E}| = \begin{vmatrix} 1-\lambda & 2 & 3 \\ 2 & 1-\lambda & 3 \\ 3 & 3 & 6-\lambda \end{vmatrix}$

$$= \begin{vmatrix} -1-\lambda & 2 & 3 \\ 0 & 3-\lambda & 6 \\ 0 & 3 & 6-\lambda \end{vmatrix}$$

$$=-\lambda(\lambda+1)(\lambda-9),$$

所以 $\boldsymbol{A}$ 的特征值为 $\lambda_1=-1,\lambda_2=9,\lambda_3=0$.

① 当 $\lambda_1=-1$ 时,由

$$\boldsymbol{A}+\boldsymbol{E}=\begin{pmatrix} 2 & 2 & 3 \\ 2 & 2 & 3 \\ 3 & 3 & 7 \end{pmatrix} \xrightarrow{r} \begin{pmatrix} 1 & 1 & 4 \\ 0 & 0 & 1 \\ 0 & 0 & 0 \end{pmatrix} \xrightarrow{r} \begin{pmatrix} 1 & 1 & 0 \\ 0 & 0 & 1 \\ 0 & 0 & 0 \end{pmatrix},$$

得对应的全部特征向量为 $k_1\boldsymbol{p}_1=k_1\begin{pmatrix} 1 \\ -1 \\ 0 \end{pmatrix}\ (k_1\neq 0)$

② 当 $\lambda_2=9$ 时,由

$$\boldsymbol{A}-9\boldsymbol{E}=\begin{pmatrix} -8 & 2 & 3 \\ 2 & -8 & 3 \\ 3 & 3 & -3 \end{pmatrix} \xrightarrow{r} \begin{pmatrix} 1 & 11 & -6 \\ 2 & -8 & 3 \\ 0 & -30 & 15 \end{pmatrix}$$

$$\xrightarrow{r} \begin{pmatrix} 1 & 11 & -6 \\ 0 & -2 & 1 \\ 0 & 0 & 0 \end{pmatrix} \xrightarrow{r} \begin{pmatrix} 1 & -1 & 0 \\ 0 & -2 & 1 \\ 0 & 0 & 0 \end{pmatrix}.$$

得对应的全部特征向量为 $k_2\boldsymbol{p}_2=k_2\begin{pmatrix} 1 \\ 1 \\ 2 \end{pmatrix}\ (k_2\neq 0)$.

③ 当 $\lambda_3=0$ 时,由

$$\boldsymbol{A}-0\boldsymbol{E}=\begin{pmatrix} 1 & 2 & 3 \\ 2 & 1 & 3 \\ 3 & 3 & 6 \end{pmatrix} \xrightarrow{r} \begin{pmatrix} 1 & 2 & 3 \\ 0 & -3 & -3 \\ 0 & -3 & -3 \end{pmatrix}$$

$$\xrightarrow{r} \begin{pmatrix} 1 & 2 & 3 \\ 0 & 1 & 1 \\ 0 & 0 & 0 \end{pmatrix} \xrightarrow{r} \begin{pmatrix} 1 & 0 & 1 \\ 0 & 1 & 1 \\ 0 & 0 & 0 \end{pmatrix},$$

得对应的全部特征向量为 $k_3\boldsymbol{p}_3=k_3\begin{pmatrix} 1 \\ 1 \\ -1 \end{pmatrix}\ (k_3\neq 0)$.

(3) $|\boldsymbol{A}-\lambda\boldsymbol{E}| = \begin{vmatrix} -\lambda & 0 & 0 & 1 \\ 0 & -\lambda & 1 & 0 \\ 0 & 1 & -\lambda & 0 \\ 1 & 0 & 0 & -\lambda \end{vmatrix}$

$$= (-1)^{1+4+1+4}\begin{vmatrix} -\lambda & 1 \\ 1 & -\lambda \end{vmatrix}^2$$

$$= (\lambda^2 - 1)^2,$$

所以 A 的特征值为 $\lambda_1 = \lambda_2 = 1, \lambda_3 = \lambda_4 = -1$.

① 当 $\lambda_1 = \lambda_2 = 1$ 时，由

$$A - E = \begin{pmatrix} -1 & 0 & 0 & 1 \\ 0 & -1 & 1 & 0 \\ 0 & 1 & -1 & 0 \\ 1 & 0 & 0 & -1 \end{pmatrix} \xrightarrow{r} \begin{pmatrix} 1 & 0 & 0 & -1 \\ 0 & 1 & -1 & 0 \\ 0 & 0 & 0 & 0 \\ 0 & 0 & 0 & 0 \end{pmatrix},$$

得对应的特征向量 $p_1 = \begin{pmatrix} 0 \\ 1 \\ 1 \\ 0 \end{pmatrix}, p_2 = \begin{pmatrix} 1 \\ 0 \\ 0 \\ 1 \end{pmatrix}$，而全部特征向量为

$k_1 p_1 + k_2 p_2$（k_1, k_2 不同时为 0）.

② 当 $\lambda_3 = \lambda_4 = -1$，由 $A + E = \begin{pmatrix} 1 & 0 & 0 & 1 \\ 0 & 1 & 1 & 0 \\ 0 & 1 & 1 & 0 \\ 1 & 0 & 0 & 1 \end{pmatrix} \xrightarrow{r} \begin{pmatrix} 1 & 0 & 0 & 1 \\ 0 & 1 & 1 & 0 \\ 0 & 0 & 0 & 0 \\ 0 & 0 & 0 & 0 \end{pmatrix}$,

得对应的特征向量 $p_3 = \begin{pmatrix} 0 \\ 1 \\ -1 \\ 0 \end{pmatrix}, p_4 = \begin{pmatrix} 1 \\ 0 \\ 0 \\ -1 \end{pmatrix}$,

从而全部特征向量为 $k_3 p_3 + k_4 p_4$（k_3, k_4 不同时为 0）.

小结 本题难点在于特征向量要写全，如特征值全为二重时特征向量为两基础解系之和.

7. **解题过程** 因 $|A^T - \lambda E| = |(A - \lambda E)^T| = |A - \lambda E|$，即 A^T 与 A 的特征多项式相同，故 A^T 与 A 的特征值相同.

8. **解题过程** 显然 $R(A) < n$. 另一方面，$R(A) < n \Leftrightarrow A$ 不可逆 $\Leftrightarrow 0$ 是 A 的特征值；
同理，0 也是 B 的特征值，于是 A 与 B 有公共的特征值 0.
A 与 B 有对应于 $\lambda = 0$ 的特征向量依次是方程 $Ax = 0$ 和 $Bx = 0$ 的非零解.
于是，A 与 B 有对应于 $\lambda = 0$ 的公共特征向量

$\Leftrightarrow$ 方程组 $\begin{cases} Ax = 0 \\ Bx = 0 \end{cases}$ 有非零解

$\Leftrightarrow$ 方程组 $\begin{pmatrix} A \\ B \end{pmatrix} x = 0$ 有非零解

$\Leftrightarrow$ $R\begin{pmatrix} A \\ B \end{pmatrix} < n.$

另一方面，由矩阵秩的性质有

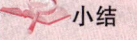

$$R\begin{pmatrix}A\\B\end{pmatrix}=R(A^T,B^T)\leqslant R(A^T)+R(B^T)=R(A)+R(B)<n.$$

综上，A 与 B 有公共的特征向量.

9. 分析 利用特征值 λ 的多项式 $f(\lambda)$ 把原方程进行简化.

解题过程 令多项式 $f(\lambda)=\lambda^2-3\lambda+2$，则对应有方阵多项式 $f(A)=A^2-3A+2E$.

若 λ 为 A 的特征值，即 $Ax=\lambda x, x\neq 0$，

则有 $A^2x=A(Ax)=A(\lambda x)=\lambda Ax=\lambda^2 x$，

$$(A_2-3A+2E)x=A^2x-3Ax+2Ex=(\lambda^2-3\lambda+2)x,$$

即有 $f(A)x=(f(\lambda)x, x\neq 0, f(\lambda)$ 为 $f(A)$ 的特征值).

因 $f(A)=0$，故有 $f(\lambda)=0$，即 λ 必满足方程 $\lambda^2-3\lambda+2=0$，

而此方程的根是 1 或 2，从而得证 A 的特征值只能取 1 或 2.

10. 分析 巧妙利用正交阵的性质 $AA^T=E$.

解题过程 由特征方程的定义，$\lambda=-1$ 是 A 的特征值 $\Leftrightarrow |A+E|=0$.

为此，只需证 $|A+E|=0$，事实上

$$|A+E|=|A+A^TA|=|(E+A^T)A|=|A+E||A|=-|A+E|,$$

$$\Leftrightarrow 2|A+E|=0\Rightarrow |A+E|=0.$$

11. 分析 用特征值定义把 BA，AB 看成整体矩阵.

解题过程 根据特征值的定义证明.

设 λ 是矩阵 AB 的任一非零特征值，ξ 是对应于它的特征向量.

即有 $AB\xi=\lambda\xi$. ①

用矩阵 B 左乘上式两边，得

$$(BA)B\xi=B(AB\xi)=B\lambda\xi=\lambda(B\xi)$$

若 $B\xi\neq 0$，则由特征值定义知，λ 为 BA 的特征值.

若 $B\xi=0$，代入 ① 式，即得 $\lambda\xi=0$，

因 ξ 为特征向量，$\xi\neq 0$，故 $\lambda=0$，

此与 $\lambda\neq 0$ 矛盾. 此矛盾说明必有 $B\xi\neq 0$.

小结 一般而言，$AB\neq BA$，但它们的特征值却是相同的，只是特征值 0 的重数可能不一样. 这样，根据特征值性质，AB 中 m 个对角元之和与 BA 中 n 个对角元之和相等.

12. 解题过程 由已知可得 $\varphi(A)=A^3-5A^2+7A$ 的特征值是

$$\varphi(1)=1^3-5\times 1^2+7\times 1=3, \varphi(2)=2, \varphi(3)=3,$$

因此 $$|A^3-5A^2+7A|=3\times 2\times 3=18.$$

13. 解题过程 由教材给出的结论：$\lambda_1\lambda_2\cdots\lambda_n=|A|$ 知

$$|A|=1\times 2\times(-3)=-6\neq 0\Rightarrow A^{-1} \text{ 存在，且 } |A^{-1}|=\frac{1}{|A|}=-\frac{1}{6}$$

$$A^{-1}=\frac{1}{|A|}A^*$$

$$\Rightarrow A^*=|A|A^{-1}=-6A^{-1}$$

$$\Rightarrow |A^*+3A+2E|$$

$$=|-6A^{-1}+3A+2E|$$
$$=|A^{-1}||-6E+3A^2+2A|$$
$$=|A^{-1}||3A^2+2A-6E|$$
$$=\left(-\frac{1}{6}\right)|3A^2+2A-6E|$$

令 $\varphi(A)=3A^2+2A-6E$，$\varphi(A)$ 的特征值为

$$\varphi(1)=-1,\varphi(2)=10,\varphi(-3)=15$$

于是 $|\varphi(A)|=\varphi(1)\varphi(2)\varphi(-3)=(-1)\times10\times15=-150$

故 $\quad |A^*+3A+2E|=\left(-\frac{1}{6}\right)\times(-150)=25.$

14. 解题过程 因 A 可逆，故有 $\quad A^{-1}(AB)A=(A^{-1}A)(BA)=E(BA)=BA.$

从而 AB 与 BA 相似，此处取 A 作为定义中的变换矩阵 P.

15. 分析 A 矩阵可相似对角化 $\Leftrightarrow A$ 的所有特征值的重数与其对应的线性无关的特征向量的个数相等.

解题过程 由 A 的特征多项式

$$|A-\lambda E|=\begin{vmatrix}2-\lambda & 0 & 1\\ 3 & 1-\lambda & x\\ 4 & 0 & 5-\lambda\end{vmatrix}=(1-\lambda)^2(6-\lambda)$$

知，A 的特征值为 $\lambda=1$（二重根）与 $\lambda=6$. 因 A 可对角化，故 A 应有 3 个线性无关的特征向量，单重特征值 $\lambda=6$ 对应着一个线性无关的特征向量，那么二重特征值 $\lambda=1$ 应对应两个线性无关的特征向量，从而矩阵 $(A-E)$ 的秩应为 1. 对 $(A-E)$ 施以初等行变换为：

$$A-E=\begin{pmatrix}1 & 0 & 1\\ 3 & 0 & x\\ 4 & 0 & 4\end{pmatrix}\sim\begin{pmatrix}1 & 0 & 1\\ 0 & 0 & x-3\\ 0 & 0 & 0\end{pmatrix}.$$

由此可见，当 $x=3$ 时，$R(A-E)=1$，A 对应于特征值 $\lambda=1$ 有两个线性无关的特征向量，从而 A 有 3 个线性无关的特征向量，即 A 可相似对角化. 因此，$x=3$ 为所求.

16. 解题过程 (1) 利用特征值和特征向量的定义.

设 p 所对应的特征值是 λ，则由题设，$(A-\lambda E)p=0$，

即
$$\begin{pmatrix}2-\lambda & -1 & 2\\ 5 & a-\lambda & 3\\ -1 & b & -2-\lambda\end{pmatrix}\begin{pmatrix}1\\ 1\\ -1\end{pmatrix}=\mathbf{0}.$$

于是，得到以 a,b,λ 为未知元的线性方程为

$$\begin{cases}\lambda+1=0\\ a-\lambda+2=0\\ b+\lambda+1=0\end{cases}\Rightarrow\lambda=-1,a=-3,b=0.$$

(2) A 不能相似于对角阵.

理由是：当 $a=-3,b=0$ 时，容易求得矩阵 A 的特征多项式 $f(\lambda)=|A-\lambda E|=-(\lambda+1)^3$，故 $\lambda=-1$ 是 A 的三重特征值. 但 $A+E\neq O$，故齐次线性方程组 $(A+E)x=0$ 的解空间的维数小于 3，而 A 的所有特征向量应是上述方程组的非零解，于是，矩阵 A 对应于特征值 $\lambda=-1$ 没有 3 个线性无关的特征向量. 由方阵相似对角阵的充要

条件知,$\boldsymbol{A}$ 不能相似于一个对角阵.

17. 解题过程 利用矩阵的相似对角化,求 $\boldsymbol{A}^{100}$. 先将矩阵 $\boldsymbol{A}$ 相似对角化.

由
$$|\boldsymbol{A}-\lambda\boldsymbol{E}|=\begin{vmatrix}1-\lambda & 4 & 2\\ 0 & -3-\lambda & 4\\ 0 & 4 & 3-\lambda\end{vmatrix}=-(\lambda-1)(\lambda-5)(\lambda+5),$$

求得 $\boldsymbol{A}$ 的特征值为 $\lambda_1=1,\lambda_2=5,\lambda_3=-5$.

① 对应 $\lambda_1=1$,解方程 $(\boldsymbol{A}-1\boldsymbol{E})\boldsymbol{x}=\boldsymbol{0}$,由
$$\boldsymbol{A}-\boldsymbol{E}=\begin{pmatrix}0 & 4 & 2\\ 0 & -4 & 4\\ 0 & 4 & 2\end{pmatrix}\xrightarrow{r}\begin{pmatrix}0 & 1 & -1\\ 0 & 2 & 1\\ 0 & 0 & 0\end{pmatrix}\xrightarrow{r}\begin{pmatrix}0 & 1 & 0\\ 0 & 0 & 1\\ 0 & 0 & 0\end{pmatrix}$$

得基础解系
$$\boldsymbol{p}_1=\begin{pmatrix}1\\0\\0\end{pmatrix}.$$

② 对应 $\lambda_2=5$,解方程 $(\boldsymbol{A}-5\boldsymbol{E})\boldsymbol{x}=\boldsymbol{0}$,由
$$\boldsymbol{A}-5\boldsymbol{E}=\begin{pmatrix}-4 & 4 & 2\\ 0 & -8 & 4\\ 0 & 4 & -2\end{pmatrix}\xrightarrow{r}\begin{pmatrix}2 & -2 & -1\\ 0 & -2 & 1\\ 0 & 0 & 0\end{pmatrix}\xrightarrow{r}\begin{pmatrix}1 & -2 & 0\\ 0 & -2 & 1\\ 0 & 0 & 0\end{pmatrix}$$

得基础解系
$$\boldsymbol{p}_2=\begin{pmatrix}2\\1\\2\end{pmatrix}.$$

③ 对应 $\lambda_3=-5$,解方程 $(\boldsymbol{A}+5\boldsymbol{E})\boldsymbol{x}=\boldsymbol{0}$,由
$$\boldsymbol{A}+5\boldsymbol{E}=\begin{pmatrix}6 & 4 & 2\\ 0 & 2 & 4\\ 0 & 4 & 8\end{pmatrix}\xrightarrow{r}\begin{pmatrix}6 & 0 & -6\\ 0 & 1 & 2\\ 0 & 0 & 0\end{pmatrix}\xrightarrow{r}\begin{pmatrix}1 & 0 & -1\\ 0 & 1 & 2\\ 0 & 0 & 0\end{pmatrix}$$

得基础解系
$$\boldsymbol{p}_2=\begin{pmatrix}1\\-2\\1\end{pmatrix}.$$

令 $\boldsymbol{P}=(\boldsymbol{p}_1,\boldsymbol{p}_2,\boldsymbol{p}_3)=\begin{pmatrix}1 & 2 & 1\\ 0 & 1 & -2\\ 0 & 2 & 1\end{pmatrix}$,求 $\boldsymbol{P}^{-1}$. 由
$$(\boldsymbol{P},\boldsymbol{E})=\begin{pmatrix}1 & 2 & 1 & 1 & 0 & 0\\ 0 & 1 & -2 & 0 & 1 & 0\\ 0 & 2 & 1 & 0 & 0 & 1\end{pmatrix}$$
$$\sim\begin{pmatrix}1 & 2 & 1 & 1 & 0 & 0\\ 0 & 1 & -2 & 0 & 1 & 0\\ 0 & 0 & 1 & 0 & \frac{-2}{5} & \frac{1}{5}\end{pmatrix}$$

$$\sim\begin{pmatrix}1&0&0&1&0&-1\\0&1&0&0&\frac{1}{5}&\frac{2}{5}\\0&0&1&0&-\frac{2}{5}&\frac{1}{5}\end{pmatrix},$$

知
$$P^{-1}=\frac{1}{5}\begin{pmatrix}5&0&-5\\0&1&2\\0&-2&1\end{pmatrix}.$$

因 $\boldsymbol{A}=\boldsymbol{P\Lambda P}^{-1}\Rightarrow\boldsymbol{A}^{100}=\boldsymbol{P\Lambda}^{100}\boldsymbol{P}^{-1}$，故

$$\begin{aligned}\boldsymbol{A}^{100}=\boldsymbol{P\Lambda}^{100}\boldsymbol{P}^{-1}&=\frac{1}{5}\begin{pmatrix}1&2&1\\0&1&-2\\0&2&1\end{pmatrix}\begin{pmatrix}1&0&0\\0&5^{100}&0\\0&0&5^{100}\end{pmatrix}\begin{pmatrix}5&0&-5\\0&1&2\\0&-2&1\end{pmatrix}\\&=\frac{1}{5}\begin{pmatrix}1&2\cdot5^{100}&5^{100}\\0&5^{100}&-2\cdot5^{100}\\0&2\cdot5^{100}&5^{100}\end{pmatrix}\begin{pmatrix}5&0&-5\\0&1&2\\0&-2&1\end{pmatrix}\\&=\begin{pmatrix}1&0&5^{100}-1\\0&5^{100}&0\\0&0&5^{100}\end{pmatrix}.\end{aligned}$$

18. **分析** (1) 这是一个应用问题. 如果关系式 $\begin{pmatrix}x_{n+1}\\y_{n+1}\end{pmatrix}=\boldsymbol{A}\begin{pmatrix}x_n\\y_n\end{pmatrix}$ 中矩阵 $\boldsymbol{A}$ 与 n 无关，则它可看做是向量 $\begin{pmatrix}x_n\\y_n\end{pmatrix}$ 到 $\begin{pmatrix}x_{n+1}\\y_{n+1}\end{pmatrix}$ 的递推关系式，从而有 $\begin{pmatrix}x_n\\y_n\end{pmatrix}=\boldsymbol{A}\begin{pmatrix}x_{n-1}\\y_{n-1}\end{pmatrix}=\cdots=\boldsymbol{A}^n\begin{pmatrix}x_0\\y_0\end{pmatrix}=\frac{1}{2}\boldsymbol{A}^n\begin{pmatrix}1\\1\end{pmatrix}$，即把应用问题归结为求 $\boldsymbol{A}$ 的幂 $\boldsymbol{A}^n$. 遵循这一思路，先求 $\boldsymbol{A}$.

解题过程 (1) 由题设，有

$$\begin{cases}x_{n+1}=(1-p)x_n+qy_n\\y_{n+1}=px_n+(1-q)y_n\end{cases}\Rightarrow\begin{pmatrix}x_{n+1}\\y_{n+1}\end{pmatrix}=\begin{pmatrix}1-p&q\\p&1-q\end{pmatrix}\begin{pmatrix}x_n\\y_n\end{pmatrix},$$

故
$$\boldsymbol{A}=\begin{pmatrix}1-p&q\\p&1-q\end{pmatrix},$$

它与 n 无关.

(2) 再求 $\boldsymbol{A}$ 的特征值和特征向量. 易求得 $\boldsymbol{A}$ 的特征值 $\lambda_1=1,\lambda_2=1-p-q$.

对应于 $\lambda_1=1$ 的特征向量为 $\boldsymbol{\xi}_1=\begin{pmatrix}q\\p\end{pmatrix}$；

对应于 $\lambda_2=1-p-q$ 的特征向量为 $\boldsymbol{\xi}_2=\begin{pmatrix}-1\\1\end{pmatrix}$. 令 $\boldsymbol{P}=(\boldsymbol{\xi}_1,\boldsymbol{\xi}_2)$，

则 $\boldsymbol{P}$ 可逆，且 $\boldsymbol{P}^{-1}\boldsymbol{AP}=\begin{pmatrix}1&0\\0&\omega\end{pmatrix}$，其中 $\omega=1-p-q$.

因此
$$\boldsymbol{A}=\boldsymbol{P}\begin{pmatrix}1&0\\0&\omega\end{pmatrix}\boldsymbol{P}^{-1}$$

$$\Rightarrow\begin{pmatrix}x_n\\y_n\end{pmatrix}=A^n\begin{pmatrix}x_0\\y_0\end{pmatrix}=\boldsymbol{P}\begin{pmatrix}1&0\\0&\omega^n\end{pmatrix}\boldsymbol{P}^{-1}\begin{pmatrix}x_0\\y_0\end{pmatrix}$$

$$=\frac{1}{2(p+q)}\begin{pmatrix}2q-(q-p)\omega^n\\2p+(q-p)\omega^n\end{pmatrix},\omega=1-p-q.$$

19. 分析 本题涉及几个重点：

① 由公式求特征值 $|\boldsymbol{A}-\lambda\boldsymbol{E}|=0\Rightarrow\lambda_i$.

② 由 λ_i 求相应齐次方程的基础解系 ξ_i.

③ 由施密特正交化公式将基础解系正交化.

④ 得单位正交矩阵 $\boldsymbol{P}$.

⑤ 对角矩阵 $=\boldsymbol{P}^{-1}\boldsymbol{AP}=\boldsymbol{P}^{\mathrm{T}}\boldsymbol{AP}$.

解题过程 (1) 由 $|\boldsymbol{A}-\lambda\boldsymbol{E}|=\begin{vmatrix}2-\lambda&-2&0\\-2&1-\lambda&-2\\0&-2&-\lambda\end{vmatrix}$

$$=-\lambda(2-\lambda)(1-\lambda)+4\lambda-4(2-\lambda)$$

$$=-(\lambda+2)(\lambda-1)(\lambda-4),$$

求得 $\boldsymbol{A}$ 的特征值为 $\lambda_1=-2,\lambda_2=1,\lambda_3=4$.

① 对应 $\lambda_2=-2$，解方程 $(\boldsymbol{A}+2\boldsymbol{E})\boldsymbol{x}=\boldsymbol{0}$，由

$$\boldsymbol{A}+2\boldsymbol{E}=\begin{pmatrix}4&-2&0\\-2&3&-2\\0&-2&2\end{pmatrix}\xrightarrow{r}\begin{pmatrix}-2&3&-2\\0&4&-4\\0&1&-1\end{pmatrix}$$

$$\xrightarrow{r}\begin{pmatrix}-2&0&1\\0&1&-1\\0&0&0\end{pmatrix}\xrightarrow{r}\begin{pmatrix}-2&1&0\\-2&0&1\\0&0&0\end{pmatrix},$$

得基础解系 $\boldsymbol{\xi}_1=\begin{pmatrix}1\\2\\2\end{pmatrix}$，将其单位化，得 $\boldsymbol{p}_1=\dfrac{1}{3}\begin{pmatrix}1\\2\\2\end{pmatrix}$.

② 对应 $\lambda_2=1$，解方程 $(\boldsymbol{A}-\boldsymbol{E})\boldsymbol{x}=\boldsymbol{0}$，由

$$\boldsymbol{A}-\boldsymbol{E}=\begin{pmatrix}1&-2&0\\-2&0&-2\\0&-2&-1\end{pmatrix}\xrightarrow{r}\begin{pmatrix}1&-2&0\\0&-4&-2\\0&-2&-1\end{pmatrix}\xrightarrow{r}\begin{pmatrix}1&-2&0\\0&2&1\\0&0&0\end{pmatrix},$$

得基础解系 $\boldsymbol{\xi}_2=\begin{pmatrix}2\\1\\-2\end{pmatrix}$，

将其单位化，得 $\boldsymbol{p}_2=\dfrac{1}{3}\begin{pmatrix}2\\1\\-2\end{pmatrix}$.

③ 对应 $\lambda_3=4$，解方程 $(\boldsymbol{A}-4\boldsymbol{E})\boldsymbol{x}=\boldsymbol{0}$，由

$$\boldsymbol{A}-4\boldsymbol{E}=\begin{pmatrix}-2&-2&0\\-2&-3&-2\\0&-2&-4\end{pmatrix}\xrightarrow{r}\begin{pmatrix}1&1&0\\0&-1&-2\\0&-2&-4\end{pmatrix}\xrightarrow{r}\begin{pmatrix}1&0&-2\\0&1&2\\0&0&0\end{pmatrix},$$

得基础解
$$\boldsymbol{\xi}_3=\begin{pmatrix}2\\-2\\1\end{pmatrix},$$

将其单位化，得
$$\boldsymbol{p}_3=\frac{1}{3}\begin{pmatrix}2\\-2\\1\end{pmatrix}.$$

将 $\boldsymbol{p}_1,\boldsymbol{p}_2,\boldsymbol{p}_3$ 构成正交矩阵
$$\boldsymbol{P}=(\boldsymbol{p}_1,\boldsymbol{p}_2,\boldsymbol{p}_3)=\frac{1}{3}\begin{pmatrix}1&2&2\\2&1&-2\\2&-2&1\end{pmatrix}.$$

有
$$\boldsymbol{P}^{-1}\boldsymbol{AP}=\boldsymbol{P}^{\mathrm{T}}\boldsymbol{AP}=\boldsymbol{\Lambda}=\begin{pmatrix}-2&0&0\\0&1&0\\0&0&4\end{pmatrix}.$$

(2) 由
$$|\boldsymbol{A}-\lambda\boldsymbol{E}|=\begin{vmatrix}2-\lambda&2&-2\\2&5-\lambda&-4\\-2&-4&5-\lambda\end{vmatrix}$$
$$\xlongequal[\text{后 } c_2-c_3]{\text{先 } r_3+r_2}\begin{vmatrix}2-\lambda&4&-2\\2&9-\lambda&-4\\0&0&1-\lambda\end{vmatrix}$$
$$=(1-\lambda)(\lambda^2-11\lambda+10)$$
$$=(\lambda-1)^2(\lambda-10),$$
求得 $\boldsymbol{A}$ 的特征值为 $\lambda_1=10,\lambda_2=1$(二重根).

① 对应 $\lambda_1=10$，解方程 $(\boldsymbol{A}-10\boldsymbol{E})\boldsymbol{x}=\boldsymbol{0}$，

由
$$\boldsymbol{A}-10\boldsymbol{E}=\begin{pmatrix}-8&2&-2\\2&-5&-4\\-2&-4&-5\end{pmatrix}\xrightarrow{r}\begin{pmatrix}2&-5&-4\\0&-9&-9\\0&-18&-18\end{pmatrix}$$
$$\xrightarrow{r}\begin{pmatrix}2&0&1\\0&1&1\\0&0&0\end{pmatrix}\xrightarrow{r}\begin{pmatrix}-2&1&0\\2&0&1\\0&0&0\end{pmatrix},$$

得基础解系
$$\boldsymbol{\xi}_1=\begin{pmatrix}1\\2\\-2\end{pmatrix},$$

将其单位化，得
$$\boldsymbol{p}_1=\frac{1}{3}\begin{pmatrix}1\\2\\-2\end{pmatrix}.$$

② 对应 $\lambda_2=1$，解方程 $(\boldsymbol{A}-\boldsymbol{E})\boldsymbol{x}=\boldsymbol{0}$，由
$$\boldsymbol{A}-\boldsymbol{E}=\begin{pmatrix}1&2&-2\\2&4&-4\\-2&-4&4\end{pmatrix}\xrightarrow{r}\begin{pmatrix}1&2&-2\\0&0&0\\0&0&0\end{pmatrix},$$

得基础解系 $\boldsymbol{\xi}_2=\begin{pmatrix}0\\1\\1\end{pmatrix},\boldsymbol{\xi}_3=\begin{pmatrix}2\\0\\1\end{pmatrix}.$

将 $\boldsymbol{\xi}_2,\boldsymbol{\xi}_3$ 正交化:利用施密特正交法取 $\boldsymbol{\eta}_2=\boldsymbol{\xi}_2$,

$$\boldsymbol{\eta}_3=\boldsymbol{\xi}_3-\frac{[\boldsymbol{\eta}_2,\boldsymbol{\xi}_3]}{[\boldsymbol{\eta}_2,\boldsymbol{\xi}_2]}\boldsymbol{\eta}_2=\begin{pmatrix}2\\0\\1\end{pmatrix}-\frac{1}{2}\begin{pmatrix}0\\1\\1\end{pmatrix}=\begin{pmatrix}2\\-\frac{1}{2}\\\frac{1}{2}\end{pmatrix},$$

再将 $\boldsymbol{\eta}_2,\boldsymbol{\eta}_3$ 单位化,得

$$\boldsymbol{p}_2=\frac{1}{\sqrt{2}}\begin{pmatrix}0\\1\\1\end{pmatrix},\boldsymbol{p}_3=\frac{3}{\sqrt{2}}\begin{pmatrix}2\\-\frac{1}{2}\\\frac{1}{2}\end{pmatrix}.$$

将 $\boldsymbol{p}_1,\boldsymbol{p}_2,\boldsymbol{p}_3$ 构成正交矩阵

$$\boldsymbol{P}=(\boldsymbol{p}_1,\boldsymbol{p}_2,\boldsymbol{p}_3)=\begin{pmatrix}\frac{1}{3}&0&3\sqrt{2}\\\frac{2}{3}&\frac{\sqrt{2}}{2}&-\frac{3\sqrt{2}}{4}\\-\frac{2}{3}&\frac{\sqrt{2}}{2}&\frac{3\sqrt{2}}{4}\end{pmatrix}$$

有 $\boldsymbol{P}^{-1}\boldsymbol{AP}=\boldsymbol{P}^{\mathrm{T}}\boldsymbol{AP}=\boldsymbol{\Lambda}=\begin{pmatrix}10&0&0\\0&1&0\\0&0&1\end{pmatrix}.$

20. 分析 关键是两矩阵相似性质的应用,$|\boldsymbol{A}-\lambda\boldsymbol{E}|=|\boldsymbol{\Lambda}-\lambda\boldsymbol{E}|$,然后求正交阵时类似前例.

解题过程 首先求参数 x,y.

矩阵 $\boldsymbol{\Lambda}$ 的特征多项式为 $(5-\lambda)(-4-\lambda)(y-\lambda)=-\lambda^3+(y+1)\lambda^2+(20-y)\lambda-20y$;

矩阵 $\boldsymbol{A}$ 的特征多项式为

$$|\boldsymbol{A}-\lambda\boldsymbol{E}|=\begin{vmatrix}1-\lambda&-2&-4\\-2&x-\lambda&-2\\-4&-2&1-\lambda\end{vmatrix}$$

$$=-\lambda^3+(2+x)\lambda^2+(23-2x)\lambda-(15x+40),$$

因相似矩阵有相同的特征多项式,于是,上述两个关于 λ 的多项式中对应项的系数必须相等.特别地,由 λ^2 项与常数项系数相等得

$$\begin{cases}y+1=2+x\\-20y=-15x-40\end{cases}$$

$$\Rightarrow x=4,y=5.$$

下面求正交阵 $\boldsymbol{P}$.由上面知道,$\boldsymbol{A}$ 的特征值为 $\lambda_1=\lambda_3=5,\lambda_2=-4$.

① 对应于 $\lambda_1=\lambda_3=5$ 的线性无关的特征向量是方程 $(\boldsymbol{A}-5\boldsymbol{E})\boldsymbol{x}=\boldsymbol{0}$ 的基础解系.

因
$$A-5E=\begin{pmatrix}-4&-2&-4\\-2&-1&-2\\-4&-2&-4\end{pmatrix}\overset{r}{\sim}\begin{pmatrix}2&1&2\\0&0&0\\0&0&0\end{pmatrix},$$

得基础解系 $\xi_1=\begin{pmatrix}1\\-2\\0\end{pmatrix}$，$\xi_3=\begin{pmatrix}1\\0\\-1\end{pmatrix}$，规范正交化，

得
$$p_1=\frac{1}{\sqrt{5}}\begin{pmatrix}1\\-2\\0\end{pmatrix},p_3=\frac{1}{3\sqrt{5}}\begin{pmatrix}4\\2\\-5\end{pmatrix}.$$

② 对应于 $\lambda_2=-4$ 的特征向量是 $(A+4E)x=0$ 的基础解系.

因
$$A+4E=\begin{pmatrix}5&-2&-4\\-2&8&-2\\-4&-2&5\end{pmatrix}\overset{r}{\sim}\begin{pmatrix}1&-2&0\\0&-2&1\\0&0&0\end{pmatrix},$$

得它的单位化基础解系 $p_2=\frac{1}{3}\begin{pmatrix}2\\1\\2\end{pmatrix}$.

令 $P=(p_1,p_2,p_3)$，则 P 为所求正交阵，它满足 $P^{-1}AP=P^{T}AP=\Lambda$.

21. 分析 要明白 $P=(p_1,p_2,p_3)$ 且可逆，$P^{-1}AP=\Lambda$，$A=P\Lambda P^{-1}$，对应于 P 的
$$\Lambda=\begin{pmatrix}\lambda_1&&\\&\lambda_2&\\&&\lambda_3\end{pmatrix}.$$

解题过程 因 A 的特征值互异，故由定理 2 知向量组 p_1,p_2,p_3 线性无关，若记矩阵 $P=(p_1,p_2,p_3)$，则 P 为可逆阵，且有
$$P^{-1}AP=\mathrm{diag}(2,-2,1)\Rightarrow A=P\mathrm{diag}(2,-2.1)P^{-1}.$$

用初等变换方法求得：$P^{-1}=\begin{pmatrix}-1&1&0\\1&-1&1\\0&1&-1\end{pmatrix}$. 于是
$$A=\begin{pmatrix}0&1&1\\1&1&1\\1&1&0\end{pmatrix}\begin{pmatrix}2&0&0\\0&-2&0\\0&0&1\end{pmatrix}\begin{pmatrix}-1&1&0\\1&-1&1\\0&1&-1\end{pmatrix}=\begin{pmatrix}-2&3&-3\\-4&5&-3\\-4&4&-2\end{pmatrix}$$

22. 解题过程 因 A 对称，由定理 7，必有正交阵 $Q=(q_1,q_2,q_3)$ 使 $Q^{T}AQ=Q^{-1}AQ=\mathrm{diag}(1,-1,0)$. 显然 q_1,q_2 可依次取为 p_1,p_2 的单位化向量，即
$$q_1=\frac{1}{3}\begin{pmatrix}1\\2\\2\end{pmatrix},q_2=\frac{1}{3}\begin{pmatrix}2\\1\\-2\end{pmatrix};$$

由定理 6，q_3 与 p_1,p_2 正交，于是 q_3 可取为方程 $\begin{pmatrix}p_1^{T}\\p_2^{T}\end{pmatrix}x=0$ 的单位解向量.

由
$$\begin{pmatrix}p_1^{T}\\p_2^{T}\end{pmatrix}=\begin{pmatrix}1&2&2\\2&1&-2\end{pmatrix}\overset{r}{\sim}\begin{pmatrix}1&0&-2\\0&1&2\end{pmatrix},$$

可知
$$q_3=\frac{1}{3}\begin{pmatrix}2\\-2\\1\end{pmatrix},$$

于是
$$\begin{aligned}A&=Q\mathrm{diag}(1,-1,0)Q^{\mathrm{T}}\\&=\frac{1}{9}\begin{pmatrix}1&2&2\\2&1&-2\\2&-2&1\end{pmatrix}\begin{pmatrix}1&0&0\\0&-1&0\\0&0&0\end{pmatrix}\begin{pmatrix}1&2&2\\2&1&-2\\2&-2&1\end{pmatrix}\\&=\frac{1}{3}\begin{pmatrix}-1&0&2\\0&1&2\\2&2&0\end{pmatrix}.\end{aligned}$$

23. **分析** 据已知 $Q^{\mathrm{T}}AQ=\Lambda=Q^{-1}AQ$，$A=Q\Lambda Q^{-1}=Q\Lambda Q^{\mathrm{T}}$

由齐次方程组 $P_1^{\mathrm{T}}x=0$ 得其另两个特征向量正交，单位化后为 Q.

解题过程 (1) 求矩阵 A 对应于特征值 3 的两个线性无关的特征向量 p_2,p_3. 由对称阵特征向量的性质，p_1 与 p_2 和 p_3 都正交，即有
$$\begin{cases}p_1^{\mathrm{T}}p_2=0,\\p_1^{\mathrm{T}}p_3=0,\end{cases}$$
亦即 p_2,p_3 是齐次方程组 $p_1^{\mathrm{T}}x=0$ 的两个线性无关解，其系数矩阵是 p_1^{T}，它的秩等于 1. 于是 p_2,p_3 是上述方程组的一个基础解系，取其为
$$p_2=\begin{pmatrix}1\\0\\-1\end{pmatrix},p_3=\begin{pmatrix}0\\1\\-1\end{pmatrix}.$$

(2) 把向量组 p_2,p_3 用施密特方法予以正交化，得
$$\tilde{p}_2=p_2=\begin{pmatrix}1\\0\\-1\end{pmatrix};\tilde{p}_3=p_3-\frac{[p_3,\tilde{p}_2]}{[\tilde{p}_2,\tilde{p}_2]}\tilde{p}_2=\frac{1}{2}\begin{pmatrix}-1\\2\\-1\end{pmatrix}.$$

(3) 分别把向量 $p_1,\tilde{p}_2,\tilde{p}_3$ 单位化，得
$$\xi_1=\frac{1}{\sqrt{3}}\begin{pmatrix}1\\1\\1\end{pmatrix},\xi_2=\frac{1}{\sqrt{2}}\begin{pmatrix}1\\0\\-1\end{pmatrix},\xi_3=\frac{1}{\sqrt{6}}\begin{pmatrix}-1\\2\\-1\end{pmatrix}.$$

令 $Q=(\xi_1,\xi_2,\xi_3)$，则 Q 为正交阵，并有
$$Q^{\mathrm{T}}AQ=Q^{-1}AQ=\mathrm{diag}(6,3,3)$$

于是
$$A=Q\mathrm{diag}(6,3,3)Q^{-1}=Q\mathrm{diag}(6,3,3)Q^{\mathrm{T}}=\begin{pmatrix}4&1&1\\1&4&1\\1&1&4\end{pmatrix}.$$

24. **解题过程** (1) 因为 $A=\alpha\alpha^{\mathrm{T}}=\begin{pmatrix}a_1\\a_2\\\vdots\\a_n\end{pmatrix}(a_1,a_2,\cdots,a_n)$

$$=\begin{pmatrix} a_1^2 & a_1a_2 & \cdots & a_1a_n \\ a_2a_1 & a_2^2 & \cdots & a_2a_n \\ \vdots & \vdots & & \vdots \\ a_na_1 & a_na_2 & \cdots & a_n^2 \end{pmatrix},$$

故有 $$|\boldsymbol{A}-\lambda\boldsymbol{E}|=\begin{vmatrix} a_1^2-\lambda & a_1a_2 & \cdots & a_1a_n \\ a_2a_1 & a_2^2-\lambda & \cdots & a_2a_n \\ \vdots & \vdots & & \vdots \\ a_na_1 & a_na_2 & \cdots & a_n^2-\lambda \end{vmatrix}$$

$$\xlongequal[i=2,3,\cdots,n]{r_i-\frac{a_i}{a_1}r_1}\begin{vmatrix} a_1^2-\lambda & a_1a_2 & \cdots & a_1a_n \\ \frac{a_2}{a_1}\lambda & -\lambda & \cdots & 0 \\ \vdots & \vdots & & \vdots \\ \frac{a_n}{a_1}\lambda & 0 & \cdots & -\lambda \end{vmatrix}$$

$$\xlongequal{c_1+\sum_{i=2}^{n}\frac{a_i}{a_1}c_i}\begin{vmatrix} \sum_{i=2}^{n}a_i^2 & a_1a_2 & \cdots & a_1a_n \\ 0 & -\lambda & \cdots & 0 \\ \vdots & \vdots & & \vdots \\ 0 & 0 & \cdots & -\lambda \end{vmatrix}$$

$$=(-\lambda)^{n-1}\left(\sum_{i=2}^{n}a_i^2-\lambda\right),$$

所以 $\lambda_1=0$ 是 $\boldsymbol{A}$ 的 $n-1$ 重特征值，另一个特征值是 $\lambda_2=\sum_{i=2}^{n}a_i^2$，由于已知 $a_1\neq 0$，故 λ_2 非零.

(2) 由(1)已知求得 $\boldsymbol{A}$ 的非零特征值为 $\lambda_2=\sum_{i=2}^{n}a_i^2$，这里只要求 n 个线性无关的特征向量即可. 对应特征值 $\lambda_1=0$，解方程 $(\boldsymbol{A}-0\boldsymbol{E})\boldsymbol{x}=\boldsymbol{0}$，由

$$\boldsymbol{A}-0\boldsymbol{E}=\begin{pmatrix} a_1^2 & a_1a_2 & \cdots & a_1a_n \\ a_2a_1 & a_2^2 & \cdots & a_2a_n \\ \vdots & \vdots & & \vdots \\ a_na_1 & a_na_1 & \vdots & a_n^2 \end{pmatrix}\xrightarrow[\substack{r_i-a_ir_1\\ i=2,3,\cdots,n}]{r_1\div a_1}\begin{pmatrix} a_1 & a_2 & \cdots & a_n \\ 0 & 0 & \cdots & 0 \\ \vdots & \vdots & & \vdots \\ 0 & 0 & \cdots & 0 \end{pmatrix}$$

得基础解系，即线性无关的特征向量为

$$\boldsymbol{\xi}_1=\begin{pmatrix} -\frac{a_2}{a_1} \\ 1 \\ 0 \\ \vdots \\ 0 \end{pmatrix},\boldsymbol{\xi}_2=\begin{pmatrix} -\frac{a_3}{a_1} \\ 0 \\ 1 \\ \vdots \\ 0 \end{pmatrix},\cdots,\boldsymbol{\xi}_{n-1}=\begin{pmatrix} -\frac{a_n}{a_1} \\ 0 \\ 0 \\ \vdots \\ 1 \end{pmatrix}.$$

对应特征值 $\lambda_2=\sum_{i=2}^{n}a_i^2$，解方程 $(\boldsymbol{A}-\lambda_2\boldsymbol{E})\boldsymbol{x}=\boldsymbol{0}$，由

$$A-\lambda_2 E=\begin{bmatrix} a_1^2-\lambda_2 & a_1a_2 & \cdots & a_1a_n \\ a_2a_1 & a_2^2-\lambda_2 & \cdots & a_2a_n \\ \vdots & \vdots & & \vdots \\ a_na_1 & a_na_2 & \cdots & a_n^2-\lambda_2 \end{bmatrix}$$

$$\xrightarrow[i=2,3,\cdots,n]{r_i-\frac{a_i}{a_1}r_1}\begin{bmatrix} a_1^2-\lambda_2 & a_1a_2 & \cdots & a_1a_n \\ \frac{a_2}{a_1}\lambda_2 & -\lambda_2 & \cdots & 0 \\ \vdots & \vdots & & \vdots \\ \frac{a_n}{a_1}\lambda_2 & 0 & \cdots & -\lambda_2 \end{bmatrix}$$

$$\xrightarrow[i=2,3,\cdots,n]{\frac{a_1}{\lambda_2}\lambda_i}\begin{bmatrix} a_1^2-\lambda_2 & a_1a_2 & \cdots & a_1a_n \\ a_2 & -a_1 & \cdots & 0 \\ \vdots & \vdots & & \vdots \\ a_n & 0 & \cdots & -a_1 \end{bmatrix},$$

因为已知**A**有n个线性无关的特征向量，故对应特征值λ_2的特征向量仅有一个，即为方程$(A-\lambda_2 E)X=0$的基础解系仅含一个向量，又有

$$\begin{bmatrix} a_1^2-\lambda & a_1a_2 & \cdots & a_1a_n \\ a_2 & -a_1 & \cdots & 0 \\ \vdots & \vdots & & \vdots \\ a_n & 0 & \cdots & -a_1 \end{bmatrix}\begin{pmatrix} a_1 \\ a_2 \\ \vdots \\ a_n \end{pmatrix}=\begin{pmatrix} 0 \\ 0 \\ \vdots \\ 0 \end{pmatrix},$$

这说明 $\xi_n=a=\begin{pmatrix} a_1 \\ a_2 \\ \vdots \\ a_n \end{pmatrix}$ 即为**A**的对应特征值$\lambda_2=\sum_{i=1}^{n}a_i^2$的特征向量.

因此，所要求的n个线性无关的特征向量就是$\xi_1,\xi_2,\cdots,\xi_n$.

25. 解题过程 (1) 由 $|A-\lambda E|=\begin{vmatrix} 3-\lambda & -2 \\ -2 & 3-\lambda \end{vmatrix}$

$$=(3-\lambda)^2-4=(1-\lambda)(5-\lambda),$$

求得**A**的特征值为$\lambda_1=1,\lambda_2=5$.

① 对应$\lambda_1=1$，解方程$(A-E)x=0$，

由
$$A-E=\begin{pmatrix} 2 & -2 \\ -2 & 2 \end{pmatrix}\xrightarrow{r}\begin{pmatrix} 1 & -1 \\ 0 & 0 \end{pmatrix},$$

得基础解系 $\xi_1=\begin{pmatrix} 1 \\ 1 \end{pmatrix}$，将其单位化，得 $P_1=\frac{1}{\sqrt{2}}\begin{pmatrix} 1 \\ 1 \end{pmatrix}$.

② 对应$\lambda_2=5$，解方程$(A-5E)x=0$，

由
$$A-5E=\begin{pmatrix} -2 & -2 \\ -2 & -2 \end{pmatrix}\xrightarrow{r}\begin{pmatrix} 1 & 1 \\ 0 & 0 \end{pmatrix},$$

得基础解系 $\xi_2=\begin{pmatrix} 1 \\ -1 \end{pmatrix}$，将其单位化，得 $P_2=\frac{1}{\sqrt{2}}\begin{pmatrix} 1 \\ -1 \end{pmatrix}$.

将 $\boldsymbol{p}_1,\boldsymbol{p}_2$ 构成正交矩阵

$$\boldsymbol{P}=(\boldsymbol{p}_1,\boldsymbol{p}_2)=\frac{1}{\sqrt{2}}\begin{pmatrix}1&1\\1&-1\end{pmatrix}$$

有
$$\boldsymbol{P}^{-1}\boldsymbol{AP}=\boldsymbol{P}^{\mathrm{T}}\boldsymbol{AP}=\boldsymbol{\Lambda}=\begin{pmatrix}1&0\\0&5\end{pmatrix}\Rightarrow\boldsymbol{A}=\boldsymbol{P\Lambda P}^{\mathrm{T}}.$$

于是得

$$\varphi(\boldsymbol{A})=\boldsymbol{P}\varphi(\boldsymbol{\Lambda})\boldsymbol{P}^{\mathrm{T}}=\frac{1}{2}\begin{pmatrix}1&1\\1&-1\end{pmatrix}\begin{pmatrix}\varphi(1)&0\\0&\varphi(5)\end{pmatrix}\begin{pmatrix}1&1\\1&-1\end{pmatrix}$$

$$\frac{1}{2}\begin{pmatrix}1&1\\1&-1\end{pmatrix}\begin{pmatrix}-4&0\\0&0\end{pmatrix}\begin{pmatrix}1&1\\1&-1\end{pmatrix}$$

$$=\frac{1}{2}\begin{pmatrix}-4&0\\-4&0\end{pmatrix}\begin{pmatrix}1&1\\1&-1\end{pmatrix}=-2\begin{pmatrix}1&1\\1&1\end{pmatrix}$$

(2) 这是求矩阵 $\boldsymbol{A}$ 的多项式. $\boldsymbol{A}$ 的特征多项式

$$|\boldsymbol{A}-\lambda\boldsymbol{E}|=\begin{vmatrix}2-\lambda&1&2\\1&2-\lambda&2\\2&2&1-\lambda\end{vmatrix}=(1-\lambda)(1+\lambda)(\lambda-5).$$

于是 $\boldsymbol{A}$ 的特征值 $\lambda_1=-1,\lambda_2=1,\lambda_3=5$. 根据对称矩阵对角化理论,存在正交阵 $\boldsymbol{Q}=(\boldsymbol{\xi}_1,\boldsymbol{\xi}_2,\boldsymbol{\xi}_3)$,使 $\boldsymbol{Q}^{\mathrm{T}}\boldsymbol{AQ}=\boldsymbol{Q}^{-1}\boldsymbol{AQ}=\mathrm{diag}(-1,1,5)=\boldsymbol{\Lambda}$,亦即 $\boldsymbol{A}=\boldsymbol{Q\Lambda Q}^{\mathrm{T}}$,并且 $\boldsymbol{Q}$ 的列向量 $\boldsymbol{\xi}_1$ 是对应特征值 λ 的单位化特征向量,$i=1,2,3$,从而有

$$\varphi(\boldsymbol{A})=\boldsymbol{Q}\varphi(\boldsymbol{\Lambda})\boldsymbol{Q}^{\mathrm{T}}=\boldsymbol{Q}\mathrm{diag}(-1,1,5)\boldsymbol{Q}^{\mathrm{T}}$$

$$\boldsymbol{Q}\mathrm{diag}(\varphi(-1),\varphi(1),\varphi(5))\boldsymbol{Q}^{\mathrm{T}}$$

$$=(\boldsymbol{\xi}_1,\boldsymbol{\xi}_2,\boldsymbol{\xi}_3)\begin{pmatrix}12&0&0\\0&0&0\\0&0&0\end{pmatrix}\begin{pmatrix}\boldsymbol{\xi}_1^{\mathrm{T}}\\\boldsymbol{\xi}_2^{\mathrm{T}}\\\boldsymbol{\xi}_3^{\mathrm{T}}\end{pmatrix}$$

$$=12\boldsymbol{\xi}_1\boldsymbol{\xi}_1^{\mathrm{T}}.$$

其中,$\varphi(x)=x^{10}-6x^9+5x^8,\varphi(-1)=12,\varphi(1)=0,\varphi(5)=0$. 这样,只需要具体计算出 $\boldsymbol{\xi}_1$,即对应 $\lambda_1=-1$ 的单位特征向量,代入上式即得 $\varphi(\boldsymbol{A})$.

解方程 $(\boldsymbol{A}-\lambda_1\boldsymbol{E})\boldsymbol{x}=\boldsymbol{0}$,由

$$\boldsymbol{A}-\lambda_1\boldsymbol{E}=\boldsymbol{A}+\boldsymbol{E}\xrightarrow{r}\begin{pmatrix}1&0&\frac{1}{2}\\0&1&\frac{1}{2}\\0&0&0\end{pmatrix},$$

得单位化基础解系
$$\boldsymbol{\xi}_1=\frac{1}{\sqrt{6}}\begin{pmatrix}1\\1\\-2\end{pmatrix},$$

代入 ① 式,即求得
$$\varphi(\boldsymbol{A})=2\begin{pmatrix}1&1&-2\\1&1&-2\\-2&-2&4\end{pmatrix}.$$

26. 解题过程 (1) $f=(x,y,z)\begin{pmatrix}1&2&1\\2&4&2\\1&2&1\end{pmatrix}\begin{pmatrix}x\\y\\z\end{pmatrix}$.

(2) $f=(x,y,z)\begin{pmatrix}1&-1&-2\\-1&1&-2\\-2&-2&-7\end{pmatrix}\begin{pmatrix}x\\y\\z\end{pmatrix}$.

(3) $f=(x_1,x_2,x_3)\begin{pmatrix}1&-1&0\\-1&1&3\\0&3&1\end{pmatrix}\begin{pmatrix}x_1\\x_2\\x_3\end{pmatrix}$.

27. 分析 二次型矩阵系数中 a_{ii} 为 x_i^2 的系数，由于二次型矩阵是对称矩阵故 $\sum a_0(i\neq j)$ 为 $\sum x$ 的系数，$a_{ij}=a_{ji}=\dfrac{\sum x_ix_j}{2}$.

解题过程 (1) $\begin{pmatrix}2&1\\3&1\end{pmatrix}=2x_1^2+x_2^2+x_1x_2+3x_2x_1$，$f$ 的矩阵 $\boldsymbol{A}=\begin{pmatrix}2&2\\2&1\end{pmatrix}$.

(2) $$f(x)=(x_1,x_2,x_3)\begin{pmatrix}1&2&3\\4&5&6\\7&8&9\end{pmatrix}\begin{pmatrix}x_1\\x_2\\x_3\end{pmatrix}$$
$$=x_1^2+5x_2^2+9x_3^2+6x_1x_2+10x_1x_3+14x_2x_3$$
$$=(x_1,x_2,x_3)\begin{pmatrix}1&3&5\\3&5&7\\5&7&9\end{pmatrix}\begin{pmatrix}x_1\\x_2\\x_3\end{pmatrix},$$

于是 f 的矩阵 $$\boldsymbol{A}=\begin{pmatrix}1&3&5\\3&5&7\\5&7&9\end{pmatrix}.$$

小结 对任一 n 阶方阵 $\boldsymbol{A}$，$f(x)=\boldsymbol{x}^{\mathrm{T}}\boldsymbol{A}\boldsymbol{x}$ 均是（n 个变元的）二次型，这可从本题得到验证，但此二次型 f 的矩阵不一定是 $\boldsymbol{A}$. 由于 f 为数（一阶矩阵），故 $f=f^{\mathrm{T}}$，于是
$$f=\boldsymbol{x}^{\mathrm{T}}\boldsymbol{A}\boldsymbol{x}.$$
$$\Rightarrow f=f^{\mathrm{T}}=(\boldsymbol{x}^{\mathrm{T}}\boldsymbol{A}\boldsymbol{x})^{\mathrm{T}}=\boldsymbol{x}^{\mathrm{T}}\boldsymbol{A}^{\mathrm{T}}\boldsymbol{x}$$
$$\Rightarrow f=\boldsymbol{x}^{\mathrm{T}}\frac{\boldsymbol{A}+\boldsymbol{A}^{\mathrm{T}}}{2}\boldsymbol{x}.$$
因 $\dfrac{\boldsymbol{A}+\boldsymbol{A}^{\mathrm{T}}}{2}$ 为对称阵，故二次型 $f=\boldsymbol{x}^{\mathrm{T}}\boldsymbol{A}\boldsymbol{x}$ 的矩阵为 $\dfrac{\boldsymbol{A}+\boldsymbol{A}^{\mathrm{T}}}{2}$.

28. 分析 关键在于正确求解二次型 f 的矩阵 $\boldsymbol{A}$.

解题过程 (1) 二次型 f 的矩阵为 $\boldsymbol{A}=\begin{pmatrix}2&0&0\\0&3&2\\0&2&3\end{pmatrix}$.

它的特征多项式为

$$|\boldsymbol{A}-\lambda\boldsymbol{E}|=\begin{vmatrix}2-\lambda & 0 & 0\\ 0 & 3-\lambda & 2\\ 0 & 2 & 3-\lambda\end{vmatrix}$$

$$=(2-\lambda)[(3-\lambda)^2-4]$$

$$=(2-\lambda)(5-\lambda)(1-\lambda),$$

于是 $\boldsymbol{A}$ 的特征值为 $\lambda_1=2,\lambda_2=5,\lambda_3=1$.

① 对应特征值 $\lambda_1=2$，解方程 $(\boldsymbol{A}-2\boldsymbol{E})\boldsymbol{x}=\boldsymbol{0}$，由

$$\boldsymbol{A}-2\boldsymbol{E}=\begin{pmatrix}0&0&0\\0&1&2\\0&2&1\end{pmatrix}\xrightarrow{r}\begin{pmatrix}0&1&0\\0&0&1\\0&0&0\end{pmatrix},$$

得基础解系 $\boldsymbol{P}_1=\begin{pmatrix}1\\0\\0\end{pmatrix}$，已单位化.

② 对应特征值 $\lambda_2=5$，解方程 $(\boldsymbol{A}-5\boldsymbol{E})\boldsymbol{x}=\boldsymbol{0}$，由

$$\boldsymbol{A}-5\boldsymbol{E}=\begin{pmatrix}-3&0&0\\0&-2&2\\0&2&-2\end{pmatrix}\xrightarrow{r}\begin{pmatrix}1&0&0\\0&1&-1\\0&0&0\end{pmatrix},$$

得基础解系 $\boldsymbol{\xi}_2=\begin{pmatrix}0\\1\\1\end{pmatrix}$，将其单位化.

得
$$\boldsymbol{p}_2=\frac{1}{\sqrt{2}}\begin{pmatrix}0\\1\\1\end{pmatrix}.$$

③ 对应特征值 $\lambda_3=1$，解方程 $(\boldsymbol{A}-\boldsymbol{E})\boldsymbol{x}=\boldsymbol{0}$，由

$$\boldsymbol{A}-\boldsymbol{E}=\begin{pmatrix}1&0&0\\0&2&2\\0&2&2\end{pmatrix}\xrightarrow{r}\begin{pmatrix}1&0&0\\0&1&1\\0&0&0\end{pmatrix},$$

得基础解系 $\boldsymbol{\xi}_3=\begin{pmatrix}0\\1\\-1\end{pmatrix}$，将其单位化.

得
$$\boldsymbol{p}_2=\frac{1}{\sqrt{2}}\begin{pmatrix}0\\1\\-1\end{pmatrix}.$$ 于是，所求的正交变换为

$$\begin{pmatrix}x_1\\x_2\\x_3\end{pmatrix}=\begin{pmatrix}1&0&0\\0&\frac{1}{\sqrt{2}}&\frac{1}{\sqrt{2}}\\0&\frac{1}{\sqrt{2}}&-\frac{1}{\sqrt{2}}\end{pmatrix}\begin{pmatrix}y_1\\y_2\\y_3\end{pmatrix},$$

且标准形为
$$f=2y_1^2+5y_2^2+y_3^2.$$

(2) 二次型的矩阵为
$$A=\begin{pmatrix}1&1&0\\1&0&-1\\0&-1&1\end{pmatrix}$$

它的特征多项式为

$$\begin{aligned}|A-\lambda E|&=\begin{vmatrix}1-\lambda&1&0\\1&-\lambda&-1\\0&-1&1-\lambda\end{vmatrix}\\&=\begin{vmatrix}1-\lambda&0&1-\lambda\\1&-\lambda&-1\\0&-1&1-\lambda\end{vmatrix}\\&=(1-\lambda)\begin{vmatrix}1&0&1\\1&-\lambda&-1\\0&-1&1-\lambda\end{vmatrix}\\&=(1-\lambda)\begin{vmatrix}1&0&0\\1&-\lambda&-2\\0&-1&1-\lambda\end{vmatrix}\\&=(1-\lambda)\begin{vmatrix}-\lambda&-2\\-1&1-\lambda\end{vmatrix}\\&=(1-\lambda)[\lambda(\lambda-1)-2]\\&=(1-\lambda)(\lambda-2)(\lambda+1)\end{aligned}$$

于是 $\boldsymbol{A}$ 的特征值为 $\lambda_1=-1,\lambda_2=1,\lambda_3=2$.

① 对应特征值 $\lambda_1=-1$,解方程 $(\boldsymbol{A}+\boldsymbol{E})\boldsymbol{x}=\boldsymbol{0}$

得基础解系 $\qquad \boldsymbol{\xi}_1=[-1,2,1]^{\mathrm{T}}$,

将其单位化,得 $\qquad \boldsymbol{P}_1=\left(-\frac{1}{\sqrt{6}},\frac{2}{\sqrt{6}},\frac{1}{\sqrt{6}}\right)^{\mathrm{T}}$

② 对应特征值 $\lambda_2=1$,解方程 $(\boldsymbol{A}-\boldsymbol{E})\boldsymbol{x}=\boldsymbol{0}$

得基础解系 $\qquad \boldsymbol{\xi}_2=[1,0,1]^{\mathrm{T}}$,

将单位化,得 $\qquad \boldsymbol{P}_2=\left(\frac{1}{\sqrt{2}},0,\frac{1}{\sqrt{2}}\right)^{\mathrm{T}}$

③ 对应特征值 $\lambda_3=2$,解方程 $(\boldsymbol{A}-2\boldsymbol{E})\boldsymbol{x}=\boldsymbol{0}$

得基础解系 $\qquad \boldsymbol{\xi}_3=[-1,-1,1]^{\mathrm{T}}$.

将其单位化,得 $\qquad \boldsymbol{P}_3=\left(-\frac{1}{\sqrt{3}},-\frac{1}{\sqrt{3}},\frac{1}{\sqrt{3}}\right)^{\mathrm{T}}$

于是,所求的正交变换为

$$\begin{pmatrix}x_1\\x_2\\x_3\end{pmatrix}=\begin{pmatrix}-\frac{1}{\sqrt{6}}&\frac{1}{\sqrt{2}}&-\frac{1}{\sqrt{3}}\\\frac{2}{\sqrt{6}}&0&-\frac{1}{\sqrt{3}}\\\frac{1}{\sqrt{6}}&\frac{1}{\sqrt{2}}&\frac{1}{\sqrt{3}}\end{pmatrix}\begin{pmatrix}y_1\\y_2\\y_3\end{pmatrix},$$

且标准形为 $f=-y_1^2+y_2^2+2y_3^2$.

29. 分析 本题由应用题转化为求二次型 f 的对应矩阵 $\boldsymbol{A}$,进而求 λ_i,特征向量进行正交变换.

解题过程 二次曲面方程左边二次型 f 所对应的矩阵 $\boldsymbol{A}$ 为

$$\boldsymbol{A}=\begin{pmatrix}3&2&-2\\2&5&-5\\-2&-5&5\end{pmatrix}.$$

它的特征多项式为

$$|\boldsymbol{A}-\lambda\boldsymbol{E}|=\begin{vmatrix}3-\lambda&2&-2\\2&5-\lambda&-5\\-2&-5&5-\lambda\end{vmatrix}$$

$$\xlongequal[\text{后 } c_2-c_3]{\text{先 } r_3+r_2}\begin{vmatrix}3-\lambda&4&-2\\2&10-\lambda&-5\\0&0&-\lambda\end{vmatrix}$$

$$=-\lambda(\lambda-2)(\lambda-11),$$

于是 $\boldsymbol{A}$ 的特征值为 $\lambda_1=2,\lambda_2=11,\lambda_3=0$.

① 对应特征值 $\lambda_1=2$,解方程 $(\boldsymbol{A}-2\boldsymbol{E})\boldsymbol{x}=\boldsymbol{0}$,由

$$\boldsymbol{A}-2\boldsymbol{E}=\begin{pmatrix}1&2&-2\\2&3&-5\\-2&-5&3\end{pmatrix}\xrightarrow{r}\begin{pmatrix}1&2&-2\\0&-1&-1\\0&-1&-1\end{pmatrix}\xrightarrow{r}\begin{pmatrix}1&0&-4\\0&1&1\\0&0&0\end{pmatrix}.$$

得基础解系 $\boldsymbol{\xi}_1=\begin{pmatrix}4\\-1\\1\end{pmatrix}$,将其单位化,得 $\boldsymbol{p}_1=\dfrac{1}{3\sqrt{2}}\begin{pmatrix}4\\-1\\1\end{pmatrix}$.

② 对应特征值 $\lambda_2=11$,解方程 $(\boldsymbol{A}-11\boldsymbol{E})\boldsymbol{x}=\boldsymbol{0}$,由

$$\boldsymbol{A}-11\boldsymbol{E}=\begin{pmatrix}-8&2&-2\\2&-6&-5\\-2&-5&-6\end{pmatrix}\xrightarrow{r}\begin{pmatrix}2&-6&5\\0&-22&-22\\0&-11&-11\end{pmatrix}$$

$$\xrightarrow{r}\begin{pmatrix}2&0&1\\0&1&1\\0&0&0\end{pmatrix}\xrightarrow{r}\begin{pmatrix}2&1&0\\0&1&1\\0&0&0\end{pmatrix}$$

得基础解系 $\boldsymbol{\xi}_2=\begin{pmatrix}1\\2\\-2\end{pmatrix}$,将其单位化,得 $\boldsymbol{p}_2=\dfrac{1}{3}\begin{pmatrix}1\\2\\-2\end{pmatrix}$.

③ 对应特征值 $\lambda_3=0$,解方程 $(\boldsymbol{A}-0\boldsymbol{E})\boldsymbol{x}=\boldsymbol{0}$,由

$$\boldsymbol{A}=\begin{pmatrix}3&2&-2\\2&5&-5\\-2&-5&5\end{pmatrix}\xrightarrow{r}\begin{pmatrix}1&-3&3\\0&11&-11\\0&0&0\end{pmatrix}\xrightarrow{r}\begin{pmatrix}1&0&0\\0&1&-1\\0&0&0\end{pmatrix}.$$

得基础解系 $\boldsymbol{\xi}_3=\begin{pmatrix}0\\1\\1\end{pmatrix}$,将其单位化,得 $\boldsymbol{p}_3=\dfrac{1}{\sqrt{2}}\begin{pmatrix}0\\1\\1\end{pmatrix}$.

于是，所求的正交变换为 $\begin{pmatrix} x \\ y \\ z \end{pmatrix} = \begin{pmatrix} \frac{4}{3\sqrt{2}} & \frac{1}{3} & 0 \\ \frac{-1}{3\sqrt{2}} & \frac{2}{3} & \frac{1}{\sqrt{2}} \\ \frac{1}{3\sqrt{2}} & \frac{-2}{3} & \frac{1}{\sqrt{2}} \end{pmatrix} \begin{pmatrix} u \\ v \\ w \end{pmatrix}$.

且二次曲面的标准方程为 $2u^2 + 11u^2 = 1$，它是椭圆柱面.

30. 分析 证明两个量相等可以利用不等式的夹逼思想，例如，能证明 $\boldsymbol{A} \geqslant \boldsymbol{B}$，且 $\boldsymbol{A} \leqslant \boldsymbol{B}$，则显然 $\boldsymbol{A} = \boldsymbol{B}$.

解题过程 设 $\lambda_1 \geqslant \lambda_2 \geqslant \cdots \geqslant \lambda_n$ 为 $\boldsymbol{A}$ 的 n 个特征值，由对称阵的对角化理论知，存在正交阵 $\boldsymbol{Q} = (\boldsymbol{q}_1, \boldsymbol{q}_2, \cdots, \boldsymbol{q}_n)$，使

$$\boldsymbol{Q}^{\mathrm{T}}\boldsymbol{A}\boldsymbol{Q} = \operatorname{diag}(\lambda_1, \lambda_2, \cdots, \lambda_n) = \boldsymbol{\Lambda},$$

并且 $\boldsymbol{Q}$ 的第 i 个列向量 $\boldsymbol{q}_i$ 是对应于特征值 λ_i 的单位化特征向量. 令正交变换 $\boldsymbol{x} = \boldsymbol{Q}\boldsymbol{y}$，则

$$\|\boldsymbol{x}\|^2 = \boldsymbol{x}^{\mathrm{T}}\boldsymbol{x} = \boldsymbol{y}^{\mathrm{T}}\boldsymbol{Q}^{\mathrm{T}}\boldsymbol{Q}\boldsymbol{y} = \boldsymbol{y}^{\mathrm{T}}\boldsymbol{y} = \|\boldsymbol{y}\|^2, \quad ①$$

从而

$$\begin{aligned} \max_{\|x\|=1} f(\boldsymbol{x}) &= \max_{\|x\|=1} \boldsymbol{x}^{\mathrm{T}}\boldsymbol{A}\boldsymbol{x} = \max_{\|y\|=1} \boldsymbol{y}^{\mathrm{T}}\boldsymbol{Q}^{\mathrm{T}}\boldsymbol{A}\boldsymbol{Q}\boldsymbol{y} \\ &= \max_{\|y\|=1} \boldsymbol{y}^{\mathrm{T}}\boldsymbol{\Lambda}\boldsymbol{y} = \max_{\sum y_i^2=1} (\lambda_1 y_1^2 + \cdots + \lambda_n y_n^2) \\ &\leqslant \lambda_1 \max_{\sum y_i^2=1} \sum y_i^2 = \lambda; \end{aligned} \quad ②$$

另一方面，取 $\boldsymbol{y}_0 = \boldsymbol{e}_1 = (1, 0, \cdots, 0)^{\mathrm{T}}$，即 $\boldsymbol{y}_0$ 为第 1 个分量是 1 的单位坐标向量，则 $\|\boldsymbol{y}_0\| = \|\boldsymbol{e}_1\| = 1$，再取

$$\boldsymbol{x}_0 = \boldsymbol{Q}\boldsymbol{y}, \quad ③$$

由 ① 式知 $\|\boldsymbol{x}\| = 1$，且二次型 f 在 $\boldsymbol{x}_0$ 的值为

$$f(x_0) = \boldsymbol{x}_0^{\mathrm{T}}\boldsymbol{A}\boldsymbol{x} = \boldsymbol{y}_0^{\mathrm{T}}\boldsymbol{Q}^{\mathrm{T}}\boldsymbol{\Lambda}\boldsymbol{Q}\boldsymbol{y}_0 = \boldsymbol{y}_0^{\mathrm{T}}\boldsymbol{\Lambda}\boldsymbol{y}_0 = \lambda_1 \quad ④$$

综合 ② 式与 ④ 式，即知 $f(x_0) = \max\limits_{\|\boldsymbol{x}\|=1} \boldsymbol{x}^{\mathrm{T}}\boldsymbol{A}\boldsymbol{x} = \lambda_1$.

小结 (1) 类似地可证二次型 f 在 n 维向量空间的单位球面上的最小值是 $\boldsymbol{A}$ 的最小特征值.
(2) 由 ③ 式 $\boldsymbol{x}_0 = \boldsymbol{Q}\boldsymbol{e}_1$ 及矩阵的乘法可知 x_0 是矩阵 $\boldsymbol{Q}$ 的第 1 列向量，从而，$\boldsymbol{x}_0$ 是对应于特征值 λ_1 的特征向量.

31. 分析 通过观察把所有含 x_1 的项括在一起进行配方，括号外的项不再含有 x_1，依此类推 $x_2, x_3 \cdots$

解题过程 (1) 由于 f 中含变量 x_1 的平方项，故把含 x_1 的项归并起来，配方可得

$$\begin{aligned} f(x_1, x_2, x_3) &= x_1^2 + 2x_1x_2 - 4x_1x_2 + 3x_2^2 + 5x_3^2 \\ &= (x_1 + x_2 - 2x_3)^2 - x_2^2 - 4x_3^2 + 4x_2x_3 + 3x_2^2 + 5x_3^2 \\ &= (x_1 + x_2 - 2x_3)^2 + 2x_2^2 + x_3^2 + 4x_2x_3 \\ &= (x_1 + x_2 - 2x_3)^2 - 2x_2^2 + (2x_2 + x_3)^2. \end{aligned}$$

令 $\begin{cases} y_1 = x_2 + x_2 - 2x_3, \\ y_2 = \sqrt{2}x_2, \\ y_3 = 2x_2 + x_3, \end{cases}$ 即 $\begin{cases} x_1 = y_1 - \dfrac{5}{\sqrt{2}}y_2 + 2y_3, \\ x_2 = \dfrac{1}{\sqrt{2}}y_2, \\ x_3 = -\dfrac{2}{\sqrt{2}}y_2 + y_3, \end{cases}$

就是 $f(x)$ 化成规范形 $f(\boldsymbol{C}y)=y_1^2-y_2^2+y_3^2$，所用变换矩阵为

$$\boldsymbol{C}=\begin{pmatrix}1 & -\frac{5}{\sqrt{2}} & 2\\ 0 & \frac{1}{\sqrt{2}} & 0\\ 0 & -\frac{2}{\sqrt{2}} & 1\end{pmatrix},\left(|\boldsymbol{C}|=\frac{1}{\sqrt{2}}\right).$$

(2) 由于 f 中含变量 x_1 的平方项，故把含 x_1 的项归并起来，配方可得

$$\begin{aligned}f(x_1,x_2,x_3)&=x_1^2+2x_3^2+2x_1x_3+2x_2x_3\\&=x_1^2+2x_1x_3+2x_3^2+2x_2x_3\\&=(x_1+x_3)^2+x_3^2+2x_2x_3\\&=(x_1+x_3)^2-x_2^2+(x_2+x_3)^2.\end{aligned}$$

令 $\begin{cases}y_1=x_1+x_3,\\y_2=x_2,\\y_3=x_2+x_3,\end{cases}$ 即 $\begin{cases}x_1=y_1+y_2-y_3,\\x_2=y_2,\\x_3=-y_2+y_3,\end{cases}$

就是 $f(x)$ 化成规范形 $f(\boldsymbol{C}y)=y_1^2-y_2^2+y_3^2$，所用变换矩阵为

$$\boldsymbol{C}=\begin{pmatrix}1 & 1 & -1\\ 0 & 1 & 0\\ 0 & -1 & 1\end{pmatrix},(|\boldsymbol{C}|=1).$$

(3) 由于 $f(x)$ 中含变量 x_1 的平方项，故把含 x_1 的项归并起来，配方可得

$$\begin{aligned}f(x_1,x_2,x_3)&=2x_1^2+x_2^2+4x_3^2+2x_1x_2-2x_2x_3\\&=2x_1^2+2x_1x_2+x_2^2+4x_3^2-2x_2x_3\\&=\left(\sqrt{2}x_1+\frac{1}{\sqrt{2}}x_2\right)^2+\frac{1}{2}x_2^2+2x_3^2-2x_2x_3+2x_3^2\\&=\left(\sqrt{2}x_1+\frac{1}{\sqrt{2}}x_2\right)^2+\left(\frac{1}{\sqrt{2}}x_2-\sqrt{2}x_3\right)^2+(\sqrt{2}x_3)^2.\end{aligned}$$

令 $\begin{cases}y_1=\sqrt{2}x_1+\frac{1}{\sqrt{2}}x_2\\y_2=\frac{1}{\sqrt{2}}x_2-\sqrt{2}x_3,\\y_3=\sqrt{2}x_3,\end{cases}$ 即 $\begin{cases}x_1=\frac{1}{\sqrt{2}}y_1-\frac{1}{\sqrt{2}}y_2-\frac{1}{\sqrt{2}}y_3,\\x_2=\sqrt{2}y_2+\sqrt{2}y_3,\\x_3=\frac{1}{\sqrt{2}}y_3,\end{cases}$

就把 $f(x)$ 化成规范形 $f(\boldsymbol{C}y)=y_1^2+y_2^2+y_3^2$.

所用变换矩阵为 $\boldsymbol{C}=\frac{1}{\sqrt{2}}\begin{pmatrix}1 & -1 & -1\\ 0 & 2 & 2\\ 0 & 0 & 1\end{pmatrix},\left(|\boldsymbol{C}|=\frac{\sqrt{2}}{2}\right).$

32. 分析 f 正定 $\Leftrightarrow \boldsymbol{A}$ 的各阶主子式全为 $\boldsymbol{E}$.

解题过程 用霍尔维茨定理，对 f 的矩阵 $\boldsymbol{A}$ 进行讨论.

$$\boldsymbol{A}=\begin{pmatrix}1 & a & -1\\ a & 1 & 2\\ -1 & 2 & 5\end{pmatrix}$$

由霍尔维茨定理,$\boldsymbol{A}$ 正定 $\Leftrightarrow \begin{vmatrix} 1 & a \\ a & 1 \end{vmatrix} > 0$ 且 $|\boldsymbol{A}| > 0$.

由 $\begin{vmatrix} 1 & a \\ a & 1 \end{vmatrix} > 0 \Rightarrow a^2 < 1$,

由 $|\boldsymbol{A}| = -a(5a+4) > 0 \Rightarrow -\dfrac{4}{5} < a < 0$,

合起来,当 $-\dfrac{4}{5} < a < 0$ 时,$\boldsymbol{A}$ 正定从而 f 正定.

33. 解题过程 (1)f 的矩阵为 $\boldsymbol{A} = \begin{pmatrix} -2 & 1 & 1 \\ 1 & -6 & 0 \\ 1 & 0 & -4 \end{pmatrix}$.

由于 $a_{11} = -2 < 0$, $\begin{vmatrix} a_{11} & a_{12} \\ a_{21} & a_{22} \end{vmatrix} = \begin{vmatrix} -2 & 1 \\ 1 & -6 \end{vmatrix} = 11 > 0$,

$$|\boldsymbol{A}| = \begin{vmatrix} -2 & 1 & 1 \\ 1 & -6 & 0 \\ 1 & 0 & -4 \end{vmatrix} = -48+6+4 = -38 < 0,$$

即奇数阶顺序主子式为负,偶数阶顺序主子式为正,对称阵 $\boldsymbol{A}$ 为负定,从而它对应的二次型 f 为负定.

(2)f 的矩阵为 $\boldsymbol{A} = \begin{pmatrix} 1 & -1 & 2 \\ -1 & 3 & 0 \\ 2 & 0 & 9 \end{pmatrix}$.

由于 $a_{11} = 1 > 0$

$$\begin{vmatrix} a_{11} & a_{12} \\ a_{21} & a_{22} \end{vmatrix} = \begin{vmatrix} 1 & -1 \\ -1 & 3 \end{vmatrix} = 2 > 0$$

$$|\boldsymbol{A}| = \begin{vmatrix} 1 & -1 & 2 \\ -1 & 3 & 0 \\ 2 & 0 & 9 \end{vmatrix} = 27-12-9 = 6 > 0$$

即各阶顺序式主子式为正,对称矩阵 $\boldsymbol{A}$ 为正定矩阵,从而它对应的二次型 f 为正定.

34. 解题过程 充分性:若存在可逆矩阵 $\boldsymbol{U}$,使 $\boldsymbol{A} = \boldsymbol{U}^{\mathrm{T}}\boldsymbol{U}$,任取 $\boldsymbol{x} \in \boldsymbol{R}^n$, $\boldsymbol{x} \neq \boldsymbol{0}$,就有 $\boldsymbol{Ux} \neq \boldsymbol{0}$. 并且,$\boldsymbol{A}$ 的二次型在该处的值

$f(X) = \boldsymbol{x}^{\mathrm{T}}\boldsymbol{Ax} = \boldsymbol{x}^{\mathrm{T}}\boldsymbol{U}^{\mathrm{T}}\boldsymbol{Ux} = [\boldsymbol{Ux}, \boldsymbol{Ux}] = \|\boldsymbol{Ux}\|^2 > 0$,即矩阵 $\boldsymbol{A}$ 的二次型是正定的,从而由定义知,$\boldsymbol{A}$ 是正定矩阵.

必要性:因 $\boldsymbol{A}$ 是对称阵,根据对称阵可对角化的原理,必存在正交阵 $\boldsymbol{Q}$ 使 $\boldsymbol{Q}^{\mathrm{T}}\boldsymbol{AQ} = \boldsymbol{\Lambda} = \mathrm{diag}(\lambda_1, \lambda_2, \cdots, \lambda_n)$.

其中,$\lambda_1, \lambda_2, \cdots, \lambda_n$ 是 $\boldsymbol{A}$ 的 n 个特征值. 但 $\boldsymbol{A}$ 为正定矩阵,故 $\lambda_i > 0, i = 1, 2, \cdots, n$. 记对角阵 $\boldsymbol{\Lambda}_1 = \mathrm{diag}(\sqrt{\lambda_1}, \sqrt{\lambda_2}, \cdots, \sqrt{\lambda_n})$,则有

$$\boldsymbol{\Lambda}_1^2 = \mathrm{diag}(\sqrt{\lambda_1}, \sqrt{\lambda_2}, \cdots, \sqrt{\lambda_n})\mathrm{diag}(\sqrt{\lambda_1}, \sqrt{\lambda_2}, \cdots, \sqrt{\lambda_n}) = \boldsymbol{\Lambda}.$$

从而 $\boldsymbol{A} = \boldsymbol{Q\Lambda Q}^{\mathrm{T}} = \boldsymbol{Q\Lambda}_1\boldsymbol{\Lambda}_1\boldsymbol{Q}^{\mathrm{T}} = (\boldsymbol{Q\Lambda}_1)(\boldsymbol{Q\Lambda}_1)^{\mathrm{T}}$,

记 $\boldsymbol{U} = (\boldsymbol{Q\Lambda}_1)^{\mathrm{T}}$,显然 $\boldsymbol{U}$ 可逆,并且由上式知 $\boldsymbol{A} = \boldsymbol{U}^{\mathrm{T}}\boldsymbol{U}$.

第六章

线性空间与线性变换

本章知识结构网络

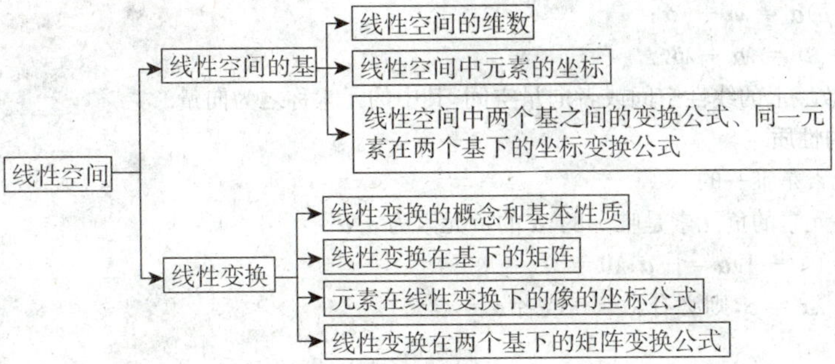

本章知识要点

(1) 对线性空间概念的理解,验证某集合上引入加法和乘运算后为线性空间.

(2) 确定线性空间的基,并由此得到该线性空间的维数.

(3) 求空间中的元素在给定基下的坐标.

(4) 确定线性空间中两个基之间的变换公式,求出过渡矩阵.

(5) 求元素在某基下的坐标:利用该元素在另一个基下的坐标,以及这两个基之间的过渡矩阵求出元素的坐标.

(6) 验证线性空间上的映射是否为线性映射或线性变换.

(7) 求线性空间上的线性变换在某基下的矩阵;利用线性变换在某基下的矩阵以及元素在该基下的坐标,求该元素在该纯性变换下的像的坐标.

(8) 会利用两个基之间的过渡矩阵以及线性变换在其中一个基下的矩阵,求出该线性变换在另一个基下的矩阵.

知识点归纳

一、线性空间的定义与性质

1. 线性空间的定义

在一个集合 V 上定义两种运算 $\boldsymbol{\alpha} \in V$ 和 $\boldsymbol{\beta} \in V$ 的和 $\boldsymbol{\alpha}+\boldsymbol{\beta} \in V$,实数 $\lambda \in \mathbf{R}$ 和 $\boldsymbol{\alpha} \in V$ 的积 $\lambda\boldsymbol{\alpha}$,并且这两种运算满足八条基本性质;

(1)$\boldsymbol{\alpha}+\boldsymbol{\beta}=\boldsymbol{\beta}+\boldsymbol{\alpha}$;

(2)$(\boldsymbol{\alpha}+\boldsymbol{\beta})+\boldsymbol{\gamma}=\boldsymbol{\alpha}+(\boldsymbol{\beta}+\boldsymbol{\gamma})$;

(3) 在 V 中存在零元素 $\mathbf{0}$,对任何 $\alpha \in V$ 都有 $\boldsymbol{\alpha}+\mathbf{0}=\boldsymbol{\alpha}$;

(4) 对任何 $\boldsymbol{\alpha} \in V$,都有 $\boldsymbol{\alpha}$ 的负元素 $\boldsymbol{\beta} \in V$,使得 $\boldsymbol{\alpha}+\boldsymbol{\beta}=0$;

(5)$1\boldsymbol{\alpha}=\boldsymbol{\alpha}$;

(6)$\lambda(\mu\boldsymbol{\alpha}=(\lambda\mu)\boldsymbol{\alpha}$;

(7)$(\lambda+\mu)\boldsymbol{\alpha}=\lambda\boldsymbol{\alpha}+\mu\boldsymbol{\alpha}$;

(8)$\lambda(\alpha+\beta)=\lambda\boldsymbol{\alpha}+\lambda\boldsymbol{\beta}$.

则称 V 为实数域上的线性空间或者向量空间,其中的元素称之为向量.

2. 线性空间的性质

(1) 零元素是唯一的.

(2) 任一元素的负元素是唯一的,$\boldsymbol{\alpha}$ 的负元素为 $-\boldsymbol{\alpha}$.

(3)$0\boldsymbol{\alpha}=0$;$(-1)\boldsymbol{\alpha}=-\boldsymbol{\alpha}$;$\lambda\mathbf{0}=0$.

(4) 如果 $\lambda\boldsymbol{\alpha}=\boldsymbol{\alpha}$,则必有 $\lambda=0$ 或者 $\boldsymbol{\alpha}=0$.

3. 子空间

设 V 为线性空间,L 是 V 的一个非空子集,如果 L 对于 V 中所定义的加法和数乘这两种运算也构成一个线性空间,则称 L 为 V 的子空间.

二、维数、基与坐标

1. 线性空间的基、维数

在线性空间 V 中,如果存在 n 个元素 $\boldsymbol{\alpha}_1,\boldsymbol{\alpha}_2,\cdots,\boldsymbol{\alpha}_n$,满足:

(1)$\boldsymbol{\alpha}_1,\boldsymbol{\alpha}_2,\cdots,\boldsymbol{\alpha}_n$ 线性无关;

(2)V 中任一元素 $\boldsymbol{\alpha}$ 总可由 $\boldsymbol{\alpha}_1,\boldsymbol{\alpha}_2,\cdots,\boldsymbol{\alpha}_n$ 线性表示,则称 $\boldsymbol{\alpha}_1,\boldsymbol{\alpha}_2,\cdots,\boldsymbol{\alpha}_n$ 为线性空间 V 的一个基,n 称为线性空间的维数,n 维线性空间记做 V_n.

2. 元素在基下的坐标

设 $\boldsymbol{\alpha}_1,\boldsymbol{\alpha}_2,\cdots,\boldsymbol{\alpha}_n$ 为线性空间 V_n 的一个基,对于任一元素 $\boldsymbol{\alpha}$,有且仅有一组有序实数 $x_1,x_2,\cdots,x_n$,使得 $\boldsymbol{\alpha}=x_1\boldsymbol{\alpha}_1+x_2\boldsymbol{\alpha}_2+\cdots+x_x\boldsymbol{\alpha}_n$ 成立,称这组实数为元素在基下的坐标,记为 $\boldsymbol{\alpha}=(x_1,x_2,\cdots,x_n)^{\mathrm{T}}$.

三、基变换与坐标变换

1. **基变换公式与过渡矩阵**

设线性空间 V_n 有两个基 $\boldsymbol{\alpha}_1,\boldsymbol{\alpha}_2,\cdots,\boldsymbol{\alpha}_n$ 和 $\boldsymbol{\beta}_1,\boldsymbol{\beta}_2,\cdots,\boldsymbol{\beta}_n$，则必有

$$\begin{cases}\boldsymbol{\beta}_1=p_{11}\boldsymbol{\alpha}_1+p_{21}\boldsymbol{\alpha}_2+\cdots+p_{n1}\boldsymbol{\alpha}_n,\\ \boldsymbol{\beta}_2=p_{12}\boldsymbol{\alpha}_1+p_{22}\boldsymbol{\alpha}_2+\cdots+p_{n2}\boldsymbol{\alpha}_n,\\ \quad\cdots\cdots\\ \boldsymbol{\beta}_n=p_{1n}\boldsymbol{\alpha}_1+p_{2n}\boldsymbol{\alpha}_2+\cdots+p_{nn}\boldsymbol{\alpha}_n,\end{cases}$$

记为 $\begin{pmatrix}\boldsymbol{\beta}_1\\ \boldsymbol{\beta}_2\\ \vdots\\ \boldsymbol{\beta}_n\end{pmatrix}=\begin{bmatrix}p_{11}&p_{21}&\cdots&p_{n1}\\ p_{12}&p_{22}&\cdots&p_{n2}\\ \vdots&\vdots&&\vdots\\ p_{1n}&p_{2n}&\cdots&p_{nn}\end{bmatrix}\begin{pmatrix}\boldsymbol{\alpha}_1\\ \boldsymbol{\alpha}_2\\ \vdots\\ \boldsymbol{\alpha}_n\end{pmatrix}=\boldsymbol{P}^{\mathrm{T}}\begin{pmatrix}\boldsymbol{\alpha}_1\\ \boldsymbol{\alpha}_2\\ \vdots\\ \boldsymbol{\alpha}_n\end{pmatrix}$，

即 $(\boldsymbol{\beta}_1,\boldsymbol{\beta}_2,\cdots,\boldsymbol{\beta}_n)=(\boldsymbol{\alpha}_1,\boldsymbol{\alpha}_2,\cdots,\boldsymbol{\alpha}_n)\boldsymbol{P}$，称此式为基的变换公式，矩阵 $\boldsymbol{P}$ 为由基 $\boldsymbol{\alpha}_1,\boldsymbol{\alpha}_2,\cdots,\boldsymbol{\alpha}_n$ 到基是 $\boldsymbol{\beta}_1,\boldsymbol{\beta}_2,\cdots,\boldsymbol{\beta}_n$ 的过渡矩阵.

2. **坐标变换公式**

设 V_n 中的元素 $\boldsymbol{\alpha}$，在基 $\boldsymbol{\alpha}_1,\boldsymbol{\alpha}_2,\cdots,\boldsymbol{\alpha}_n$ 下的坐标为 $(x_1,x_2,\cdots,x_n)^{\mathrm{T}}$，在基 $\boldsymbol{\beta}_1,\boldsymbol{\beta}_2,\cdots,\boldsymbol{\beta}_n$ 下的坐标为 $(x'_1,x'_2,\cdots,x'_n)^{\mathrm{T}}$. 如果两个基满足关系式 $(\boldsymbol{\beta}_1,\boldsymbol{\beta}_2,\cdots,\boldsymbol{\beta}_n)=(\boldsymbol{\alpha}_1,\boldsymbol{\alpha}_2,\cdots,\boldsymbol{\alpha}_n)\boldsymbol{P}$，则必有

$$\begin{pmatrix}x'_1\\ x'_2\\ \vdots\\ x'_n\end{pmatrix}=\boldsymbol{P}^{-1}\begin{pmatrix}x_1\\ x_2\\ \vdots\\ x_n\end{pmatrix}$$

四、线性变换

1. **映射**

设有两个集合 $\boldsymbol{A},\boldsymbol{B}$，如果对于 $\boldsymbol{A}$ 中任意一个元素 α，按照一定的法则，总有 $\boldsymbol{B}$ 中确定的元素 β 与它对应，则称这个对应规则为从集合 $\boldsymbol{A}$ 到集合 $\boldsymbol{B}$ 的一个映射.

2. **线性变换**

两个线性空间 U_m,V_n，分别为 m 维和 n 维线性空间，T 是一个从 V_n 到 U_m 的映射，如果映射 T 满足：

(1) 任给 $\boldsymbol{\alpha}_1,\boldsymbol{\alpha}_2\in V_n$，有 $T(\boldsymbol{\alpha}_1+\boldsymbol{\alpha}_2)=T(\boldsymbol{\alpha}_1)+T(\boldsymbol{\alpha}_2)$；

(2) 任给 $\boldsymbol{\alpha}\in V_n\mathbf{R}$，有 $T(\lambda\boldsymbol{\alpha})=\lambda T(\boldsymbol{\alpha})$，

则称 T 为从 V_n 到 U_m 的线性映射或称为线性变换.

3. **线性变换的性质**

(1) $T\mathbf{0}=\mathbf{0}$，$T(-\boldsymbol{\alpha})=-T\boldsymbol{\alpha}$.

(2) 若 $\boldsymbol{\beta}=k_1,\boldsymbol{\alpha}_1+k_2\boldsymbol{\alpha}_2+\cdots+k_m\boldsymbol{\alpha}_m$，则 $T\boldsymbol{\beta}=k_1T\boldsymbol{\alpha}_2+\cdots+k_mT\boldsymbol{\alpha}_m$.

(3) 若 $\boldsymbol{\alpha}_1,\boldsymbol{\alpha}_2,\cdots,\boldsymbol{\alpha}_n$ 线性相关，则 $T\boldsymbol{\alpha}_1,T\boldsymbol{\alpha}_2,\cdots,T\boldsymbol{\alpha}_n$ 亦线性相关.

(4) 线性变换 T 的像集 $T(V_n)$ 是一个线性空间，称为线性变换的像空间.

(5) 使得 $T\boldsymbol{\alpha}=\mathbf{0}$ 的全体 $\boldsymbol{\alpha}$ 形成一个线性空间，记为 S_T，称之为线性变换 T 的核.

五、线性变换的矩阵表示式

1. **线性变换的矩阵**

设 T 是线性空间 V_n 中的线性变换，在 V_n 中取定一个基 $\boldsymbol{\alpha}_1,\boldsymbol{\alpha}_2,\cdots,\boldsymbol{\alpha}_n$，如果这个基在变换 T 下的像(用这个基线性表示) 为

$$\begin{cases} T(\boldsymbol{\alpha}_1)=a_{11}\boldsymbol{\alpha}_1+a_{21}\boldsymbol{\alpha}_2+\cdots+a_{n1}\boldsymbol{\alpha}_n, \\ T(\boldsymbol{\alpha}_2)=a_{12}\boldsymbol{\alpha}_1+a_{22}\boldsymbol{\alpha}_2+\cdots+a_{n2}\boldsymbol{\alpha}_n, \\ \cdots\cdots\cdots \\ T(\boldsymbol{\alpha}_n)=a_{1n}\boldsymbol{\alpha}_1+\boldsymbol{\alpha}_{2n}\boldsymbol{\alpha}_2+\cdots+a_{nn}\boldsymbol{\alpha}_n, \end{cases}$$

记 $(\boldsymbol{\alpha}_1,\boldsymbol{\alpha}_2,\cdots,\boldsymbol{\alpha}_n)=(T(\boldsymbol{\alpha}_1),T(\boldsymbol{\alpha}_2),\cdots,T\boldsymbol{\alpha}_n))$，则

$T(\boldsymbol{\alpha}_1,\boldsymbol{\alpha}_2,\cdots,\boldsymbol{\alpha}_n)=(\boldsymbol{\alpha}_1,\boldsymbol{\alpha}_2,\cdots,\boldsymbol{\alpha}_n)\boldsymbol{A}$,

其中 $\boldsymbol{A}=\begin{bmatrix} a_{11} & a_{12} & \cdots & a_{1n} \\ a_{21} & a_{22} & \cdots & a_{2n} \\ \vdots & \vdots & & \vdots \\ a_{n1} & a_{n2} & \cdots & a_{nn} \end{bmatrix}$，称其为线性变换 T 在基 $\boldsymbol{\alpha}_1,\boldsymbol{\alpha}_2,\boldsymbol{\alpha}_n$ 下的矩阵.

2. **线性变换的像的坐标公式**

设 $\boldsymbol{\alpha}$ 在基 $\boldsymbol{\alpha}_1,\boldsymbol{\alpha}_2,\cdots,\boldsymbol{\alpha}_n$ 下的坐标为 $x=(x_1,x_2,\cdots,x_n)^{\mathrm{T}}$，线性变换 T 在基 $\boldsymbol{\alpha}_1,\boldsymbol{\alpha}_2,\cdots,\boldsymbol{\alpha}_n$ 下的矩阵为 $\boldsymbol{A}$，则 $T(\boldsymbol{\alpha})$ 在 $\boldsymbol{\alpha}_1,\boldsymbol{\alpha}_2,\cdots,\boldsymbol{\alpha}_n$ 下的坐标为 $\boldsymbol{Ax}$.

3. **同一个线性变换在两个不同基下的矩阵关系公式**

设线性空间 V_n 中取两个基 $\boldsymbol{\alpha}_1,\boldsymbol{\alpha}_2,\cdots,\boldsymbol{\alpha}_n$ 和 $\boldsymbol{\beta}_1,\boldsymbol{\beta}_2,\cdots,\boldsymbol{\beta}_n$，由 $\boldsymbol{\alpha}_1,\boldsymbol{\alpha}_2,\cdots,\boldsymbol{\alpha}_n$ 到 $\boldsymbol{\beta}_1,\boldsymbol{\beta}_2,\cdots,\boldsymbol{\beta}_n$ 的过渡矩阵为 $\boldsymbol{P}$，V_n 中线性变换 T 在这两个基下的矩阵分别为 $\boldsymbol{A}$ 和 $\boldsymbol{B}$，则有 $\boldsymbol{B}=\boldsymbol{P}^{-1}\boldsymbol{AP}$.

典型例题解析

Ⅰ 线性空间的定义与性质

例 1 试证集合 $V=\left\{f(x);\int_0^1 f(x)\mathrm{d}x=0\right\}$，按照通常函数的加法和数乘运算，构成实数域上的线性空间.

证 首先验证运算的封闭性.

设 $f(x),g(x)\in V$，则有

$$\int_0^1[f(x)+g(x)]\mathrm{d}x=\int_0^1 f(x)\mathrm{d}x+\int_0^1 g(x)\mathrm{d}x=0+0=0,$$

$$\int_0^1\lambda f(x)\mathrm{d}x=\lambda\int_0^1 f(x)\mathrm{d}x=\lambda,0=0,$$

可见 $f(x)+g(x)\in V,\lambda f(x)\in V$.

再验证基本运算要求：

(1) $f(x)+g(x)=g(x)+f(x)$；

(2) $[f(x)+g(x)]+h(x)=f(x)+[g(x)+h(x)]$；

(3) 零元素就是恒等于 **0** 的函数;

(4) $f(x)$ 的负元素就是 $-f(x)$;

(5) $1 \cdot f(x) = f(x)$;

(6) $a[bf(x)] = (ab)f(x)$;

(7) $(a+b)f(x) = af(x) + bf(x)$;

(8) $a[f(x)+g(x)] = af(x) + ag(x)$.

故 V 是线性空间.

解题要点:本题属于基本题型,注意对定义的把握。

Ⅱ 维数、基本坐标,基变变换与坐标变换

例 2 已知三维向量空间的一组基底为 $\boldsymbol{\alpha}_1=[1,1,0]$,$\boldsymbol{\alpha}_2=[1,0,1]$,$\boldsymbol{\alpha}_3=[0,1,1]$,则向量 $\boldsymbol{u}=[2,0,0]$ 在上述基底的坐标是________.

分析 若 $x_1\boldsymbol{\alpha}_1+x_2\boldsymbol{\alpha}_2+x_3\boldsymbol{\alpha}_3=\boldsymbol{u}$,则$[x_1,x_2,x_3]$称为向量 $\boldsymbol{u}$ 的基底 $\boldsymbol{\alpha}_1,\boldsymbol{\alpha}_2,\boldsymbol{\alpha}_3$ 的坐标,按分量写出,有

$$\begin{cases} x_1+x_2=2 \\ x_1+x_3=0 \\ x_2+x_3=0 \end{cases}$$

解此方程组,有 $x_1=1,x_2=1,x_3=-1$.

因此,向量 $\boldsymbol{u}$ 在基底 $\boldsymbol{\alpha}_1,\boldsymbol{\alpha}_2,\boldsymbol{\alpha}_3$ 的坐标是$[1,1,-1]$.

解题要点 本题主要考察向量坐标的运算。

例 3 已知 $\boldsymbol{\alpha}_1=[1,2,1]^{\mathrm{T}}$,$\boldsymbol{\alpha}_2=[2,3,3]^{\mathrm{T}}$,$\boldsymbol{\alpha}_3=[3,7,1]^{\mathrm{T}}$ 与 $\boldsymbol{\beta}=[2,1,1]^{\mathrm{T}}$,$\boldsymbol{\beta}_2=[5,2,2]^{\mathrm{T}}$,$\boldsymbol{\beta}_3=[1,3,4]^{\mathrm{T}}$ 是 $\mathbf{R}$ 的两组基,那么,在这两组基下有相同坐标的向量是________.

分析 设向量 $\boldsymbol{\gamma}$ 在这两组基下有相同的坐标$[x_1,x_2,x_3]^{\mathrm{T}}$,即

$$\boldsymbol{\gamma}=x_1\boldsymbol{\alpha}_1+x_2\boldsymbol{\alpha}_2+x_3\boldsymbol{\alpha}_3=x_1\boldsymbol{\beta}_1+x_2\boldsymbol{\beta}_2+x_3\boldsymbol{\beta}_3$$

把坐标代入,并整理得

$$\begin{cases} -x_1-3x_2+2x_3=0 \\ x_1+x_2+4x_3=0 \\ x_2-3x_3=0 \end{cases}$$

解出 $x_1=-7t,x_2=3t,x_3=t$

解题要点:本题主要考查向量基与坐标的关系,注意解题技巧的应用。

例 4 设 $\boldsymbol{\alpha}_1=[1,2,-1,0]^{\mathrm{T}}$,$\boldsymbol{\alpha}_2=[1,1,0,2]^{\mathrm{T}}$,$\boldsymbol{\alpha}_3[2,1,1,a]^{\mathrm{T}}$,若由 $\boldsymbol{\alpha}_1,\boldsymbol{\alpha}_2,\boldsymbol{\alpha}_3$ 生成的向量空间维数是 2,则 $a=$________.

分析 按定义,由 $\boldsymbol{\alpha}_1,\boldsymbol{\alpha}_2,\boldsymbol{\alpha}_3$ 所生成的向量空间维数是 $2 \Leftrightarrow$ 秩 $\mathrm{r}(\boldsymbol{\alpha}_1,\boldsymbol{\alpha}_2,\boldsymbol{\alpha}_3)=2$,那么对$[\boldsymbol{\alpha}_1,\boldsymbol{\alpha}_2,\boldsymbol{\alpha}_3]$作初等变换,有

$$[\boldsymbol{\alpha}_1,\boldsymbol{\alpha}_2,\boldsymbol{\alpha}_3]=\begin{bmatrix} 1 & 1 & 2 \\ 2 & 1 & 1 \\ -1 & 0 & 1 \\ 0 & 2 & a \end{bmatrix} \to \begin{bmatrix} 1 & 1 & 2 \\ 0 & 1 & 3 \\ 0 & 0 & a-6 \\ 0 & 0 & 0 \end{bmatrix}$$

所以 $a=6$.

解题要点：本题主要考察向量的维数，注意对定义的掌握。

Ⅲ 线性变换、线性变换的矩阵表示式

例 5 在 $\mathbf{R}^3$ 中，T 表示将向量投影到 xOy 平面上的线性变换，即

$$(x\boldsymbol{i}+y\boldsymbol{j}+z\boldsymbol{k})=x\boldsymbol{i}+y\boldsymbol{j}.$$

(1) 如果取基为 $\boldsymbol{i},\boldsymbol{j},\boldsymbol{k}$，求 T 的矩阵；

(2) 如果取基为 $\boldsymbol{\alpha}=\boldsymbol{i}+\boldsymbol{j},\boldsymbol{\beta}=\boldsymbol{j}+\boldsymbol{k}\boldsymbol{\gamma}=\boldsymbol{i}+\boldsymbol{k}$，求 T 的矩阵.

分析 (1) 根据题设有 $T\boldsymbol{i}=\boldsymbol{i},T\boldsymbol{j}=\boldsymbol{j}=T\boldsymbol{k}=\boldsymbol{0}$,

即 $T(\boldsymbol{i},\boldsymbol{j},\boldsymbol{k})(\boldsymbol{i},\boldsymbol{j},\boldsymbol{k})\begin{pmatrix}1&0&0\\0&1&0\\0&0&0\end{pmatrix}$，则所求矩阵 $\boldsymbol{A}=\begin{pmatrix}1&0&0\\0&1&0\\0&0&0\end{pmatrix}$.

(2) 根据题设，有 $\begin{cases}T\boldsymbol{\alpha}=\boldsymbol{i}+\boldsymbol{j}=\boldsymbol{\alpha},\\T\boldsymbol{\beta}=\boldsymbol{j}=\dfrac{1}{2}(\boldsymbol{\alpha}+\boldsymbol{\beta}-\boldsymbol{\gamma}),\\T\boldsymbol{\gamma}=\boldsymbol{i}=\dfrac{1}{2}(\boldsymbol{\alpha}-\boldsymbol{\beta}+\boldsymbol{\gamma}),\end{cases}$

即 $T(\boldsymbol{\alpha},\boldsymbol{\beta},\boldsymbol{\gamma})(\boldsymbol{\alpha},\boldsymbol{\beta},\boldsymbol{\gamma})\begin{pmatrix}1&\frac{1}{2}&\frac{1}{2}\\0&\frac{1}{2}&-\frac{1}{2}\\0&-\frac{1}{2}&\frac{1}{2}\end{pmatrix}$,

直接根据线性关系写出矩阵乘积的形式

故所求矩阵为

$$\boldsymbol{P}=\begin{pmatrix}1&\frac{1}{2}&\frac{1}{2}\\0&\frac{1}{2}&-\frac{1}{2}\\0&-\frac{1}{2}&\frac{1}{2}\end{pmatrix}.$$

解题要点：本题属于基本题，考察在特定基下矩阵的计算。

例 6 设 $\boldsymbol{\varepsilon}_1,\boldsymbol{\varepsilon}_2,\boldsymbol{\varepsilon}_3,\boldsymbol{\varepsilon}_4$ 是四维线性空间的一组基，线性变换 T 在这组基下的矩阵为

$$\boldsymbol{A}=\begin{pmatrix}1&0&2&1\\-1&2&1&3\\1&2&5&5\\2&-2&1&-2\end{pmatrix},$$

求线性变换 T 在基 $\boldsymbol{\alpha}_1=\boldsymbol{\varepsilon}_1-2\boldsymbol{\varepsilon}_2+\boldsymbol{\varepsilon}_4,\boldsymbol{\alpha}_2=3\boldsymbol{\varepsilon}_2-\boldsymbol{\varepsilon}_3-\boldsymbol{\varepsilon}_4,\boldsymbol{\alpha}_3=\boldsymbol{\varepsilon}_3+\boldsymbol{\varepsilon}_4,\boldsymbol{\alpha}_4=2\boldsymbol{\varepsilon}_4$ 下的矩阵.

解 首先求出从基 $\boldsymbol{\varepsilon}_1,\boldsymbol{\varepsilon}_2,\boldsymbol{\varepsilon}_3,\boldsymbol{\varepsilon}_4$ 到基 $\boldsymbol{\alpha}_1,\boldsymbol{\alpha}_2,\boldsymbol{\alpha}_3,\boldsymbol{\alpha}_4$ 的过渡矩阵：

$$(\boldsymbol{\alpha}_1,\boldsymbol{\alpha}_2,\boldsymbol{\alpha}_3,\boldsymbol{\alpha}_4)=(\boldsymbol{\varepsilon}_1,\boldsymbol{\varepsilon}_2,\boldsymbol{\varepsilon}_3,\boldsymbol{\varepsilon}_4)\begin{pmatrix}1&0&0&0\\-2&0&0&0\\0&3&1&0\\1&-1&1&2\end{pmatrix}.$$

这是根据两组基之间的线性运算关系直接写出来的乘积关系

即知过渡矩阵为

$$\boldsymbol{P}=\begin{pmatrix}1&0&0&0\\-2&3&0&0\\0&-1&1&0\\1&-1&1&2\end{pmatrix}.$$

由基本公式可知，T 在基 $\boldsymbol{\alpha}_1,\boldsymbol{\alpha}_2,\boldsymbol{\alpha}_3,\boldsymbol{\alpha}_4$ 下的矩阵为

$$\boldsymbol{B}=\boldsymbol{P}^{-1}\boldsymbol{A}\boldsymbol{P}=\begin{pmatrix}1&0&0&0\\-2&3&0&0\\0&-1&1&0\\1&-1&1&2\end{pmatrix}^{-1}\begin{pmatrix}1&0&2&1\\-1&2&1&3\\1&2&5&5\\2&-2&1&-2\end{pmatrix}\begin{pmatrix}1&0&0&0\\-2&3&0&0\\0&-1&1&0\\1&-1&1&2\end{pmatrix}$$

$$=\begin{pmatrix}1&0&0&0\\\frac{2}{3}&\frac{1}{3}&0&0\\\frac{2}{3}&\frac{1}{3}&1&0\\-\frac{1}{2}&0&-\frac{1}{2}&\frac{1}{2}\end{pmatrix}\begin{pmatrix}1&0&2&1\\-1&2&1&3\\1&2&5&5\\2&-2&1&-2\end{pmatrix}\begin{pmatrix}1&0&0&0\\-2&3&0&0\\0&-1&1&0\\1&-1&1&2\end{pmatrix}$$

$$=\begin{pmatrix}2&-3&3&2\\\frac{2}{3}&-\frac{4}{3}&\frac{10}{3}&\frac{10}{3}\\\frac{8}{3}&-\frac{16}{3}&\frac{40}{3}&\frac{40}{3}\\0&1&-7&-8\end{pmatrix}$$

课后习题全解

1. 解题过程 (1) 任取 $\boldsymbol{A},\boldsymbol{B}\in S_1,\lambda\in R$，显然 $(\boldsymbol{A}+\boldsymbol{B})\in S_1,\lambda\boldsymbol{A}\in S_1$. 这就是说，2 阶矩阵所组成的集 S_1 对于矩阵的加法和数乘运算是封闭的. 又根据矩阵加法和数乘运算的运算律知道，这两种运算满足线性运算的八条规律. 因此，根据线性空间的定义，对于矩阵的加法和数乘运算，集合 S_1 构成线性空间. 今在线性空间 S_1 中取一个向量组

$$\boldsymbol{E}=\left\{\boldsymbol{E}_{11}=\begin{pmatrix}1&0\\0&0\end{pmatrix},\boldsymbol{E}_{12}=\begin{pmatrix}0&1\\0&0\end{pmatrix},\boldsymbol{E}_{21}=\begin{pmatrix}0&0\\1&0\end{pmatrix},\boldsymbol{E}_{22}=\begin{pmatrix}0&0\\0&1\end{pmatrix}\right\}$$

显然，$\boldsymbol{E}$ 是一个线性无关组，又对任意 $\boldsymbol{A}=\begin{pmatrix}a_{11}&a_{12}\\a_{21}&a_{22}\end{pmatrix}\in S_1$，

有
$$\boldsymbol{A}=a_{11}\boldsymbol{E}_{11}+a_{12}\boldsymbol{E}_{12}+a_{21}\boldsymbol{E}_{21}+a_{22}\boldsymbol{E}_{22}.$$

即 S_1 中的任意向量都可用 $\boldsymbol{E}$ 线性表示,故 E 为 S_1 的一个基.

(2) 由于 S_2 是 S_1 的子集,故根据教材第 145 页定理 1 只要验证 S_2 对于矩阵的加法和数乘运算封闭. 任取

$$\boldsymbol{A}=\begin{pmatrix}a_{11}&a_{12}\\a_{21}&a_{22}\end{pmatrix}\in S_2,\quad \boldsymbol{B}=\begin{pmatrix}b_{11}&b_{12}\\b_{21}&b_{22}\end{pmatrix}\in S_2$$

即其中有 $a_{11}+a_{22}=0,b_{11}+b_{22}=0$,又任取 $\lambda\in R$,因为 $(a_{11}+b_{11})+(a_{22}+b_{22})=0$ 及 $\lambda a_{11}+\lambda a_{22}=0$,所以 $\boldsymbol{A}+\boldsymbol{B}\in S_2,\lambda\boldsymbol{A}\in S_2$,这就是说,集合 S_2 对于矩阵的加法和数乘运算是封闭的. 因此,对于矩阵的加法和数乘运算,集合 S_2 构成线性空间. 今在线性空间 S_2 中取一个向量组

$$\boldsymbol{F}=\left\{\boldsymbol{F}_1=\begin{pmatrix}1&0\\0&-1\end{pmatrix},\boldsymbol{F}_2=\begin{pmatrix}0&1\\0&0\end{pmatrix},\boldsymbol{F}_3=\begin{pmatrix}0&0\\1&0\end{pmatrix}\right\},$$

显然,$\boldsymbol{F}$ 是一个线性无关组,又对任意 $\boldsymbol{A}=\begin{pmatrix}a_{11}&a_{12}\\a_{21}&a_{22}\end{pmatrix}\in S_2$,其中 $a_{11}+a_{22}=0$,即 $a_{22}=-a_{11}$,有 $\boldsymbol{A}=a_{11}\boldsymbol{F}_1+a_{12}\boldsymbol{F}_2+a_{21}\boldsymbol{F}_3$,即 S_2 中的任意向量都可用 $\boldsymbol{F}$ 线性表示,故 $\boldsymbol{F}$ 为 S_2 的一个基.

(3) 由于 S_3 是 S_1 的子集,故根据教材第 145 页定理 1,只要验证 S_3 对于矩阵的加法和数乘运算封闭. 任取 $\boldsymbol{A}\in S_3,\boldsymbol{B}\in S_3$,即 $\boldsymbol{A}^{\mathrm{T}}=\boldsymbol{A},\boldsymbol{B}^{\mathrm{T}}=\boldsymbol{B}$,又任取 $\lambda\in R$,因为 $(\boldsymbol{A}+\boldsymbol{B})^{\mathrm{T}}=\boldsymbol{A}^{\mathrm{T}}+\boldsymbol{B}^{\mathrm{T}}=\boldsymbol{A}+\boldsymbol{B},(\lambda\boldsymbol{A})^{\mathrm{T}}=\lambda\boldsymbol{A}^{\mathrm{T}}=\lambda\boldsymbol{A}$,所以 $\boldsymbol{A}+\boldsymbol{B}\in S_3,\lambda\boldsymbol{A}\in S_3$,这就是说,集合 S_3 对于矩阵的加法和数乘运算是封闭的. 因此,对于矩阵的加法和数乘运算,集合 S_3 构成线性空间. 今在线性空间 S_3 中取一个向量组

$$\boldsymbol{G}=\left\{\boldsymbol{G}_1=\begin{pmatrix}1&0\\0&0\end{pmatrix},\boldsymbol{G}_2=\begin{pmatrix}0&0\\0&1\end{pmatrix},\boldsymbol{G}_3=\begin{pmatrix}0&1\\1&0\end{pmatrix}\right\}$$

显然,$\boldsymbol{G}$ 是一个线性无关组,又对任意 $\boldsymbol{A}=\begin{pmatrix}a&c\\c&b\end{pmatrix}\in S_2$,

有
$$\boldsymbol{A}=a\boldsymbol{G}_1+b\boldsymbol{G}_2+c\boldsymbol{G}_3,$$

即 S_3 中的任意向量都可用 $\boldsymbol{G}$ 线性表示,故 $\boldsymbol{G}$ 为 S_3 的一个基.

2. **解题过程** 设与向量 $(0,0,1)^{\mathrm{T}}$ 不平行的全体三维数组向量构成的集合为 V,显然,三维数组向量 $\boldsymbol{a}=(1,0,1)^{\mathrm{T}}\in V,\boldsymbol{b}=(-1,0,1)^{\mathrm{T}}\in V$,但 $\boldsymbol{a}+\boldsymbol{b}=(1,0,1)^{\mathrm{T}}+(-1,0,1)^{\mathrm{T}}=(0,0,2)^{\mathrm{T}}\notin V$,即集合 V 对于数组向量的加法不封闭,因此集合 V 对于数组向量的加法和数乘运算不构成线性空间。

3. **解题过程** (1) 设 $k_1(1+x)+k_2(x+x^2)+k_3(1+x^3)+k_4(2+2x+x^2+x^3)=\boldsymbol{0}$ 得 $(k_1+k_3+2k_4)+(k_1+k_2+2k_4)x+(k_2+k_4)x^2+(k_3+k_4)x^3=\boldsymbol{0}$. 因为 $1,x,x^2,x^3$ 线性无关,故上式中它们的系数均为 0,即有关于未知数 k_1,k_2,k_3,k_4 的齐次方程,其系数矩阵

$$\begin{pmatrix}1&0&1&2\\1&1&0&2\\0&1&0&1\\0&0&1&1\end{pmatrix}\sim\begin{pmatrix}1&0&1&2\\0&1&-1&0\\0&0&1&1\\0&0&0&0\end{pmatrix}.$$

知其秩为 3,故齐次方程有非零解,从而向量组 Ⅰ 线性相关,不是基;

(2) 类似地,于对向量组 Ⅱ,设

$$k_1(-1+x)+k_2(1-x^2)+k_3(-2+2x+x^2)+k_4x^3=\mathbf{0},$$

因 $1,x,x^2,x^3$ 线性无关可得齐次线性方程

$$\begin{cases}-k_1+k_2-2k_3=0,\\ k_1+2k_3=0,\\ -k_2+k_3=0,\\ k_4=0,\end{cases}\quad 即\quad \begin{pmatrix}-1&1&-2&0\\1&0&2&0\\0&-1&1&0\\0&0&0&1\end{pmatrix}\begin{pmatrix}k_1\\k_2\\k_3\\k_4\end{pmatrix}=\begin{pmatrix}0\\0\\0\\0\end{pmatrix},$$

它的系数矩阵秩为 4，故只有零解，从而向量组 Ⅱ 线性无关，且含 4 个向量，故是 $P[x]_3$ 的一个基.

4. **解题过程** 用坐标变换公式求解.

在 R^3 中取自然基：$\boldsymbol{e}_1,\boldsymbol{e}_2,\boldsymbol{e}_3$，则 $\boldsymbol{\alpha}=(7,3,1)^{\mathrm{T}}$ 在自然基下的坐标为 $(7,3,1)^{\mathrm{T}}$，并且记三阶矩阵 $\boldsymbol{P}$ 为

$$\boldsymbol{P}=\begin{pmatrix}1&6&3\\3&3&1\\5&2&0\end{pmatrix},则有(\boldsymbol{\alpha}_1,\boldsymbol{\alpha}_2,\boldsymbol{\alpha}_3)=(\boldsymbol{e}_1,\boldsymbol{e}_2,\boldsymbol{e}_3)\boldsymbol{P},$$

上式说明从基 $\boldsymbol{e}_1,\boldsymbol{e}_2,\boldsymbol{e}_3$ 到基 $\boldsymbol{\alpha}_1,\boldsymbol{\alpha}_2,\boldsymbol{\alpha}_3$ 的过渡矩阵即为矩阵 $\boldsymbol{P}$. 于是，根据坐标变换公式，向量 $\boldsymbol{\alpha}$ 在后一个基下的坐标为

$$\begin{pmatrix}x'_1\\x'_2\\x'_3\end{pmatrix}=\boldsymbol{P}^{-1}\begin{pmatrix}7\\3\\1\end{pmatrix}=\begin{pmatrix}1\\-2\\6\end{pmatrix}.$$

5. **分析** 使 $(\boldsymbol{\alpha}_1,\boldsymbol{\alpha}_2,\boldsymbol{\alpha}_3)$ 及 $(\boldsymbol{\beta}_1,\boldsymbol{\beta}_2,\boldsymbol{\beta}_3)$ 都与所取 R^3 中的自然基 $(\boldsymbol{e}_1,\boldsymbol{e}_2,\boldsymbol{e}_3)$ 发生联系求出过渡矩阵进而求出坐标变换公式.

解题过程 在 R^3 中取自然基 $\boldsymbol{e}_1,\boldsymbol{e}_2,\boldsymbol{e}_3$，并记从基 $\boldsymbol{e}_1,\boldsymbol{e}_2,\boldsymbol{e}_3$ 到基 $\boldsymbol{\alpha}_1,\boldsymbol{\alpha}_2,\boldsymbol{\alpha}_3$ 和基 $\boldsymbol{\beta}_1,\boldsymbol{\beta}_2,\boldsymbol{\beta}_3$ 的过渡矩阵分别为 $\boldsymbol{A}$ 和 $\boldsymbol{B}$，即有

$$(\boldsymbol{\alpha}_1,\boldsymbol{\alpha}_2,\boldsymbol{\alpha}_3)=(\boldsymbol{e}_1,\boldsymbol{e}_2,\boldsymbol{e}_3)\boldsymbol{A},\qquad ①$$

$$(\boldsymbol{\beta}_1,\boldsymbol{\beta}_2,\boldsymbol{\beta}_3)=(\boldsymbol{e}_1,\boldsymbol{e}_2,\boldsymbol{e}_3)\boldsymbol{B}.\qquad ②$$

其中，$\boldsymbol{A}=\begin{pmatrix}1&2&3\\2&3&7\\1&3&-2\end{pmatrix}$，$\boldsymbol{B}=\begin{pmatrix}3&5&1\\1&2&1\\4&1&-6\end{pmatrix}$. 假设向量 $\boldsymbol{\gamma}$ 在基 $\boldsymbol{\alpha}_1,\boldsymbol{\alpha}_2,\boldsymbol{\alpha}_3$ 下的坐标为 $(x_1,x_2,x_3)^{\mathrm{T}}$，在基 $\boldsymbol{\beta}_1,\boldsymbol{\beta}_2,\boldsymbol{\beta}_3$ 下的坐标为 $(x'_1,x'_2,x'_3)^{\mathrm{T}}$，于是，由定义有

$$\boldsymbol{\gamma}=(\boldsymbol{\beta}_1,\boldsymbol{\beta}_2,\boldsymbol{\beta}_3)\begin{pmatrix}x'_1\\x'_2\\x'_3\end{pmatrix};\qquad ③$$

另一方面

$$\boldsymbol{\gamma}=(\boldsymbol{\alpha}_1,\boldsymbol{\alpha}_2,\boldsymbol{\alpha}_3)\begin{pmatrix}x_1\\x_2\\x_3\end{pmatrix}\xrightarrow{由式①}(\boldsymbol{e}_1,\boldsymbol{e}_2,\boldsymbol{e}_3)\begin{pmatrix}x_1\\x_2\\x_3\end{pmatrix}$$

$$\xrightarrow{由式②}(\boldsymbol{\beta}_1,\boldsymbol{\beta}_2,\boldsymbol{\beta}_3)\boldsymbol{B}^{-1}\boldsymbol{A}\begin{pmatrix}x_1\\x_2\\x_3\end{pmatrix}.$$

上式与式 ③ 比较，并由坐标的唯一性得

$$\begin{pmatrix} x'_1 \\ x'_2 \\ x'_3 \end{pmatrix} = \boldsymbol{B}^{-1}\boldsymbol{A}\begin{pmatrix} x_1 \\ x_2 \\ x_3 \end{pmatrix} = \begin{pmatrix} 13 & 19 & 43 \\ -9 & -13 & -30 \\ 7 & 10 & 24 \end{pmatrix}\begin{pmatrix} x_1 \\ x_2 \\ x_3 \end{pmatrix}$$

或
$$\begin{pmatrix} x_1 \\ x_2 \\ x_3 \end{pmatrix} = \begin{pmatrix} -12 & -26 & -11 \\ 6 & 11 & 3 \\ 1 & 3 & 2 \end{pmatrix}\begin{pmatrix} x'_1 \\ x'_2 \\ x'_3 \end{pmatrix}.$$

6. 分析 熟记公式并灵活运用过渡矩阵$(\boldsymbol{\alpha}_1\cdots\boldsymbol{\alpha}_n)=(\boldsymbol{e}_1\cdots\boldsymbol{e}_n)\boldsymbol{P}$坐标变换公式：

$$\begin{pmatrix} x'_1 \\ \vdots \\ x'_n \end{pmatrix} = \boldsymbol{P}^{-1}\begin{pmatrix} x_1 \\ \vdots \\ x_n \end{pmatrix}$$

解题过程 (1) 显然有 $(\boldsymbol{\alpha}_1,\boldsymbol{\alpha}_2,\boldsymbol{\alpha}_3)=(\boldsymbol{e}_1,\boldsymbol{e}_2,\boldsymbol{e}_3)\begin{pmatrix} 2 & 0 & 5 & 6 \\ 1 & 3 & 3 & 6 \\ -1 & 1 & 2 & 1 \\ 1 & 0 & 1 & 3 \end{pmatrix}$,

所求过渡矩阵为
$$\boldsymbol{P}=\begin{pmatrix} 2 & 0 & 5 & 6 \\ 1 & 3 & 3 & 6 \\ -1 & 1 & 2 & 1 \\ 1 & 0 & 1 & 3 \end{pmatrix}.$$

(2) 设向量在基$\{\alpha_i\}$下的坐标为$(x'_1,x'_2,x'_3,x'_4)^{\mathrm{T}}$,则由坐标变换公式,有

$$\begin{pmatrix} x'_1 \\ x'_2 \\ x'_3 \\ x'_4 \end{pmatrix} = \boldsymbol{P}^{-1}\begin{pmatrix} x_1 \\ x_2 \\ x_3 \\ x_4 \end{pmatrix} = \frac{1}{27}\begin{pmatrix} 12 & 9 & -27 & -33 \\ 1 & 12 & -9 & -23 \\ 9 & 0 & 0 & -18 \\ -7 & -3 & 9 & 26 \end{pmatrix}\begin{pmatrix} x_1 \\ x_2 \\ x_3 \\ x_4 \end{pmatrix}.$$

(3) 设向量 $\boldsymbol{y}$ 在两个基下有相同的坐标$(y_1,y_2,y_3,y_4)^{\mathrm{T}}$,由坐标变换公式,并仍记坐标向量$(y_1,y_2,y_3,y_4)^{\mathrm{T}}$ 为 $\boldsymbol{y}$,则 $y=\boldsymbol{P}^{-1}\boldsymbol{y}$,即$(\boldsymbol{P}-\boldsymbol{E})\boldsymbol{y}=\boldsymbol{0}$. 易求得此齐次线性方程组系数矩阵的秩$R(\boldsymbol{P}-\boldsymbol{E})=2$,从而解空间的维数等于$l$,且以$\boldsymbol{\xi}=(1,1,1,-1)^{\mathrm{T}}$为它的一个基础解系.

故所求向量为 $k\begin{pmatrix} 1 \\ 1 \\ 1 \\ -1 \end{pmatrix}$,$k$ 为任意常数.

7. 解题过程 写出 $\boldsymbol{a}_1,\boldsymbol{a}_2,\boldsymbol{b}_1,\boldsymbol{b}_2$ 在基$\begin{pmatrix} 1 & 0 \\ 0 & 0 \end{pmatrix},\begin{pmatrix} 0 & 1 \\ 0 & 0 \end{pmatrix},\begin{pmatrix} 0 & 0 \\ 1 & 0 \end{pmatrix},\begin{pmatrix} 0 & 0 \\ 0 & 1 \end{pmatrix}$中的坐标所构成的矩阵

$$\begin{pmatrix} 1 & -1 & 1 & 2 \\ 2 & -1 & 3 & -1 \\ 1 & 1 & 3 & 4 \\ 0 & 1 & 1 & 1 \end{pmatrix} \overset{r}{\sim} \begin{pmatrix} 1 & 0 & 2 & -3 \\ 0 & 1 & 1 & -5 \\ 0 & 0 & 0 & 1 \\ 0 & 0 & 0 & 0 \end{pmatrix}.$$

可见(1)$R(\boldsymbol{a}_1,\boldsymbol{a}_2,\boldsymbol{b}_1)=R(\boldsymbol{a}_1,\boldsymbol{a}_2)=2$,故 $\boldsymbol{b}_1$ 可由 $\boldsymbol{a}_1,\boldsymbol{a}_2$ 唯一地线性表示为 $\boldsymbol{b}_1=2\boldsymbol{a}_1+\boldsymbol{a}_2$;
$R(\boldsymbol{a}_1,\boldsymbol{a}_2,\boldsymbol{b}_2)=3>R(\boldsymbol{a}_1,\boldsymbol{a}_2)=2$,故 $\boldsymbol{b}_2$ 不能由 $\boldsymbol{a}_1,\boldsymbol{a}_2$ 线性表示.

(2) 进一步 $R(\boldsymbol{a}_1,\boldsymbol{a}_2,\boldsymbol{b}_1,\boldsymbol{b}_2)=R(\boldsymbol{a}_1,\boldsymbol{a}_2,\boldsymbol{b}_2)=3$，于是 $\boldsymbol{a}_1,\boldsymbol{a}_2,\boldsymbol{b}_2$ 线性无关，且可作为由 $\boldsymbol{a}_1,\boldsymbol{a}_2,\boldsymbol{b}_1,\boldsymbol{b}_2$ 所生成空间的一个基.

8. 分析 通过已知 $\boldsymbol{A}$ 即坐标变换公式，把平面上已知向量 $\begin{pmatrix}x\\y\end{pmatrix}$ 进行变换位置.

解题过程 (1) $T\begin{pmatrix}x\\y\end{pmatrix}=\begin{pmatrix}-1&0\\0&1\end{pmatrix}\begin{pmatrix}x\\y\end{pmatrix}=\begin{pmatrix}-x\\y\end{pmatrix}$，故 T 把向量 $\begin{pmatrix}x\\y\end{pmatrix}$ 关于 y 轴反射为 $\begin{pmatrix}-x\\y\end{pmatrix}$；

(2) $T\begin{pmatrix}x\\y\end{pmatrix}=\begin{pmatrix}0&0\\0&1\end{pmatrix}=\begin{pmatrix}0&0\\0&1\end{pmatrix}\begin{pmatrix}x\\y\end{pmatrix}=\begin{pmatrix}0\\y\end{pmatrix}$，故 T 把向量 $\begin{pmatrix}x\\y\end{pmatrix}$ 向 y 轴投影；

(3) $T\begin{pmatrix}x\\y\end{pmatrix}=\begin{pmatrix}0&1\\1&0\end{pmatrix}\begin{pmatrix}x\\y\end{pmatrix}=\begin{pmatrix}y\\x\end{pmatrix}$，故 T 把向量 $\begin{pmatrix}x\\y\end{pmatrix}$ 关于直线 $y=x$ 对称反射；

(4) $T\begin{pmatrix}x\\y\end{pmatrix}=\begin{pmatrix}0&1\\-1&0\end{pmatrix}\begin{pmatrix}x\\y\end{pmatrix}=\begin{pmatrix}y\\-x\end{pmatrix}$，故 T 把向量 $\begin{pmatrix}x\\y\end{pmatrix}$ 先关于直线 $y=x$ 反射，再关于 x 轴反射；或者把向量先关于 y 轴反射，再关于直线 $y=x$ 反射.

小结 难点在于其几何意义的表达要准确到位，且要使用术语.

9. 解题过程 $\forall \boldsymbol{A},\boldsymbol{B}\in V,\forall k\in R$，由变换 T 的定义，有

$$T(\boldsymbol{A}+\boldsymbol{B})=\boldsymbol{P}^{\mathrm{T}}(\boldsymbol{A}+\boldsymbol{B})\boldsymbol{P}=\boldsymbol{P}^{\mathrm{T}}\boldsymbol{AP}+\boldsymbol{P}^{\mathrm{T}}\boldsymbol{BP}=T(\boldsymbol{A})+T(\boldsymbol{B});$$
$$T(k\boldsymbol{A})=\boldsymbol{P}^{\mathrm{T}}(k\boldsymbol{A})\boldsymbol{P}=k\boldsymbol{P}^{\mathrm{T}}\boldsymbol{AP}=kT(\boldsymbol{A}).$$

由线性变换的定义，知 T 是 V 中的线性变换.

10. 分析 本题涉及几个知识点，函数微分运算 D. 运算后得的值写成在 V_3 下的向量.

解题过程 根据微分运算的规则，容易看出 D 是 V_3 中的一个线性变换，直接计算基向量在 D 下的像，即可求得 D 在给定基下的矩阵：

$$D(\boldsymbol{\alpha}_1)=D(x^2e^x)=x^2e^x+2xe^x=(\boldsymbol{\alpha}_1,\boldsymbol{\alpha}_2,\boldsymbol{\alpha}_3)\begin{pmatrix}1\\2\\0\end{pmatrix};$$

$$D(\boldsymbol{\alpha}_2)=D(xe^x)=xe^x+e^x=(\boldsymbol{\alpha}_1,\boldsymbol{\alpha}_2,\boldsymbol{\alpha}_3)\begin{pmatrix}0\\1\\1\end{pmatrix};$$

$$D(\boldsymbol{\alpha}_3)=D(e^x)=e^x=(\boldsymbol{\alpha}_1,\boldsymbol{\alpha}_2,\boldsymbol{\alpha}_3)\begin{pmatrix}0\\0\\1\end{pmatrix}.$$

于是有 $$D(\boldsymbol{\alpha}_1,\boldsymbol{\alpha}_2,\boldsymbol{\alpha}_3)=(\boldsymbol{\alpha}_1,\boldsymbol{\alpha}_2,\boldsymbol{\alpha}_3)\begin{pmatrix}1&0&0\\2&1&0\\0&1&1\end{pmatrix},$$

上式等号右端的矩阵就是 D 在上述基下的矩阵.

11. 分析 此题引入了合同变换 T. 先由 T 的公式代入已知 $\boldsymbol{A}_1,\boldsymbol{A}_2,\boldsymbol{A}_3$ 求得一个矩阵. 后再观察与基的关系进而求得.

解题过程 分别计算基向量在 T 下的像如下：由线性变换 T 的定义，有

$$T(\boldsymbol{A}_1)=\begin{pmatrix}1&0\\1&1\end{pmatrix}\begin{pmatrix}1&0\\0&0\end{pmatrix}\begin{pmatrix}1&1\\0&1\end{pmatrix}=\begin{pmatrix}1&1\\1&1\end{pmatrix}$$

$$=\boldsymbol{A}_1+\boldsymbol{A}_2+\boldsymbol{A}_3=(\boldsymbol{A}_1,\boldsymbol{A}_2,\boldsymbol{A}_3)\begin{pmatrix}1\\1\\1\end{pmatrix};$$

$$T(\boldsymbol{A}_2)=\begin{pmatrix}1&0\\1&1\end{pmatrix}\begin{pmatrix}0&1\\1&1\end{pmatrix}\begin{pmatrix}1&1\\0&1\end{pmatrix}=\begin{pmatrix}0&1\\1&2\end{pmatrix}$$

$$\boldsymbol{A}_2+2\boldsymbol{A}_3=(\boldsymbol{A}_1,\boldsymbol{A}_2,\boldsymbol{A}_3)\begin{pmatrix}0\\1\\2\end{pmatrix};$$

$$T(\boldsymbol{A}_3)=\begin{pmatrix}1&0\\1&1\end{pmatrix}\begin{pmatrix}0&0\\0&1\end{pmatrix}\begin{pmatrix}1&1\\0&1\end{pmatrix}=\begin{pmatrix}0&0\\0&1\end{pmatrix}$$

$$=\boldsymbol{A}_3=(\boldsymbol{A}_1,\boldsymbol{A}_2,\boldsymbol{A}_3)\begin{pmatrix}0\\0\\1\end{pmatrix}.$$

从而 $(T(\boldsymbol{A}_1),\boldsymbol{T}(\boldsymbol{A}_2),\boldsymbol{T}(\boldsymbol{A}_3))=(\boldsymbol{A}_1,\boldsymbol{A}_2,\boldsymbol{A}_3)\begin{pmatrix}1&0&0\\1&1&0\\1&2&1\end{pmatrix}$，

即 T 在基 $\boldsymbol{A}_1,\boldsymbol{A}_2,\boldsymbol{A}_3$ 下的矩阵是 $\begin{pmatrix}1&0&0\\1&1&0\\1&2&1\end{pmatrix}$.

小结 此题难点在于求得 $T(\boldsymbol{A}_1)$、$T(\boldsymbol{A}_2)$、$T(\boldsymbol{A}_3)$ 的结果后，要通过观察使结果与基 $\boldsymbol{A}_1$、$\boldsymbol{A}_2$、$\boldsymbol{A}_3$ 产生联系，写成 $(\boldsymbol{A}_1,\boldsymbol{A}_2,\boldsymbol{A}_3)$ 的形式，即得到所求矩阵.

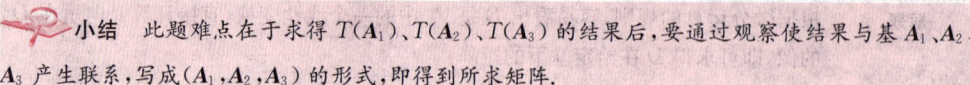